"十二五"普通高等教育本科国家级规划教材

高等学校水利学科专业规范核心课程教材·水利水电工程

全国水利行业"十三五"规划教材（普通高等教育）

水电站（第5版）

主　编　河海大学　胡　明　蔡付林

主　审　清华大学　马吉明

高等学校水利学科教学指导委员会组织编审

中国水利水电出版社

www.waterpub.com.cn

·北京·

内 容 提 要

本教材为水利水电工程专业核心课程——"水电站"课程的教学用书。全书共分 3 篇；第 1 篇为水轮机，以水轮机的类型、构造、工作原理、特性和选型、水轮机调节为重点；第 2 篇为水电站输水系统，以水电站典型布置及其组成建筑物、进水口、水电站渠道及隧洞、压力管道、水锤与调压保证计算和调压室为重点；第 3 篇为水电站厂房，以地面厂房为重点，包括地下厂房在内的其他类型厂房、厂房结构设计原理也占了应有的篇幅。本教材除纸质文本外，还配有"水电站"课程相关的数字资源和主要专业术语的英汉对照表。

本教材也可供农业水利工程等专业和专科学生参考使用，还可供有关专业的教学、科研和工程技术人员参考。

图书在版编目（CIP）数据

水电站 / 胡明，蔡付林主编. -- 5版. -- 北京：
中国水利水电出版社，2021.7(2024.6重印).
　　"十二五"普通高等教育本科国家级规划教材　高等
学校水利学科专业规范核心课程教材·水利水电工程　全
国水利行业"十三五"规划教材（普通高等教育）
　　ISBN 978-7-5170-9704-4

　　Ⅰ. ①水… Ⅱ. ①胡… ②蔡… Ⅲ. ①水力发电站－
高等学校－教材 Ⅳ. ①TV7

中国版本图书馆CIP数据核字(2021)第127393号

书　　名	"十二五"普通高等教育本科国家级规划教材 高等学校水利学科专业规范核心课程教材·水利水电工程 全国水利行业"十三五"规划教材（普通高等教育） **水电站**（第 5 版） SHUIDIANZHAN
作　　者	主编　河海大学　胡　明　蔡付林 主审　清华大学　马吉明
出版发行	中国水利水电出版社 （北京市海淀区玉渊潭南路 1 号 D 座　100038） 网址：www.waterpub.com.cn E-mail：sales@mwr.gov.cn 电话：(010) 68545888（营销中心）
经　　售	北京科水图书销售有限公司 电话：(010) 68545874、63202643 全国各地新华书店和相关出版物销售网点
排　　版	中国水利水电出版社微机排版中心
印　　刷	清淞永业（天津）印刷有限公司
规　　格	184mm×260mm　16 开本　24.75 印张　602 千字
版　　次	1980 年 12 月第 1 版第 1 次印刷 2021 年 7 月第 5 版　2024 年 6 月第 3 次印刷
印　　数	11001—14000 册
定　　价	**68.00 元**

总 前 言

随着我国水利事业与高等教育事业的快速发展以及教育教学改革的不断深入，水利高等教育也得到了很大的发展与提高。《国家中长期教育改革和发展规划纲要（2010—2020年）》《加快推进教育现代化实施方案（2018—2022年）》等文件的出台以及2018年全国教育大会和新时代全国高等学校本科教育工作会议的召开，更是对高等教育教学改革和人才培养提出了新的要求，要求把立德树人作为教育的根本任务，强调要坚持"以本为本"，推进"四个回归"，建设一流本科，培养一流人才。

为响应国家关于加快建设高水平本科教育、全面提高人才培养能力的号召，积极推进现代信息技术与教育教学深度融合，适应开展工程教育专业认证对毕业生提出的新要求，经水利类专业认证委员会倡议，2018年1月，教育部高等学校水利类专业教学指导委员会和中国水利水电出版社联合发文《关于公布基于认证要求的高等学校水利学科专业规范核心课程教材及数字教材立项名单的通知》（水教指委〔2018〕1号），立项了一批融合工程教育专业认证理念、配套多媒体数字资源的新形态教材。这批教材以原高等学校水利学科专业规范核心教材为基础，充分考虑教育改革发展新要求，在适应认证标准毕业要求方面融合了相关环境问题、复杂工程问题、国际视野及跨文化交流问题以及涉水法律等方面的内容；在立体化建设方面，配套增加了视频、音频、动画、知识点微课、拓展资料等富媒体资源。

这批教材的出版是顺应教育新形势、新要求的一次大胆尝试，仍坚持"质量第一"的原则，以原教材主编单位和人员为主进行修订和完善，邀请相关领域专家对教材内容进行把关，力争使教材内容更加适应专业培养方案和学生培养目标的要求，满足新时代水利行业对人才的需求。

尽管我们在教材编纂出版过程中尽了很大的努力，但受编著这类教材的经验和水平所限，不足和欠缺之处在所难免，恳请广大师生批评指正。

教育部高等学校水利类专业教学指导委员会

中国工程教育专业认证协会水利类专业认证委员会

中国水利水电出版社

2019 年 6 月

总 前 言 (2008 版)

　　随着我国水利事业与高等教育事业的快速发展以及教育教学改革的不断深入，水利高等教育也得到很大的发展与提高。与 1999 年相比，水利学科专业的办学点增加了将近一倍，每年的招生人数增加了将近两倍。通过专业目录调整与面向新世纪的教育教学改革，在水利学科专业的适应面有很大拓宽的同时，水利学科专业的建设也面临着新形势与新任务。

　　在教育部高教司的领导与组织下，从 2003 年到 2005 年，各学科教学指导委员会开展了本学科专业发展战略研究与制定专业规范的工作。在水利部人教司的支持下，水利学科教学指导委员会也组织课题组于 2005 年底完成了相关的研究工作，制定了水文与水资源工程、水利水电工程、港口航道与海岸工程以及农业水利工程四个专业规范。这些专业规范较好地总结与体现了近些年来水利学科专业教育教学改革的成果，并能较好地适用于不同地区、不同类型高校举办水利学科专业的共性需求与个性特色。为了便于各水利学科专业点参照专业规范组织教学，经水利学科教学指导委员会与中国水利水电出版社共同策划，决定组织编写出版"高等学校水利学科专业规范核心课程教材"。

　　核心课程是指该课程所包括的专业教育知识单元和知识点，是本专业的每个学生都必须学习、掌握的，或在一组课程中必须选择几门课程学习、掌握的，因而，核心课程教材质量对于保证水利学科各专业的教学质量具有重要的意义。为此，我们不仅提出了坚持"质量第一"的原则，而且还通过专业教学组讨论、提出，专家咨询组审议、遴选，相关院、系认定等步骤，对核心课程教材的选题及主编、主审人选和教材编写大纲进行了严格把关。为了把本套教材组织好、编著好、出版好、使用好，我们还成立了高等学校水利学科专业规范核心课程教材编审委员会以及各专业教材编审分委员会，对教材编纂与使用的全过程进行组织、把关和监督，充分依靠各学科专家发挥咨询、评审、决策等作用。

本套教材第一批共规划 52 种，其中水文与水资源工程专业 17 种，水利水电工程专业 17 种，农业水利工程专业 18 种，计划在 2009 年年底之前全部出齐。尽管已有许多人为本套教材作出了许多努力，付出了许多心血，但是，由于专业规范还在修订完善之中，参照专业规范组织教学还需要通过实践不断总结提高，加之，在新形势下如何组织好教材建设还缺乏经验，因此，这套教材一定会有不足与缺点，恳请使用这套教材的师生提出宝贵意见。本套教材还将出版配套的立体化教材，以利于教、便于学，更希望师生们对此提出建议。

高等学校水利学科教学指导委员会

中国水利水电出版社

2008 年 4 月

前 言

第 5 版

本教材是在 2008 年高等学校水利学科教学指导委员会规划的"高等学校水利学科专业规范核心课程教材·水利水电工程"系列教材之一《水电站》（第 4 版）的基础上，根据 2018 年教育部水利学科教学指导委员会与中国水利水电出版社召开的"水利专业工程教育认证教材及数字教材专家咨询会"专家建议，重新组织修订的。本教材的特点如下：

（1）紧密结合中国工程教育专业认证的标准，以学生深入运用工程原理和相关工程知识为手段，以培养学生达成解决复杂水力发电工程问题能力为目标。

（2）弘扬我国优秀教育传统的同时，也注重吸收借鉴国际先进经验。本教材根据近些年国内和国外水利水电工程的最新成就，本领域技术发展的新要求，以及突出系统性、科学性、先进性的基本原则，既从宏观上充分反映新时代党和国家在水电站建设事业上取得的历史性成就，又在具体内容上结合自身特点，反映我国水电站领域相关技术规范的变化，第 5 版对部分内容进行了适当调整、更新和补充，修订了上一版中一些引用数据，采用最新的技术规范。

（3）对第 4 版中出现的印刷错误和不完善的地方进行修订补充。第 5 版增加了近年来水电站设计中的一些新的设计理论和方法，参考表格和计算公式，删除冗长烦琐、较为过时的内容，并对部分章节进行改写。

（4）为适应国际化的要求，增加了主要专业术语的英汉对照表。

（5）调动学生学习的主动性。变革教与学方式，注重启发式、互动式、探究式教学，引导学生主动思考、自主探究。基于"以学生为中心"

的理念，对原有的纸质教材进行了数字化改造，并与"水电站"MOOC相结合，增加了数字教学资源，便于学生自主学习。通过将文本、图片、声音、影像、动画等多媒体形式的数字资源和虚拟仿真实验资源集成到数字平台中，同时配套课程大纲、PPT、讲义、练习题等，将数字教材中各组成内容有机结合，读者可通过扫描二维码或通过移动终端APP及"行水云课"平台查看相应数字资源。为读者共享优质资源，实现跨时间、跨区域、跨专业的自主性学习提供条件。

第1版于1980年出版，由华东水利学院、华北水利水电学院两校合编，华东水利学院王世泽主编，华北水利水电学院尚忠昌、华东水利学院王世泽、刘启钊、陈怀先、徐关泉执笔，华东水利学院的郑学智、索丽生等同志协助收集并整理了部分资料。天津大学及合肥工业大学组织有关人员对第1版教材进行了审查。

第2版于1987年出版，是根据水利电力部1983年下达的"1983—1987年高等学校水利电力类专业教材编审出版规划"而修订再版的。由于《水利水电工程建筑》专业教学计划的改变，本教材定名为《水电站建筑物》，不再包括水力机械的内容。由河海大学王世泽主编，河海大学王世泽、刘启钊、陈怀先、徐关泉执笔。天津大学舒扬榮教授对第2版教材进行了审查。第2版教材获得第二届全国优秀教材一等奖。

第3版于1998年出版，是根据水利部"1990—1995年高等学校水利水电类专业本科、研究生教材选题和编审出版规划"（第一部分）编写的，由河海大学刘启钊主编，河海大学刘德有、刘启钊、索丽生、陈怀先、徐关泉执笔。清华大学谷兆祺教授对教材进行了审查。

第4版是根据2008年教育部水利学科教学指导委员会与中国水利水电出版社共同策划的"高等学校水利学科专业规范核心课程教材"之一。由河海大学刘启钊、胡明主编，刘启钊、胡明、刘德有、蔡付林执笔。清华大学马吉明教授对教材进行了审查。

第5版由河海大学胡明、蔡付林主编。第1、2、3、4章由蔡付林执笔，第5、6、7、13章由曹青执笔，第8、9章由周建旭执笔，第10、11、12章由胡明执笔。本教材数字资源中的微课内容分别由胡明、蔡付林、周建旭、曹青、叶翔讲授。清华大学马吉明教授对本教材进行了审查。中国电建集团北京勘测设计研究院有限公司吕明治总工程师从融入工程教育专业认证理念的角度对本书进行了审阅。

本书如有错误和不妥之处，请读者予以指正。意见请寄南京河海大学水利水电学院水利水电研究所，或发电子邮件至 flcainj@163.com。

编　者

2021 年 1 月

数 字 资 源 清 单

序号	资 源 名 称	资源类型
资源 1－1	水轮机的工作原理	微课
资源 1－2	水轮机的分类	微课
资源 1－3	水流驱动反击式水轮机旋转带动发电机旋转发电	动画
资源 1－4	水流驱动冲击式水轮机旋转带动发电机发电	动画
资源 1－5	水轮机的工作参数	微课
资源 1－6	混流式水轮机的基本构造	微课
资源 1－7	导叶操作机构传动原理	动画
资源 1－8	轴流式水轮机	微课
资源 1－9	轴流转桨式水轮机桨叶转动操作机构工作原理	动画
资源 1－10	斜流式和贯流式水轮机	微课
资源 1－11	冲击式水轮机和可逆式水轮机	微课
资源 1－12	针阀及折流板操作机构传动原理	动画
资源 1－13	水轮机型号	微课
资源 1－14	水轮机中的水流运动	微课
资源 1－15	水轮机的基本方程	微课
资源 1－16	水轮机的效率及最优工况	微课
资源 2－1	蜗壳的型式及其主要参数	微课
资源 2－2	蜗壳的水力计算	微课
资源 2－3	尾水管的作用	微课
资源 2－4	尾水管的型式	微课
资源 2－5	尾水管主要尺寸确定	微课
资源 2－6	空蚀的物理过程	微课
资源 2－7	水轮机空蚀的类型	微课
资源 2－8	水轮机翼型空蚀	动画
资源 2－9	水轮机的吸出高度	微课
资源 2－10	水轮机的安装高程	微课
资源 2－11	水轮机的安装高程	动画

序号	资 源 名 称	资源类型
资源 3-1	水轮机相似原理	微课
资源 3-2	相似定律	微课
资源 3-3	单位参数	微课
资源 3-4	水轮机的效率换算及单位参数修正	微课
资源 3-5	水轮机的比转速	微课
资源 3-6	水轮机的模型试验	微课
资源 3-7	水轮机的特性曲线	微课
资源 3-8	综合特性曲线的概念	微课
资源 3-9	混流式水轮机综合特性曲线的绘制	微课
资源 3-10	轴流式水轮机综合特性曲线的绘制	微课
资源 3-11	水轮机型号和台数的确定	微课
资源 3-12	反击式水轮机主要参数的选择	微课
资源 4-1	水轮机调节的任务	微课
资源 4-2	水轮机调节的基本概念	微课
资源 4-3	水轮机调速器的工作原理	微课
资源 4-4	机械式调速器工作原理	动画
资源 4-5	水轮机调速器的类型	微课
资源 4-6	油压装置及调速设备的选择	微课
资源 5-1	水电站分类	微课
资源 5-2	各种类型厂房	实拍
资源 5-3	坝式水电站	微课
资源 5-4	河床式水电站	微课
资源 5-5	引水式水电站	微课
资源 5-6	水电站组成建筑物	微课
资源 6-1	进水口功用和要求	微课
资源 6-2	进水口的分类	微课
资源 6-3	有压进水口的主要类型1	微课
资源 6-4	有压进水口的主要类型2	微课
资源 6-5	分层取水进水口的工作原理	动画
资源 6-6	有压进水口的主要类型3	微课
资源 6-7	水电站进水口旋涡的发生与发展过程	动画

序号	资 源 名 称	资源类型
资源 6-8	有压进水口的位置、高程	微课
资源 6-9	进水口的轮廓尺寸	微课
资源 6-10	拦污设备	微课
资源 6-11	水电站拦污栅结构及机械清污过程	动画
资源 6-12	有压进水口的其他设备	微课
资源 6-13	无压进水口及沉沙池	微课
资源 6-14	无压引水式水电站首部枢纽布置及沉沙池工作过程	动画
资源 7-1	渠道功用、要求和类型	微课
资源 7-2	渠道的水力计算	微课
资源 7-3	水电站动力渠道渠末水深与流量关系	动画
资源 7-4	渠道断面尺寸确定	微课
资源 7-5	压力前池及日调节池	微课
资源 7-6	隧洞特点及路线选择	微课
资源 7-7	隧洞水力计算及断面尺寸	微课
资源 8-1	压力管道功能和类型	微课
资源 8-2	压力管道布置和供水方式	微课
资源 8-3	压力管道水力计算和管径确定	微课
资源 8-4	压力管道材料	微课
资源 8-5	压力管道容许应力及管身构造	微课
资源 8-6	明钢管敷设方式、支墩	微课
资源 8-7	水电站明钢管支墩的工作原理	动画
资源 8-8	水电站镇墩的工作原理	动画
资源 8-9	镇墩设计	微课
资源 8-10	水电站蝴蝶阀的结构和启闭操作原理	动画
资源 8-11	水电站球阀的结构和启闭操作原理	动画
资源 8-12	附属设备	微课
资源 8-13	水电站伸缩节的结构和热胀冷缩时发生的动作	动画
资源 8-14	明钢管荷载及管身应力符号规定	微课
资源 8-15	明钢管管身应力（结构力学分析方法）	微课
资源 8-16	明钢管支承环附近断面管壁弯曲变形过程	动画
资源 8-17	明钢管支承环断面应力分析 1	微课

序号	资　源　名　称	资源类型
资源 8-18	明钢管支承环断面应力分析 2	微课
资源 8-19	明钢管应力校核的强度理论及应力小结	微课
资源 8-20	明钢管外压稳定校核	微课
资源 8-21	在外压作用下明钢管管壁屈曲变形过程	动画
资源 8-22	分岔管的特点	微课
资源 8-23	几种常见的岔管	微课
资源 8-24	岔管评价	微课
资源 8-25	地下埋管	微课
资源 8-26	不用衬砌管道	微课
资源 8-27	坝身管道和坝后背管	微课
资源 8-28	压力管道（明管、背管）	实拍
资源 9-1	水锤现象	微课
资源 9-2	管道末阀门关闭时水锤波传播和压力、流速变化过程	动画
资源 9-3	水电站的不稳定工况	微课
资源 9-4	研究水锤的目的	微课
资源 9-5	水锤的基本方程和水锤波的传播速度	微课
资源 9-6	直接水锤和间接水锤	微课
资源 9-7	水锤的连锁方程	微课
资源 9-8	水锤波在水管特性变化处的反射特性	微课
资源 9-9	开度依直线规律变化的水锤	微课
资源 9-10	起始开度对水锤的影响	微课
资源 9-11	关机规律对水锤的影响	微课
资源 9-12	不同阀门关闭规律对水锤压力的影响	动画
资源 9-13	水锤压强沿管道长度的分布	微课
资源 9-14	开度变化结束后的水锤变化	微课
资源 9-15	水锤计算的特征线法	微课
资源 9-16	复杂管路的水锤计算	微课
资源 9-17	反击式水轮机水锤计算特点	微课
资源 9-18	调节保证计算	微课
资源 9-19	水锤计算条件的选择	微课
资源 9-20	减小水锤压力的措施	微课

序号	资 源 名 称	资源类型
资源 9-21	水电站甩负荷时减压阀的工作过程	动画
资源 9-22	水电站有压引水系统非恒定流数值算法	微课
资源 10-1	调压室的功用、要求及设置条件	微课
资源 10-2	调压室的工作原理	微课
资源 10-3	调压室的基本方程	微课
资源 10-4	调压室的基本类型	微课
资源 10-5	调压室的基本结构型式	微课
资源 10-6	阻抗式调压室的涌波过程	动画
资源 10-7	水室式调压室的涌波过程	动画
资源 10-8	差动式调压室的涌波过程	动画
资源 10-9	简单式和阻抗式水位波动计算的解析法	微课
资源 10-10	水位波动计算的逐步积分法	微课
资源 10-11	简单式调压室涌波计算图解法	动画
资源 10-12	水室式、溢流式调压室水位波动计算	微课
资源 10-13	差动式调压室工作原理	微课
资源 10-14	黄坛口水电站调压井	实拍
资源 10-15	差动式调压室水位波动计算	微课
资源 10-16	波动的稳定性	微课
资源 10-17	小波动稳定断面的计算	微课
资源 10-18	影响波动稳定的主要因素	微课
资源 10-19	调压室水力计算条件选择	微课
资源 10-20	调压室结构布置	微课
资源 10-21	调压室结构设计原理	微课
资源 10-22	水电站调压室水力设计虚拟仿真实验网址	网址链接
资源 11-1	各种类型厂房	实拍
资源 11-2	水电站厂房的组成	微课
资源 11-3	水电站主要机械、电气设备系统示意图	动画
资源 11-4	水电站厂房的内部布置	微课
资源 11-5	湖南镇水电站主机厅	实拍
资源 11-6	下部块体结构的布置 1	微课
资源 11-7	下部块体结构的布置 2	微课

序号	资 源 名 称	资源类型
资源 11-8 (a)	黄坛口水电站	实拍
资源 11-8 (b)	黄坛口水电站尾水平台	实拍
资源 11-9	下部块体结构的最小尺寸	微课
资源 11-10	湖南镇水电站水轮机机座	实拍
资源 11-11	发电机的布置方式	实拍
资源 11-12	发电机层楼板高程的确定	微课
资源 11-13	电气控制设备的布置	微课
资源 11-14	机械控制设备的布置	实拍
资源 11-15	桥吊的起重量和台数的确定	微课
资源 11-16	水电站主厂房桥式起重机的工作原理	动画
资源 11-17	双小车桥吊	实拍
资源 11-18	桥吊的跨度和安装高程	微课
资源 11-19	装配场的位置与高程	微课
资源 11-20	装配场的尺寸和布置	微课
资源 11-21	油系统布置	微课
资源 11-22	水系统布置	微课
资源 11-23	压气系统布置	微课
资源 11-24	湖南镇水电站压气机室	实拍
资源 11-25	湖南镇油气水	实拍
资源 11-26	采光、通风和防潮	微课
资源 11-27	交通及防火	微课
资源 11-28	主厂房长度确定	微课
资源 11-29	厂房结构	实拍
资源 11-30	主厂房结构系统	微课
资源 11-31	屋顶、构架结构设计	微课
资源 11-32	吊车梁、楼板设计	微课
资源 11-33	下部结构设计	微课
资源 11-34	厂区布置1	微课
资源 11-35	纪村水电站厂区布置	实拍
资源 11-36	陈村水电站厂区布置	实拍
资源 11-37	湖南镇水电站中控室	实拍

序号	资 源 名 称	资源类型
资源 11-38	厂区布置 2	微课
资源 11-39	湖南镇水电站主变	实拍
资源 11-40	开关站	实拍
资源 11-41	装置冲击式水轮机的地面厂房	微课
资源 12-1	各种类型厂房	实拍
资源 12-2	地下厂房概述	微课
资源 12-3	地下厂房布置类型	微课
资源 12-4	地下厂房的洞室布置	微课
资源 12-5	地下厂房布置设计中的特殊要求	微课
资源 12-6	地下厂房洞室尺寸、支护及吊车梁	微课
资源 12-7	抽水蓄能电站和潮汐电站厂房	微课
资源 13-1	厂房整体稳定计算 1	微课
资源 13-2	厂房整体稳定计算 2	微课
资源 13-3	圆筒式机墩计算 1	微课
资源 13-4	圆筒式机墩计算 2	微课
资源 13-5	风罩计算	微课
资源 13-6	金属蜗壳计算	微课
资源 13-7	混凝土蜗壳计算	微课
资源 13-8	尾水管结构计算 1	微课
资源 13-9	尾水管结构计算 2	微课

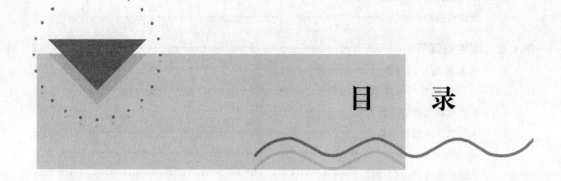

目　　录

第2篇 水电站输水系统

第3篇 水 电 站 厂 房

第 1 篇

水 轮 机

第1章
水轮机的类型、构造及工作原理

1.1 水轮机的主要类型

水轮机是一种将水能转换成旋转机械能的机械装置，它通过主轴带动发电机又将旋转机械能转换成电能。水轮机与发电机由主轴连接而成的整体称为水轮发电机组，简称机组，它是水电站的主要设备之一。

水轮机种类很多，目前常按其对水流能量的转换特征的不同而将其分为两大类，即反击式和冲击式。其中，每一大类根据其转轮区内水流的流动特征和转轮的结构特征的不同又可分成多种形式，现分述如下。

1.1.1 反击式水轮机

反击式水轮机转轮区内的水流在通过转轮叶片流道时，始终是连续地充满整个转轮的有压流动，并在转轮空间曲面型叶片的约束下，连续不断地改变流速的大小和方向，从而对转轮叶片产生一个作用力，驱动转轮旋转。当水流通过水轮机后，其动能和势能（包括位能和压能）均大部分被转换成转轮的旋转机械能。

反击式水轮机按转轮区内水流相对于主轴流动方向的不同，可分为混流式、轴流式、斜流式和贯流式四种。此外，根据转轮叶片是否可转动，又将轴流式、斜流式和贯流式分别分为定桨式和转桨式。

1. 混流式水轮机

如图1-1所示，水流从四周沿径向进入转轮，然后近似以轴向流出转轮。混流式水轮机也曾被称为辐轴流式水轮机，又因其由美国工程师弗朗西斯（Francis）于1849年发明，故又称为弗朗西斯水轮机。混流式水轮机的应用水头范围广（为20～700m）、结构简单、运行稳定且效率高，是现代应用最广泛的一种水轮机。目前，最高水头已应用到734m〔在奥地利豪依斯林（Hausling）水电站〕；最大单机容量已达1000MW（在我国白鹤滩水电站）。国内已建成了一批机组单机容量在700MW以上的水电站，如三峡水电站（700MW）、拉西瓦水电站（700MW）、向家坝水电站（800MW）、溪洛渡水电站（770WM）、乌东德水电站（850MW）等，这些水电站均采用特大型混流式水轮机。

2. 轴流式水轮机

如图1-2所示，水流在导叶与转轮之间由径向流动转变为轴向流动，而在转轮区内水流保持轴向流动。轴流式水轮机的应用水头为3～80m，目前最高水头已应用到88.4m，在意大利那姆比亚水电站；国内已应用的最高水头为77m，在陕西石门水电站。

资源1-1
水轮机的
工作原理

资源1-2
水轮机的
分类

资源1-3
水流驱动反击式水轮机
旋转带动发电机旋转
发电

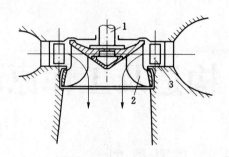

图 1-1　混流式水轮机
1—主轴；2—叶片；3—导叶

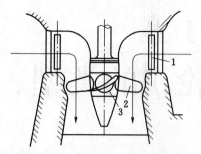

图 1-2　轴流式水轮机
1—导叶；2—叶片；3—轮毂

　　轴流式水轮机在中低水头、大流量水电站中得到了广泛应用。根据其转轮叶片在运行中能否转动，可分为轴流定桨式和轴流转桨式两种。轴流定桨式水轮机在运行时，其转轮叶片的安放角是固定不动的，因而结构简单、造价较低，但它在偏离设计工况时效率会急剧下降，因此主要适用于水头较低、出力较小以及水头变化幅度较小的水电站。轴流转桨式水轮机是由奥地利工程师卡普兰（Kaplan）在 1920 年发明的，故又称为卡普兰水轮机，其转轮叶片可根据运行工况的改变而转动，从而扩大了高效率区的范围，提高了运行的稳定性。但是，这种水轮机需要有一个操作叶片转动的机构，因此其结构较复杂、造价较高，一般应用于水头、出力均有较大变化幅度的大中型水电站。目前，轴流转桨式水轮机发电机组最大单机容量为 200MW，在福建水口水电站和广西大藤峡水电站均有应用；最大转轮直径为 11.3m，在湖北葛洲坝水电站，其机组的单机容量为 170MW。

　　3. 斜流式水轮机

　　如图 1-3 所示，水流在转轮区内沿着与主轴成某一角度的方向流动。斜流式水轮机的转轮叶片大多做成可转动的形式，具有较宽的高效率区，适用水头为 40～200m。斜流式水轮机是为了提高轴

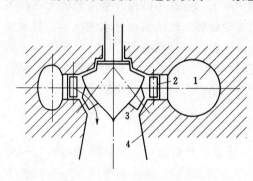

图 1-3　斜流式水轮机
1—蜗壳；2—导叶；3—叶片；4—尾水管

流式水轮机的适用水头而在轴流转桨式水轮机的基础上改进提出的新机型，由瑞士工程师德里亚（Deriaz）于 1956 年发明的，故又称德里亚水轮机。其结构形式及性能特征与轴流转桨式水轮机类似，但由于其倾斜桨叶操作机构的结构较复杂，加工工艺要求和造价均较高，因此一般只在大中型水电站中使用，目前应用还不普遍。世界上容量最大的斜流式水轮机安装在苏联的泽雅（Zeya）水电站，单机容量 215MW，设计水头 78.5m。

　　4. 贯流式水轮机

　　如图 1-4～图 1-7 所示，贯流式水轮机是一种流道近似为直筒状的卧轴式水轮机，不设引水蜗壳，其转轮叶片可采用固定的或可转动的两种。根据其发电机装置形

式的不同，可分为全贯流式和半贯流式两类。

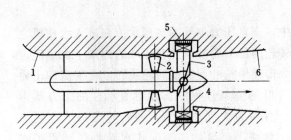

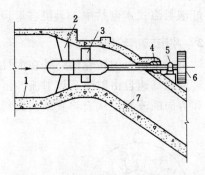

图1-4 全贯流式水轮机（纵剖面图）
1—进水管；2—导叶；3—叶片；4—发电机转子；
5—发电机定子；6—尾水管

图1-5 轴伸贯流式水轮机（纵剖面图）
1—进水管；2—固定导叶；3—叶片；4—止水套；
5—轴承座；6—增速装置；7—尾水管

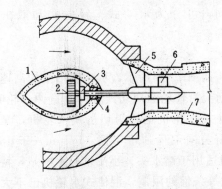

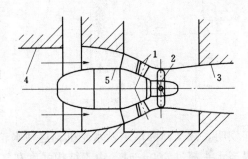

图1-6 竖井贯流式水轮机（水平剖面图）
1—竖井；2—增速装置；3—轴承座；4—止水套；
5—固定导叶；6—叶片；7—尾水管

图1-7 灯泡贯流式水轮机（纵剖面图）
1—导叶；2—叶片；3—尾水管；
4—进水管；5—灯泡体

全贯流式机组的发电机转子直接安装在水轮机转轮叶片的外缘，如图1-4所示。它的优点是流道平直、过流量大、效率高。但由于转轮叶片外缘的线速度大、周线长，因此其旋转密封很困难，目前很少使用。

半贯流式水轮机有轴伸式、竖井式和灯泡式等形式，如图1-5～图1-7所示。其中轴伸式和竖井式结构简单、维护方便，但效率较低，一般只用于小型水电站。目前广泛使用的是灯泡贯流式水轮机，其结构紧凑、稳定性好、效率较高。灯泡贯流式机组的发电机布置在被水绕流的钢制灯泡状壳体内，水轮机与发电机可直接联接，也可通过增速装置联接。

贯流式水轮机的适用水头为1～25m。它是低水头、大流量水电站的一种专用机型，由于其卧轴式布置及流道形式简单，所以土建工程量小、施工简便，因而在开发平原地区河道和沿海地区潮汐等低水头水力资源中得到了广泛的应用。在已运行的灯泡贯流式水电站中，我国广西长洲水电站安装15台单机容量为42MW的灯泡贯流式水轮发电机组，是目前总装机容量最大的灯泡贯流式水电站；单机容量最大的是日本只见（Tadami）水电站，达65.8MW，转轮直径6.7m，最大水头20.7m；转轮直径最大的是美国悉尼墨累（Sidney A. Murray Jr.）水电站，达8.2m。在国内已投入运行的灯泡贯流式水电站中，单机容量最大的是广西桥巩水电站，单机容量57MW。

1.1.2　冲击式水轮机

冲击式水轮机的转轮始终处在大气中，来自压力钢管的高压水流在进入水轮机之前已转变成高速自由射流，该射流冲击转轮的部分轮叶，并在轮叶的约束下发生流速大小和方向的改变，从而将其动能大部分传递给轮叶，驱动转轮旋转。在射流冲击轮

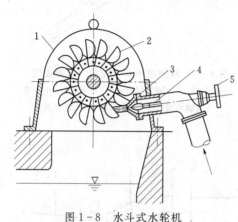

图1-8　水斗式水轮机

1—机壳；2—轮叶；3—喷嘴；
4—喷针；5—控制机构

叶的整个过程中，此射流水柱的压力基本保持为大气压不变，而转轮出口流速明显地减小。显然，冲击式水轮机仅利用了水流的动能。由于转轮不是整周进水，因此其过流量较小。

冲击式水轮机按射流冲击转轮的方式不同，可分为水斗式、斜击式和双击式三种。

1. 水斗式水轮机

如图1-8所示，从喷嘴出来的高速自由射流沿转轮圆周切线方向垂直冲击轮叶。水斗式水轮机也称为切击式水轮机，又因其由美国工程师培尔顿（Pelton）于1889

年发明，故又称为培尔顿水轮机。这种水轮机适用于高水头、小流量的水电站，特别是当水头超过600m时，由于结构强度和气蚀等条件的限制，混流式水轮机已不大适用，则大多采用这种机型。大型水斗式水轮机的应用水头为300～1700m，小型水斗式水轮机的应用水头为40～250m。目前，水斗式水轮机的最高水头已用到1883m，在瑞士克留逊（Cleuson）水电站；我国天湖水电站的设计水头为1022.4m；水斗式机组最大的单机容量达到315MW，在挪威的悉·西马（Si·Sima）水电站，其设计水头为885m。

资源1-4
水流驱动冲击式水轮机旋转带动发电机发电

2. 斜击式水轮机

如图1-9所示，又称为Turgo水轮机，从喷嘴出来的自由射流沿着与转轮旋转平面成某一角度的方向，从转轮的一侧进入轮叶再从另一侧流出轮叶。与水斗式水轮机相比，斜击式水轮机过流量较大，但效率较低，因此这种水轮机一般多用于中小型水电站，适用水头一般为20～300m。

3. 双击式水轮机

如图1-10所示，又称为Banki水轮机，从喷嘴出来的射流先后两次冲击转轮叶片。这种水轮机结构简单、制作方便，但效率低、转轮叶片强度差，仅适用于单机出力不超过1000kW的小型水电站，适用水头一般为5～100m。

综上所述，水轮机的主要类型如图1-11所示。

除上述各种机型外，随着抽水蓄能电站和潮汐电站的发展，可逆式水轮机正越来越多地得到应用，其与上述各种机型的差异在于既可以发电运行，又可以抽水运行；

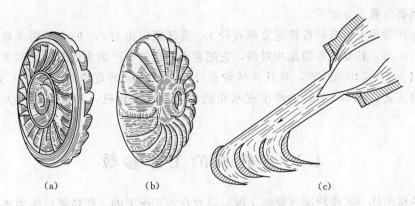

图 1-9　斜击式水轮机

(a) 转轮进口侧；(b) 转轮出口侧；(c) 射流冲击轮叶

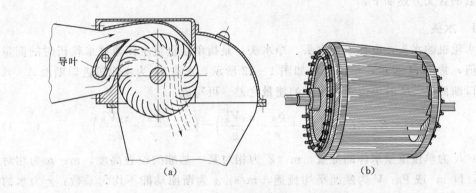

图 1-10　双击式水轮机结构示意图

(a) 整体结构；(b) 转轮

两种情况下机组转动方向和水流方向相反。抽水蓄能电站的可逆式水轮机（通常称为水泵水轮机）的常用型式有混流式和斜流式。其中，混流式水泵水轮机的适用水头一般为 30～700m，是目前抽水蓄能电站中应用最广泛的机型；斜流式水泵水轮机的适用水头较低，其叶片与导叶可联动以适应水头的较大幅度变化，但操作较复杂。潮汐电站的可逆式水轮机的常用型式为灯泡贯流转桨式，其大型机组既可双向发电又可双向抽水。

在上述各种水轮机中，对于同一类型的水轮机，由于其适用水头和流量的不同，其转轮被设计成不同的几何形状。把转轮直径不同但几何形状相似的水轮机归纳起来，组成一个系列，即称为"轮系"。此外，按照水轮机布置方式的不同，机组装置形式可分为立式和卧式两种，一般大

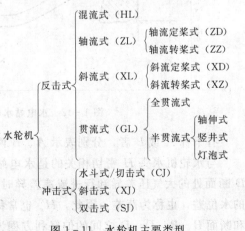

图 1-11　水轮机主要类型

中型机组都布置成立轴式。

在生产管理上，有时按转轮公称直径 D_1 及其额定出力 N_r 的大小将水轮机分为大、中、小型，其划分界限是相对的，它随着水电设备生产能力的发展而变更。目前将单机出力 $N_r \leqslant 10000\mathrm{kW}$，并且其转轮直径 $D_1 \leqslant 2.0\mathrm{m}$ 的混流式、$D_1 \leqslant 3.3\mathrm{m}$ 的轴流式或贯流式、$D_1 \leqslant 1.5\mathrm{m}$ 的冲击式水轮机称为小型水轮机，其余的称为大中型水轮机。

1.2 水轮机的工作参数

水轮机的任一工作状况（简称工况）以及在该工况下的工作性能可采用水轮机的水头、流量、转速、出力和效率等工作参数以及这些参数之间的关系来描述。现将这些参数的含义分述如下。

1.2.1 水头

水轮机的水头，也称工作水头、净水头，是指单位重量水体通过水轮机时的能量减小值，常用 H 表示，单位 m。如图 1-12 所示，水头 H 为水轮机进口断面 $A—A$ 和出口断面 $B—B$ 的单位重量水体的能量之差。可写成

$$H = E_A - E_B = \left(Z_A + \frac{p_A}{\gamma} + \frac{\alpha_A V_A^2}{2g}\right) - \left(Z_B + \frac{p_B}{\gamma} + \frac{\alpha_B V_B^2}{2g}\right) \tag{1-1}$$

式中：E 为单位重量水体的能量，m；Z 为相对某一基准的位置高度，m；p 为相对压力，$\mathrm{N/m^2}$ 或 Pa；V 为断面平均流速，m/s；α 为断面动能不均匀系数；γ 为水的重度，常将其表示为 ρg，即 $\gamma = \rho g \approx 9810\mathrm{N/m^3} = 9.81\mathrm{kN/m^3}$，其中 ρ 为水的密度，其值为 $1000\mathrm{kg/m^3}$；g 为重力加速度，其值常取为 $9.81\mathrm{m/s^2}$。

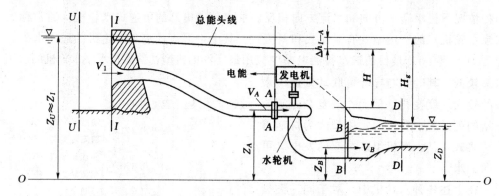

图 1-12 水电站水轮发电机组装置原理图

有下标 A 或 B 者，分别表示 A、B 两个断面的相应参数。

与水轮机水头 H 密切相关的是水电站毛水头 H_g，当忽略上、下游 $U—U$、$D—D$ 断面处的大气压差异和行进流速差异时，$H_g = E_U - E_D \approx Z_U - Z_D$，即为上、下游的水位差，也称为落差。因此，$H_g$ 也常称为水电站静水头。由于断面 $U—U$、$A—A$ 和断面 $B—B$、$D—D$ 之间的伯努利方程

$$E_U = E_A + \Delta h_{U-A} \qquad (1-2)$$

$$E_B = E_D + \Delta h_{B-D} \qquad (1-3)$$

式中：Δh_{U-A} 为断面 $U—U$ 至断面 $A—A$ 的总水头损失，m；由于断面 $U—U$ 至断面 $I—I$ 行进流速水头损失很小，可忽略，因此 Δh_{U-A} 可改取为 Δh_{I-A}；Δh_{B-D} 为断面 $B—B$ 至断面 $D—D$ 的总水头损失，m。

将式（1-2）和式（1-3）代入式（1-1）得

$$H = H_g - \Delta h_{I-A} - \Delta h_{B-D} \qquad (1-4)$$

在实际计算中，可忽略式（1-4）中的 Δh_{B-D} 项，即相当于把水轮机的出口断面改取在有一定距离的下游 $D—D$ 断面处。此时，水轮机水头 H 可表示为

$$H = H_g - \Delta h_{I-A} \qquad (1-5)$$

式中：Δh_{I-A} 为包括进口局部水头损失在内的引水道总水头损失，m。

对冲击式水轮机，以单嘴水斗式为例（图 1-13），其工作水头定义为喷嘴进口断面与射流中心线跟转轮节圆相切处的单位重量水流能量之差，即

$$H = \left(Z_1 + a + \frac{p_1}{\gamma} + \frac{\alpha_1 V_1^2}{2g} \right) - Z_2 \qquad (1-6)$$

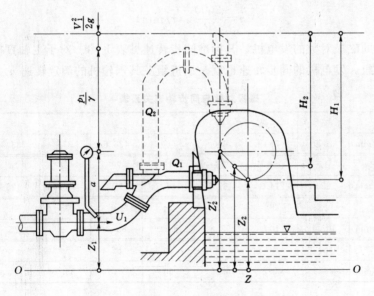

图 1-13　卧轴水斗式水轮机的工作水头

水轮机水头随着水电站上、下游水位的变化而变化。为此，常用下列 5 个特征水头来表征水轮机的运行范围和工作特性。这些特征水头由水能计算确定。

（1）最大水头 H_{max}，是允许水轮机运行的最大净水头。它对水轮机结构的强度设计有决定性的影响。

（2）最小水头 H_{min}，是保证水轮机安全、稳定运行的最小净水头。

（3）加权平均水头 H_{av}，是在一定期间内（视水库调节性能而定），考虑功率和工作历时的水轮机水头的加权平均值，是水轮机在其附近运行时间最长的净水头。

（4）额定水头 H_r，是水轮机在额定转速下，发出额定出力时所需要的最小水头。

（5）设计水头 H_d，水轮机在最优效率运行时的工作水头。

1.2.2　流量

水轮机的流量是指单位时间内通过水轮机的水体体积，常用 Q 表示，单位 m^3/s。在额定水头 H_r 下，水轮机以额定转速、额定出力运行时所对应的过水流量称为额定流量（也称设计流量）Q_r。设计流量是水轮机发出额定出力时所需要的最大流量。

1.2.3　转速

水轮机的转速是水轮机转轮在单位时间内的旋转周数，常用 n 表示，单位 r/min。

对于大中型水轮发电机组，水轮机主轴与发电机主轴用法兰接头直接刚性连接，所以水轮机转速必须与发电机的标准同步转速相等，必须满足下列关系式

$$f = \frac{nP}{60} \quad (\text{Hz}) \tag{1-7}$$

式中：f 为电网规定的电流频率，Hz，我国电网 $f=50\text{Hz}$；P 为发电机磁极对数。

由此可得，机组转速与发电机磁极对数的关系式

$$n = \frac{3000}{P} \quad (\text{r/min}) \tag{1-8}$$

对于不同磁极对数的发电机，其标准同步转速见表1-1。对于主轴直接连接的水轮机发电机组，发电机的同步转速也就是该机组及其水轮机的额定转速 n_r。

表 1-1　　　　　　　　　　　磁极对数与同步转速关系表

磁极对数 P	3	4	5	6	7	8	9	10
同步转速 $n/(\text{r/min})$	1000	750	600	500	428.6	375	333.3	300
磁极对数 P	12	14	16	18	20	22	24	26
同步转速 $n/(\text{r/min})$	250	214.3	187.5	166.7	150	136.4	125	115.4
磁极对数 P	28	30	32	34	36	38	40	42
同步转速 $n/(\text{r/min})$	107.1	100	93.8	88.2	83.3	79	75	74.4
磁极对数 P	44	46	48	50	52	54		
同步转速 $n/(\text{r/min})$	68.2	65.2	62.5	60	57.7	55.5		

1.2.4　出力与效率

水轮机的输入功率为单位时间内通过水轮机的水流的总能量，用 N_w 表示，则

$$N_w = \gamma QH = 9.81QH \tag{1-9}$$

水轮机的输出功率为水轮机主轴传递给发电机的功率，常称为水轮机出力，用 N 表示，单位 kW。

由于水流通过水轮机时存在一定的能量损耗，所以水轮机出力 N 总是小于其输入功率 N_w，通常把 N 与 N_w 的比值称为水轮机的效率，用 η 表示，即

$$\eta = \frac{N}{N_w} = \frac{N}{\gamma QH} \tag{1-10}$$

当今各型水力机械的效率已达到很高水平。例如，大中型水轮机的最高效率，轴流式已达到95%以上，混流式已达到96%以上，贯流式达到96%以上，冲击式在93%左右。水力机械的特征效率包括最高效率、额定效率、加权平均效率。

由式（1-10），水轮机出力可写成

$$N = N_w\eta = \gamma QH\eta = 9.81QH\eta \quad (\text{kW}) \tag{1-11}$$

根据动量矩定理，水轮机出力 N 还可写成

$$N = M\omega = M\frac{2\pi n}{60} \quad (\text{W}) = \frac{nM}{9550} \quad (\text{kW}) \tag{1-12}$$

式中：ω 为水轮机旋转角速度，rad/s；M 为水轮机主轴输出的旋转力矩，N·m。

在额定水头、额定流量和额定转速下，水轮机主轴输出功率称为水轮机的额定出力 N_r，也称为水轮机铭牌功率。

1.3 水轮机的基本构造

1.3.1 混流式水轮机

图1-14是大型混流式水轮机的结构图。来自压力钢管的水流经过蜗壳1、座环

资源1-6
混流式水轮
机的基本
构造

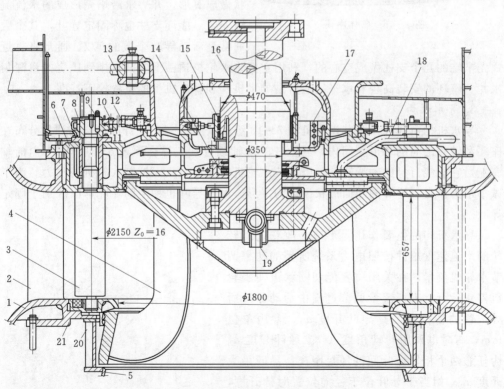

图1-14 混流式水轮机结构图

1—蜗壳；2—座环；3—导叶；4—转轮；5—尾水管；6—顶盖；7—上轴套；8—连接板；9—分半键；
10—剪断销；11—拐臂；12—连杆；13—控制环；14—密封装置；15—导轴承；16—主轴；
17—油冷却器；18—顶盖排水管；19—补气装置；20—基础环；21—底环

2、导叶 3、转轮 4 及尾水管 5 排入下游，其中蜗壳为进水部件，座环为支承部件，转轮为能量转换部件，导叶及其控制机构为导水部件，尾水管为泄水部件。通常将上述部件 1～5 统称为水轮机的过流部件。过流部件是水轮机进行能量转换的主体（其核心是转轮），它们直接影响水轮机运行效率的高低和运行性能的好坏。

1. 蜗壳

蜗壳是一个形如蜗牛的壳体，其作用是使水流产生圆周运动并引导水流均匀地、轴对称地进入座环。其详细介绍见 2.1 节。

2. 座环

座环（图 1－15）是由上环、下环（也称底环）及均匀分布在四周的若干个垂直支柱组成的金属承重部件。其上、下环的外缘与蜗壳的出水边固定联接。座环的作用

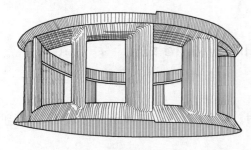

图 1－15　整体座环

是支承水轮发电机组的重量、作用于水轮机转轮的轴向水推力及蜗壳上部部分混凝土的重量，并将此巨大的荷载通过支柱传给厂房基础。因此，座环必须由足够的强度和刚度。由于座环支柱立于过水流道中，为了减小水力损失，应将支柱断面形状做成翼形，并力求沿蜗壳形成的水流流线安置。座环支柱也称固定导叶，其个数通常是活动导叶个数的 1/2。通常将靠近蜗壳末端的几个支柱做成空心的，利用它们将水轮机顶盖上的漏水排到厂房的渗漏集水井。座环的安装高程和水平度通常是导水机构和整个机组的位置校正基准。

3. 导水机构

导水机构由导叶 3 及其操作机构 7～13 组成（图 1－14）。导叶沿圆周均匀分布在座环和转轮之间的环形空间内，其上、下端轴颈分别支撑在顶盖 6 和底环 21 内的轴套上，它能绕自身的轴线转动，以调节水轮机的流量，从而控制水轮机的出力。为了减小水力损失，导叶的断面形状设计为翼形。这种导叶也称活动导叶，以区别于固定导叶。

导水机构的主要作用是形成与改变进入转轮的水流速度矩并按照电力系统所需的功率调节水轮机流量，在关闭位置能切断水流使水轮机停止运行。表征流量调节过程中活动导叶所处位置的特征参数是导叶开度 a_0，常用单位 mm，有时也采用转动角度（°）。导叶开度 a_0 为任意两个相邻导叶间的最短距离。导叶最大开度 a_{0max} 相当于导叶位于径向位置时的开度，如图 1－16 中虚线所示。水轮机在 a_{0max} 开度下运行时水力损失很大，因此在实际运行中导叶允许的最大开度小于 a_{0max}，它通常由效率、出

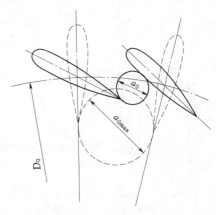

图 1－16　导叶的开度

力和气蚀等因素综合决定，对于不同的水轮机有不同的数值。一般来说，水轮机的应用水头越高，导叶允许的最大开度与转轮直径 D_1 的比值越小。

资源 1-7
导叶操作机
构传动原理

活动导叶的转动是通过其操作机构控制的。如图 1-14 所示，每个导叶的上轴颈穿过水轮机的顶盖 6 由分半键 9 固定在拐臂 11 上，拐臂通过连接板 8 和连杆 12 与控制环 13 相连接。导叶操作机构的传动原理如图 1-17 所示，当接力器活塞移动时，推拉杆即带动控制环转动，从而使导叶发生转动，达到调节开度 a_0（即调节流量）的目的。接力器活塞的移动是由调速器调节其两侧油压来控制的，详见 4.3 节。

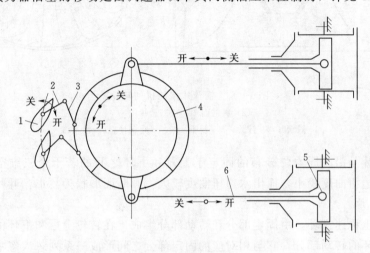

图 1-17　导叶操作机构传动原理图

1—导叶；2—拐臂；3—连杆；4—控制环；5—接力器活塞；6—推拉杆

当活动导叶被杂物卡住而不能关闭时，将会严重影响水轮机的工作。为此，在拐臂 11 与连接板 8 之间采用了剪断销 10 连接，当个别导叶卡死时，则该导叶上的剪断销被剪断，从而使被卡的导叶脱离操作机构的控制，而其余的导叶仍能正常关闭。

导叶的主要几何参数有：

（1）导叶数 Z_0。它一般与转轮直径有关，当转轮直径 $D_1 = 1.0 \sim 2.25\text{m}$ 时，$Z_0 = 16$；当 $D_1 = 2.5 \sim 8.5\text{m}$ 时，$Z_0 = 24$。

（2）导叶相对高度 b_0/D_1。它主要与水轮机型式有关。适用水头越高的水轮机，b_0/D_1 越小。一般对于混流式水轮机，$b_0/D_1 = 0.1 \sim 0.39$；对于轴流式水轮机，$b_0/D_1 = 0.35 \sim 0.45$。

（3）导叶轴分布圆直径 D_0。它应满足导叶在最大可能开度时不碰到固定导叶及转轮。一般 $D_0 = (1.13 \sim 1.16)D_1$。

4. 转轮

混流式水轮机的转轮（图 1-18）由上冠 1，叶片 2，下环 3，止漏环 4、5 和泄水锥 6 组成。上冠外形为曲面圆台体，其上端用法兰盘与主轴联接，下端用螺钉（或焊接）与泄水锥连接。在法兰盘四周开设有几个减压孔，以便将经过上冠外缘渗入冠体上侧的积水排入尾水管。大型机组在与上冠连接的主轴端常装有补气装置，以便向泄水锥下侧的水流低压区补气。泄水锥的作用是引导径向水流平顺地过渡成轴向流动，以消除径向水流的撞击及旋涡。

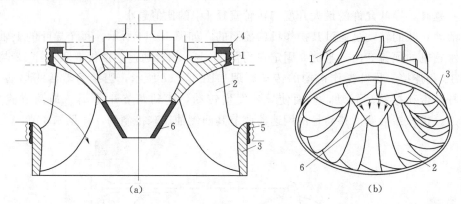

图1-18 混流式水轮机的转轮

(a) 纵剖面图；(b) 透视图

1—上冠；2—叶片；3—下环；4、5—止漏环；6—泄水锥

转轮叶片是沿圆周均匀分布的固定于上冠和下环之间的若干个三维空间扭曲面体，其进水边扭曲度较小，而出水边扭曲度较大，其断面形状为翼形。叶片的数目通常为12～21片。

止漏环也称迷宫环，由固定部分和转动部分组成。在转轮上冠和下环的边缘处均安装着止漏环的转动部分，它与相对应的固定部分之间形成一系列忽大忽小的空间或迷宫状的直角转弯，以增长渗径，加大阻力，从而减小漏水损失。

5. 尾水管

尾水管的作用是将通过转轮的水流排入电站的下游并回收转轮出口水流的部分能量，详见2.2节。

1.3.2 轴流式水轮机

图1-19是大型轴流转桨式水轮机的结构图。轴流式水轮机许多零部件的结构与混流式水轮机基本相同，其主要区别表现在转轮（包括转轮的流道、叶片及转桨机构）和转轮室上。

轴流式水轮机的叶片12（或称桨叶）是沿轮毂13四周径向均匀分布的略有扭曲的翼形曲面体，其内侧弧线短、曲度较大；外侧弧线长、较平整。叶片数一般为4～8片，叶片数越多，适用水头越大。

定桨式转轮的叶片固定在轮毂上。通常定义叶片的安放角φ固定在设计工况效率最优的位置为$\varphi=0°$。

转桨式转轮的叶片用球面法兰与轮毂连接。叶片可根据工况的改变而转动，以保持最优的安放角。安放角$\varphi>0°$，即叶片安放斜度大于设计工况的最优安放斜度，表示叶片往开启方向转动；$\varphi<0°$则反之。φ一般在$-15°$～$+20°$，如图1-20所示。叶片转动的操作机构安装在轮毂内，其传动原理如图1-21所示，当主轴中心操作油管中的油压发生改变时，转轮接力器活塞8发生上、下移动，从而带动连杆6和转臂5使叶片1转动。叶片的转动与导叶的转动在调速器的控制下协联动作，以达到最优的

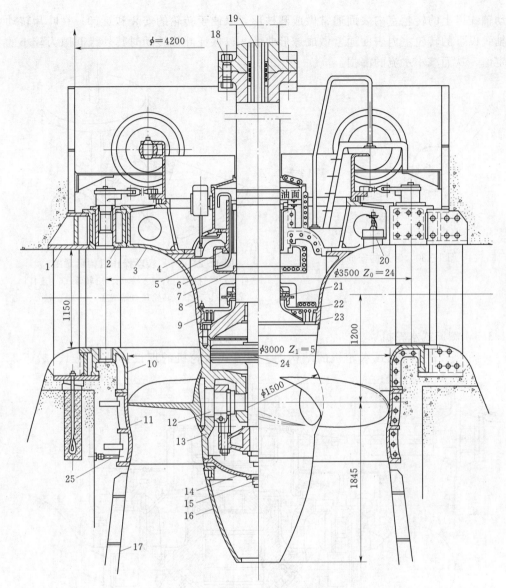

图 1-19　轴流转桨式水轮机结构图

1—座环；2—顶环；3—顶盖；4—轴承座；5—导轴承；6—升油管；7—转动油盆；8—支承盖；
9—橡皮密封环；10—底环；11—转轮室；12—叶片；13—轮毂；14—轮毂端盖；15—放油阀；
16—泄水锥；17—尾水管里衬；18—主轴连接螺栓；19—操作油管；20—真空破坏阀；
21—炭精密封；22、23—梳齿形止漏环；24—转轮接力器；25—千斤顶

运行工况。

　　由于轮毂直径加大会影响转轮的流道尺寸，恶化水流状态，所以轮毂直径 d_g 与转轮直径 D_1 的比值 d_g/D_1（简称轮毂比）一般限制在 $0.33\sim0.55$。由于叶片转动的操作机构复杂、安装困难，所以转桨式转轮一般只用于大中型机组。

　　轴流式水轮机的转轮室 11（图 1-19）内壁经常承受很大的脉动水压力，因此，常在其外侧布设钢筋并用拉紧器或千斤顶 25 等将其固定在外围混凝土上。在叶片转

动轴线以上的转轮室内表面通常做成圆柱形，以便于转轮的安装和拆卸；在叶片转动轴线以下的转轮室内表面通常做成球形曲面，以保证叶片转动时其外缘间隙为较小的定值，从而减小水流的漏损。

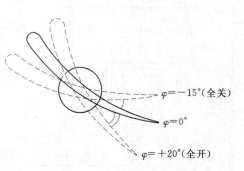

图 1-20　叶片的安放角

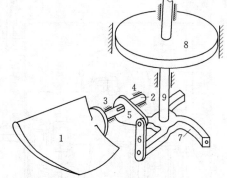

图 1-21　叶片转动操作机构示意图

1—叶片；2—枢轴；3、4—轴承；5—转臂；6—连杆；
7—操作架；8—转轮接力器活塞；9—活塞杆

1.3.3　斜流式水轮机

　　图 1-22 是斜流式水轮机的结构图。斜流式水轮机的埋设部件蜗壳 1、座环 2、

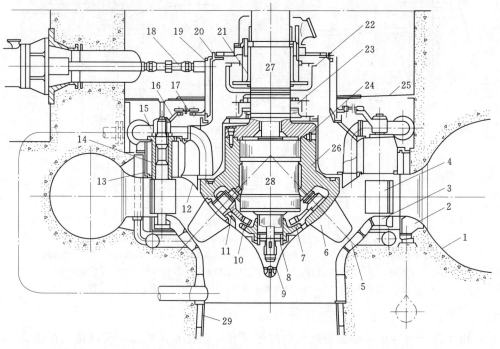

图 1-22　斜流式水轮机结构图

1—蜗壳；2—座环；3—底环；4—导叶；5—转轮室；6—叶片；7—操作盘；8—下端盘；9—泄水锥；
10—滑块；11—转臂；12—顶盖；13—顶环；14—轴套；15—水压平衡管；16—拐臂；17—连杆；
18—推拉杆；19—控制环；20—支撑架；21—导轴承；22—油盆；23—主轴密封；24—键；
25—盖板；26—轮毂；27—主轴；28—刮板接力器；29—尾水管

导水机构 4、尾水管 29 以及主轴 27、导轴承 21 等与混流式和高水头轴流转桨式水轮机基本相同。而主要不同的是其叶片转动轴线与水轮机主轴成 45°～60° 的锥角,叶片数介于混流式和轴流式之间,为 8～12 片,其轮毂 26 外表面及转轮室 5 内表面基本上为球形曲面。

斜流式水轮机的转轮叶片操作机构常用的有两种形式:一种是与轴流转桨式类似的活塞式接力器的操作机构,这种结构较复杂,应用较少;另一种是利用刮板接力器 28 或环形接力器带动操作盘 7 转动,然后通过滑块 10、转臂 11 带动叶片 6 转动,这种结构较简单,目前应用较多,但其接力器油路的密封要求较高。

对于斜流式水轮机,值得注意的是:当由于轴向水推力和温度变化等引起水轮机轴向位移时,其叶片不得与转轮室内壁接触。对此所采用的对策是装设轴向位移信号继电保护装置,以便在轴向位移超出允许范围时可自动紧急停机。

1.3.4　灯泡贯流式水轮机

图 1-23 是典型灯泡贯流式水轮机组的结构图。这种机型实质上是一种无蜗壳、无弯肘形尾水管的卧轴布置的轴流式水轮机。其发电机安装在灯泡型壳体 15 内,从而使机组主轴很短、结构很紧凑。壳体 15 由前支柱 16 和后支柱 4 固定在外壳上。导叶 2 采用斜向圆锥形布置。叶片 1 有定桨和转桨两种形式,叶片的形状及其转动操作机构与轴流转桨式相似,叶片数常为 4 片。机组的转动部分由径向导轴承 6、7 支撑,并用推力轴承 8 限制轴向位移。进水管 17 近似为渐缩型圆直管,尾水管 20 近似为渐扩型圆锥管。

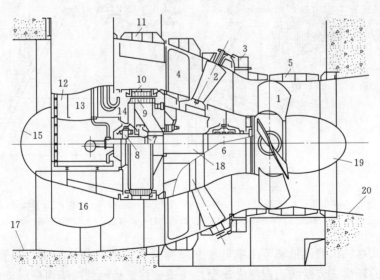

图 1-23　灯泡贯流式水轮机组结构图

1—叶片;2—导叶;3—控制环;4—后支柱(固定导叶);5—转轮室;6—水轮机导轴承;7—发电机导轴承;
8—发电机推力轴承;9—发电机转子;10—发电机定子;11—检修进人孔;12—管路通道;
13—前支柱内的进人孔;14—电缆出线孔;15—灯泡型壳体;16—前支柱;17—进水管;
18—主轴;19—泄水锥;20—尾水管

灯泡型壳体可放在转轮的进水侧或尾水侧。当水头低时，灯泡体放在进水侧的机组效率较高；当水头高时，灯泡体放在尾水侧的机组密封止水、强度和运行稳定性较好。

当水头较低而机组容量又较大时，若水轮机与发电机的主轴直接联接，则发电机将因转速较低而直径较大，这会导致灯泡体尺寸过大而使流道水力损失增加。为此常在水轮机与发电机之间设置齿轮增速传动机构，使发电机转速比水轮机转速大 3～10 倍，从而缩小发电机尺寸，减小灯泡体尺寸，改善流道的过流条件。但这种增速机构结构复杂，加工工艺要求较高，传动效率一般较低，因此目前仅应用于小型贯流式机组。

1.3.5　水斗式水轮机

图 1-24 是双喷嘴水斗式水轮机的结构图。来自压力管道 1 的高压水流，经喷嘴 3 形成高速射流冲击转轮 6 做功，然后经尾水槽 9 排入下游。

资源 1-11
冲击式水轮
机和可逆式
水轮机

资源 1-12
针阀及折流
板操作机构
传动原理

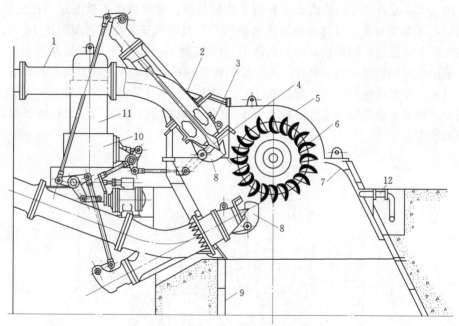

图 1-24　双喷嘴水斗式水轮机结构图

1—压力管道；2—喷嘴管；3—喷嘴；4—喷针；5—机壳；6—转轮；7—导流板；
8—折流板；9—尾水槽；10—接力器；11—调速器；12—制动喷嘴

水斗式水轮机的流量调节由喷针 4 和喷嘴 3 构成的针阀来实现。当喷针移动时，喷嘴出口的环形过流断面面积随之改变，当喷针移至接触到喷嘴内壁时能起截断水流的作用。喷针的移动由接力器 10 及其传动机构来控制。喷嘴前装有折流板 8（也称折向器），当机组突弃负荷时，为了避免转轮飞逸，首先启动折流板，在 1～2s 内使射流全部偏离转轮，然后将喷针缓慢地移至全关位置，避免因喷针快速移动导致在压力钢管内产生过高的水锤压力。喷嘴和转轮均置于机壳 5 内，以防止水流溅入厂房。为了防止水流随转轮飞溅到转轮上方或轮叶背面造成附加损失，在机壳内右下侧设置了导流板 7。

转轮 6 由轮盘及沿轮盘圆周均匀分布的斗勺形轮叶（也称水斗）组成。轮叶（图1-25）的正面由两个勺形的内表面 1 和略带斜向的出水边 5 组成，中间由分水刃 6分开，射流束的中线与分水刃重合。为了避免前一水斗在转动中影响射流冲击后面的工作水斗，在轮叶的前端留有缺口 2 以及在背面留有一道缺槽。为了增强水斗强度，在水斗背面加有横肋 7 和纵肋 8。大中型水斗式机组的轮叶与轮盘常采用整体铸造或焊接连接。

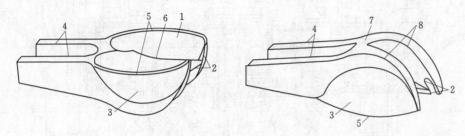

图 1-25　水斗式水轮机的转轮轮叶

1—内表面；2—缺口；3—背面；4—水斗柄；5—出水边；6—分水刃；7—横肋；8—纵肋

为了提高机组转速及过流量，常在一个转轮上装设两个或更多个喷嘴。有时又在一根轴上装设两个（或多个）转轮，以提高机组的单机出力。大中型水斗式水轮机多采用立式布置，这样不仅可使厂房面积缩小，也便于装设多喷嘴。中小型水斗式水轮机通常采用卧式布置，这样可简化结构、降低造价，并便于安装和维护。

1.3.6　水泵水轮机

水泵水轮机常用型式有混流式和斜流式。潮汐电站水头较低，常使用贯流式水泵水轮机。图 1-26 是大型斜流式水泵水轮机的结构图。主要由转轮 3～5、蜗壳 6、座环 7、导叶 28 等部件组成。

1. 转轮

混流可逆式水力机械转轮需要适应水泵和水轮机两种工况要求，其特征形状与离心泵更为相似。高水头转轮外形十分扁平，其进口直径与出口直径的比率为 2∶1 或更大，转轮进口宽度（导叶高度）在直径的 10% 以下；叶片数少但叶片薄而长，包角很大，能到 180° 或更高。很多混流可逆式机组都使用 6～7 个叶片，近年来为向更高水头发展，使用到 8～9 片。因为可逆式机组的过流量相对较小，水轮机工况进口处叶片角度只有 10°～12°。为改善水轮机工况和水泵工况的稳定性，叶片出口边角度常作成后倾式，而不是在一个垂直面上。

2. 导叶

如图 1-26 中 28 所示，为适应双向水流，活动导叶的叶型多近似为对称形状，头尾都做成渐变形圆头。导叶选择的原则为：①为承受水泵工况水流的强烈撞击，使用数目较少而强度较高的导叶；②按强度要求选取最小的厚度；③导叶长度不宜过大，以求减小静态和动态水力矩。高水头机组的导叶转角不大，导叶分布圆直径可选

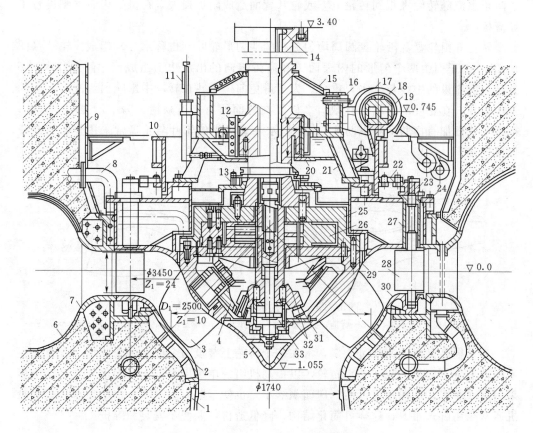

图 1-26　斜流式水泵水轮机结构图

1—尾水管里衬；2—转轮室；3—叶片；4—转臂；5—泄水锥；6—蜗壳；7—座环；8—水压平衡管；
9—机坑里衬；10—控制环；11—油位计；12—导轴承；13—主轴密封；14—主轴；15—轴承盖；
16—螺栓；17—接力器活塞缸；18—紧固螺钉；19—接力器活塞；20—油箱；21—轴承座；
22—连杆；23—导叶臂；24—顶盖；25—刮板接力器缸盖；26—刮板接力器；27—套筒；
28—导叶；29—转轮体；30—底环；31—操作盘；32—下端盖；33—凸轮转向机构

成与常规水轮机接近。在水轮机工况运行时，座环叶片的尾流会影响导叶流道内水流
状态，故在圆周分布上有一个导叶相对固定叶片的最优位置（角度），这个位置要通
过水力模型试验确定。

　　3. 蜗壳

　　如图 1-26 中 6 所示，水轮机工况要求在结构条件和经济条件许可下采用较大的
断面，以使水流能均匀进入转轮四周；水泵工况要求蜗壳的扩散度不过大，以免水流
产生脱离。国内外研究试验及实践经验证明：高水头可逆式机组的蜗壳断面应选取介
于水轮机和水泵两种工况要求之间，并更多满足水轮机工况的要求。

　　4. 尾水管

　　可逆式水力机械在水轮机工况运行时要求尾水管断面为缓慢扩散型；在水泵工
况运行时要求吸水管为收缩型，两者流动方向是相反的，在断面规律上并不存在矛

盾。不过水泵工况要求在转轮进口前有更大程度的收缩，以保证进口水流流速分布均匀。

5. 座环

座环（图1-26中7所示）既是一个重要的固定过流部件又是机组的基本结构部件。座环的高程和水平度决定整个机组的安装位置。

6. 顶盖、底环

高水头机组的顶盖和底环（底环常和泄水环做成整体）要承受很大水压力，为保证转轮密封和导轴承稳定性，顶盖和底环都必须具有很大刚度，使变形减至最小。

7. 导水机构

多数可逆式水力机械采用和常规水轮机一样的导水机构，用一对直线接力器通过控制环来操作活动导叶。由于可逆式水力机械在运行中增减负荷很急速，水力振动大，水泵工况运行时水流对导叶的冲击也很大，故导叶和调节机构的结构都需比常规水轮机更坚固些。有些水轮机每一个活动导叶采用一个单元接力器控制，其优点是：①每个活动导叶的操作机构减到最小尺寸，动作灵活；②每个接力器只控制一个活动导叶，导叶可以设计成有自动关闭趋势的外形；③活动导叶和自己的单元接力器始终是连接的，由于接力器的缓冲作用使活动导叶不会晃动或失控，不需要剪断或拉断装置；④顶盖上部空间增大，便于维护修理。

1.4 水 轮 机 型 号

《水轮机、蓄能泵和水泵水轮机型号编制方法》（GB/T 28528—2012）规定，水轮机、蓄能泵和水泵水轮机产品型号由三部分或四部分代号组成，第四部分仅用于蓄能泵及水泵水轮机，各部分之间用"-"（其长度相当于半个汉字宽）隔开，见图1-27及表1-2。

资源1-13
水轮机型号

水轮机型号的第一部分由表示水轮机型式的汉语拼音字母与转轮的代号组成，其中前两个拼音字母表示水轮机型式，见表1-2，取自特征信息最多的关键字汉语拼音的首字母；转轮的代号是由研发单位自己的模型转轮编号/水轮机原型额定工况的比转速表示，模型转轮编号与比转速之间用符号"/"分隔。比转速代号用阿拉伯数字

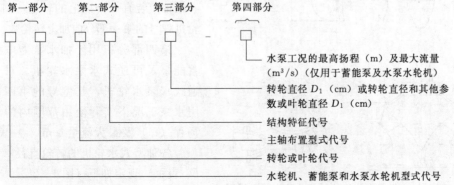

图1-27　型号排列顺序及规定

表 1-2　　　　　　　　　　　　　水轮机型号编制规则

第 一 部 分				第 二 部 分				第三部分	第四部分
水轮机型式		注释		主轴布置型式		引水部件特征			
型式	符号			型式	符号	特征	符号		
混流式	HL	采用水轮机比转速或转轮代号表示。当用比转速代号表示时，其代号统一由归口单位编制，用阿拉伯数字表示，当用转轮代号表示时，可由制造厂自行编号		立式	L	金属蜗壳	J	转轮标称直径或转轮标称直径和其他参数组合（cm）	水泵工况的最高扬程（m）及最大流量（m³/s），仅用于蓄能泵和水泵水轮机
轴流定桨式	ZD			卧式	W	混凝土蜗壳	H		
轴流转桨式	ZZ			其他主轴非垂直布置形式	W	全贯流式	Q		
轴流调桨式	ZT					灯泡式	P		
斜流式	XL					竖井式	S		
贯流定桨式	GD					轴伸式	Z		
贯流转桨式	GZ					罐式	G		
贯流调桨式	GT					虹吸式	X		
冲击（水斗）式	CJ					明槽式	M		
斜击式	XJ					有压明槽式	My		
双击式	SJ								

表示，单位为 m·kW。入型谱的转轮型号给出了比转速数值，水轮机系列型谱见表3-3和表3-4；未入型谱的转轮型号为各单位自己的编号。可逆式水泵水轮机型式用字母"N"及汉语拼音字母表示，例如，可逆式混流水泵水轮机的代号为"NHL"，可逆式斜流水泵水轮机的代号为"NXL"。对于两级或多级可逆式水泵水轮机在相应型式的可逆式水泵水轮机前面加上与级数相同的阿拉伯数字，例如两级与五级可逆式混流水泵水轮机的型式可分别写为"2NHL"与"5NHL"。

第二部分由两个汉语拼音字母组成，分别表示水轮机主轴布置型式和进水部件的结构特征。

第三部分是阿拉伯数字，表示以 cm 为单位的水轮机转轮直径或转轮直径和其他参数组合。转轮直径也称为转轮公称直径，或转轮标称直径。对于水斗式和斜击式水轮机，该部分表示为：转轮直径（cm）/每个转轮上的喷嘴数×设计射流直径（cm）；对于双击式水轮机，该部分表示为：转轮直径（cm）/转轮宽度（cm）。如果在同一根轴上装有一个以上的转轮，则在水轮机牌号的第一部分前加上转轮数。

第四部分仅用于抽水蓄能电站的蓄能泵及可逆式水泵水轮机。对于可逆式水泵水轮机，其型号的第四部分用水泵工况下实际使用范围内的最高扬程（m）及最大流量（m³/s）表示。

各种型式水轮机的转轮直径（常用 D_1 表示）规定如下（图 1-28）：

（1）对混流式水轮机是指其转轮

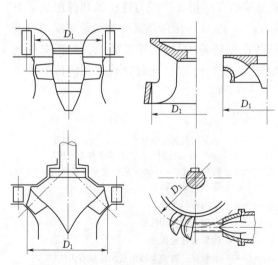

图 1-28　各型水轮机的转轮公称直径示意图

叶片进水边正面与下环相交处的直径 D_1 或转轮叶片出水边正面与下环相交处的直径 D_2。

（2）对轴流式、斜流式和贯流式水轮机是指与转轮叶片轴线相交处的转轮室内径。

（3）对冲击式水轮机是指转轮水斗与射流中心线相切处的节圆直径。

反击式水轮机转轮标准直径系列见表 1-3。双击式水轮机转轮尺寸为：转轮直径 D_1（cm）＝32、40、50、63；转轮宽度（不包括中间隔板厚度）B（cm）＝8、10、13、16、20、25、32、40、50、63、80。

表 1-3　　　　　　　　反击式水轮机转轮标准直径系列　　　　　　　单位：cm

25	30	35	(40)	42	50	60	71	(80)	84
100	120	140	160	180	200	225	250	275	300
330	380	410	450	500	550	600	650	700	750
800	850	900	950	1000	(1020)	(1130)			

注　表中括号内的数字仅适用于轴流式水轮机，其中系列 25~330 为中小型水轮机产品系列型谱。

水轮机及水泵水轮机型号示例：

（1）HL A1181a/142-LJ-872，表示转轮代号为模型转轮编号 A1181a，水轮机原型额定工况比转速 142m·kW 的混流式水轮机，立轴，金属蜗壳，转轮直径为 872cm。

（2）ZZ560-LH-800，表示水轮机原型额定工况比转速为 560m·kW 的轴流转桨式水轮机，立轴，混凝土蜗壳，转轮直径为 800cm。

（3）XL245-LJ-250，表示水轮机原型额定工况比转速为 245m·kW 的斜流式水轮机，立轴，金属蜗壳，转轮直径为 250cm。

（4）GD600-WP-300，表示水轮机原型额定工况比转速为 600m·kW 的贯流定桨式水轮机，卧轴，灯泡式引水，转轮直径为 300cm。

（5）2CJ20-W-120/2×10，表示水轮机原型额定工况比转速为 20m·kW 的水斗式水轮机，一根轴上装有 2 个转轮，卧轴，转轮直径为 120cm，每个转轮具有 2 个喷嘴，设计射流直径为 10cm。

（6）SJ115-W-40/20，表示水轮机原型额定工况比转速为 115m·kW 的双击式水轮机，卧轴，转轮直径为 40cm，转轮宽度为 20cm。

（7）5NHL××/××-LJ-300-1000/37.6，表示模型编号为××/水轮机原型额定工况比转速为××m·kW，立轴，金属蜗壳，五级可逆式混流水泵水轮机，转轮直径为 300cm，在电站实际使用范围内水泵工况的最高扬程为 1000m，最大流量为 37.6m³/s。

1.5　水流在反击式水轮机转轮中的运动

在水轮机正常运行时表征其工作状态的水头 H、流量 Q、出力 N 和转速 n 等参数始终处于不断变化之中，而且由于转轮内存在一定数量的叶片以及水流在叶片正、反面的运动状况互不相同，因此，水流在反击式水轮机转轮中的运动是一种非恒定的、沿圆周方向非轴对称的、复杂的三维空间流动。对于这样的一种运动要用精确的数学方法来描述至今还有一定的困难。但是根据运动学理论可知，不论空间运动的速度场有多复杂，都可以通过其中各点的速度三角形来表达。水轮机转轮中任一点的速度与分速度按平行四边形法则构成矢量三角形。水流在转轮中运动的速度三角形通常由牵连速度 $\vec{U}$（即水流随转轮旋转做圆周运动的速度）、相对速度 $\vec{W}$（即水流在转轮流道内相对叶片运动的速度）和绝对速度 $\vec{V}$（即水流相对地面的运动速度）组成，即

$$\vec{V} = \vec{W} + \vec{U} \tag{1-13}$$

资源 1-14
水轮机中的
水流运动

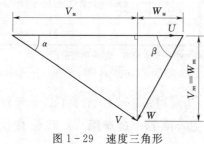

图 1-29　速度三角形

图 1-29 为一速度三角形，其中夹角 α、β 分别称为绝对速度 $\vec{V}$ 和相对速度 $\vec{W}$ 的方向角。

水流在水轮机转轮进、出口处的运动速度三角形是研究水轮机工作过程和进行转轮水力设计的最重要的依据之一。但由于水流在转轮中运动的极端复杂性，这种依据的有效性是以下列假定条件为基础的：

（1）假定转轮叶片无限多、无限薄。由此可认为水流在转轮中的运动是均匀的、轴对称的，其相对运动轨迹与叶片翼形断面的中线（或称骨线）所构成的三维空间扭曲面相重合。

（2）假定水流在进入转轮之前的运动是均匀的、轴对称的。

（3）假定水轮机在所研究的工况下保持稳定运行，即水轮机的特征参数 H、Q、N 和 n 等保持不变，从而水流在水轮机各过流部件中的运动均为恒定流动。在此情况下，水流在水轮机转轮中的相对运动或绝对运动的流线与迹线相重合。流线即在某一瞬时水流流动的方向线，在这根线上每一点处的流体质点在同一时刻的速度方向都和这根线的切线方向重合；而迹线即为某一流体质点的运动轨迹线。值得注意的是：相对运动的流线、迹线与绝对运动的流线、迹线是不相同的。

根据上述假定，对于混流式水轮机，可以认为任一水流质点在转轮中的运动是沿着某一喇叭形的空间曲面而作的螺旋形曲线运动。此空间曲面称为流面，它由某一流线绕主轴旋转而成的回旋曲面。在整个转轮流道内有无数个这样的流面，图 1-30 绘出了某一中间流面。根据流动的轴对称性可知，任一水流质点在转轮进口的运动状态及其流动到转轮出口的运动状态可由同一时刻该流面上任意进、出口点的速度三角形表示。将图 1-30 中所示的流面旋转展开成图 1-31，并在其中任一叶片的进、出口点绘出速度三角形，此即表示了在所研究的工况下水流在转轮进、出口处的运动状态。

为了分析上的方便，常将绝对运动速度 $\vec{V}$ 沿圆周运动速度 $\vec{U}$ 方向和垂直于 $\vec{U}$ 的

方向作如图 1-29 所示的正交分解，可得到如下两个分速度：

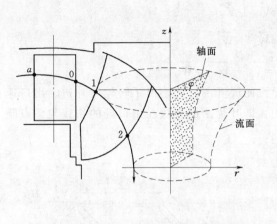
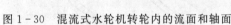

图 1-30　混流式水轮机转轮内的流面和轴面

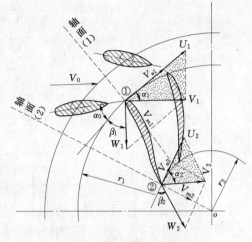

图 1-31　流面展开图

（1）圆周分速度 $\vec{V}_u$。这是个重要的参数，它与考察点位置的半径 r 的乘积 $V_u r$ 称为速度矩。

（2）轴向分速度 $\vec{V}_m$。水流的轴面流动动能不可能转换成转轮的旋转机械能。所谓轴面，就是转轮的旋转中心线与经过考察点的径向线所构成的平面（图 1-30）。轴面分速度 $\vec{V}_m$ 还可再次分解成径向分速度 $\vec{V}_r$ 和轴向分速度 $\vec{V}_z$，即

$$\vec{V} = \vec{V}_u + \vec{V}_m = \vec{V}_u + \vec{V}_r + \vec{V}_z$$

$$(1-14)$$

同理相对速度 $\vec{W}$ 也可作同样的分解，即

$$\vec{W} = \vec{W}_u + \vec{W}_m = \vec{W}_u + \vec{W}_r + \vec{W}_z$$

$$(1-15)$$

各速度与分速度的空间矢量关系如图 1-32 所示。

对于轴流式水轮机，水流从轴向流进和流出转轮，其径向流速很小，可忽略不计，即 $\vec{V}_r \approx 0$。因此，水流在轴流式转轮中的运动可认为是圆柱层流动，即流面为一圆柱面。流面上任一水流质点的圆周速度 $\vec{U}$ 相等，轴面分速度 $\vec{V}_m$ 也相等，即有

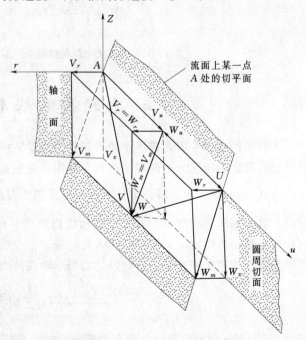

图 1-32　速度三角形中各速度及其分速度的关系

$$\vec{U}_1 = \vec{U}_2,\ \vec{V}_{m1} = \vec{V}_{m2}$$

以及

$$\vec{V} = \vec{V}_u + \vec{V}_z$$

$$\vec{W} = \vec{W}_u + \vec{W}_z$$

$$\vec{V}_m = \vec{V}_z = \vec{W}_m = \vec{W}_z$$

图 1-33 绘出了直径为 D 的圆柱形流面展开图，并绘出了转轮叶片进、出口速度三角形。图中 β_{e_2} 称为叶片出口安放角，即叶片断面骨线在出口处的切线与该点圆周切线的夹角。

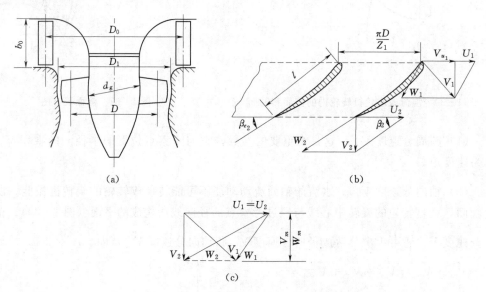

图 1-33　轴流式水轮机转轮进、出口速度三角形

1.6　水轮机的基本方程

　　水轮机的基本方程是描述水轮机转轮内能量转换关系的数学方程式，它是水轮机转轮设计和运行工况分析的理论依据。利用动量矩定理可导出水轮机的基本方程式。

　　由式（1-14）知，转轮中任意点处水流的绝对速度 $\vec{V}$ 可分解成 $\vec{V}_u$、$\vec{V}_m$ 两个分速度，其中轴面分速度 $\vec{V}_m$ 与水轮机轴线相交或平行，对水轮机轴线不产生动量矩。因此，根据动量矩定理，单位时间内转轮流道上全部水流的质量对水轮机轴线的动量矩变化等于作用在该质量上所有外力对同一轴线的力矩总和，即有

$$\frac{\mathrm{d}\left(\sum m V_u r\right)}{\mathrm{d}t} = \sum M_w \tag{1-16}$$

式中：$\sum m V_u r$ 为转轮流道上所有水流质点的动量矩总和，其中 m、V_u、r 分别为任一水流质点的质量、圆周分速度和所处位置的半径；$\sum M_w$ 为作用在转轮流道内全部

水流质点上的外力矩总和。

下面考察水流通过转轮时的动量矩变化情况。

为了便于分析，假定在所考察的 $t \sim t + dt$ 时段内水流在转轮流道中的运动为均匀、轴对称的恒定流动。在此条件下，可在转轮流道内沿 t 时刻的某一流线取一个微小流束进行动量矩变化分析。如图 1-34 所示，在 t 时刻转轮流道内的微小流束 a—b，经 dt 时间后运动到 c—d。由于该流束内各水流质点的 V_u 和 r 值在 dt 时间内发生了变化，导致该流束动量矩的变化，其变化量为该流束在 c—d 位置的动量矩（用 M_{c-d} 表示）减去其在 a—b 位置的动量矩（用 M_{a-b} 表示）。根据恒定流假定可知，c—d 和 a—b 的重合部位 c—b 段的水流在 dt 时间内动量矩不变，因此，上述 $M_{c-d} - M_{a-b}$ 可改写为 $M_{b-d} - M_{a-c}$。设该流束的流量为 q，则根据连续性方程知 b—d 段和 a—c 段水流的质量均为 $\gamma q \, dt / g$。令 dt 无限小，则流束 a—c 段和 b—d 段水流质点的速度矩可

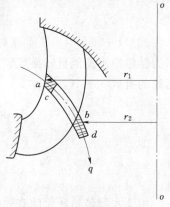

图 1-34　水流通过转轮时的
动量矩变化

分别用转轮进、出口处水流质点的速度矩 $V_{u_1} r_1$ 和 $V_{u_2} r_2$ 表示。从而可得该流束在 t 时刻的单位时间内动量矩变化为

$$\frac{M_{c-d} - M_{a-b}}{dt} = \frac{M_{b-d} - M_{a-c}}{dt} = \frac{\gamma q}{g}(V_{u_2} r_2 - V_{u_1} r_1) \tag{1-17}$$

如果在 t 时刻通过整个转轮流道的有效流量为 Q_e，并假定整个转轮流道内任一流束的转轮进、出口水流质点的速度矩分别为 $V_{u_1} r_1$ 和 $V_{u_2} r_2$，则整个转轮流道内水流在 t 时刻的单位时间内动量矩变化为

$$\frac{d(\sum m V_u r)}{dt} = \frac{\gamma \sum q}{g}(V_{u_2} r_2 - V_{u_1} r_1) = \frac{\gamma Q_e}{g}(V_{u_2} r_2 - V_{u_1} r_1) \tag{1-18}$$

上述动量矩的变化系由 t 时刻作用在转轮流道内全部水体上的所有外力对水轮机轴线的总力矩引起。下面分析这些外力及其形成力矩的情况。

（1）重力。重力的合力与水轮机轴线重合（立轴情况）或相交（卧轴情况），不产生力矩。

（2）上冠、下环的内表面对水流的压力。由于这些内表面均为旋转面，其压力是轴对称的，压力的合力与水轮机轴线相交，不产生力矩。

（3）转轮外的水流在转轮进、出口处对转轮流道内水流的水压力。此压力的作用面也可看作是旋转面，压力的合力与轴线相交，不产生力矩。

（4）转轮流道上固体边界表面对水流的摩擦力。此摩擦力对水轮机轴线所形成的力矩数值很小，可以忽略不计。摩擦力的影响是使水流在转轮内产生沿程水头损失，体现在水力效率 η_H，见 1.7 节。

（5）转轮叶片对水流的作用力。此作用力迫使水流改变运动速度的大小和方向，对水轮机轴线将产生力矩，用 M' 表示。

由此可见，所有外力对转轮流道内水体的总作用力矩即为转轮叶片对水流的作用力矩，即 $\sum M_w = M'$。而水流对转轮叶片的反作用力矩 $M = -M'$，结合式（1-16）、式（1-18）可得

$$M = \frac{\gamma Q_e}{g}(V_{u_1} r_1 - V_{u_2} r_2) \tag{1-19}$$

式（1-19）给出了水流对转轮的作用力矩与水流本身的动量矩变化之间的关系，即为转轮中水流能量转换成转轮旋转机械能的关系。根据式（1-19）可得水流传给转轮的有效功率 N_e 为

$$N_e = M\omega = \frac{\gamma Q_e}{g}(V_{u_1} r_1 - V_{u_2} r_2)\omega \tag{1-20}$$

即

$$N_e = \frac{\gamma Q_e}{g}(V_{u_1} U_1 - V_{u_2} U_2) \tag{1-21}$$

由于水流传给转轮的有效功率 N_e 可写成 $\gamma Q_e H \eta_H$ 形式，当 $Q_e \neq 0$ 时将其代入式（1-20）和式（1-21）可得

$$H\eta_H = \frac{\omega}{g}(V_{u_1} r_1 - V_{u_2} r_2) \tag{1-22}$$

及

$$H\eta_H = \frac{1}{g}(V_{u_1} U_1 - V_{u_2} U_2) \tag{1-23}$$

根据速度三角形（图 1-29）的关系知 $V_u = V\cos\alpha$，所以式（1-23）可改写成

$$H\eta_H = \frac{1}{g}(U_1 V_1 \cos\alpha_1 - U_2 V_2 \cos\alpha_2) \tag{1-24}$$

式（1-22）也可用环量表示为

$$H\eta_H = \frac{\omega}{2\pi g}(\Gamma_1 - \Gamma_2) \tag{1-25}$$

式中：Γ 为速度环量，$\Gamma = 2\pi V_u r$，下标为 1 的符号代表转轮进口处的变量，下标为 2 的符号代表转轮出口处的变量。

式（1-22）～式（1-25）均称为水轮机的基本方程式。它们给出了单位重量水流的有效出力 $H\eta_H$ 与转轮进、出口运动参数之间的关系。水轮机基本方程式的推导虽然基于混流式水轮机的流态分析，但却适用于各种反击式和冲击式水轮机，它是能量守恒定理适用于水轮机能量转换过程的一种具体表现形式。

上述基本方程式表明，水流对转轮做功的必要条件是水流通过转轮时其速度矩（或环量）发生变化。其中转轮进口水流的速度矩 $V_{u_1} r_1$ 是由蜗壳、座环和导叶形成的（其中主要是导叶），而转轮出口水流的速度矩 $V_{u_2} r_2$ 表示出口速度矩损失。转轮的作用是控制出口水流速度矩 $V_{u_2} r_2$ 的大小，实现水流能量的最有效转换。

根据图 1-31 的转轮进、出口速度三角形和余弦定理可得

$$W_1^2 = V_1^2 + U_1^2 - 2U_1 V_1 \cos\alpha_1 = V_1^2 + U_1^2 - 2U_1 V_{u_1} \tag{1-26}$$

$$W_2^2 = V_2^2 + U_2^2 - 2U_2 V_2 \cos\alpha_2 = V_2^2 + U_2^2 - 2U_2 V_{u_2} \tag{1-27}$$

将上列关系式代入式（1-23）或式（1-24）可得另一种形式的水轮机基本方程式

$$H\eta_H = \frac{V_1^2 - V_2^2}{2g} + \frac{U_1^2 - U_2^2}{2g} - \frac{W_1^2 - W_2^2}{2g} \qquad (1-28)$$

1.7　水轮机的效率及最优工况

1.7.1　水轮机的效率

1.2 节已介绍过，水轮机的效率 η 表示水轮机的出力 N 与水轮机从水流输入的功率 N_w 的比值。而 N_w 与 N 的差值正是水轮机能量转换过程中所产生的能量损失。这些损失常按特性分解为下列几种：水力损失、容积损失和机械损失。相应于各类损失的效率分别称为水力效率 η_H、容积效率 η_V 和机械效率 η_m，现分述如下。

1. 水力损失和水力效率

水流经过水轮机的蜗壳、座环、导水机构、转轮及尾水管等过流部件时，由于摩擦、撞击、涡流、脱流等所产生的能量损失统称为水力损失。水力损失是水轮机能量损失中的主要部分。

设水轮机的水头为 H，流量为 Q，水力损失为 $\sum \Delta H$，则水轮机的有效水头 H_e 和水力效率 η_H 为

$$H_e = H - \sum \Delta H \qquad (1-29)$$

$$\eta_H = \frac{\gamma Q(H - \sum \Delta H)}{\gamma Q H} = \frac{H_e}{H} \qquad (1-30)$$

2. 容积损失和容积效率

进入水轮机的流量 Q，其中有一小部分流量 $\sum q$ 会从水轮机的旋转部分与固定部分之间的缝隙（如混流式水轮机的上、下止漏环间隙，轴流式水轮机的桨叶与转轮室之间的间隙）中漏走损失掉。这一小部分流量对转轮不做功，所以称之为容积损失。进入水轮机的有效流量为

$$Q_e = Q - \sum q \qquad (1-31)$$

在同时考虑水力损失和容积损失后，水流传给转轮的功率称为有效功率 N_e，即

$$N_e = \gamma (Q - \sum q)(H - \sum \Delta H) = \gamma Q_e H_e \qquad (1-32)$$

而容积效率为

$$\eta_V = \frac{\gamma (Q - \sum q) H_e}{\gamma Q H_e} = \frac{Q - \sum q}{Q} = \frac{Q_e}{Q} \qquad (1-33)$$

3. 机械损失和机械效率

水流作用在转轮的有效功率 N_e 不可能全部转换成水轮机主轴轴端输出的出力 N，其中有一小部分功率 ΔN_m 消耗在各种机械损失上，如轴承及轴封处的摩擦损失、转轮外表面与周围水体之间的摩擦损失等。因此水轮机的出力 N 为

$$N = N_e - \Delta N_m \qquad (1-34)$$

而机械效率为

$$\eta_m = \frac{N_e - \Delta N_m}{N_e} = \frac{N}{N_e} \qquad (1-35)$$

由式（1-29）～式（1-35）可整理得

$$N = \gamma Q H \eta_H \eta_V \eta_m \qquad (1-36)$$

故水轮机的总效率 η 为

$$\eta = \eta_H \eta_V \eta_m \qquad (1-37)$$

从以上分析可知，水轮机效率 η 是衡量水轮机能量转换性能的综合指标。它与水轮机的型式、结构尺寸、加工工艺及运行工况等多因素有关。目前原型水轮机效率大多由模型试验成果经适当的理论换算后获取。

图 1-35 给出了反击式水轮机在一定的转轮直径 D_1、转速 n 和水头 H 下，改变其流量时，效率和出力的关系曲线。图中也标出了各种损失随出力变化的情况。

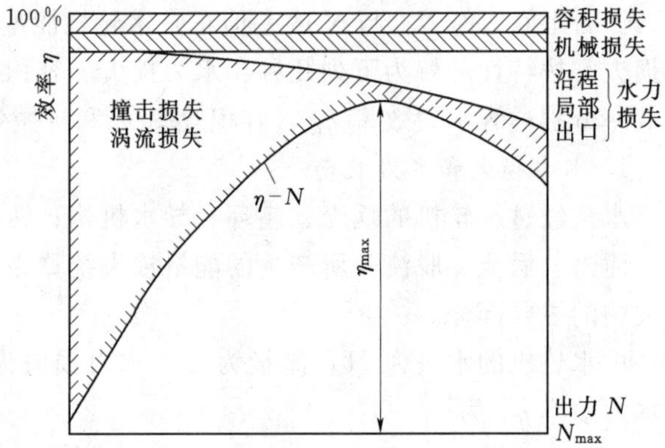

资源 1-16
水轮机的效率及最优工况

1.7.2　水轮机的最优工况

水轮机的最优工况即效率 η 最高的工况。从图 1-35 可见，对效率大小起决定作用的是水力损失，而水力损失的大小主要取决于转轮进口水流的撞击损失和

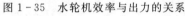

图 1-35　水轮机效率与出力的关系

转轮出口尾水管内的涡流损失。因此，最优工况即为撞击损失和涡流损失均最小的工况。下面分别介绍出现最优工况的两个基本条件。为简单起见，忽略转轮叶片对水流的排挤作用。

1. 无撞击进口

当转轮进口水流相对速度 $\vec{W}_1$ 的方向与叶片骨线在进口处的切线方向一致时，称为无撞击进口。此时，水流进口角 β_1 与叶片进口安放角 β_{e_1} 相等，水流对于叶片不发生撞击和脱流，其进口绕流平顺，水力损失最小。

水流进口角 β_1（也称进口相对速度 $\vec{W}_1$ 的方向角）即转轮进口相对速度 $\vec{W}_1$ 与圆周速度切线的夹角，而叶片进口安放角 β_{e_1} 即转轮叶片翼形断面骨线在进口处的切线与圆周切线的夹角。图 1-36 给出了 β_1 与 β_{e_1} 3 种相对关系时转轮进口速度三角形和流道进口的水流流动状况。

2. 法向出口

当水流在转轮出口处的绝对速度 $\vec{V}_2$ 的方向角 $\alpha_2 = 90°$ 时，称法向出口，如图 1-37（a）所示。此时 $\vec{V}_2$ 与 $\vec{U}_2$ 垂直，$\vec{V}_{u_2} = 0$，$\Gamma_2 = 0$，即水流离开转轮后沿轴向流出而无旋转运动，不会在尾水管中产生涡流现象，从而提高了尾水管的效率。此外，同

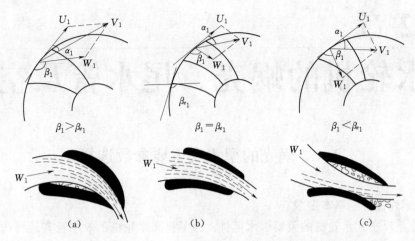

图 1 - 36　转轮进口处的水流运动状态
(a) 正撞击进口；(b) 无撞击进口；(c) 负撞击进口

样流量下，法向出口情况的 $\vec{V}_2$ 数值最小，则与 V_2^2 成正比的所有水力损失也最小。

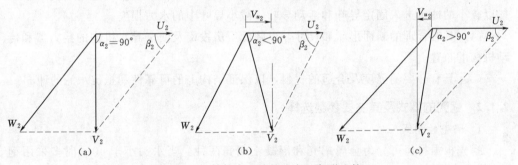

图 1 - 37　转轮出口处的速度三角形比较

　　试验研究表明，对高水头水轮机，其能量损失主要发生在引水部件内，最优的转轮出流应为法向出口。但对中、低水头水轮机，其能量损失主要发生在尾水管和转轮内，如取 α_2 略小于 $90°$，使水流在转轮出口略有正向［即与转轮旋转相同的方向，如图 1 - 37 (b) 所示］圆周分速度 $\vec{V}_{u_2}$，则水流在离心力的作用下紧贴尾水管管壁流动，避免产生脱流现象，反而会减小尾水管水力损失，使水轮机效率略有提高。

　　水轮机在最优工况下运行时，不但效率最高，而且稳定性和空蚀性能也好。但在实际运行中，水头、流量和出力总是不断变化的，不可避免地会偏离最优工况运行，从而使效率下降、空蚀加剧和稳定性变差。因此，在实际运行中，水轮机的运行工况范围均有一定的限制。对于转桨式水轮机，由于调速器在调节导叶开度时能通过协联机构自动调节转轮叶片的安放角，使水轮机在不同工况下仍能达到或接近最优工况，因此转桨式水轮机具有较宽广的高效率工作区。

第 2 章

水轮机的蜗壳、尾水管及空蚀

2.1　蜗壳的型式及主要参数选择

2.1.1　蜗壳设计的基本要求

蜗壳是反击式水轮机的重要引水部件。为了提高水轮机的效率及其运行的安全稳定性，通常对蜗壳设计提出如下基本要求：

（1）过水表面应光滑、平顺，水力损失小。

（2）保证水流均匀、轴对称地进入导水机构。

（3）水流在进入导水机构前应具有一定的环量，以保证在主要的运行工况下水流能以较小的冲角进入固定导叶和活动导叶，减小导叶中的水力损失。

（4）具有合理的断面形状和尺寸，以降低厂房投资及便于导水机构的接力器和传动机构的布置。

（5）具有必要的强度及合适的材料，以保证结构上的可靠性和抵抗水流的冲刷。

2.1.2　蜗壳的型式及其主要参数选择

1. 蜗壳的型式

蜗壳根据材料可分为金属蜗壳和混凝土蜗壳两种。当水头小于 40m 时多采用钢筋混凝土浇制成的蜗壳，简称混凝土蜗壳；当水头大于 40m 时，由于混凝土结构不能承受过大的内水压力，常采用钢板焊接或铸钢蜗壳，统称金属蜗壳。

混凝土蜗壳一般用于大、中型低水头水电站，它实际上是直接在厂房下部大体积混凝土中做的蜗形空腔。当采用钢板衬砌及混凝土预应力等措施后，混凝土蜗壳的适用水头可大于 40m，目前最大用到 80m。

金属蜗壳按其制造方法又可分为焊接、铸焊和铸造三种类型。金属蜗壳的结构型式取决于水轮机的水头和尺寸，对于尺寸较大的中、低水头混流式水轮机一般都采用钢板焊接结构（图 2-1）。为了节省钢材，钢板厚度应根据蜗壳断面受力不同而不同，通常蜗壳进口断面厚度较大，越接近蜗壳鼻端则厚度越小。对于转轮直径 $D_1 < 3m$ 的高水头混流式水轮机，一般采用铸焊或铸造结构，图 2-2 即为分成四块的铸钢蜗壳。

铸造蜗壳刚度较大，能承受一定的外压力，故常作为水轮机的支承点并在其上面直接布置导水结构及其传动装置，这种蜗壳一般不全部埋入混凝土。焊接蜗壳的刚度较小，常埋入混凝土，在其上半圆周外壁铺设沥青、毛毡或泡沫塑料等形成一定厚度的软性层，或在其内部按最大工作水头充压的情况下浇注混凝土，以减小金属蜗壳和外围混凝土间力的传递。

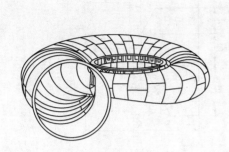

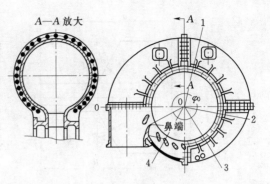

资源 2-1
蜗壳的型式
及其主要
参数

图 2-1　钢板焊接蜗壳　　　　　　　图 2-2　分四块铸造的蜗壳

0~4—蜗壳 5 个断面的平面位置（与图 2-4 相对应）

2. 蜗壳的断面形状

金属蜗壳的断面均做成圆形，以改善其受力条件。金属蜗壳与座环的连接方式根据座环的上、下环结构形式不同而有所不同。图 2-3 为其与有蝶形边座环的连接方式，图中 α 一般为 55°。在蜗壳尾部，为使其出水边与座环上、下蝶形边仍保持相切联接，其断面形状常改做成椭圆形，如图 2-4 中的 3、4 断面。图 2-4 中绘出了 5 个不同断面的形状，其中断面 0 为进口断面。该 5 个断面的平面位置如图 2-2 所示。

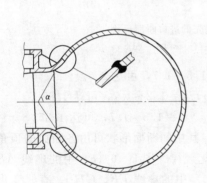

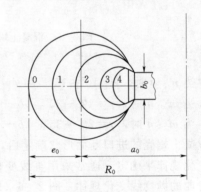

图 2-3　金属蜗壳与有蝶形边　　　图 2-4　金属蜗壳不同断面
　　　座环的连接　　　　　　　　　　的形状单线图

蜗壳的进口断面为经过转轮中心线与引水道中心线垂直的过水断面，如图 2-2 和图 2-7 中的 0—0 断面。

混凝土蜗壳的断面常做成梯形，以便于施工和减小其径向尺寸，降低厂房的土建投资。这种蜗壳的进口断面形状有四种，如图 2-5 所示，图（a）$m=n$、图（b）$m>n$ 是两种常用的形式，其优点是便于布置导水机构接力器及其传动机构和可以降低水轮机层的地面高程，缩短主轴长度。当尾水管高度较小、地基岩体开挖困难时，可采用图中（c）$m<n$ 的形式。图中（d）$n=0$ 的形式，由于其断面过分下伸对水流进入导水机构不利，故在工程中很少采用。

混凝土蜗壳进口断面形状的选择应满足下列条件：

（1）δ 一般为 20°~30°，常取 $\delta=30°$。

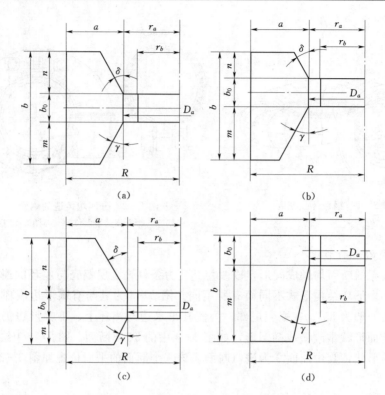

图 2-5　混凝土蜗壳的进口断面形状

(a) $m=n$；(b) $m>n$；(c) $m<n$；(d) $n=0$

(2) 当 $n=0$ 时，$\gamma=10°\sim15°$，$b/a=1.5\sim1.7$，可达 2.0。

(3) 当 $m>n$ 时，$\gamma=10°\sim20°$，$(b-n)/a=1.2\sim1.7$，可达 1.85。

(4) 当 $m\leqslant n$ 时，$\gamma=20°\sim35°$，$(b-m)/a=1.2\sim1.7$，可达 1.85。

当混凝土蜗壳的进口断面形状确定后，其中间断面形状可由各断面的顶角点及底角点的变化规律来确定。通常采用直线变化规律 [图 2-6 (a) 中的虚线 AB、CD] 或向内弯曲的抛物线变化规律 [图 2-6 (b) 中的虚线 EF、GH]。直线变化规律对设计及施工比较方便，而抛物线变化规律的水力条件较好。

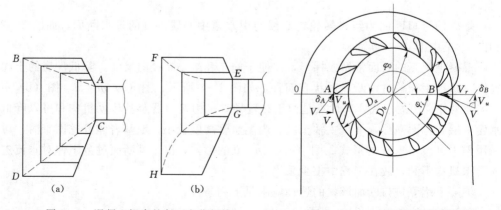

图 2-6　混凝土蜗壳的断面变化规律　　　　图 2-7　$\varphi_0=180°$ 的混凝土蜗壳

3. 蜗壳的包角 φ_0

从蜗壳鼻端至蜗壳进口断面 0—0 之间的圆心角称为蜗壳的包角，常用 φ_0 表示。蜗壳的鼻端为与蜗壳末端连接在一起的那一个特殊固定导叶的出水边，如图 2-2 和图 2-7 所示。

对于金属蜗壳，由于其允许的流速较大，因此其外形尺寸对厂房造价影响较小。为了获得良好的水力性能以及考虑到其结构和加工工艺条件的限制，一般采用 $\varphi_0 = 345°$。

对于混凝土蜗壳，由于其允许的流速较小，因此其外形尺寸常成为厂房大小的控制尺寸，直接影响厂房的土建投资，通常采用 $\varphi_0 = 180° \sim 270°$。此时有一部分水流未进入蜗形流道，从而缩小了蜗壳的进口断面尺寸。在非蜗形流道部分，水流从引水道直接进入座环和导叶，形成导水机构的非对称入流，加重了导叶的负担。此外，非蜗形流道处的固定导叶需承受较大的上部荷载，因此，在非蜗形流道处，固定导叶断面形状常需特殊设计，如图 2-7 所示。

4. 蜗壳进口断面的平均流速 V_c

当蜗壳断面形状及包角 φ_0 确定后，蜗壳进口断面的平均流速 V_c 是决定蜗壳尺寸的主要参数。对于相同的过流量，V_c 选得大，则蜗壳断面就小，但水力损失增大。V_c 值可根据水轮机额定水头 H_r 从图 2-8 中的经验曲线查取。在一般情况，可取图中的中间值；对金属蜗壳和有钢板里衬的混凝土蜗壳，可取上限值；当布置上不受限制时也可取下限值，但 V_c 不应小于引水道中的流速。

2.1.3　蜗壳的水力计算

蜗壳水力计算的目的是确定蜗壳各个断面的几何形状和尺寸，并绘制蜗壳平面和断面单线图。这是水电站厂房布置设计中的一项重要工作。

蜗壳水力计算是在已知水轮机额定水头 H_r 及其相应的最大引用流量 Q_{max}、导叶高度 b_0、座环固定导叶外径 D_a 和内径 D_b 以及选定蜗壳进口断面的形状、包角 φ_0 和平均流速 V_c 的情况下进行的。根据这些已知参数可以求出进口断面的尺寸，但其他断面尺寸计算尚需依据水流在蜗壳中的运动规律才能进行。

1. 蜗壳中水流运动

水流进入蜗壳后，受到蜗壳内壁的约束而形成一种旋转流动。为便于分析，将蜗壳中各点的水流运动速度 $\vec{V}$ 分解成径向分速度 $\vec{V_r}$ 和圆周分速度 $\vec{V_u}$ 表示，如图 2-7 和图 2-9。根据蜗壳中水流必须均匀地、轴对称地进入导水机构的基本要求，则在座环进口四周各点处的水流径向分速度 $\vec{V_r}$ 值应等于一个常数，即

$$\vec{V_r} = \frac{Q_{max}}{\pi D_a b_0} = 常数 \tag{2-1}$$

对于圆周分速度 $\vec{V_u}$ 沿径向的变化规律，目前常用的有下列两种假定（图 2-9）：

（1）任一断面上沿径向各点的水流速度矩等于一个常数，即

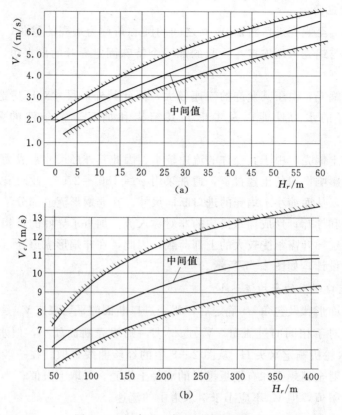

（a）

（b）

图 2-8　蜗壳进口断面平均流速曲线

（a）适用水头小于 60m 情况；（b）适用水头 50～400m 情况

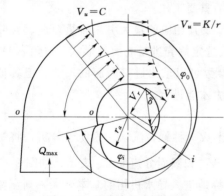

图 2-9　蜗壳中的水流运动

$$V_u r = K \qquad (2-2)$$

式中：r 为考察点位置的半径；K 为常数，蜗壳内任一点的 K 相等，因此，通常称其为蜗壳常数。

（2）任一断面上沿径向各点的水流圆周分速度等于一个常数，即

$$V_u = C \qquad (2-3)$$

式中：C 为常数，显然 $C = V_c$。

当采用式（2-2）假定时，可使导水机构进口的水流环量分布满足均匀、轴对称的要求。而采用式（2-3）假定时，则不能保证进入导水机构水流环量的轴对称性，从而可能导致转轮径向受力的不平衡，影响水轮机运动的稳定性。但采用式（2-3）设计的蜗壳在其尾部流速较小，断面尺寸较大，有利于减小水头损失，并便于加工制造。

在水电站设计时，蜗壳尺寸最终应采用水轮机制造厂家给定的数据。在初步设

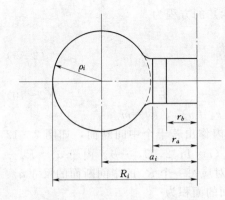

图 2-10　金属蜗壳的水力计算

估算蜗壳的轮廓尺寸时，建议采用式（2-3）假定，因为其水力计算方法简单，而计算结果与基于式（2-2）假定的计算结果很接近，能够满足厂房初步设计的精度要求。

2. 金属蜗壳的水力计算

（1）对于任一断面，为了保证水流均匀地进入导水机构，则通过任一断面 i 的流量应为

$$Q_i = Q_{max} \frac{\varphi_i}{360°} \qquad (2-4)$$

式中：φ_i 为从蜗壳鼻端至断面 i 的包角，如图 2-9 所示。

如近似取断面 i 的过水面积为一个紧靠在固定导叶外侧的完整的圆形断面面积，如图 2-10 所示（图中 $r_a = D_a/2$，$r_b = D_b/2$），则根据式（2-3）、式（2-4）可得该断面的尺寸为

断面半径

$$\rho_i = \sqrt{\frac{Q_i}{\pi V_c}} = \sqrt{\frac{Q_{max}\varphi_i}{360°\pi V_c}} \qquad (2-5)$$

断面中心距

$$a_i = r_a + \rho_i \qquad (2-6)$$

断面外半径

$$R_i = r_a + 2\rho_i \qquad (2-7)$$

（2）对于进口断面，将 $\varphi_i = \varphi_0$ 代入式（2-4）～式（2-7）即可求出该断面的值 Q_0、ρ_0、a_0 和 R_0 值。

利用式（2-4）～式（2-7），根据计算要求，取若干个 φ_i 断面计算，便可绘制出蜗壳断面单线图（图 2-4）和平面单线图（图 2-11）。由于上述计算公式求出的是圆形断面尺寸，因此在蜗壳尾部需按等面积法将其近似修正成相应的椭圆形断面的尺寸。

3. 混凝土蜗壳的水力计算

（1）确定进口断面的尺寸。根据式（2-4）可得进口断面的面积为

$$F_0 = \frac{Q_0}{V_c} = \frac{Q_{max}\varphi_0}{360°V_c} \qquad (2-8)$$

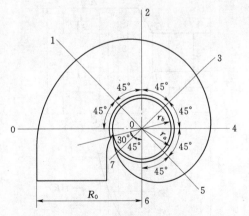

图 2-11　金属蜗壳的平面单线图

0～7—蜗壳 8 个断面的平面位置

然后根据选定的进口断面形状，即可求出面积为 F_0 的断面尺寸，如图 2-12（a）中的 a、b、m、n 及 R_0。

（2）确定中间断面的顶角点、底角点变化规律。如图 2-12（a）所示，若采用直

线变化规律，则直线 AG、CH（图中用虚线表示）的方程为

对 AG 线

$$n_i = k_1 a_i \qquad (2-9)$$

对 CH 线

$$m_i = k_2 a_i \qquad (2-10)$$

式中：k_1、k_2 为系数，可由进口断面尺寸确定，$k_1 = n/a$、$k_2 = m/a$。

（3）绘制 $\varphi = f(R)$ 辅助曲线。在进口断面内作出若干个中间断面，如图 2-12（a）中的 0，1，2，…，i 断面，其外半径为 R_i（$i = 1$，2，3，…）。由于 $a_i = R_i - r_a$，因此，结合式（2-9）、式（2-10）可求出对应每一个 R_i 的中间断面的尺寸 a_i、n_i、m_i 及 $b_i = b_0 + n_i + m_i$，从而求出各中间断面的面积为

$$F_i = a_i b_i - \frac{1}{2} m_i^2 \tan\gamma - \frac{1}{2} n_i^2 \tan\delta \qquad (i = 1, 2, 3, \cdots) \qquad (2-11)$$

又根据式（2-3）、式（2-4）及式（2-8）可得各中间断面面积 F_i 与其包角 φ_i 的关系为

$$\varphi_i = \frac{\varphi_0}{F_0} F_i \qquad (i = 1, 2, 3, \cdots) \qquad (2-12)$$

将对应每一个 R_i 求出的 φ_i 值点绘于图 2-12（b），并光滑连成曲线，即得到 $\varphi = f(R)$ 辅助曲线。

（4）根据计算需要，选定若干个 φ_i（一般每隔 15°、30° 或 45° 取一个），由图 2-12 查出相应的 R_i 及其断面尺寸，便可绘制出蜗壳断面单线图，如图 2-12（a）所示，以及蜗壳平面单线图，如图 2-13 所示。在绘制蜗壳的平面单线图时，其进口宽度 B 一般取 $B = R_0 + D_1$，D_1 是转轮直径，其鼻端附近的非蜗形流道曲面边界一般由模型试验研究确定。

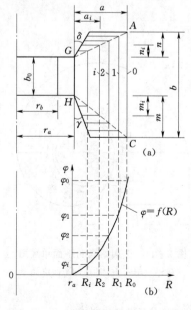

图 2-12 混凝土蜗壳的水力计算

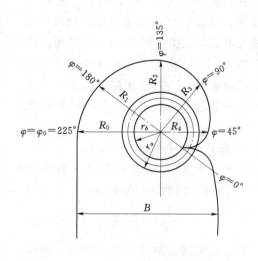

图 2-13 混凝土蜗壳的平面单线图

2.2　尾水管的作用、型式及其主要尺寸确定

尾水管是反击式水轮机的重要过流部件，其型式和尺寸在很大程度上影响到水电站下部土建工程的投资和水轮机运行的效率及稳定性。因此合理选择尾水管的型式和尺寸，在水电站设计中具有重要的意义。

2.2.1　尾水管的作用

为了说明尾水管在反击式水轮机运行中的作用，下面首先分析图 2-14 所示的两台水轮机的水能利用情况。这两台水轮机的转轮型号、直径 D_1、流量 Q 以及上、下游水位等参数均完全相同，其中一台为无尾水管，一台有尾水管，尾水管出口淹没深度取为零。根据水轮机工作原理，若忽略进水槽中的流速水头，则单位重量水流通过这两台水轮机时，其转轮所获得的能量均可表示成

$$E = E_1 - E_2 = \left(H_1 + \frac{p_a}{\gamma} \right) - E_2 \qquad (2-13)$$

式中：E_1、E_2 为转轮进、出口单位重量水流的能量；H_1 为转轮进口相对基准面 a—a 的静水头，即电站总水头；p_a 为大气压力。

式（2-13）表明，在进口水能 $E_1 = H_1 + p_a/\gamma$ 相同的条件下，转轮所利用的有效水能 E 直接取决于其出口能量损失 E_2。E_2 越小，则转轮效率越高。

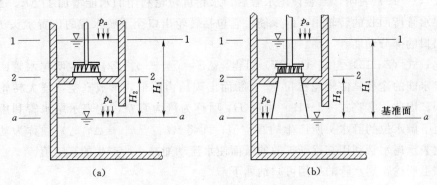

资源 2-3
尾水管的
作用

图 2-14　尾水管作用分析简图
(a) 无尾水管；(b) 装置直锥形尾水管

对于无尾水管的水轮机，如图 2-14（a）所示，转轮出口压力 p_2 为大气压 p_a，因此转轮出口处 2—2 断面的单位能量为

$$E_{2A} = H_2 + \frac{p_a}{\gamma} + \frac{\alpha_2 V_2^2}{2g} \qquad (2-14)$$

将式（2-14）代入式（2-13）可得无尾水管水轮机转轮从水中所获得的单位能量为

$$E_A = E_1 - E_{2A} = H_1 - (H_2 + h_{v_2}) \qquad (2-15)$$

式中：h_{v_2} 为转轮出口动能，$h_{v_2} = \dfrac{\alpha_2 V_2^2}{2g}$。

由式（2-15）可见，无尾水管水轮机所利用的水能 E_A 只占电站总水头 H_1 中的一部分，其余部分表现为转轮出口位置水头 H_2 和出口动能 h_{v_2} 已全部损失。

对于装设尾水管的水轮机，如图 2-14（b），转轮出口处 2—2 断面的单位能量为

$$E_{2B}=H_2+\frac{p_2}{\gamma}+\frac{\alpha_2 V_2^2}{2g} \tag{2-16}$$

又根据 2—2 断面至 a—a 断面的伯努利方程

$$H_2+\frac{p_2}{\gamma}+h_{v_2}=\frac{p_a}{\gamma}+h_{v_a}+\Delta h_{2-a}$$

式中：h_{v_a} 为尾水管出口动能，$h_{v_a}=\frac{\alpha_a V_a^2}{2g}$。

由此可得

$$\frac{p_2}{\gamma}=\frac{p_a}{\gamma}-H_2-(h_{v_2}-h_{v_a}-\Delta h_{2-a}) \tag{2-17}$$

将式（2-16）、式（2-17）代入式（2-13）可得装设尾水管水轮机转轮从水中所获得的单位重量水体的能量为

$$E_B=E_1-E_{2B}=H_1-(h_{v_a}+\Delta h_{2-a}) \tag{2-18}$$

由式（2-15）和式（2-18）可得

$$\Delta E=E_B-E_A=H_2+(h_{v_2}-h_{v_a}-\Delta h_{2-a}) \tag{2-19}$$

式（2-19）表明，当装设尾水管后，水轮机转轮利用的水能增加了 ΔE。ΔE 值即为尾水管所回收的转轮出口的水能，它包括转轮出口至下游水位的位置水头 H_2 和转轮出口的部分动能。

比较式（2-19）与式（2-17）可得，$\Delta E=(p_a-p_2)/\gamma$。这说明尾水管回收转轮出口水能的途径是使转轮出口 2—2 断面出现压力降低，形成真空，增大转轮的利用水头。因此，常将式（2-19）中的 H_2 项称为静力真空，它表示尾水管利用转轮出口至下游水位的静水头所产生的真空值；而将 $(h_{v_2}-h_{v_a}-\Delta h_{2-a})$ 项称为动力真空，它表示尾水管利用其逐渐扩散的断面使水流动能减小所产生的真空值。

综上所述，尾水管的作用可归纳如下：

（1）汇集并导引水轮机转轮出口水流排往下游。

（2）当 $H_2>0$ 时，利用这一高度水流所具有的位能。

（3）回收转轮出口水流的部分动能。

由于尾水管所产生的静力真空 H_2 主要取决于水轮机的安装高程，与尾水管的性能无直接关系，所以衡量尾水管性能好坏的主要指标是看它对转轮出口水流动能的回收利用程度，这常用尾水管的动能恢复系数 η_w 来表征。η_w 定义为

$$\eta_w=\frac{h_{v_2}-h_{v_a}-\Delta h_{2-a}}{h_{v_2}} \tag{2-20}$$

由式（2-20）可见，尾水管动能恢复系数 η_w 表示尾水管回收转轮出口水流动能的相对值。如果尾水管出口面积无穷大，则 $V_a=0$，且假定其内部总水力损失 $\Delta h_{2-a}=0$，则 $\eta_w=100\%$，表示尾水管能全部回收转轮出口的水流动能。在实际情况下，η_w

约为 80%。

根据以上分析，尾水管的总水能损失为其出口动能损失和内部水力损失之和，即

$$\sum h = h_{v_a} + \Delta h_{2-a} = \zeta_w h_{v_2} \qquad (2-21)$$

式中：$\sum h$、ζ_w 为尾水管的总水能损失及其系数。

将式（2-21）代入式（2-20）可得尾水管动能恢复系数 η_w 的另一种表示形式，即

$$\eta_w = 1 - \zeta_w \qquad (2-22)$$

尾水管动能恢复系数 η_w 是进行不同型式尾水管性能比较的重要参数。但是对于不同型式的水轮机，由于其转轮出口 h_{v_2} 的大小不同，即使利用相同性能的尾水管，其回收动能的绝对值大小也不同。例如，对于低水头轴流式水轮机，其 h_{v_2} 值可达总水头 H 的 40%；而对于高水头混流式水轮机，其 h_{v_2} 值有时还不到总水头 H 的 1.0%。由此可见，尾水管性能的好坏对于低水头水轮机是极其重要的，它直接影响水轮机的效率；而对于高水头水轮机，从保证机组效率的角度看，它的影响不大。

2.2.2 尾水管型式及其主要尺寸确定

尾水管型式很多，但目前最常用的有直锥形、弯锥形和弯肘形三种型式，如图 2-14～图 2-16 所示。其中直锥形尾水管结构简单，性能最好（η_w 可达 80%～85%），但其下部开挖工程量较大，因此一般应用于小型水轮机。弯锥形尾水管比直锥形尾水管多了一段圆形等直径的弯管，它是常用于小型卧式水轮机中的一种尾水管，由于其转弯段水力损失较大，所以其性能较差，η_w 为 40%～60%。弯肘形尾水管不但可减小尾水管开挖深度，而且具有良好的水力性能，η_w 可达 75%～80%，因此，除贯流式机组外几乎所有的大中型反击式水轮机均采用这种型式的尾水管。

资源 2-4
尾水管的
型式

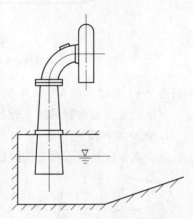

图 2-15 弯锥形尾水管

弯肘形尾水管由进口直锥段、中间肘管段和出口扩散段三部分组成。由于弯肘形尾水管内的水流运动非常复杂，实用上常依据模型试验和分析来确定其形状和尺寸。现已有定型化资料可供初步设计时选用，见表 2-1。在实际水电站设计时，应采用水轮机制造厂家提供的尺寸。

表 2-1　　　　　　　　　　　　推荐的尾水管尺寸表

h/D_1	L/D_1	B_5/D_1	D_4/D_1	h_4/D_1	h_6/D_1	L_1/D_1	h_5/D_1	肘形型式	适用范围
2.2	4.5	1.808	1.10	1.10	0.574	0.94	1.30	金属里衬肘管 $h_4/D_1=1.1$	混流式 $D_1>D_2$
2.3	4.5	2.420	1.20	1.20	0.600	1.62	1.27	标准混凝土肘管	轴流式
2.6	4.5	2.720	1.35	1.35	0.675	1.82	1.22	标准混凝土肘管	混流式 $D_1 \leqslant D_2$

对于图 2-16 所示的混流式和轴流式水轮机的尾水管，在一般情况下，其尺寸可

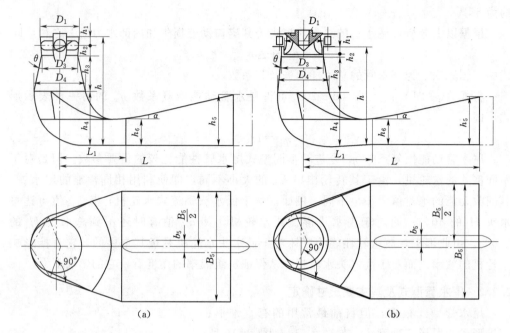

图 2-16　弯肘形尾水管
(a) 轴流式水轮机尾水管；(b) 混流式水轮机尾水管

根据表 2-1 确定。图 2-16 中的 h_1、h_2 可按转轮型号从结构上确定。

下面简要介绍弯肘形尾水管各部分形状和尺寸的选择方法。

1. 进口直锥段

进口直锥段是一段垂直的圆锥形扩散管，其内壁设金属里衬，以防止旋转水流和

资源 2-5
尾水管主要
尺寸确定

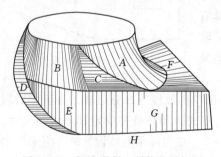

图 2-17　标准混凝土肘管的透视图

涡带脉动压力对管壁的破坏。其单边扩散角 θ 的最优值为：对于混流式水轮机 $\theta=7°\sim9°$；对于转桨式水轮机 $\theta=8°\sim10°$，轮毂比 $d_g/D_1>0.45$ 时，取下限值。

2. 中间弯肘段（肘管）

中间弯肘段常称为肘管，它是一段 90°转弯的变截面弯管，其进口断面为圆形，出口断面为矩形，如图 2-17 所示。水流在肘管中的运动很复杂，其压力和流速的分布很不均匀，从而产生较大的水力损失，直接影响尾水管的性能。但是目前尚无法采用理论计算的办法来完成肘管断面形状及其尺寸的设计，因此通常只能经过反复试验后才能找到一些性能良好的肘管形式。为了便于实际工程设计应用，目前已有一些定型的标准肘管。

在表 2-1 推荐使用的标准混凝土肘管的尺寸如图 2-18 和表 2-2 所示。其中所列的数据对应 $h_4=D_4=1000$mm，应用时按选定的 h_4（或与之相等的 D_4）进行相似缩小或放大即可得到所需值。

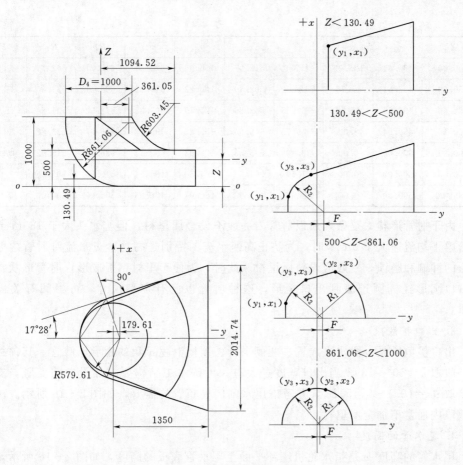

图 2-18　标准混凝土肘管

表 2-2　　　　　　　　　　标准混凝土肘管尺寸表

Z	y_1	x_1	y_2	x_2	y_3	x_3	R_1	R_2	F
50.00	−71.90	605.20							
100.00	41.70	569.45							
150.00	124.56	542.45			94.36	552.89		579.61	79.61
200.00	190.69	512.72			94.36	552.89		579.61	79.61
250.00	245.60	479.77			94.36	552.89		579.61	79.61
300.00	292.12	444.70			94.36	552.89		579.61	79.61
350.00	331.94	408.13			94.36	552.89		579.61	79.61
400.00	366.17	370.44			94.36	552.89		579.61	79.61
450.00	395.57	331.91			94.36	552.89		579.61	79.61
500.00	420.65	292.72	−732.66	813.12	94.36	552.89	1094.52	579.61	79.61
550.00	441.86	251.18	−457.96	720.84	99.93	545.79	854.01	571.65	71.65
600.00	459.48	209.85	−344.72	679.36	105.50	537.70	761.82	563.69	63.69
650.00	473.74	168.80	−258.78	646.48	111.07	530.10	696.36	555.73	55.73

Z	y_1	x_1	y_2	x_2	y_3	x_3	R_1	R_2	F
700.00	484.81	128.09	-187.07	618.07	116.65	522.51	645.71	547.77	47.77
750.00	492.81	87.76	-124.36	592.50	122.22	514.92	605.41	539.80	39.80
800.00	497.84	47.86	-67.85	568.80	127.79	507.32	572.92	531.84	31.84
850.00	499.94	8.00	-15.75	546.65	133.36	499.73	546.87	523.88	23.88
900.00	500.00	0.00	33.40	525.33	138.93	492.13	526.40	515.92	15.92
950.00	500.00	0.00	81.50	504.36	144.50	484.54	510.90	507.96	7.96
1000.00	500.00	0.00	150.07	476.95	150.07	476.95	500.00	500.00	0.00

由于肘管形状太复杂，所以肘管内一般不设金属里衬，但当水头大于 150m 或尾水管内平均流速大于 6m/s 时，为防止高速水流、特别是高含沙量水流对肘管内壁混凝土的冲刷和磨蚀，一般应设金属里衬。此时，为便于里衬钢板成形，肘管形状常为由进口圆形经椭圆过渡到出口矩形，这种肘管也已有定型尺寸，可参阅有关设计手册。

3. 出口扩散段

出口扩散段是一段水平放置、两侧平行、顶板上翘 α 角的矩形扩散管。其顶板仰角一般取 $\alpha=10°\sim13°$。当出口宽度过大时，可按水工结构要求加设中间支墩，支墩厚度取 $b_5=(0.1\sim0.15)B_5$，并考虑尾水闸门槽布置的需要，如图 2-16 所示。出口扩散段内通常不加金属里衬。

4. 尾水管的高度

尾水管的高度 h 是指水轮机座环平面至尾水管底板的高度，如图 2-16 所示，它是决定尾水管性能的主要参数。增大 h 可提高尾水管的效率，但将增加厂房土建投资；减小 h 会影响尾水管的工作性能，降低水轮机效率，甚至影响机组运行的稳定性。根据实践经验，高度 h 应满足如下要求：对转桨式水轮机，$h\geqslant2.3D_1$，最低不得小于 $2.0D_1$；对于高水头混流式水轮机（$D_1>D_2$），$h\geqslant2.2D_1$；对于低水头混流式水轮机（$D_1<D_2$），$h\geqslant2.6D_1$，最低不得小于 $2.3D_1$。

5. 尾水管的水平长度

尾水管的水平长度 L 是指机组中心线至尾水管出口断面的距离，如图 2-16 所示。增大 L 可使尾水管出口断面的面积增大，从而降低尾水管的出口动能损失，但过分增大 L 将使尾水管的内部水力损失以及厂房尺寸增大。通常取 $L=(3.5\sim4.5)D_1$。

2.2.3 尾水管的局部尺寸变动

在设计水电站时，有时为了满足施工方便、厂房布置紧凑及适应地形、地质条件等实际工程要求，需要对上述推荐的尾水管尺寸作适当的变动，但这些变动不可以对尾水管的性能指标造成严重影响。有些尺寸的变动（如高度 h 小于推荐值下限）需经过水轮机制造厂家同意，并需经过充分的论证或试验研究后才可确定。下面介绍一些常用的尺寸变动形式及其允许的变动范围。

（1）当厂房底部岩石开挖受到限制，但是又需要保持尾水管高度时，允许将出口扩散段底板向上倾斜，如图 2-19 （a） 所示，其倾斜角 β 一般不超过 6°～12° （高水头水轮机可取上限值）。试验证明，这种变动对尾水管性能影响不大。在特殊情况下，也有取 β 值较大的（目前国内最大取到 39.8°），此时尾水管性能靠加大高度 h 和长度 L 来保证。

（2）对大中型反击式水轮机，由于其蜗壳的尺寸较大，厂房机组段长度在很大程度上取决于蜗壳的宽度。而蜗壳的宽度在机组中心线两边是不对称的，若采用对称的尾水管则可能增大厂房机组段长度。此时常采用不对称布置的尾水管，即将出口扩散段的中心线向蜗壳进口侧偏心布置，如图 2-19 （b） 所示，偏心距 d 由厂房布置决定。偏移后肘管的水平长度 L_1 和各断面形状保持不变，只是其水平出水段的中心线转动了一个角度 φ 及其两侧的长度变得不等了。

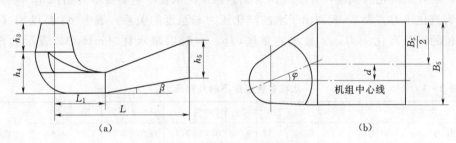

图 2-19　尾水管的局部尺寸变动

（3）在地下式水电站中，为了保持岩石的稳定，常将尾水管水平扩散段的断面做成高而窄的形状。例如将 $h=2.6D_1$ 的标准尾水管变成 $h=3.5D_1$、$B_5=(1.5\sim2.0)D_1$ 的高窄形时，经试验证明，其能量指标和运行稳定性均未受到影响，也不会增大电站的土建投资。

（4）在地下式水电站中，为了适应地形、地质条件及厂房布置的需要，常需采用超长度的尾水管（目前国内最大取到 $L=108D_1$），此时需对转轮出口真空度大小及机组的抬机可能性进行充分的理论论证或试验研究。从国内已建成的长尾水管运行状况看，部分机组的尾水管效率有所下降，但未影响机组的稳定运行。对于轴流式机组，抬机的危险性较大，而对于混流式机组，在甩负荷时转轮出口的真空度较大，但尚未发生过反水锤抬机现象。

2.3　水轮机的空蚀及空化系数

在 20 世纪初期，空蚀在军舰螺旋桨上首次被发现，其后在水轮机、水泵等水力机械和水工建筑物的过流表面也发现了这种现象，并逐步成为水力机械和水工建筑物流道设计、运行中必须考虑的重要因素之一。空化是液体中局部区域的压强因流速或其他原因而降低到与该区域液体温度相应的汽化压强以下时，液体内部或者液体与固体交界面上出现蒸汽或气体空泡形成、发展、坍缩和溃灭的过程。液固交界面上空泡坍缩、溃灭形成微射流、微激波，导致固体壁面损伤甚至剥蚀的过程称为空蚀。在空化与空蚀过程中，空泡坍缩、溃灭形成极端物理、化学、力学环境以及空泡内部物质的特殊物理和化学过程，造成空蚀损伤、空蚀噪声等问题。空化与空蚀的过程，也称为空蚀现象。随着水轮机不断地向大容量、高水头、高比转速方向发展，空蚀对水轮机的危害性也越加显著。因此，空蚀已成为目前水轮机发展的一大障碍，该问题的研究是国内外关注的重要课题之一。

资源 2 - 6
空蚀的物理
过程

2.3.1　空蚀的物理过程

下面从空泡的生成入手简要介绍空化与空蚀的物理过程。

在一定的压强下，当水的温度升高到某一数值时开始汽化形成气泡的现象称为沸腾（或称汽化）。对于一般平原地区，环境气压为一个标准大气压，水开始汽化的温度为 100℃。试验表明，当气压降低到 0.24mH$_2$O 时，水在 20℃时便开始发生汽化。可见，水开始汽化的温度与环境气压有关。通常把水在一定温度下开始汽化的临界压强称为汽化压力。表 2 - 3 列出了水的汽化压力与温度的关系，表中 p_B 是以帕（Pa）为单位的绝对汽化压力，γ 是水的重度，p_B/γ 为以米水柱（mH$_2$O）表示的汽化压力。

表 2 - 3　　　　　　　　　　　　水在各种温度下的汽化压力

温度 t/℃	0	5	10	20	30	40	50	60	70	80	90	100
汽化压力（p_B/γ）/mH$_2$O	0.06	0.09	0.12	0.24	0.43	0.75	1.26	2.03	3.17	4.83	7.15	10.33

注　γ 为水的重度，其值可约取为 9806N/m^3；1mH$_2$O＝9806Pa＝9806N/m^2。

水流在水轮机流道中运动时可能发生局部的压力降低，当局部压力低到汽化压力时，水就开始汽化，而原来溶解在水中的极微小的（直径约为 $10^{-5}\sim10^{-4}$mm）空气泡也同时开始聚集、逸出。从而，就在水中出现了大量的由空气及水蒸气混合形成的气泡（直径在 0.1～2.0mm 以下）。这些气泡随着水流进入压力高于汽化压力的区域时，一方面由于气泡外动水压力的增大，另一方面由于气泡内水蒸气的迅速凝结使压力变的很低，从而使气泡内外的动水压差远大于维持气泡成球状的表面张力，导致气泡瞬时溃裂（溃裂时间约为几百分之一秒或几千分之一秒）。在气泡溃裂的瞬间，其周围的水流质点便在非常大的压差作用下产生极大的流速向气泡中心冲击，形成巨大的冲击压力，其值可达几十个大气压甚至几百个大气压。在此冲击压力作用下，原来气泡内的气体全部溶于水中，并与一小股水体一起急剧收缩形成聚能高压"水核"。尔后水核迅速膨胀冲击周围水体，并一直传递到过流部件表面，致使过部件表面受到一小股高速射流的撞击。这种撞击现象是伴随着运动水流中气泡的不断生成与溃裂而产生的，它具有高频脉冲的特点，最高频率可达 23 万次秒，从而对过流部件表面造成材料的疲劳破坏，这种破坏作用常称为空蚀的"机械剥蚀作用"。此外，一些试验研究表明，在气泡凝缩时以及在高速射流撞击过流部件表面时均会释放出热量，形成局部的温升可达 300℃的高温。在此高温下，溶解在水流中的气体的活跃氧原子对金属表面将产生"氧化腐蚀作用"；同时，在金属表面的晶粒中会形成温差热电偶，即在冷热晶粒间产生电位差，从而对金属表面造成空蚀的"电解侵蚀作用"。

根据多年观测研究，通常认为：空蚀的破坏主要是由其机械剥蚀作用形成的，而其高温氧化和电解作用则主要表现为加速了其机械剥蚀作用的破坏进程。综上可知，空化是发生空蚀的先决条件，空蚀部位并不在引起空化的低压点，而是位于低压点下游的某一区域。

空蚀对固体表面的破坏程度与时间有关。对于金属材料，在初始阶段，由于其固有的抵御能力，一般仅表现为表面失去光泽而变暗；尔后随着时间的延续，金属表面变毛糙并逐渐出现麻点；接着表面则逐渐形成疏松的海绵蜂窝状，空蚀区域的深度和广度也逐渐增加，严重时甚至可能造成水轮机叶片的穿孔破坏。

空蚀的存在对水轮机运行极为不利，其影响主要表现为以下几方面：

（1）破坏水轮机的过流部件，如导叶、转轮、转轮室、上下止漏环及尾水管等，并会增加水流的漏损和水力损失。

（2）降低水轮机的出力和效率，因为空蚀会破坏水流的正常运行规律和能量转换规律。

（3）严重时，可能使机组产生强烈的振动、噪声及出力波动，导致机组不能安全稳定运行。

（4）缩短了机组的检修周期，增加了机组检修的复杂性。空蚀检修不仅耗用大量钢材，而且延长工期，影响电力生产。

2.3.2　水轮机空蚀的类型

根据空蚀发生的条件和部件不同，水轮机空蚀一般可分为以下四种。

1. 翼型空蚀

当水流以 W_1 的相对速度进入反击式水轮机的转轮叶片流道时，其相对运动方向在叶片的制约下而发生改变。同时，由于运动的惯性，水流具有一种保持原来运动方向反抗叶片制约的反作用。这种制约与反制约的作用过程，也就是水流运动机械能转换成转轮旋转机械能的过程。在此过程中，叶片正面（也称为工作面）大部分区域内的压力为正压；而叶片背面则几乎全部为负压，如图 2-24 所示。当叶片背面某处的水流压力降低到汽化压力以下时，便发生空化。在这一点的下游区域中，空泡发展、坍缩和溃灭的过程中形成微射流、微激波，导致固体壁面损伤甚至剥蚀，形成空蚀。这种空蚀与叶片翼型断面的几何形状密切相关，所以称为翼型空蚀，它是反击式水轮机的主要损伤形式。翼型空蚀也与运行工况有关，当水轮机在非最优工况运行时，则会诱发或加剧翼型空蚀。

根据国内许多电站水轮机的调查，混流式水轮机的翼型空蚀主要可能发生在图 2-20（a）所示的 $A\sim D$ 四个区域。A 区为叶片背部下半部出水边；B 区为叶片背面与下环靠近处；C 区为下环立面内侧；D 区为转轮叶片背面与上冠交界处。轴流式水轮机的翼型空蚀主要发生在叶片背面的出水边和叶片与轮毂的连接处附近，如图 2-20（b）所示。

2. 间隙空蚀

当水流通过某些间隙或狭小通道时，因局部流速升高和压力降低而产生的一种空蚀形态，称为间隙空蚀。它主要发生在轴流式水轮机的叶片端部外缘、端部附近的背

资源 2-7
水轮机空蚀
的类型

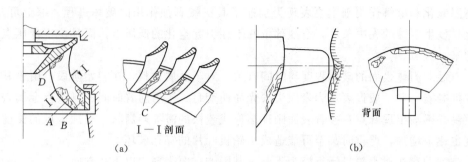

图 2-20　水轮机转轮翼型空蚀的主要部位

(a) 混流式水轮机；(b) 轴流转桨式水轮机

面及转轮室内壁，如图 2-21（a）所示。轴流转桨式水轮机的叶片根部与轮毂面之间的间隙中也常发生较严重的间隙空蚀。此外，间隙空蚀还常发生在下列部位：导叶顶部、底部端面附近及导叶关闭时的立面接合处附近；混流式水轮机的上、下止漏环间隙中以及水斗式水轮机的喷嘴与针阀之间的间隙中，如图 2-21（b）所示。

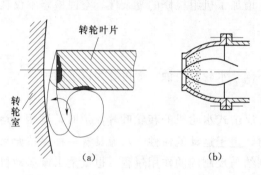

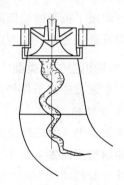

图 2-21　水轮机间隙空蚀的主要部位

(a) 轴流式水轮机的叶片端部；(b) 水斗式水轮机的喷嘴

图 2-22　尾水管中的
真空涡带

3. 空腔空蚀

当反击式水轮机，特别是混流式水轮机在非最优工况运行时，转轮出口水流具有一定的圆周分速度，从而使水流在尾水管中产生旋转，当达到一定程度时则形成一股真空涡带，如图 2-22 所示。这种涡带以低于水轮机转速的频率在尾水管中作非轴对称的旋转，其中心真空空腔周期性地冲击尾水管的管壁，造成尾水管管壁的空蚀破坏，这种现象称为空腔空蚀。它会引起或加剧机组的轴向振动和尾水管管壁振动，还会引起转轮出口压力的强烈脉动以及在尾水管内产生强烈的噪声，情况严重时，会引起机组出力的大幅度摆动。

4. 局部空蚀

当水流经过水轮机过流部件表面某些凹凸不平的部位时，会因局部脱流流向急剧改变而产生空蚀，这种现象称为局部空蚀。它常发生在限位销、螺钉孔、焊接缝、尾水管补气架以及混流式水轮机转轮上冠减压孔等处与水流相对运动方向相反的一侧，如图 2-23 所示。

我国的有些河流含沙量很高。大量的实践证明，泥沙对水轮机的磨损会加剧空蚀的破坏作用。水流中含沙量越大，沙粒越硬，水轮机过流部件表面的损坏就越严重。这种空蚀同磨损联合作用造成的损坏程度远比清水空蚀或单纯的泥沙磨损要大。因此，多泥沙河流的水电站机组应对空蚀同磨损的联合破坏作用给予特别的重视，并采取一些预防和补救措施。

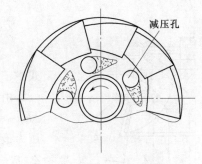

图 2-23　减压孔口的局部空蚀

2.3.3　水轮机的空化系数

如前所述，在水轮机的各类空蚀中，对水轮机影响最大、破坏最严重的是翼型空蚀。所以，水轮机空蚀性能的好坏通常由其翼型空蚀性能决定。一般用水轮机的空化系数作为衡量水轮机翼型空蚀性能的指标。下面从分析叶片正、背面的压力分布入手，推导水轮机的空化系数以及水轮机不发生翼型空蚀的条件。

在图 2-24 中，p_a 为绝对压力表示的大气压，当水流以相对速度 $\overrightarrow{W_1}$ 进入叶片流道时，在叶片进口边缘处，部分流速水头转变成压力水头，使其压力 p_1 大于进口前的 p_0，接着水流沿叶片进口边缘向两侧绕流，由于其速头的恢复及弯曲绕流产生的离心力的作用使水流在叶片正、背面上的局部压力均突然下降。尔后，水流沿叶片两侧相对流动，由于水流与叶片的相互作用，使叶片背面压力不断下降，而叶片正面压力则逐渐回升。随后由于水流不断地对叶片做功，致使叶片两侧的水流压力均逐渐下降，在叶片背面接近出口边的某点 K 处压力 p_k 降到最低值。最后，叶片正面、背面的水流压力趋向一致，在出口边处汇合流动。

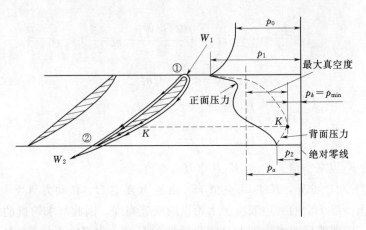

图 2-24　叶片正面、背面的压力分布

如果上述最低压力 p_k 降低到汽化压力 p_B，则空化将首先在 K 点发生。可见，最低压力 p_k 是研究翼型空蚀的控制参数。为此，式（2-23）列出 K 点和叶片出口边 2 点的相对运动的伯努利方程式（图 2-25）。

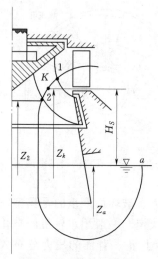

图 2-25　翼型空蚀发生
条件分析

$$Z_k+\frac{p_k}{\gamma}+\frac{W_k^2}{2g}-\frac{U_k^2}{2g}=Z_2+\frac{p_2}{\gamma}+\frac{W_2^2}{2g}-\frac{U_2^2}{2g}+\Delta h_{k-2}$$

$$(2-23)$$

式中：Δh_{k-2} 为由 K 点到 2 点的总水头损失。

由于 K 点和 2 点相隔很近，可近似认为 $U_k\approx U_2$，$\Delta h_{k-2}=0$。此外，当取下游水面 $a-a$ 为基准面时，从压力最低发生空化危险的 K 点到 $a-a$ 断面的垂直高度 Z_k 常称为水轮机的吸出高度（或称静力真空），并用 H_S 表示。则式（2-23）可改写为

$$\frac{p_k}{\gamma}=\frac{p_2}{\gamma}-(H_S-Z_2)-\frac{W_k^2-W_2^2}{2g}\qquad(2-24)$$

对于式（2-24）中的 p_2 可通过 2 点与 a 点的伯努利方程求得

$$Z_2+\frac{p_2}{\gamma}+\frac{V_2^2}{2g}=\frac{p_a}{\gamma}+\frac{V_a^2}{2g}+\Delta h_{2-a}\qquad(2-25)$$

式中：V_a 为下游水流行近流速，可近似取 $V_a=0$；Δh_{2-a} 为由 2 点到 a 点的总水头损失（即尾水管的总水头损失），可写成 $\Delta h_{2-a}=\xi_w\frac{V_2^2}{2g}$，$\xi_w$ 为尾水管的水头损失系数。

由式（2-25）可得 p_2 的表达式为

$$\frac{p_2}{\gamma}=\frac{p_a}{\gamma}-Z_2-(1-\xi_w)\frac{V_2^2}{2g}\qquad(2-26)$$

将式（2-26）代入式（2-24），并利用式（2-22）引入尾水管动能恢复系数 η_w，可得

$$\frac{p_k}{\gamma}=\frac{p_a}{\gamma}-H_S-\left(\frac{W_k^2-W_2^2}{2g}+\eta_w\frac{V_2^2}{2g}\right)\qquad(2-27)$$

或写成

$$h_{kv}=\frac{W_k^2-W_2^2}{2g}+\eta_w\frac{V_2^2}{2g}$$

$$H_{kv}=H_S+h_{kv}\qquad(2-28)$$

$$H_{kv}=\frac{p_a-p_k}{\gamma}$$

式中：H_{kv} 为 K 点真空值；h_{kv} 为 K 点动力真空值。

由式（2-28）可见，K 点真空值 H_{kv} 由静力真空 H_S 和动力真空 h_{kv} 两部分组成。由于吸出高度 H_S 的大小取决于水轮机的安装高度，因此当水轮机的安装高程确定后，在 H_{kv} 中能够反映水轮机本身空化性能的只有动力真空 h_{kv}。动力真空是由转轮及尾水管中的水流运动形成的，其值与转轮叶片的几何形状，水轮机的运行工况以及尾水管的性能密切相关。但是，如果直接利用 h_{kv} 值表征水轮机的空化性能是不完善的，因为 h_{kv} 值与水头 H 成正比。同一台水轮机，当工作水头 H 不同时，动力真空 h_{kv} 值也不同；不同类型的水轮机，即便工作水头相同，动力真空值也不相同。因此，动力真空 h_{kv} 值不能确切反映此水轮机的空蚀特性，也不便于对不同水轮机的空

蚀性能进行比较。为此将 h_{kv} 除以水头 H，使之成为一个无因次系数，并用 σ 表示，即

$$\sigma = \frac{h_{kv}}{H} = \frac{W_k^2 - W_2^2}{2gH} + \eta_w \frac{V_2^2}{2gH} \tag{2-29}$$

将 σ 称为水轮机的空化系数，它表示转轮叶片上面最易发生空化的 K 点处的相对动力真空值。σ 值越大，水轮机越易发生空蚀，空蚀性能越差。

几何形状相似的水轮机在相似工况下的 σ 值相同，故可用 σ 值来评价不同型号水轮机的空蚀性能。σ 值随水轮机工况的改变而变化，故又可用 σ 值来评价同一型号水轮机在不同工况下的空蚀性能。

在设计和应用水轮机时，总是力图提高叶片流道内水流相对速度以提高其过流能力，以及提高尾水管的动能恢复系数 η_w，以提高水轮机的效率。但是这都将会增大水轮机空蚀的危险性。可见，提高水轮机的过流能力及能量性能与改善水轮机的空蚀性能是相互矛盾的。在设计和应用水轮机时，如何合理地协调解决这一矛盾是水轮机研究中的一个重要课题。

对于空化系数 σ 的确定，由于其影响因素较为复杂，要直接利用理论计算或直接在叶片流道中量测都是很困难的，目前常用的方法是通过水轮机模型空蚀试验来求取。当 σ 值已知时，叶片背面最低压力 p_k/γ 即可由式（2-27）求出

$$\frac{p_k}{\gamma} = \frac{p_a}{\gamma} - H_s - \sigma H \tag{2-30}$$

式（2-30）两边同时减去水的汽化压力 $\dfrac{p_B}{\gamma}$，并除以水头 H 后得

$$\frac{p_k - p_B}{\gamma H} = \frac{\dfrac{p_a}{\gamma} - \dfrac{p_B}{\gamma} - H_s}{H} - \sigma$$

令 $\sigma_z = \dfrac{\dfrac{p_a}{\gamma} - \dfrac{p_B}{\gamma} - H_s}{H}$，称为电站空化系数，也称为"装置空化系数"或"电站装置空化系数"。

综上所述，水轮机不发生翼型空蚀的基本条件是 p_k/γ 不小于对应温度下水的汽化压力 p_B/γ，即

$$\frac{p_k}{\gamma} \geqslant \frac{p_B}{\gamma} \tag{2-31}$$

2.3.4　水轮机空蚀的防护

如前所述，空蚀对水轮机的危害极大，因此近代各国对空蚀防护均做了大量的研究。虽然至今尚未找到完善的解决方法，但已总结出不少有效的经验。目前常采用的措施主要有以下三个方面。

1. 设计制造

采用合理的翼型以尽可能使叶片背面的压力分布趋向均匀，并缩小低压区范围。在加工时尽量提高翼型曲线的精度和叶片表面的光洁度，以保证叶片具有平滑的流线

型断面形状。必要时，应选用耐蚀、耐磨性能较好的材料。适当加大尾水管圆锥段的长度和扩散角，以及适当加大转轮泄水锥的长度等措施能有效减少尾水管中的空腔空蚀。

2. 运行维护

拟定合理的水电站运行方式，尽可能避免在空蚀严重的工况区运行。在发生空腔空蚀时，可采取在尾水管进口补气的办法以破坏尾水管中的真空涡带。对于遭受破坏的叶片，应及时采用不锈钢焊条补焊或采用非金属涂层（如环氧树脂、环氧金刚砂、氯丁橡胶等）作为叶片的保护层，避免空蚀破坏进一步加大。

3. 工程措施

选择合理的水轮机安装高程，确保叶片流道内最低压力不低于汽化压力。对于多泥沙河流上的水电站，应设置沉沙、排沙设施，以防止粗颗粒沙进入水轮机。

2.4　水轮机的吸出高度及安装高程

2.4.1　水轮机的吸出高度

如上节所述，水轮机在某一工况下，其最低压力点 K 处的动力真空是一定的，但其静力真空 H_S 却与水轮机的装置高程有关，因此，可通过选择适宜的吸出高度 H_S 来控制 K 点的真空值，以达到避免发生翼型空蚀的目的。

由式 （2-30）、式 （2-31） 可得，避免发生翼型空蚀的吸出高度 H_S 为

$$H_S \leqslant \frac{p_a}{\gamma} - \frac{p_B}{\gamma} - \sigma H \tag{2-32}$$

式中： $\dfrac{p_a}{\gamma}$ 为水轮机安装位置的大气压，考虑到标准海平面的平均大气压为 $10.33 \text{mH}_2\text{O}$，在高程 3000m 以内，每升高 900m 大气压降低 $1 \text{mH}_2\text{O}$，因此当水轮机安装位置的高程为 ∇m 时，有 $\dfrac{p_a}{\gamma} = 10.33 - \dfrac{\nabla}{900}$ （mH_2O）；$\dfrac{p_B}{\gamma}$ 为水的汽化压力，其值与通过水轮机水流的温度及水质有关，考虑到水电站压力管道中的水温一般为 $5 \sim 20^\circ\text{C}$，则对于含气量较小的清水质，可取 $0.09 \sim 0.24 \text{mH}_2\text{O}$；$\sigma$ 为水轮机实际运行的空化系数，σ 值通常由模型试验获取，但考虑到水轮机模型空蚀试验的误差及模型与原型之间尺寸不同的影响，对模型空化系数 σ_m 须作修正，取 $\sigma = \sigma_m + \Delta\sigma$ 或 $\sigma = K_\sigma \sigma_m$。

在实际应用时常将式 （2-32） 简写成

$$H_S \leqslant 10.0 - \frac{\nabla}{900} - (\sigma_m + \Delta\sigma) H \tag{2-33}$$

或

$$H_S \leqslant 10.0 - \frac{\nabla}{900} - K_\sigma \sigma_m H \tag{2-34}$$

式中：∇ 为水轮机安装位置的海拔高程，在初始计算时可取为下游平均水位的海拔高

程；σ_m 为模型空化系数，各工况的 σ_m 值可从该型号水轮机模型综合特性曲线中相似工况点查取；$\Delta\sigma$ 为空化系数的修正值，可根据额定水头 H_r 由图 2-26 中查取；K_σ 为空化系数的安全系数，清水条件下运行的水轮机，一般可取 $K_\sigma=1.1\sim$ 1.6，多泥沙条件下运行的水轮

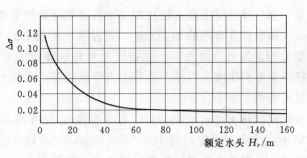

图 2-26　空化系数的修正曲线

机可取 $K_\sigma=1.3\sim1.8$；H 为水轮机水头，一般取为额定水头 H_r。轴流式水轮机还应用最小水头 H_{min}，混流式水轮机还应用最大水头 H_{max} 及其对应工况的 σ_m 进行校核计算。

HL310、HL230、HL110 型水轮机的 σ_m 无法查到，则可用其装置空化系数 σ_z 代替式（2-33）中的 $\sigma_m+\Delta\sigma$ 和式（2-34）中的 $K_\sigma\sigma_m$。这 3 种型号转轮的 σ_z 值可由水轮机系列型谱表 3-4 中查取。

水轮机的吸出高度 H_S 的准确定义是从叶片背面压力最低点 K 到下游设计尾水位水面的垂直高度。但是 K 点的位置在实际计算时很难确定，而且在不同工况下 K 点的位置亦有所变动。因此，在工程上为了便于统一，对不同类型和不同装置形式的水轮机吸出高度 H_S 作如下规定（图 2-27）。

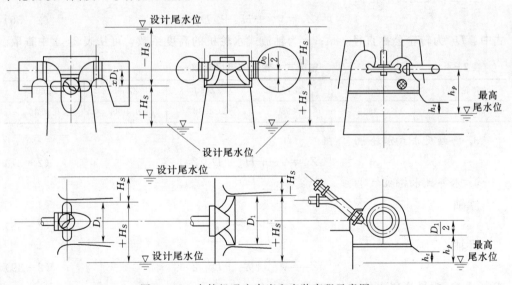

资源 2-9
水轮机的吸
出高度

图 2-27　水轮机吸出高度和安装高程示意图

（1）立轴混流式水轮机的 H_S 为导叶下部底环平面到设计尾水位的垂直高度。

（2）立轴轴流式水轮机的 H_S 为转轮叶片轴线到设计尾水位的垂直高度。

（3）立轴斜流式水轮机的 H_S 为转轮叶片轴线与转轮室内表面交点到设计尾水位的垂直高度。

（4）卧轴反击式水轮机的 H_S 为转轮叶片的最高点到设计尾水位的垂直高度。

如果计算得出的 H_S 为正，则表示上述指定的水轮机部位可装置在尾水位以上；如果 H_S 为负，则表示上述指定的水轮机部位需装置在尾水位以下。当 $H_S < 0$ 时，它所发挥的作用不再是产生静力真空，而是产生适当的正压以抵消转轮叶片表面水流过大的动力真空。

根据我国已运行的 60 个大中型水电站情况统计，大部分水电站的 $H_S = 0 \sim 3.5\text{m}$，少部分水电站的 $H_S = -2.0 \sim 0.0\text{m}$，最小的 $H_S = -8.0\text{m}$。但在抽水蓄能电站中，可逆式水泵水轮机的吸出高度一般都很小，H_S 可达 $-10 \sim -60\text{m}$。

资源 2-10
水轮机的安装高程
（微课）

资源 2-11
水轮机的安装高程
（动画）

2.4.2　水轮机的安装高程

在水电站厂房设计中，水轮机的安装高程 Z_S 是一个控制性标高，它是机组安装时作为基准的某一平面的海拔高程，只有 Z_S 确定以后才可以确定相应的其他高程。对立轴反击式水轮机，Z_S 是指导叶中心的位置高程；对立轴水斗式水轮机，Z_S 是指喷嘴中心高程；对卧轴水轮机，Z_S 是指主轴中心线的位置高程。Z_S 的计算方法如下，主要符号的含义见图 2-27。

1. 立轴混流式水轮机

$$Z_S = \nabla_w + H_S + b_0/2 \tag{2-35}$$

式中：∇_w 为设计尾水位，m；b_0 为导叶高度，m。

设计尾水位是确定水轮机安装高程所用的尾水管出口断面处出现的水位。

2. 立轴轴流式水轮机

$$Z_S = \nabla_w + H_S + xD_1 \tag{2-36}$$

式中：D_1 为转轮公称直径，m；x 为轴流式水轮机的高度系数，可从表 2-4 中查取。

表 2-4　　　　　　　　　　　　轴流式水轮机的高度系数

转轮型号	ZZ360	ZZ440	ZZ460	ZZ560	ZZ600
x	0.3835	0.3960	0.4360	0.4085	0.4830

3. 卧轴反击式水轮机

$$Z_S = \nabla_w + H_S - D_1/2 \tag{2-37}$$

4. 水斗式水轮机

立轴

$$Z_S = \nabla_{wm} + h_p \tag{2-38}$$

卧轴

$$Z_S = \nabla_{wm} + h_p + D_1/2 \tag{2-39}$$

式中：∇_{wm} 为最高尾水位，m。

式（2-38）、式（2-39）中的 h_p 称为排出高度，如图 2-27 所示，它是使水轮机安全稳定运行、避开变负荷时的涌浪、保证通风和防止尾水渠中的水流飞溅及发生涡流而造成转轮能量损失所必需的高度。根据经验统计，$h_p = (0.1 \sim 0.15)D_1$，对立轴机组取较大值，对卧轴机组取较小值。在确定图 2-27 所示的排出高度 h_p 时，要注意保证必要的通风高度 h_t，以免在尾水渠中产生过大的涌浪和涡流，一般 h_t 不宜小于 0.4m。

设计尾水位 ∇_w 的选取应该考虑以下因素：水库运行方式、尾水位与流量关系、初期发电要求以及下游水电站的运行水位等。确定反击式水轮机安装高程时，设计尾水位 ∇_w 可根据表 2-5 的水轮机过流量从下游水位与流量关系曲线中查取。

表 2-5　　　　　　　　　　　确定设计尾水位的水轮机过流量

电站装机台数	水轮机的过流量	电站装机台数	水轮机的过流量
1 台或 2 台	1 台水轮机 50% 的额定流量	5 台及以上	1.5～2 台水轮机的额定流量
3 台或 4 台	1 台水轮机的额定流量		

水轮机的安装高程直接影响水电站土建工程的开挖量和水轮机运行的抗空蚀性能，因此，大中型水电站水轮机的安装高程应根据机组的运行条件，经不同方案的技术经济比较后确定。

第3章

水轮机的特性及选型

3.1 水轮机的相似原理及单位参数

水轮机在各种工况下运行的特性可用水头 H、流量 Q、转速 n、出力 N、效率 η 以及空化系数 σ 等参数以及这些参数之间的关系来描述。但由于这些参数之间的关系非常复杂，因此，至今还须采用试验研究和理论分析相结合的办法才能获得完整的水轮机特性。

水轮机的试验可分为原型试验和模型试验两种。由于模型水轮机尺寸可以做得比较小，因此，模型试验具有制作快、费用低、试验方便及易于保证量测精度等优点；同时，由于模型试验一般在实验室内进行，模型机组的各工作参数可任意改变，有利于进行不同结构方案、不同转轮型式及不同运行工况的对比试验研究。目前，实际使用的各种型号水轮机的特性均是通过模型试验获得的。原型试验主要用于校核实际运行机组的一些主要运行状况或性能是否符合原设计要求，以及用于检测实际运行机组的设计、制造、安装及运行维护的质量情况。原型试验的方法等有关内容本教材不予论述，可参阅有关文献。模型试验的方法及步骤将在 3.4 节介绍。

如何将模型水轮机的试验成果应用到原型水轮机上去，这是水轮机相似原理所要解决的问题。水轮机的相似原理包括相似水轮机之间的相似条件和相似定律两方面的内容。

3.1.1 相似条件

要使两个水轮机保持相似，必须使其水流运动满足流体力学的相似条件，即必须满足几何相似、运动相似及动力相似 3 个条件。现分述如下。

1. 几何相似

几何相似是指两个水轮机过流通道表面的所有对应角相等及所有对应线性尺寸成比例，如图 3-1 所示。其数学表达式为

$$\beta_{e_1} = \beta_{e_1 M}; \quad \beta_{e_2} = \beta_{e_2 M}; \quad \varphi = \varphi_M; \quad \cdots \tag{3-1}$$

$$\frac{D_1}{D_{1M}} = \frac{b_0}{b_{0M}} = \frac{a_0}{a_{0M}} = \cdots = 常数 \tag{3-2}$$

式中：β_{e_1}、β_{e_2}、φ 为转轮叶片的进口安放角、出口安放角和可转动叶片的转角；D_1、b_0、a_0 为转轮公称直径、导叶高度和导叶开度。

有下标"M"者表示模型水轮机参数，否则表示原型水轮机参数，下同。

2. 运动相似

运动相似的必要条件是几何相似。运动相似是指两个水轮机过流通道内所有对应

资源 3-1
水轮机相
似原理

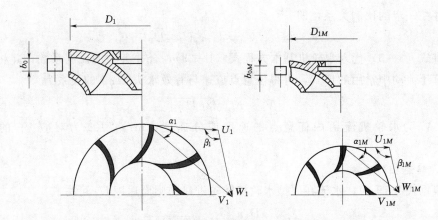

图 3-1　水轮机几何相似和运动相似示意图

点的水流速度的方向相同、大小成比例，即各对应点的速度三角形相似，如图 3-1所示。其数学表达式为

$$\alpha_1 = \alpha_{1M}; \quad \beta_1 = \beta_{1M}; \quad \alpha_2 = \alpha_{2M}; \quad \cdots \tag{3-3}$$

$$\frac{V_1}{V_{1M}} = \frac{U_1}{U_{1M}} = \frac{W_1}{W_{1M}} = \frac{V_2}{V_{2M}} = \cdots = 常数 \tag{3-4}$$

3. 动力相似

动力相似的必要条件是几何相似和运动相似。动力相似是指两个水轮机过流通道内所有对应点的水流质点所受到的作用力均是同名力，如压力、惯性力、黏滞力、重力、摩擦力等，而且各同名力方向相同、大小成比例。

严格地说，要两台水轮机过流通道内水流运动完全满足流体力学相似，不但要保证上述 3 个相似条件成立，而且还要保证其边界条件、起始条件的相似，这在实际模型试验中是难以做到的。①几何相似条件还包括过流通道表面粗糙度 Δ 的相似，即 $\Delta/D_1 = \Delta_M/D_{1M}$，一般难以做到；②由于水轮机模型及原型中的流动介质一般均为水，所以其黏滞力相似也难以保证。目前，在水轮机模型试验时主要是保证水流运动惯性力和压力的相似，对于粗糙度、黏滞力等次要因素，常先不计其影响，待模型试验成果转换成原型时，再结合类似工程的原型观测资料、理论分析以及经验对有关参数作适当修正。通过这种近似处理后，模型和原型水轮机之间只能保持近似的力学相似。下面所提到的"相似"均含这种近似性。

3.1.2　相似定律

具有几何相似、尺寸不同的水轮机所形成的系列称为水轮机系列，简称系列或轮系。同一系列水轮机保持运动相似的工作状况简称为水轮机的相似工况。水轮机在相似工况下运行时，其各工作参数（如水头 H、流量 Q、转速 n 等）之间的固定关系称为水轮机的相似定律，或称相似律、相似公式。在介绍这些相似定律以前，首先给出水轮机流道内任意点的流速与水轮机有效水头 $H\eta_H$ 之间的关系，这可从水轮机基本方程式（1-23）导出。

由上述相似条件可知，在任一相似工况下，同一系列水轮机流道内各点的速度三

资源 3-2
相似定律

57

角形存在一定的比例关系，即

$$V_{u_1} \propto U_1 ; \quad V_{u_2} \propto U_2 ; \quad U_1 \propto U_2 ; \quad \cdots \tag{3-5}$$

将式（3-5）代入水轮机基本方程式（1-23），合并各项的比例系数，并将流速写成有压流动中常用的形式，可得任意点流速与有效水头 $H\eta_H$ 的关系为

$$V_x = K_{vx}\sqrt{2gH\eta_H} \tag{3-6}$$

式中：V_x 为水轮机流道内任意点的速度或分速度，m/s；K_{vx} 为对应 V_x 的流速系数。

1. 转速相似定律

根据式（3-6），水流在原型水轮机转轮进口的圆周速度 U_1 可写成

$$U_1 = \frac{\pi D_1 n}{60} = K_{u_1}\sqrt{2gH\eta_H}$$

即

$$\frac{nD_1}{\sqrt{H\eta_H}} = \frac{60K_{u_1}\sqrt{2g}}{\pi} = 84.6K_{u_1}$$

同样，对于模型水轮机可写出

$$\frac{n_M D_{1M}}{\sqrt{H_M \eta_{HM}}} = 84.6K_{u_1 M}$$

当忽略粗糙度和黏性等不相似的影响时，相似水轮机在相似工况下有 $K_{u_1} = K_{u_1 M}$，故可得

$$\frac{nD_1}{\sqrt{H\eta_H}} = \frac{n_M D_{1M}}{\sqrt{H_M \eta_{HM}}} = 常数 \tag{3-7}$$

式（3-7）称为水轮机的转速相似定律，它表示相似水轮机在相似工况下其转速与转轮直径成反比，而与有效水头的平方根成正比。

2. 流量相似定律

通过原型水轮机转轮的有效流量可按下式计算

$$Q\eta_V = V_{m_1} F_1 \tag{3-8}$$

式中：V_{m_1} 为原型水轮机转轮进口处的水流轴面流速；F_1 为原型水轮机转轮进口处的过水断面面积。

根据式（3-6），V_{m_1} 可写成

$$V_{m_1} = K_{vm_1}\sqrt{2gH\eta_H}$$

而 F_1 可写成

$$F_1 = \pi D_1 b_0 f = \pi f \bar{b}_0 D_1^2 = \alpha D_1^2$$

式中：$\bar{b}_0$ 为导叶相对高度，$\bar{b}_0 = b_0/D_1$；f 为转轮进口的叶片排挤系数；α 为综合系数，$\alpha = \pi f \bar{b}_0$。

将 V_{m_1} 和 F_1 的表达式代入式（3-8），可得原型水轮机的有效流量、有效水头等参数之间的关系为

$$\frac{Q\eta_V}{D_1^2\sqrt{H\eta_H}}=\alpha K_{vm_1}\sqrt{2g}$$

同样，对模型水轮机也可写出

$$\frac{Q_M\eta_{VM}}{D_{1M}^2\sqrt{H_M\eta_{HM}}}=\alpha_M K_{vm_1 M}\sqrt{2g}$$

对于相似水轮机有 $\alpha=\alpha_M$，又当忽略粗糙度及黏性等不相似的影响时，有 $K_{vm_1}=K_{vm_1 M}$，故可得

$$\frac{Q\eta_V}{D_1^2\sqrt{H\eta_H}}=\frac{Q_M\eta_{VM}}{D_{1M}^2\sqrt{H_M\eta_{HM}}}=常数 \tag{3-9}$$

式（3-9）称为水轮机的流量相似定律，它表示相似水轮机在相似工况下其有效流量与转轮直径的平方成正比，与其有效水头的平方根成正比。

3. 出力相似定律

水轮机出力为

$$N=\gamma QH\eta$$

设式（3-9）右端的常数为 C，则可得 $Q=CD_1^2\sqrt{H\eta_H}/\eta_V$，代入上式，并考虑到 $\eta=\eta_H\eta_V\eta_m$，得原型水轮机的出力、水头等参数之间的关系为

$$\frac{N}{D_1^2(H\eta_H)^{3/2}\eta_m}=\gamma C$$

同理，对模型水轮机有

$$\frac{N_m}{D_{1M}^2(H_M\eta_{HM})^{3/2}\eta_{mM}}=\gamma C$$

因此，可得

$$\frac{N}{D_1^2(H\eta_H)^{3/2}\eta_m}=\frac{N_m}{D_{1M}^2(H_M\eta_{HM})^{3/2}\eta_{mM}}=常数 \tag{3-10}$$

式（3-10）称为水轮机的出力相似定律，它表示相似水轮机在相似工况下其有效出力（N/η_m）与转轮直径的平方成正比，与有效水头的3/2次方成正比。

3.1.3　单位参数

如果直接利用上述导出的相似定律式（3-7）、式（3-9）和式（3-10）进行原型与模型水轮机之间的参数转换，在实用中尚存在如下两个问题：

（1）上述相似公式中包含了水轮机的水力效率 η_H、容积效率 η_V 和机械效率 η_m，它们均很难从总效率 η 中分离出来，即很难分别获得它们的数值，尤其对于原型水轮机就连总效率 η 也是事先未知的。

（2）在进行水轮机模型试验时，由于试验装置条件及试验要求的不同，所采用的模型转轮直径 D_{1M} 及试验水头 H_M 各不相同，因此，试验所得到的模型参数也各不相同。这既不便于应用，也不便于同一系列水轮机不同模型试验成果的比较，更难以进行不同系列水轮机的性能比较。

对于问题（1），在实际应用中采取的处理方法是，先假定 $\eta_H=\eta_{HM}$、$\eta_V=\eta_{VM}$、

资源 3-3
单位参数

$\eta_m = \eta_{mM}$ 和 $\eta = \eta_M$，然后据此换算出原型水轮机参数，最后，根据类似工程的原型观测资料和经验作适当的修正，以保证原型参数的计算精度。

对于问题（2），常用的处理方法是将任一模型试验所得到的参数按照相似定律换算成 $D_{1M} = 1.0\mathrm{m}$ 和 $H_M = 1.0\mathrm{m}$ 的标准条件下的参数，并把这些参数统称为单位参数。

这样，由式（3-7）、式（3-9）和式（3-10）可得出相应的单位参数的表达式为

$$n_1' = \frac{nD_1}{\sqrt{H}} \tag{3-11}$$

$$Q_1' = \frac{Q}{D_1^2 \sqrt{H}} \tag{3-12}$$

$$N_1' = \frac{N}{D_1^2 H^{3/2}} \tag{3-13}$$

式（3-11）～式（3-13）中，n_1'、Q_1' 和 N_1' 分别表示转轮直径 $D_1 = 1.0\mathrm{m}$ 的水轮机在水头 $H = 1.0\mathrm{m}$ 时的转速、流量和出力，并常用与转速 n、流量 Q、出力 N 相同的单位表示，分别称为水轮机的单位转速、单位流量和单位出力。其表达式中的 D_1、H 必须采用 m 为单位。

同一系列的水轮机，在相似工况下单位参数相等。单位参数代表了同一系列水轮机的性能，因此，可通过比较一些特征工况（如最优工况）的单位参数来评价不同系列水轮机的性能。水轮机在最优工况下的单位参数称为最优单位参数，常分别以 n_{10}'、Q_{10}' 和 N_{10}' 表示，在水轮机系列型谱表 3-3～表 3-5 中列出了最优单位参数的数值。

3.2　水轮机的效率换算及单位参数修正

3.2.1　水轮机的效率换算

在 3.1 节推导单位参数的表达式时，曾假定原型和模型水轮机在相似工况下效率相等，但实际上两者是有差别的，这主要由以下三方面因素造成：

（1）原型和模型水轮机的金属加工的精度基本相同，即过流表面粗糙度基本相同。但对于直径较大的原型水轮机，其过流表面的相对粗糙度较小，因此其水力损失与工作水头的百分比较小，水力效率 η_H 较高。

（2）原型和模型水轮机中的过流介质均为水，即其黏滞力相同。但对于使用水头较高的原型水轮机，其中水流的黏滞力与惯性力（或压力）的比值较小，因此其相对水力损失较模型水轮机小，水力效率 η_H 较高。

（3）基于加工精度的限制，模型水轮机的容积损失和机械损失不可能按其所需要的相似关系缩小，因此原型水轮机的容积效率 η_V 和机械效率 η_m 均较高。

由于以上原因，原型水轮机的总效率高于模型水轮机的总效率。对于大型水轮机，有时差值可达 7% 以上。

反击式水轮机的效率修正，有下述两种方法，供需双方商定任选其一计算即可：

资源 3-4
水轮机的效率换算及单位参数修正

第一种方法，根据模型最高效率来修正。

混流式水轮机效率修正值 $\Delta\eta$ 计算公式（Moody 公式）为

$$\eta_{\max} = 1 - (1 - \eta_{M\max})\left(\frac{D_{1M}}{D_1}\right)^{\frac{1}{5}}$$

$$\Delta\eta = K(\eta_{\max} - \eta_{M\max}) = K(1 - \eta_{M\max})\left[1 - \left(\frac{D_{1M}}{D_1}\right)^{\frac{1}{5}}\right] \quad (3-14)$$

轴流式水轮机效率修正值 $\Delta\eta$ 计算公式（Hutton 公式）为

$$\eta_{\max} = 1 - (1 - \eta_{M\max})\left[0.3 + 0.7\left(\frac{D_{1M}}{D_1}\right)^{\frac{1}{5}}\left(\frac{H_M}{H}\right)^{\frac{1}{10}}\right]$$

$$\Delta\eta = K(\eta_{\max} - \eta_{M\max}) = 0.7K(1 - \eta_{M\max})\left[1 - \left(\frac{D_{1M}}{D_1}\right)^{\frac{1}{5}}\left(\frac{H_M}{H}\right)^{\frac{1}{10}}\right] \quad (3-15)$$

式中：$\eta_{M\max}$ 为模型水轮机的最高效率（转桨式水轮机为叶片在不同转角条件下的最高效率）；K 为系数，$K = 0.5 \sim 0.7$，由供需双方商定，一般改造机组取小值，新机组取大值；H_M 为模型水轮机水头，m。

第二种方法，根据过流流态（雷诺数）来修正（国际电工委员会标准 IEC 995/IEC 60193 推荐公式）。

$$\Delta\eta_h = \delta_{ref}\left[\left(\frac{Re_{ref}}{Re_M}\right)^{0.16} - \left(\frac{Re_{ref}}{Re_p}\right)^{0.16}\right] \quad (3-16)$$

$$\delta_{ref} = \frac{1 - \eta_{h,opt,M}}{\left(\dfrac{Re_{ref}}{Re_{opt,M}}\right)^{0.16} + \left(\dfrac{1 - V_{ref}}{V_{ref}}\right)} \quad (3-17)$$

式中：$\Delta\eta_h$ 为模型效率换算为原型效率的修正值；δ_{ref} 为标准的可换算为原型效率的修正值；Re_{ref} 为标准的雷诺数；Re_M 为测点模型雷诺数；Re_p 为测点原型雷诺数；$Re_{opt,M}$ 为模型最优效率点雷诺数；$\eta_{h,opt,M}$ 为模型最优效率；V_{ref} 为标准的损失分布系数（轴流转桨、斜流转桨和贯流转桨式水轮机取 0.8，混流和轴流定桨、斜流定桨和贯流定桨式水轮机取 0.7）。

对过去已有的模型试验曲线和注明雷诺数和水温的模型试验资料，建议按式（3-18）计算

$$\left.\begin{array}{l} \Delta\eta = (1 - \eta_{h,opt,M})V_M\left(1 - \dfrac{Re_M}{Re_p}\right) \\[2mm] V_M = V_{opt,M} = V_{ref} \\[2mm] Re_M = Re_{ref} = 7 \times 10^6 \\[2mm] \delta_M = \delta_{opt,M} = \delta_{ref} \end{array}\right\} \quad (3-18)$$

详细可参见《水轮机基本技术条件》（GB/T 15468—2006）。显然，采用式（3-14）、式（3-15）进行修正比较简单。

3.2.2　单位参数 n_1'、Q_1' 的修正

在式（3-11）和式（3-12）中未包括水轮机的效率，考虑到原型和模型水轮机效率的不同，在进行单位参数换算时，n_1'、Q_1' 需作适当的修正。在最优工况下，原

型水轮机的单位参数 n'_{10}、Q'_{10} 可用如下两式换算

$$n'_{10} = n'_{10M}\sqrt{\eta_{\max}/\eta_{M\max}} \tag{3-19}$$

$$Q'_{10} = Q'_{10M}\sqrt{\eta_{\max}/\eta_{M\max}} \tag{3-20}$$

式中：n'_{10M}、Q'_{10M} 为模型水轮机在最优工况下的单位转速和单位流量。

对非最优工况，原型水轮机的单位参数 n'_1、Q'_1 用式（3-21）、式（3-22）修正

$$n'_1 = n'_{1M} + \Delta n'_1 \tag{3-21}$$

$$Q'_1 = Q'_{1M} + \Delta Q'_1 \tag{3-22}$$

式中：$\Delta n'_1$ 为单位转速修正值，$\Delta n'_1 = n'_{10} - n'_{10M}$；$\Delta Q'_1$ 为单位流量修正值，$\Delta Q'_1 = Q'_{10} - Q'_{10M}$。

在一般情况下，$\Delta Q'_1$ 相对于 Q'_1 很小，因此，在实际应用时常可不作单位流量修正。对于单位转速，当其修正值 $\Delta n'_1 < 0.03 n'_{10M}$ 时，也可不作修正。

3.3　水轮机的比转速

资源 3-5
水轮机的
比转速

水轮机的单位参数 n'_1、Q'_1 和 N'_1 只能分别从不同的方面反映水轮机的性能。为了找到一个能综合反映水轮机性能的单位参数，提出了比转速（简称比速）的概念。

由式（3-11）、式（3-13）消去 D_1 可得 $n'_1\sqrt{N'_1} = n\sqrt{N}/H^{5/4}$。对于同一系列水轮机，在相似工况下其 n'_1 和 N'_1 均为常数，因此，$n'_1\sqrt{N'_1}$＝常数，这个常数就称为水轮机的比转速，常用 n_s 表示，即

$$n_s = \frac{n\sqrt{N}}{H^{5/4}} \quad (\text{m} \cdot \text{kW}) \tag{3-23}$$

式（3-23）中，n 以 r/min 计；H 以 m 计；N 以 kW 计。从上式可见，比转速 n_s 是一个与 D_1 无关的综合单位参数，它表示同一系列水轮机在 $H = 1\text{m}$、$N = 1\text{kW}$ 时的转速。

如果将 $N = 9.81HQ\eta$、$n = \dfrac{n'_1\sqrt{H}}{D_1}$ 和 $Q_1 = Q'_1 D_1^2 \sqrt{H}$ 代入式（3-23）可导出 n_s 的另外两个公式

$$n_s = 3.13\frac{n\sqrt{Q\eta}}{H^{3/4}} \quad (\text{m} \cdot \text{kW}) \tag{3-24}$$

$$n_s = 3.13 n'_1\sqrt{Q'_1\eta} \quad (\text{m} \cdot \text{kW}) \tag{3-25}$$

如果式（3-23）中的 N 改以马力 HP(1HP＝0.7353kW) 计，对应的比转速 n_s 与上述 n_s 的换算关系为

$$n_s(\text{ft} \cdot \text{HP}) = \frac{n\sqrt{N(\text{HP})}}{H^{5/4}} = \frac{7}{6}\frac{n\sqrt{N(\text{kW})}}{H^{5/4}} = \frac{7}{6}n_s \quad (\text{m} \cdot \text{kW}) \tag{3-26}$$

有时还会遇到英制单位的比转速，由于 1ft＝0.3048m，1 英制马力＝0.7353kW，则有

$$n_s(\text{ft} \cdot \text{HP}) = \frac{n\sqrt{N(\text{英制马力})}}{H^{5/4}(\text{ft})} = 0.2624n_s \quad (\text{m} \cdot \text{kW}) \tag{3-27}$$

由式 (3-23)~式 (3-25) 可见，比转速 n_s 综合反映了水轮机工作参数 n、H、N 或 Q 之间的关系，也反映了单位参数 n_1'、N_1' 或 Q_1' 之间的关系，因此，n_s 是一个重要的综合参数，它代表同一系列水轮机在相似工况下运行的综合性能。目前国内外大多采用比转速 n_s 作为水轮机系列分类的依据。但由于 n_s 随工况变化而变化，所以通常规定采用设计工况或最优工况下的比转速作为水轮机分类的特征参数。现代各型水轮机的比转速范围为：水斗式 $n_s = 10\sim70$；混流式 $n_s = 60\sim350$；斜流式 $n_s = 200\sim450$；轴流式 $n_s = 400\sim900$；贯流式 $n_s = 600\sim1100$。随着新技术、新工艺、新材料的不断发展和应用，各型水轮机的比转速数值也正在不断地提高。出现这种趋势的原因可从以下两方面来说明：

(1) 由式 (3-23) 可见，当 n、H 一定时，提高 n_s，对于相同尺寸的水轮机，可提高其出力，或者可采用较小尺寸的水轮机发出相同的出力。

(2) 同上分析，当 H、N 一定时，提高 n_s 可增大 n，从而可使发电机外形尺寸减小，见式 (1-8)。同时可使水轮机主轴承受的旋转力矩减小，即可减小零部件的尺寸，见式 (1-12)。

总之，提高比转速对提高机组动能效益及降低机组造价和厂房土建投资都具有重要的意义。

由式 (3-24) 可见，当 H 一定时，n_s 的大小取决于 n、Q、η 的大小。由于近代水轮机的效率 η 已达到很高的水平，进一步提高 η 已很有限，因此，提高 n_s 的主要途径是采用新型的水轮机机构、改善过流部件的水力设计，如采取增大 b_0/D_1、缩短流道长度、减小叶片数（图 3-2）和减缓翼型弯曲程度（即减小 β_1，图 3-3）等措施，以提高水轮机的 n、Q 值。但在 n、Q 增大的同时，转轮出口流速 V_2 也随之增大（图 3-3），从而对尾水管性能的要求明显提高，而且最致命的是水轮机气蚀性能将明显变差，见式 (2-29) 及图 3-4，图中空化系数的平均值可按下述经验公式给出

$$\sigma = \frac{(n_s + 30)^{1.8}}{20000} \tag{3-28}$$

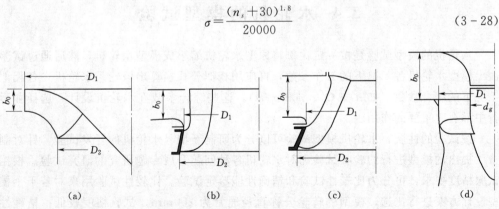

图 3-2　不同比转速水轮机的转轮形状
(a) 低比转速混流式；(b) 中比转速混流式；(c) 高比转速混流式；(d) 轴流式

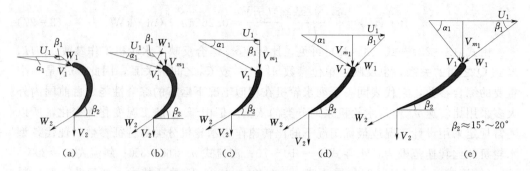

图 3-3 不同比转速水轮机的进、出口速度三角形

(a)、(b) 低比转速混流式；(c) 中比转速混流式；(d) 高比转速混流式；(e) 轴流式

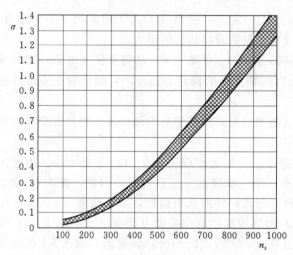

图 3-4 满负荷时空化系数与比转速的关系

显然，在高水头电站中，如采用高比转速的水轮机，即使保证了机组的强度条件，还要有较大的淹没深度，这将会增大厂房的开挖深度和土建投资。因此，对于高比转速水轮机，气蚀条件是限制其应用水头范围的主要因素，n_s 越高，适用水头 H 越低。

此外，水泵专业与水轮机专业所使用的比转速表达方式有所不同。对于水泵，其比转速定义如下

$$n_s = \frac{n\sqrt{Q}}{H^{3/4}} = n_1'\sqrt{Q_1'} \qquad (3-29)$$

3.4 水轮机的模型试验

水轮机的模型试验是按一定比例将原型水轮机缩小成模型水轮机，然后通过试验测出模型水轮机各工况下的工作参数，再应用相似公式换算出该轮系水轮机在各相似工况下的综合参数（如 n_1'、Q_1'、η 和 σ 等）。这些综合参数在水轮机设计、选择和运行中都有着重要的作用。

按试验的性质，水轮机模型试验可以分为研制新型号水轮机的开发试验、针对制造厂提出的模型进行的验收试验和对水轮机各种问题开展专题研究的研究试验。根据试验精度要求，可分为比较性试验和精确性能鉴定试验。比较性试验用来对若干个模型设计方案进行比选，模型的转轮公称直径通常为 250mm，试验精度较低；精确性能鉴定试验是用户要求供货方为确定模型的性能参数保证值和详细的特性而进行的，精度要求高，必须符合相关的技术标准，用户对试验结果要开展验收，模型的转轮公

称直径通常为 350mm、400mm、460mm。按照测量参数，水轮机模型试验主要有能量试验、空化试验、飞逸特性试验、轴向水推力特性试验和压力脉动试验等，相应于这些试验的主要测量参数分别是水轮机效率、水轮机空化系数、水轮机飞逸转速、作用在转轮上的轴向水推力和水轮机流道特定部位压力脉动的幅值及频率。在水轮机模型试验中，通常采用改变转速和流量，从而改变单位转速、单位流量的办法来改变水轮机的工况，很少大幅度地改变模型试验的水头。一般能量试验的水头为 2～7m，空化试验的水头为 20～60m；模型试验中的流量一般不大于 2m³/s；模型水轮机的正常转速一般不超过 1500r/min。

由于篇幅所限，本教材只介绍反击式水轮机的能量试验。水轮机效率是水轮机能量转换性能的主要综合指标，因此，模型水轮机的能量试验主要是确定模型水轮机在各种工况下的运行效率。下面结合图 3-5 所示的以手工操作为主的水轮机能量试验台，阐述模型水轮机工作参数的测量方法。采用电磁流量计、压力传感器、液位传感器、电磁脉冲转速仪和扭矩仪等仪器设备的试验台，则是通过电测方式获得模型水轮机工作参数的数值，而且便于实现计算机采集分析数据，自动化程度高，试验效率和量测精度都很高。具体内容可参考有关资料，此处不做阐述。

资源 3-6
水轮机的
模型试验

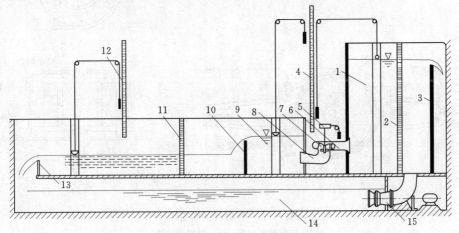

图 3-5　反击式水轮机能量试验台

1—压力水箱；2、11—消能栅；3、10—溢流板；4—标尺；5—测功器；6—引水管；7—模型水轮机；
8—尾水管；9—尾水槽；12—浮筒水位计；13—测流堰板；14—回水槽；15—水泵

3.4.1　模型试验参数的测量方法

1. 水头 H_M

如图 3-5 所示，模型水轮机 7 的工作毛水头 H_M 为上游压力水箱 1 与下游尾水槽 9 的水位差，通过上、下游浮筒将水位传送到标尺 4 上进行测量。在试验时 H_M 的变幅很小。为此，在上、下游装置了溢流板 3 和 10，溢流板高度可小幅度调节。压力水箱由水泵 15 供水，并通过消能栅 2 使水流均匀地进入引水管 6。

2. 流量 Q_M

通过模型水轮机的流量 Q_M 用测流堰板 13 进行测量。为了保证测量精度，一般先用容积法对测流堰板进行率定，得到堰顶水深与流量的关系曲线（$h - Q_M$）。在试验时则是由浮筒水位计 12 测出堰槽水位，算出堰顶水深 h，然后由 $h - Q_M$ 曲线查取 Q_M 值。为了提高堰槽水位的测量精度，常在堰槽前部设置消能栅 11 以平稳堰槽内的水流。水流通过堰板后，流入回水槽 14，以便试验用水的循环利用。

3. 转速 n_M

模型水轮机的转速 n_M 通常可用机械转速表在水轮机主轴的顶端直接测量。为了提高精度，目前多用电磁脉冲器或电力频率计数器等进行测量。

4. 功率 N_M

这里 N_M 是指模型水轮机输出的轴功率，采用测功器 5 进行测量。常用的测功器有机械式和电磁式两种，如图 3-6 所示，其测量原理类似，都是通过测量制动力矩间接地求出功率 N_M。

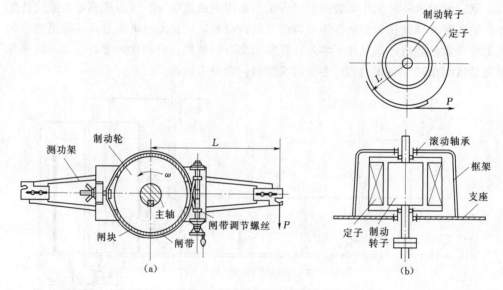

图 3-6　测功器结构简图

（a）机械测功器；（b）电磁测功器

机械测功器的工作原理是在主轴上装一制动轮，在制动轮周围设置闸块，在闸块外围加闸带，闸带可由端部的调节螺丝控制以改变制动轮和闸块之间的摩擦力，闸带装置在测功架上，在主轴转动时可改变负荷（拉力 P）使测功架保持在水平位置不动，则此时的制动力矩即为 $M = PL$，L 为制动力臂的长度。结合此时所测得的 n_M 便可计算出模型水轮机的轴功率为

$$N_M = M\omega = PLn_M / 9.5493 \tag{3-30}$$

式中：N_M 为模型水轮机的轴端功率，W；M 为制动力矩，N·m；ω 为模型水轮机旋转角速度，rad/s；P 为配重块产生的拉力，N；L 为制动力臂的长度，m；n_M 为模型水轮机的转速，r/min。

电磁测功器是用磁场形成制动力矩，基本原理与机械测功器相同。

3.4.2　综合参数计算与试验成果整理

为了获得水轮机全部工作范围内的能量特性，必须在不同的导叶开度下进行试验。一般从最小开度到最大开度之间尽量等间距地选取 8～10 个开度，在每个开度下逐渐改变负荷 P，做 6～10 个工况点的试验，分别测出每个工况点的工作参数 H_M、Q_M、n_M 和 N_M，然后求出每个工况点模型水轮机的 η、Q_1' 和 n_1'。

模型水轮机从水流输入的功率为 $N_{wM} = 9.81 Q_M H_M$，其效率 η_M 为

$$\eta_M = \frac{N_M}{N_{wM}} = \frac{kPn_M}{Q_M H_M} \tag{3-31}$$

式中：k 为系数，$k = \dfrac{L}{9.5493 \times 9.81}$；$H_M$ 单位为 m；Q_M 单位为 L/s；其他参数单位同前。

单位参数 n_1' 和 Q_1' 可由式（3-11）和式（3-12）求出。

表 3-1 是水轮机能量试验记录表。为了方便，表中所有参数的下标 "M" 略去不注。

表 3-1　　　　　　　　　　模型能量试验记录表　　　　　　　转轮型号：

直径 $D_1 =$ 　　m；转角 $\varphi =$ 　　°（对转桨式）；系数 $k =$

导叶开度 a_0 /mm	试验工况序号	水头 H /m	转速 n /(r/min)	制动力 P /N	堰上水深 h /mm	流量 Q /(L/s)	单位流量 Q_1' /(L/s)	单位转速 n_1' /(r/min)	效率 η /%	备注
a_{01}	1 2 3 ⋮									
a_{02}	1 2 3 ⋮									

对于转桨式水轮机，一般每隔 5°取一个转轮桨叶的固定转角 φ，对每一 φ 值进行上述各种开度下的若干工况点的试验，并计算其相应的综合参数。

3.5　水轮机的特性曲线及其绘制

3.5.1　水轮机的特性曲线

表示水轮机各参数之间关系的曲线叫水轮机的特性曲线。它可分为线型特性曲线和综合特性曲线两大类，现分述如下。

3.5.1.1　线型特性曲线

线型特性曲线是在假定某些参数为常数的情况下另两个参数之间的关系曲线。线型特性曲线又可分为工作特性曲线、水头特性曲线和转速特性曲线等。

资源 3-7
水轮机的
特性曲线

1. 工作特性曲线

在实际运行中的水电站，水轮机转轮直径 D_1 是固定不变的，而且转速 n 也必须保持恒定，水库水位和工作水头 H 则变化缓慢。当系统负荷发生变化时，必须改变水轮机的流量 Q 以相应地调节水轮机的出力 N。在这种情况下，可以通过 D_1、H 和 n 均为常数时的水轮机效率 $\eta = f(N)$、$\eta = f(Q)$ 及 $Q = f(N)$ 曲线，了解效率 η 随流量 Q 及出力 N 的变化关系。这些曲线统称为水轮机的工作特性曲线，其中 $\eta = f(N)$ 又称为效率特性曲线；$Q = f(N)$ 又称为流量特性曲线，如图3-7、图3-8所

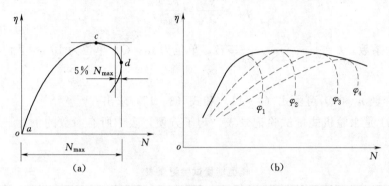

图3-7 效率特性曲线 $\eta = f(N)$

(a) 混流式水轮机；(b) 轴流式水轮机

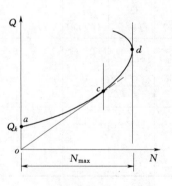

图3-8 混流式水轮机流量
特性曲线 $Q = f(N)$

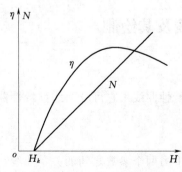

图3-9 水轮机水头特性曲线

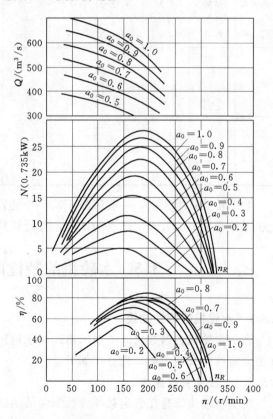

图3-10 混流式水轮机 ($n_s = 170$) 转速特性曲线

示。图中 a 点为空载运行工况点，即 $n = n_r$、$N = 0$ 的工况点，a 点对应的流量 Q_k 称为空载流量；在空载运行工况点，水轮发电机组以同步转速旋转，输出的功率为零，此时通过水轮机的空载流量 Q_k 很小，相应的导叶开度称为空载开度，其数值也很小。c 点为最高效率点，即最优工况点；d 点为极限出力点。转桨式水轮机的效率特性曲线实质上是各种转角 φ 的定桨式水轮机效率特性曲线的外包络线，其高效率区较为宽广，故一般在正常运行范围内不存在极限出力点。水轮机工作特性曲线反映了水轮机在水头不变情况下的实际运行特性。

2. 水头特性曲线

在 D_1、n 和 a_0 均为常数时的 $N = f(H)$ 及 $\eta = f(H)$ 曲线称为水轮机的水头特性曲线，如图 3-9 所示，它反映了水轮机在导叶开度 a_0 一定时，N 随 η 和 H 的变化关系。图中 H_k 表示对应导叶开度下的空载水头。水轮机水头特性曲线常用来研究水头变化对水轮机工作性能的影响。

3. 转速特性曲线

水轮机在 D_1、H 和 a_0 均为常数时 $Q = f(n)$、$N = f(n)$ 和 $\eta = f(n)$ 关系曲线统称为水轮机的转速特性曲线，如图 3-10 所示。其中 $Q = f(n)$ 曲线的形状与水轮机比转速 n_s 密切相关，当 n_s 不同时，该曲线的变化规律也不同，如图 3-11 所示。

转速特性曲线虽不反映原型水轮机的实际运行情况，但通过这些曲线可看出 Q、N、η 随 n 和 a_0 的变化规律。

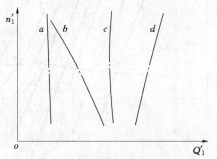

图 3-11　不同比转速水轮机的 $n_1' = f(Q_1')$ 特性

a—水斗式；b—$n_s = 92$；c—$n_s = 292$；
d—$n_s = 442$

3.5.1.2　综合特性曲线

综合特性曲线是多个工作参数之间的关系曲线，能较完整地描述水轮机各种运行工况的特性。综合特性曲线可分为模型综合特性曲线和运转综合特性曲线。

1. 模型综合特性曲线

模型综合特性曲线简称综合特性曲线，是以单位转速 n_1' 和单位流量 Q_1' 为纵、横坐标而绘制的几组等值曲线，如图 3-12 和图 3-13 所示。图中常绘有下列等值线：①等效率 η 线；②导叶（或喷针）等开度 a_0 线；③等空化系数 σ 线；④混流式水轮机的出力限制线；⑤转桨式水轮机转轮等转角 φ 线。它们反映了同一系列水轮机的各种主要性能指标，所以被称为水轮机的综合特性曲线。因为这些曲线是通过整理分析水轮机模型试验资料绘制的，故又称为模型综合特性曲线。

2. 运转综合特性曲线

运转综合特性曲线简称运转特性曲线，是在转轮直径 D_1 和转速 n 为常数时，以水头 H 和出力 N 为纵、横坐标而绘制的几组等值线，如图 3-14 所示。图中常绘有下列等值线：①等效率 η 线；②等吸出高度 H_s 线；③出力限制线。此外，有时图中还绘有导叶（或喷针）等开度 a_0 线、转桨式水轮机的叶片等转角 φ 线等。

资源 3-8
综合特性曲线的概念

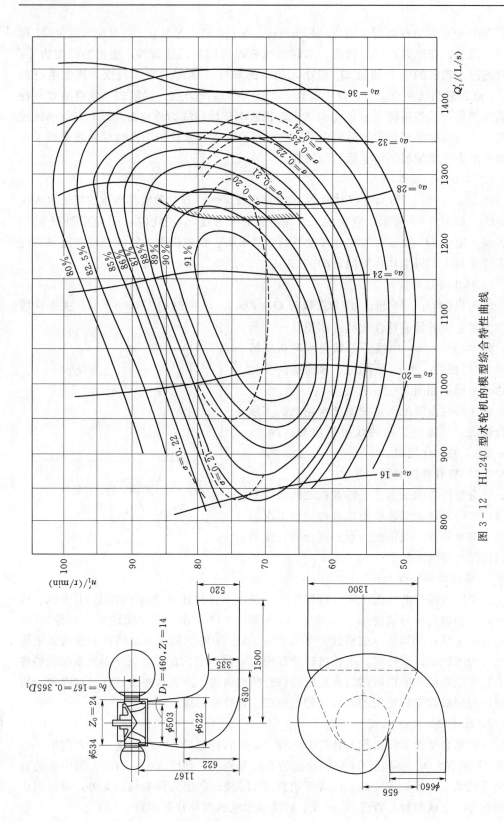

图 3 - 12　HL240 型水轮机的模型综合特性曲线

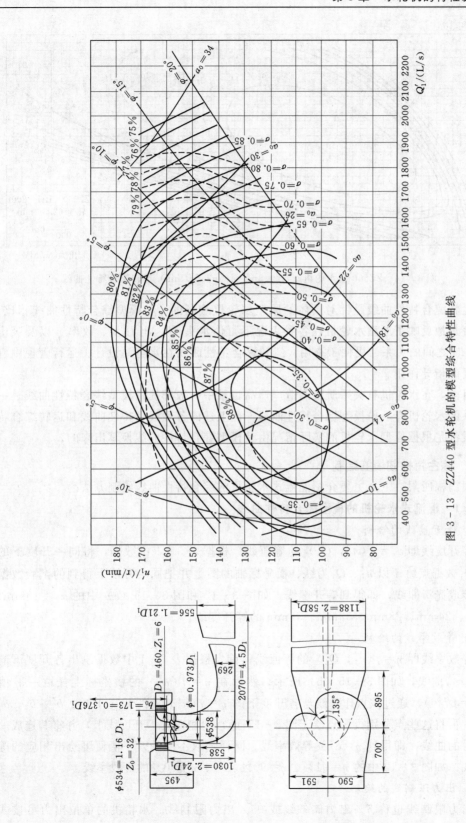

图 3 - 13　ZZ440 型水轮机的模型综合特性曲线

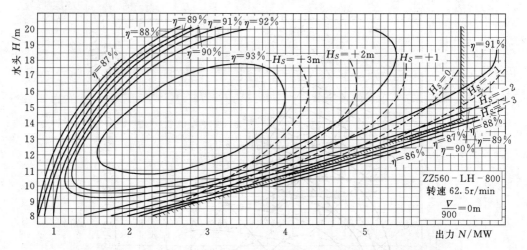

图 3-14　ZZ560 型水轮机（$D_1=8$m，$n=62.5$r/min）运转综合特性曲线

　　运转综合特性曲线是针对具体的原型水轮机绘制的。与模型综合特性曲线相比，它更直观地反映了原型水轮机在各种工况下工作水头 H、出力 N、效率 η 以及吸出高度 H_S 之间的关系。更便于查用。运转综合特性曲线在水电站设计、运行管理中有着重要的指导作用。

　　目前，在水轮机有关手册或制造厂产品目录中一般都提供模型综合特性曲线。一个轮系的水轮机有一份模型综合特性曲线。而上述的各种线型特性曲线和运转综合特性曲线都是根据原型水轮机的实际情况由其模型综合特性曲线换算出来的。

3.5.2　综合特性曲线的绘制

　　因篇幅所限，下面主要介绍混流式水轮机的综合特性曲线绘制方法。

3.5.2.1　混流式水轮机的模型综合特性曲线

　　1. 等开度线的绘制

　　等开度线即 $a_0=f(n_1',Q_1')$ 的等值线。根据表 3-1 中数据，将同一开度下的 n_1'、Q_1' 数据点绘于以 n_1'、Q_1' 为纵、横坐标轴的图上并把同一开度下得到的试验数据

点连接成光滑曲线，即得到等开度线。如图 3-12 和图 3-15（a）中的 $a_0=16$mm、20mm、24mm、28mm、32mm、36mm 的等开度线。

　　2. 等效率线的绘制

　　等效率线即 $\eta=f(n_1',Q_1')$ 的等值线。首先根据表 3-1 中数据绘出各开度下的 $\eta=f(n_1')$ 曲线，如图 3-15（b）所示。然后在 $\eta=f(n_1')$ 的横坐标上任取一 η 值（如 $\eta=87\%$），通过该点作垂线与各开度下的 $\eta=f(n_1')$ 曲线相交于 b_1、b_1'、b_2、b_2' 等点，再将这些点分别投影点绘于图 3-15（a）中相应的等开度线上，并将其连成一条光滑的曲线，即得到 $\eta=87\%$ 等效率线。同样，取不同的效率值便可绘出相应的等效率线。如图 3-12 中的 $\eta=91\%$、$\eta=90\%$、…、$\eta=80\%$ 的等效率线。

　　3. 出力限制线的绘制

　　出力限制线也称 5% 出力储备线或 95% 出力限制线。水轮机的单位出力可按式

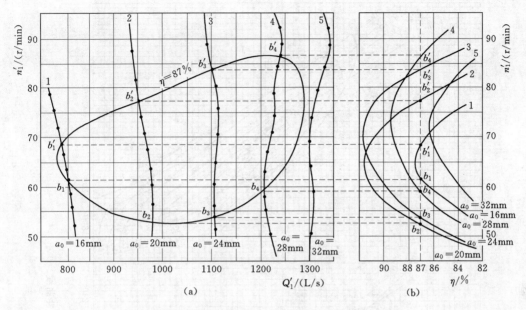

图 3 - 15　混流式水轮机的等开度线和等效率线的绘制

（3 - 32）计算

$$N_1' = \frac{N}{D_1^2 H^{3/2}} = \frac{9.81QH\eta}{D_1^2 H^{3/2}} = 9.81Q_1'\eta$$

$$\text{（3 - 32）}$$

在绘有等效率线的 $n_1' - Q_1'$ 图上（图 3 - 12）任取一 n_1' 值（如 $n_1' = 75$ r/min），并作一水平线与等效率线相交出一系列的交点，将每个交点的 η、Q_1' 值分别代入上式求出相应的 N_1'，便可绘出 $N_1' = f(Q_1')$ 曲线，如图 3 - 16 所示。图中 p 点为最大单位出力 $N_{1\max}'$ 点，其相应流量为 Q_{1p}'。在 p 点左侧，

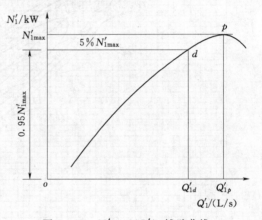

图 3 - 16　$N_1' = f(Q_1')$ 辅助曲线

N_1' 随 Q_1' 的增大而增大，但在 p 点右侧，N_1' 随 Q_1' 的增大而减小。因此，当水轮机处于 p 点及其右侧运行时，如系统要求机组增大出力，则调速器将增大导叶开度以增大 Q_1'，但其结果却反而使 N_1' 降低，此时调速器将更大地增加导叶开度，造成水轮机调节的恶性循环。为了避免这种情况，规定水轮机不能在 p 点及其右侧运行，并须留有 $5\% N_{1\max}'$ 的出力储备，如图 3 - 16 中的 d 点。根据与 d 点相对应的单位流量 Q_{1d}' 和前取的 n_1' 值（$n_1' = 75$r/min），在图 3 - 12 中即可绘出出力限制线的一点。同样，可找出其他 n_1' 值相应的出力限制线的工况点，将这些点连成光滑曲线，便是出力限制线。在模型综合特性曲线图上，出力限制线右边常打上阴影线。

在水轮机模型综合特性曲线的等效率线中，最里面一圈等效率线所围图形的几何中心点对应的效率最高，相应于该点的工况为水轮机最优工况；对应于最优工况的单

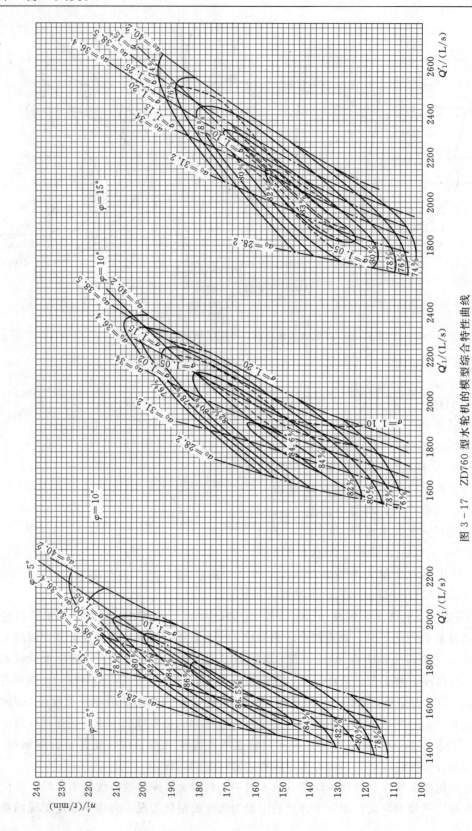

图 3 - 17　ZD760 型水轮机的模型综合特性曲线

位转速即为前文中的最优单位转速 n'_{10M}；最优工况的单位流量，即为前文中的最优单位流量 Q'_{10M}。在图 3-12 所示的 $n'_1-Q'_1$ 图上，取 $n'_1=n'_{10M}$，并作一水平线与出力限制线线相交，相应于此交点的工况称为模型水轮机的限制工况。

4. 等空化系数线的绘制

通过水轮机的空化试验可获得不同工况下的水轮机空化系数 σ，基于各工况点的 σ 值，在 $n'_1-Q'_1$ 图上绘制的空化系数等值线即为等空化系数线，如图 3-12 中的 $\sigma=0.20$、$\sigma=0.21$ 等曲线。

3.5.2.2 轴流式水轮机的模型综合特性曲线

资源 3-10
轴流式水轮机综合特性曲线的绘制

轴流定桨式水轮机的叶片安放角 φ 固定不变。因此，轴流定桨式水轮机的模型综合特性曲线的绘制与混流式水轮机完全相同。图 3-17 给出了 ZD760 型水轮机在叶片安放角分别为 $\varphi=5°$、$\varphi=10°$、$\varphi=15°$ 时的三个模型的综合特性曲线。由图 3-17 可见，φ 值较大的水轮机过流量也较大，但效率有所降低。因此，可根据流量和效率来选择其合适的 φ 值。

轴流转桨式水轮机的叶片可转动，因此，在绘制其模型综合特性曲线时，需先将若干个固定 φ 值的模型综合特性曲线绘在同一张 $n'_1-Q'_1$ 图上，然后绘出这些固定 φ 值的各等效率线的外包络线，这些外包络线便是转桨式水轮机的等效率线。图 3-13 是 ZZ440 型水轮机的模型综合特性曲线。图 3-13 中除等效率线、等开度线和等空化系数线外，还标出了不同 φ 值的等安放角线。

3.5.3 混流式水轮机的运转综合特性曲线

1. 等效率线的绘制

在水轮机工作水头变化范围内取 4～6 个包括 H_{max}、H_r、H_{min} 在内的 H 值，绘出对应每个 H 值的效率曲线 $\eta=f(N)$，如图 3-18（a）所示。在该图上作出某一效率值（如 $\eta=91\%$）的水平线，它与图中的各等 H 线相交，读出所有交点的 H、N 值，并将其点绘在 $H-N$ 坐标图上，把

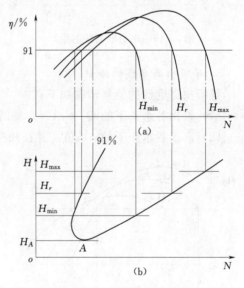

图 3-18 等效率线的绘制

它们连成光滑曲线，这就是该效率值（$\eta=91\%$）的等效率线，如图 3-18（b）所示。同理可作出其他 η 值的等效率线，如图 3-14 所示。

2. 出力限制线的绘制

出力限制线表示原型水轮机在不同水头下实际允许发出的最大出力。由于水轮机与发电机配套运行，所以水轮机最大出力受到发电机额定出力和水轮机 5% 出力储备线的双重限制。

水轮机额定出力 N_r 可通过发电机额定出力 N_{gr} 计算（$N_r=N_{gr}/\eta_{gr}$，η_{gr} 为发电

机额定效率），因此，在运转综合特性曲线上，$H \geqslant H_r$ 时的出力限制线为 $N = N_r$ 的一段垂直线，如图 3-19 所示。在水头大于额定水头时，水轮机的工作受到发电机额定出力的限制。由于 H_r 是水轮机发出额定出力的最小水头，所以当 $H < H_r$ 时，水轮机出力受 5％出力储备线的限制。在相应的模型综合特性曲线图中的 5％出力储备线上找出相应于 H_{min} 的工况点，然后求出对应的 $N_{min} = 9.81 \eta D_1^2 Q_1' H_{min}^{3/2}$（其中 $\eta = \eta_M + \Delta \eta$）。在图 3-19 中把 (H_r, N_r) 点（图中 A 点）与 (H_{min}, N_{min}) 点（图中 B 点）连成直线，即得到 $H < H_r$ 时的出力限制线。

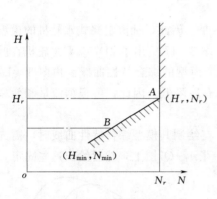

图 3-19　出力限制线的绘制

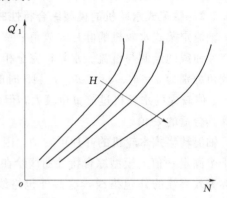

图 3-20　$Q_1' = f(N)$ 辅助曲线

3. 等吸出高度线的绘制

等吸出高度线的绘制步骤如下：

（1）绘出各水头下的 $Q_1' = f(N)$ 辅助曲线，如图 3-20 所示。

（2）求出各水头下的 n_{1M}' 值，并在相应的模型综合特性曲线上查出 n_{1M}' 水平线与各等空化系数 σ 线的所有交点坐标 Q_1'、σ 值，填入表 3-2 中。

（3）在 $Q_1' = f(N)$ 辅助曲线上查出相应于上述各 Q_1' 的 N 值，填入表 3-2 中。

（4）计算出相应于上述各 σ 的 H_S 值，填入表 3-2 中。

（5）根据表中对应的 H_S、N 值作出 $H_S = f(N)$ 曲线，如图 3-21（a）所示。

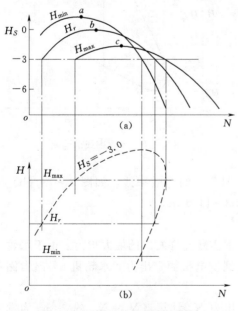

图 3-21　等吸出高度线的绘制

（6）在 $H_S = f(N)$ 图上任取某 H_S 值（如 $H_S = -3.0$m），作水平线与曲线相交，记下各交点的 H_S、N 值，并点绘于 $H-N$ 坐标图上，将各点连成光滑曲线即为某 H_S 值（图中 $H_S = -3.0$m）的等吸出高度线，如图 3-21（b）所示。

表 3－2　　　　　　　　　　　　　吸 出 高 度 计 算 表

$H_{max}=$					$H_r=$	$H=$	$H_{min}=$
$n'_{1M}=\dfrac{nD_1}{\sqrt{H}}-\Delta n'_1$; $\Delta\sigma=$; $H_S=10-\dfrac{\nabla}{900}-(\sigma+\Delta\sigma)H$							
σ	Q'_1	N	$\sigma+\Delta\sigma$	$(\sigma+\Delta\sigma)H$	H_S		

3.6　水轮机的选型设计

水轮机选型设计是水电站设计中的一项重要工作。它不仅包括水轮机型号的选择和有关参数的确定，还应认真分析与选型设计有关的各种因素，如水轮发电机组的制造、安装、运输、运行维护、工程投资、水能资源利用、电力用户的要求以及水电站枢纽布置、土建施工、工期安排等。因此，在选型设计过程中应广泛征集水工、机电、金结（金属结构）和施工等多方面的意见，列出可能的待选方案，进行各方案之间的动能经济比较和综合分析，以力求选出技术上先进可靠、经济上合理的水轮机。

资源 3－11
水轮机型号
和台数的
确定

3.6.1　水轮机选型设计的内容及基本要求

1. 水轮机选型设计的主要内容

（1）选择水轮发电机组的台数及单机容量。

（2）选择水轮机的型号及装置方式。

（3）确定水轮机的轴功率、转轮直径、同步转速、吸出高度、安装高程等主要参数。

（4）绘制水轮机的运转综合特性曲线。

（5）确定蜗壳和尾水管的型式及尺寸。

（6）选择调速器及油压设备（参见第 4 章）。

（7）估算发电机的尺寸、重量等有关参数（参见参考文献或其他有关资料）。

（8）提出在特性或结构上的某些特殊要求；进行设备投资总概算等。

2. 水轮机选型设计的基本要求

水轮机选型设计要充分考虑水电站在水能、水文地质、工程地质、枢纽布置和电力系统多方面的条件，最终优选方案有较高的技术经济水准。

（1）水轮机的能量特性好。额定水头保证发出额定出力，额定水头以下的机组受阻容量小，水电站全厂机组平均效率高。

（2）水轮机性能要与水电站整体运行方式和谐一致，运行稳定、灵活、可靠。要有良好的抗空蚀、抗磨蚀性能，特别是对于多泥沙河流条件，尤其要重视这些问题。

（3）水轮发电机组的结构设计科学、合理，便于安装、操作、检修与维护。

（4）机组制造供货、大部件运输有规划落实，设计中的主要技术要求要有制造厂商的技术水平和生产实力方面的保证。

（5）选择的水轮机应能够满足计算机监控以及无人值班、少人值守的要求。

（6）有适度合理的经济节省原则。

当上述各项要求之间出现冲突时，应结合水电站及其所在电网的具体情况，抓住主要矛盾，选择综合技术经济指标最优的方案。

3. 水轮机选型设计所必需的基本资料

（1）国家和地方所制定的有关水电建设的方针、政策等文件资料。

（2）水轮机设备的制造水平及国内外水轮机设备型谱、水轮机模型综合特性曲线和飞逸特性曲线、产品规范与其特性等产品技术资料。

（3）水电站有关技术资料，包括河流开发总体规划，水库调节性能，枢纽布置，地形、地质资料；河流水质泥沙资料；经过严格分析和核准的水电站水能基本参数，如各种特征流量 Q_r、Q_{av}、Q_{min}，及水头特征水头 H_{max}、H_{av}、H_r、H_{min} 等；水电站上、下游水位以及下游水位-流量曲线；水电站总装机容量和机组在电力系统中的地位及调峰、基荷、调相运行、备用要求以及与其他电厂并列调配运行方式等。

（4）设备吨位与尺寸的水陆运输限制及安装技术条件等资料。

（5）国内外正在设计、施工和已运行的同类型水轮机及其水电站的有关资料。

（6）水电站所在河流的水质资料，如化学成分、含气量、泥沙含量，等等。

3.6.2　机组台数及单机容量的选择

水电站总装机容量等于机组台数和单机容量的乘积。在总装机容量确定的情况下，可以拟定出不同的机组台数方案。当机组台数不同时，则单机容量不同，水轮机的转轮直径、转速也就不同，有时甚至水轮机的型号也会改变，从而影响到水电站的工程投资、运行效率、运行条件以及产品供应。因此，在选择机组台数时，应从以下几方面综合考虑。

1. 机组台数与设备制造的关系

当选用的机组台数较多时，机组单机容量较小，尺寸也较小，对制造能力和运输条件的要求较低，但其单位千瓦所消耗的材料较多，加工制造的工作量较大，故小机组的单位千瓦造价通常高于大机组，电厂所有水轮机的总造价较高。水轮发电机转子的机械强度也必须加以考虑：发电机转子的直径必须限制在其最大线速度的允许值之内，机组的最大容量也可能因此受到限制。

2. 机组台数与水电站投资的关系

机组台数较多时，不仅机组本身的单位千瓦造价较高，而且增加了闸门、管道、调速器等辅助设备及电气设备的台套数，电气接线也较复杂，厂房的总平面尺寸也较大，机组的安装维护工作量也将增加。因此，从这方面看，水电站的单位千瓦投资将随着机组台数的增加而增加。但从另一方面看，选用机组的尺寸小则厂房的桥式起重机起重能力、安装场地、机坑开挖工程量等都可减小，由此可减小水电站的投资。总的来说，在大多数情况下，水电站的投资随机组台数增多而增大。

3. 机组台数与水电站运行效率的关系

当机组台数不同时，水电站的平均效率也不同。对于单台机组，大机组的效率较高；对于整个水电站，机组台数较多时，在运行中可通过改变运行方式避开低效率区，有可能使其总平均效率较高。如图 3-22 所示，选用 6 台机组时水电站平均效率比选用 2 台机组时高。但当机组台数增加到一定程度后，再增加机组台数可能会因机组尺寸过小而使平均效率降低。转桨式水轮机的高效率区较宽，故机组台数的变动对水电站的平均效率影响不大。反之，定桨式水轮机其机组台数的增加可显著改善水电站的平均效率。

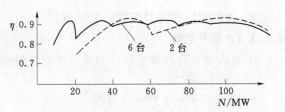

图 3-22　不同机组台数的水电站效率比较

　　当水电站在电力系统中承担基荷工作时，选用台数较少、尺寸较大的机组可提高电站的平均效率。承担峰荷时，负荷变化幅度较大，选用较多的机组台数可提高电站的平均效率。

　　4. 机组台数与水电站运行维护工作的关系

　　当机组台数较多时，水电站的运行方式机动灵活，易于调度，每台机组的事故影响较小，检修工作也较易安排。但运行、检修、维护的总工作量及年运行费用和事故率将随机组台数的增多而增大。因此，机组台数不宜太多。

　　5. 机组台数与电力系统的关系

　　选择机组台数，要注意使单机容量低于系统的事故备用容量。这是为了保证电力系统的运行安全性，因为系统中低于事故备用容量的机组发生事故不会形成过大的冲击影响。在确定台数时，单机容量一般不应超过系统总容量的 10%，即使在总装机容量较小的电网中，单机容量也不宜超过系统总装机容量的 1/3。

　　6. 机组台数与电气主接线的关系

　　现行水电站中，电气主接线以扩大单元方式较为多见，故其机组台数为偶数有利。但对于大型水轮发电机组情形，主变压器最大容量也有所限制，故单元接线为主要采用方式，机组台数就不一定为偶数了。

　　另外，由于运行方式机动性和厂用电可靠性的要求，全厂机组台数一般不少于两台。

　　上述各种因素是互相联系而又互相对立的，不可能同时一一满足，所以在选择机组台数时应针对具体情况，经技术经济比较确定。为了制造、安装、运行维护及备件供应的方便，在一个水电站内应尽可能地选用相同型号的机组。大中型水电站机组采用扩大单元接线，为了使电气主接线对称，大多数情况下机组台数用偶数。我国已建成的中型水电站一般选用 4～6 台机组，大型水电站一般选用 6～8 台机组。对于巨型水电站，由于水轮发电机组以及主变压器最大单机容量的限制，机组台数常较多，例如目前国内机组台数最多的三峡水电站，装有 32 台单机 70 万 kW 的混流式水轮发电机组；总装机容量 1600 万 kW 的白鹤滩水电站，装有 16 台单机容量 100 万 kW 的混流式水轮发电机组，在全世界的水电站中，其单机容量是最大的。对于中小型水电站，为保证运行的可靠性和灵活性，机组台数一般不少于 2 台。

3.6.3　水轮机的型号及装置方式的选择

3.6.3.1　型号选择

水轮机型号的选择是在已知机组单机容量和各种特征水头的情况下进行的，一般可采用下列三种方法。

1. 根据水轮机系列型谱选择

在水轮机型号选择中，起主要作用的是水头，每一种型号的水轮机都有一定的水头适用范围。上限水头是根据其结构强度及空蚀特性等条件决定的，一般不允许超出，而下限水头是由经济因素决定的。根据已知的水电站水头，可直接从水轮机系列型谱参数表（表3-3～表3-7）中选出合适的水轮机型号。在交界水头段会有两种甚至更多适用的型号，则应将这些机型均列入比较方案，通过各机型之间的综合技术经济比较，选择出最适合水电站实际情况的机型。

表3-3　　　　　　　　　　　大中型轴流式转轮参数（暂行系列型谱）

| 适用水头范围 H/m | 转轮型号 | | 转轮叶片数 Z_1 | 轮毂比 d_g/D_1 | 导叶相对高度 b_0/D_1 | 最优单位转速 n'_{10} /(r/min) | 推荐使用的最大单位流量 Q'_1/(L/s) | 模型空化系数 σ_M |
	适用型号	旧型号						
3～8	ZZ600	ZZ55,4K	4	0.33	0.488	142	2000	0.70
10～22	ZZ560	ZZA30,ZZ005	4	0.40	0.400	130	2000	0.59～0.77
15～26	ZZ460	ZZ105,5K	5	0.5	0.382	116	1750	0.60
20～36(40)	ZZ440	ZZ587	6	0.5	0.375	115	1650	0.38～0.65
30～35	ZZ360	ZZA79	8	0.55	0.35	107	1300	0.23～0.40

注　适用转轮直径 $D_1 \geqslant 1.4m$ 的轴流式水轮机。

表3-4　　　　　　　　　　　大中型混流式转轮参数（暂行系列型谱）

| 适用水头范围 H/m | 转轮型号 | | 导叶相对高度 b_0/D_1 | 最优单位转速 n'_{10}/(r/min) | 推荐使用单位最大流量 Q'_1/(L/s) | 模型空化系数 σ_M |
	适用型号	旧型号				
<30	HL310	HL365,Q	0.391	88.3	1400	0.360*
25～45	HL240	HL123	0.365	72.0	1240	0.200
35～65	HL230	HL263,H₂	0.315	71.0	1110	0.170*
50～85	HL220	HL702	0.250	70.0	1150	0.133
90～125	HL200	HL741	0.200	68.0	960	0.100
	HL180	HL662(改型)	0.200	67.0	860	0.085
110～150	HL160	HL638	0.224	67.0	670	0.065
140～200	HL110	HL129,E₂	0.118	61.5	380	0.055*
180～250	HL120	HLA41	0.120	62.5	380	0.060
230～320	HL100	HLA45	0.100	61.5	280	0.045

注　1. 表中有"*"者为装置空化系数 σ_z;
　　2. 适用转轮直径 $D_1 \geqslant 1.0m$ 的混流式水轮机。

表3-5　　　　　　　　　　　ZD760 转轮参数表

转轮叶片数 Z_1	4			最优单位转速 n'_{10}/(r/min)	165	148	140
导叶相对高度 $\overline{b}_0/D_1$	0.45			最优单位流量 Q'_{10}/(L/s)	1670	1795	1965
叶片装置角 $\varphi/(°)$	5	10	15	模型空化系数 σ_M	0.99	0.99	1.15

注　ZD760是适用水头9m以下的轴流定桨式转轮。

表 3-6　　　　　　　　　　混流式水轮机模型转轮主要参数表

转轮型号	推荐使用水头范围/m	模型转轮			导叶相对高度 b_0/D_1	最优工况				比转速 n_s	限制工况		
		试验水头 H	直径 D_1 /mm	叶片数 Z_1		单位转速 n'_{10} /(r/min)	单位流量 Q'_{10} /(L/s)	效率 η /%	空化系数 σ		单位流量 Q'_1 /(L/s)	效率 η /%	空化系数 σ
HL310	<30	0.305	390	15	0.391	88.3	1120	89.6		355	1400	82.6	0.360*
HL260	10~25		385	15	0.378	72.5	1180	89.4		286	1370	82.8	0.280
HL240	25~45	4.00	460	14	0.365	72.0	1100	92.0	0.200	275	1240	90.4	0.200
HL230	35~65	0.305	404	15	0.315	71.0	913	90.7		247	1110	85.2	0.170*
HL220	50~85			14	0.250	70.0	1000	91.0	0.115	255	1150	89.0	0.133
HL200	90~125	3.00	460	14	0.200	68.0	800	90.7	0.088	210	950	89.4	0.088
HL180	90~125	4.00	460	14	0.200	67.0	720	92.0	0.075	207	860	89.5	0.083
HL160	110~150	4.00	460	17	0.224	67.0	580	91.0	0.057	187	670	89.0	0.065
HL120	180~250	4.00	380	15	0.120	62.5	320	90.5	0.050	122	380	88.4	0.065
HL110	140~200	0.305	540	17	0.118	61.5	313	90.4		125	380	86.8	0.055*
HL100	230~320	4.00	400	17	0.100	61.5	225	90.5	0.017	101	305	86.5	0.070

注　带"*"者为装置空化系数 σ_z。

表 3-7　　　　　　　　　　轴流式水轮机模型转轮主要参数表

转轮型号	推荐使用水头范围/m	模型转轮				导叶相对高度 b_0/D_1	最优工况				比转速 n_s	限制工况		
		试验水头 H	直径 D_1 /mm	轮毂比 d_g/D_1	叶片数 Z_1		单位转速 n'_{10} /(r/min)	单位流量 Q'_{10} /(L/s)	效率 η /%	空化系数 σ		单位流量 Q'_1 /(L/s)	效率 η /%	空化系数 σ
ZZ600	3~8	1.5	195	0.333	4	0.488	142	1030	85.5	0.32	518	2000	77.0	0.70
ZZ560	10~22	3.0	460	0.400		0.40	130	940	89.0	0.30	438	2000	81.0	0.75
ZZ460	15~26	15.0	195	0.500	5	0.382	116	1050	85.0	0.24	418	1750	79.0	0.60
ZZ440	20~36(40)	3.5	460	0.500	6	0.375	115	800	89.0	0.30	275	1650	81.0	0.72
ZZ360	30~35		350	0.550	8	0.350	107	750	88.0	0.16		1300	81.0	0.41
ZD760	2~6				4	0.45	165	1670						0.99

注　ZD760 的空化系数为 0.99 的条件是 $\varphi=5°$。

2. 套用机组

根据国内设计、施工或已运行的水电站资料，在设计水头接近、技术经济指标相当的情况下，可优先套用已经生产过的机组，这样可以节省设计工作量，并可尽早供货，使水电站提前投入进行。此方法多用于小型水电站的设计，可大大简化设计工作，但必须合理套用，注意对被套用的已建水电站水轮机参数做适当修正。

3. 应用统计资料选择水轮机

这种方法基于国内外已建水电站和已经生产的水轮机的基本资料，按照水轮机型式、使用水头、容量等参数进行数理统计分析，得到统计曲线或者经验公式。在确定了水轮机的容量、水头等基本参数后，通过统计曲线或者经验公式确定水轮机的型式与基本参数，然后根据挑选出来的水轮机型号及参数向生产厂家提出制造任务书，制造厂生产出符合要求的水轮机。这种方法在国内外均被采用。

我国的贯流式、斜流式和冲击式水轮机以及可逆式水泵水轮机尚未形成型谱。随着水电事业的不断发展，我国研发了一批性能优越的新水轮机转轮，对旧的水轮机型谱进行了扩充。现有的水轮机型谱尚不能完全满足目前水电站设计的需要，在选型设计中，宜采用不同的方法相互结合，相互验证。

3.6.3.2 装置方式选择

在大中型水电站，其水轮发电机组的尺寸一般较大，安装高程也较低，因此其装置方式多采用竖轴式，即水轮机轴和发电机轴在同一铅垂线上，上部为发电机，下部为水轮机，二者通过法兰盘连接。这样使发电机的安装位置较高不易受潮，机组的传动效率较高，而且水电站厂房的面积较小，设备布置较方便。

对机组转轮直径小于1m、吸出高度 H_s 为正值的水轮机，常采用卧轴装置，以降低厂房高度。而且卧式机组的安装、检修及运行维护也较方便。

3.6.3.3 水轮机性能与应用特点的比较

相同水头段有不同型式水轮机搭叠情况时，注意进行下述一些性能与运用特点的比较。

1. 贯流式水轮机与轴流式水轮机的比较

（1）贯流式水轮机水流顺畅，过流条件好，同样过流截面时单位流量大。这种水轮机无蜗壳和弯形尾水管，流道损失小，运行效率比轴流式水轮机高。

（2）贯流式水轮机可布置在坝体或闸墩内，可不设专门厂房，土建工程量小且适于狭窄地形条件。

（3）贯流式水轮机因为安装高程的需要，从引水室入口到尾水管沿线均需开挖一定的深度，而轴流式水轮机只需开挖尾水管部分，故贯流式水轮机相应开挖量大。

（4）贯流式水轮机能很好适用于潮汐电站，且流道双向均可做发电、抽水或泄水运行。

（5）灯泡贯流式水轮发电机组全部处于水下，要求严密的封闭结构和良好的通风防潮措施，维护、检修较困难。此外，机组转动惯量小，稳定性较差，不适宜在系统中作调频运行。

2. 轴流式水轮机与混流式水轮机的比较

（1）轴流转桨式水轮机适用于水头与负荷变化较大的水电站，能在较宽广的工况范围内稳定、高效率运行，平均效率高于混流式水轮机。

（2）相同条件下，轴流式水轮机比转速高于混流式水轮机，有利于减小机组尺寸。

（3）轴流式水轮机空化系数高，约为同水头段混流式水轮机的两倍，为保证空蚀性能，需增大厂房开挖量。

（4）长尾水管情形，紧急关机时，轴流式水轮机更易出现抬机现象。

（5）轴流式水轮机轴向水推力系数约为混流式水轮机的 2～4 倍，推力轴承荷重大。

（6）轴流转桨式水轮机的转轮和受油器等部件结构复杂、造价高。

3．混流式水轮机与水斗式水轮机的比较

（1）混流式水轮机单位流量比水斗式水轮机大，但当用于高含沙水流时，为缓解空化与空蚀以及泥沙磨损压力，混流式水轮机所采用的单位流量反而比水斗式小。

（2）混流式水轮机最高效率比水斗式水轮机高，且混流式水轮机效率对水头变化不敏感，适用于水头变化大的条件，而水斗式水轮机效率对负荷变化不敏感（多喷嘴时尤甚，可以调整使用喷嘴的数目），适用于水头变化小、作调频运行的电站。

（3）水斗式水轮机转轮工作于最高尾水位以上，水头利用率低于混流式，但也因此能简化厂房排水设施，甚至取消尾水闸门。

（4）水斗式水轮机转轮在大气压力下运转，空蚀程度轻，且针阀、喷嘴和水斗为空蚀多发生部位，检修与更换容易。

（5）水斗式水轮机的折向器与制动喷嘴能较大幅度地降低飞逸转速。

（6）水斗式水轮机无轴向水推力，可简化轴承结构。

具体选择水轮机型式，确定比转速时，一定要注意结合设计电站的具体应用条件。例如多泥沙河流水轮机设计，为减轻过机泥沙对过流部件的磨损，一般应采用较低比转速参数。降低比转速的目的是减小流道中水流速度。

3.6.4　反击式水轮机的主要参数选择

在机组台数和型号确定之后，可进一步确定各方案的转轮直径 D_1、转速 n 及吸出高度 H_s。所选择的 D_1、n 应满足在额定水头 H_r 下发出水轮机的额定出力，并在加权平均水头 H_{av} 运行时效率较高；所选择的吸出高度应满足防止水轮机空蚀的要求和水电站开挖深度的经济合理性。下面分别介绍参数选择的两种方法及其选择步骤。

资源 3-12
反击式水轮
机主要参数
的选择

3.6.4.1　用应用范围图选择水轮机的主要参数

图 3-23 是 HL220 系列水轮机的应用范围图。该图以水轮机的单机出力 N 及水头 H 为纵、横坐标，图中绘出了若干平行的斜线，它们与垂直线构成了许多斜方格。每一方格中注有水轮机的标准同步转速，在图形最右边的斜方格中注有以厘米为单位的水轮机转轮公称直径 D_1。平行四边形的上、下两边为出力界限，左、右两边为适用水头范围。

在应用时，根据给定的水轮机额定水头 H_r 和额定出力 N_r 可在选定的水轮机系列应用范围图上直接查出所需的 D_1 和 n 值。当 H_r、N_r 的坐标点正好落在斜线上时，说明上、下两种 D_1 和 n 都可适用。为了使水轮机的容量有一定的富裕，一般可选较大的转轮公称直径。

在每种系列应用范围图的旁边给出了 $h_s = f(H)$ 的关系曲线，图中 h_s 代表水轮机装置高程为零时的最大允许吸出高度，应用时，根据额定水头 H_r 可查出对应的 h_s 值。若所选水轮机的装置高程 $\nabla > 0$，则其吸出高度 H_S 为

$$H_S = h_s - \frac{\nabla}{900} \quad (\text{m}) \tag{3-33}$$

对于混流式水轮机，在 N 和 H 变化时，空化系数 σ 变化不大，故在 $h_s = f(H)$

图中只绘出一条曲线，如图 3-23 所示。对于转桨式水轮机，当 N、H 变化时，空化系数 σ 变化较大，故在 $h_s = f(H)$ 图中绘出了两条曲线，如图 3-24 所示。应用时，可按给定的 H_r 和 N_r 坐标点在应用范围图的斜方格中的位置，按比例地在两条 $h_s = f(H)$ 曲线之间找到相应的点，从而确定 h_s 值。

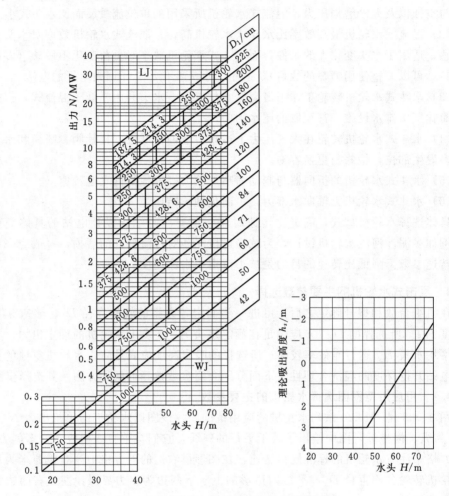

图 3-23　HL220 系列水轮机的应用范围图

在水轮机产品目录和有关手册中，载有系列水轮机的应用范围图，可供选用。利用应用范围图选择水轮机简单易行，但较粗略，一般多用于中小型水电站的水轮机选型设计。

3.6.4.2　用模型综合特性曲线选择水轮机的主要参数

首先根据模型综合特性曲线，利用相似定律中的公式计算出原型水轮机的主要参数，然后把已选定的原型水轮机主要参数换算成相应机型的模型参数，绘在模型综合特性曲线图上，以检验所选的参数是否合适。如果合适，则这些参数即为所选参数。

1. 转轮直径 D_1 的计算

根据水轮机额定出力 N_r 的计算公式

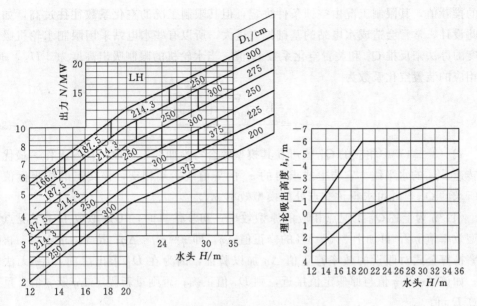

图 3 - 24　ZZ440 系列水轮机的应用范围图

$$N_r = 9.81 Q'_{1r} D_1^2 H_r \sqrt{H_r} \eta$$

可得

$$D_1 = \sqrt{\frac{N_r}{9.81 Q'_{1r} H_r \sqrt{H_r} \eta}} \qquad (3-34)$$

现对式 (3-34) 右端各参数的取值作如下说明：

(1) N_r 为水轮机的额定出力，单位 kW。在选型计算时，有时只给出发电机的额定容量 N_{gr}，则 $N_r = N_{gr} / \eta_{gr}$，η_{gr} 为发电机的额定效率。对于大中型发电机，$\eta_{gr} = 96\% \sim 98\%$；对于中小型发电机，$\eta_{gr} = 95\% \sim 96\%$。

(2) H_r 为水轮机的额定水头，单位 m，与水电站加权平均水头 H_{av} 密切相关。加权平均水头计算公式为 $H_{av} = (\sum N_i t_i H_i) / (\sum N_i t_i)$，即规定的运行条件下考虑水轮机水头为 H_i 时相应的出力 N_i 及相应持续时间 t_i 的水轮机工作水头的加权平均值，机组在该水头为中心的区域运行的时间最长，H_{av} 一般由水能计算确定。H_r 常略小于 H_{av}，大致上存在如下关系

对于河床式水电站　　　　$H_r = 0.9 H_{av}$

对于坝后式水电站　　　　$H_r = 0.95 H_{av}$

对于引水式水电站　　　　$H_r = H_{av}$

在缺少资料时，加权平均水头 H_{av} 可以近似用最大水头 H_{max} 与最小水头 H_{min} 的数学平均值代替。

(3) Q'_{1r} 为水轮机的单位流量，单位 m^3/s。在可能的情况下，Q'_{1r} 应取最大值，以减小 D_1 值。因此，Q'_{1r} 可取表 3-6、表 3-7 中的限制工况值。对于混流式水轮机，Q'_{1r} 值也可从模型综合特性曲线最优单位转速 n'_{10M}（或略微高一点）与 95% 出力限制线的交点（即限制工况点）查得；对于转桨式水轮机，一般不超过型谱参数表中限制工

况的推荐值，其限制工况由空蚀条件决定，但其限制工况的空化系数往往过高，如果按此设计，常常会造成水电站的基础挖方过大，所以有些水电站采用限制水轮机吸出高度的办法来反推 Q'_{1r} 和装置空化系数 σ_z 值。当水轮机的限制吸出高度为 $[H_s]$ 时，其相应的装置空化系数为

$$\sigma_z = \frac{10 - \dfrac{\nabla}{900} - [H_s]}{H} \qquad (3-35)$$

式（3-34）中相应的 Q'_{1r} 值可在其模型综合特性曲线上选取：在图上作一最优单位转速 n'_{10M} 的水平线，它与上式求得的 σ_z 的等值线右端相交，该交点的横坐标值即为所求的 Q'_{1r}，并可求得该交点处的模型效率 η_M。

（4）η 为上述 Q'_{1r} 工况点相应的原型效率，初步估算时，可近似取上述工况点的模型效率值 η_M，再加上 $2\% \sim 3\%$ 的修正值 $\Delta\eta$，即 $\eta = \eta_M + \Delta\eta$；待 D_1 求出后，再按效率换算公式对假设的效率修正值 $\Delta\eta$ 加以验证，因为在 D_1 求出之前，$\Delta\eta$ 无法求出。如该 $\Delta\eta$ 及 η 值与原假定值接近，则 D_1 值正确；否则重新假定 $\Delta\eta$ 及 η 值，重新计算 D_1 值。

至此，便求出 D_1 值。由于水轮机转轮直径 D_1 已有标准尺寸系列（表1-3），因此，最终选定的转轮直径 D_1 值应尽量改取为与其计算值相近的标准直径，通常 D_1 选用接近计算值且稍大的标准直径。如果按上述方法选用的转轮标准直径系列中的值使水轮机参数明显不合理，可直接采用精确到毫米的计算值或者很接近计算值的稍小的标准直径作为最终选定的水轮机转轮公称直径，特别是对于高水头或大容量水轮机。

2. 转速 n 的计算

水轮机转速的计算公式为

$$n = \frac{n'_1 \sqrt{H}}{D_1} \qquad (3-36)$$

D_1 采用最终选定的转轮公称直径。为了使水轮机在加权平均水头 H_{av} 下获得最高效率，式（3-36）中的 n'_1 选用原型最优单位转速 $n'_{10} = n'_{10M} + \Delta n'_1$。对于转桨式水轮机，应分别针对不同的叶片安放角 φ 进行效率修正，而单位转速修正值可根据最优安放角的最优效率进行计算；H 选用加权平均水头 H_{av}。

按式（3-36）求得的水轮机转速 n 必须与相近的发电机同步转速（表1-1）匹配。若 n 的计算值介于两个同步转速之间，则应进行方案比较后确定。一般来说，在保证水轮机处于高效率区工作的前提下，应选用最为接近的较大同步转速，以减少发电机磁极对数，使机组具有较小的尺寸和重量。如果计算值与最为接近的低一档同步转速值相差特别小，也可以选取稍低于计算值的同步转速作为最终选定的水轮机转速，以保证水轮机工作范围不过多地偏离最优效率区。

3. 工作范围的检验

由于 D_1 和 n 的圆整，造成计算值与最终选定值之间的偏差，因此需要按原型水轮机的最大水头 H_{max}、平均水头 H_{av}、额定水头 H_r、最小水头 H_{min} 和最终选定的转

轮直径 D_1、同步转速 n 计算出相应的模型单位转速

$$n'_{1maxM} = \frac{nD_1}{\sqrt{H_{min}}} - \Delta n'_1 \; ; \; n'_{1avM} = \frac{nD_1}{\sqrt{H_{av}}} - \Delta n'_1$$

$$n'_{1rM} = \frac{nD_1}{\sqrt{H_r}} - \Delta n'_1 \; ; \; n'_{1minM} = \frac{nD_1}{\sqrt{H_{max}}} - \Delta n'_1$$

将 n'_{1avM} 或者 n'_{1rM} 与模型最优单位转速 n'_{10M} 进行比较，如果相差不大，说明水轮机在大部分时间内处于高效率区运行。按额定水头 H_r 和选定的转轮直径 D_1 计算出水轮机以额定出力 N_r 工作时的模型额定单位流量

$$Q'_{1rM} = \frac{N_r}{9.81\eta_r D_1^2 H_r \sqrt{H_r}} - \Delta Q'_1$$

式中：η_r 为设计工况点的原型水轮机效率，应结合模型综合特性曲线中限制工况点 (Q'_{1M}, n'_{1M}) 处的模型效率 η_M 和效率修正公式，通过试算求出。

然后在相应的水轮机模型综合特性曲线图上绘出 n'_{1maxM}、n'_{1minM} 和 Q'_{1rM} 为常数的直线，这些直线之间所包括的范围即为水轮机的相似工作范围，如图 3-25 所示。如果验算的 n'_{1avM} 或者 n'_{1rM} 与模型最优单位转速 n'_{10M} 比较接近，且此相似工作范围包含了模型综合特性曲线的最优效率区，则所选定的 D_1、n 值是合理的；否则应适当调整 D_1、n 值，重新按上述步骤进行计算，检验其工作范围的合理性，直至满足要求。

如果在模型综合特性曲线图上相似工作范围的右边界 Q'_{1rM} 超过了出力限制线或者型谱中建议的数值，则说明最终选定的水轮机转轮直径比计算值小，难以保证设计水头下发足额定出力；如果 Q'_{1rM} 小于出力限制线或者型谱中建议的数值，则说明最终选定的水轮机转轮直径大于计算值。当最终选定的转轮直径明显大于计算得到的水轮机转轮直径，使得 Q'_{1rM} 与出力限制线之间距离较大时，则不经济；对于出现这种情况的大型机组，可采用非标准转轮直径，即将精确到毫米的计算值 D_1 作为最终选定的转轮直径。由于数控机床和计算机辅助制造技术的发展，近些年来，在水电站设计中水电站转轮直径采用非标准值的情况并不鲜见。

4. 吸出高度 H_S 的计算

水轮机在不同工况下的空化系数 σ 是不同的，在方案比较阶段，吸出高度 H_S 可初步按设计工况下的 σ 值进行计算，即式（3-36）中水头 H 取值额定水头 H_r，模型空化系数 σ_M 应采用与原型设计工况点 (Q'_{1r}, n'_{1r}) 对应的模型综合特性曲线上限制工况点 (Q'_{1rM}, n'_{1rM}) 处的空化系数，可通过模型综合特性曲线查得；空化系数的修正值根据图2-26利用水轮机额定水头查得。

$$H_S \leqslant 10 - \frac{\nabla}{900} - (\sigma_M + \Delta\sigma)H \quad (\text{m}) \tag{3-37}$$

详细计算时，再进一步根据水轮机的运行条件、厂房的开挖情况进行不同 H_S 方案的技术经济比较，选定合理的 H_S 值。在这一阶段，可选择最大水头 H_{max}、额定水头 H_r、最小水头 H_{min} 等若干水头分别计算其相应的吸出高度 H_S，从中选择一个最小的 H_S 作为最不利的允许吸出高度值。

需要强调的是，计算这些水头下的 H_S 时，所采用的 σ_M 值都应该是对应水头在

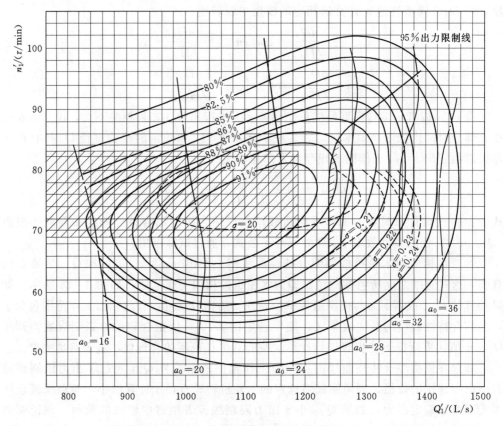

图 3-25　HL240 型水轮机的工作范围检验

模型综合特性曲线图上限制工况的模型空化系数 σ_M。例如，计算 H_{max} 下的 H_S 时，为选取 σ_M，先计算 H_{max} 在原型水轮机实际限制工况下的工作点（Q_1'，n_1'）；然后利用换算公式求出相应于 H_{max} 的模型单位流量 Q_{1M}'、单位转速 n_{1M}'，在模型综合特性曲线图上查取工况点（Q_{1M}'，n_{1M}'）处的 σ_M 值；空化系数的修正值 $\Delta\sigma$ 仍采用根据 H_r 在图 2-26 上查到的数值；最后将 H_{max} 和此时得到的 σ_M、$\Delta\sigma$ 代入式（3-37），便得到 H_{max} 下的 H_S；其余水头的吸出高度照此计算。

　　吸出高度 H_S 的数值越小，水轮机抗空化的能力越强，但相应的水轮机安装高程越低，使得水电站厂房的开挖深度和开挖量越大，水电站厂房的土建投资越大。因此，应结合水电站的具体情况，通过比较分析与论证，合理地确定水轮机吸出高度。

　　下面将通过实例，说明混流式和轴流转桨式水轮机的型号及主要参数选择。水斗式水轮机、可逆式水泵水轮机的型号及主要参数选择可参考有关资料，受篇幅限制，此处不做阐述。

3.6.5　水轮机型号及主要参数选择举例

　　已知某水电站的最大水头 $H_{max}=35.87\text{m}$，加权平均水头 $H_{av}=30.0\text{m}$，额定水头 $H_r=28.5\text{m}$，最小水头 $H_{min}=24.72\text{m}$；单机容量为 17395kW；水电站的海拔高程 $\nabla=24.0\text{m}$；由于该水电站的开挖深度受限制允许吸出高度要求满足下列条件：H_S

$\geqslant -4.0\text{m}$。选定适用于上述情况的水轮机。

3.6.5.1　水轮机型号选择

根据该水电站的水头变化范围 $24.72 \sim 35.87\text{m}$，在水轮机系列型谱表 3 - 3、表 3 - 4 中查出合适的机型有 HL240 和 ZZ440 两种。现将这两种水轮机作为初选方案，分别求出其有关参数，并进行比较分析。

3.6.5.2　HL240 水轮机方案的主要参数选择

1. 转轮直径 D_1 计算

水轮机的额定功率

$$N_r = \frac{N_{gr}}{\eta_{gr}} = \frac{17395}{0.98} = 17750\,(\text{kW})$$

查表 3 - 6 和图 3 - 12 可得 HL240 模型水轮机在限制工况下的单位流量 $Q'_{1M} = 1240\text{L/s} = 1.24\text{m}^3/\text{s}$，效率 $\eta_M = 90.4\%$。初步假定效率修正值 $\Delta\eta = 2.5\%$，原型水轮机在该工况下的单位流量与模型水轮机的相等 $Q'_{1r} = Q'_{1M} = 1.24\text{m}^3/\text{s}$，则原型水轮机在限制工况下的效率 $\eta = 92.0\%$。

上述的 Q'_{1r}、η 和 $N_r = 17750\text{kW}$，$H_r = 28.5\text{m}$ 代入式（3 - 34）可得 $D_1 = 3.213\text{m}$，选用与之接近而偏大的标准直径 $D_1 = 3.3\text{m}$。

2. 效率及单位参数修正

（1）效率修正值。查表 3 - 6 可得 HL240 模型水轮机在最优工况下的模型最高效率为 $\eta_{M\max} = 92.0\%$，限制工况下的效率为 $\eta_M = 90.4\%$，模型转轮直径为 $D_{1M} = 0.46\text{m}$，根据式（3 - 14）计算最优工况下的原型水轮机最高效率

$$\eta_{\max} = 1 - (1 - \eta_{M\max})\left(\frac{D_{1M}}{D_1}\right)^{\frac{1}{5}} = 1 - (1 - 0.92)\left(\frac{0.46}{3.3}\right)^{\frac{1}{5}} = 0.946 = 94.6\%$$

水轮机原型与模型之间的效率修正值 $\Delta\eta = \eta_{\max} - \eta_{M\max} = 94.6\% - 92.0\% = 2.6\%$，与假设值 2.5% 非常接近，不超过 0.25%，不需要进一步试算。限制工况下的原型水轮机效率为

$$\eta = \eta_M + \Delta\eta = 0.904 + 0.025 = 0.929 = 92.9\%$$

（2）单位参数修正值。由式（3 - 19）得

$$\Delta n'_1 = n'_{10M}\left(\sqrt{\frac{\eta_{\max}}{\eta_{M\max}}} - 1\right) = n'_{10M}\left(\sqrt{\frac{0.946}{0.92}} - 1\right) = 0.014 n'_{10M} < 0.03 n'_{10M}$$

由于 $\Delta n'_1 / n'_{10M} < 3.0\%$，按规定单位转速可不加修正；同样，结合式（3 - 20）可知，单位流量 Q'_1 也可不加修正。

3. 转速 n 计算

查表 3 - 4 或表 3 - 6 可得 HL240 模型水轮机在最优工况下单位转速 $n'_{10M} = 72\text{r/min}$，为了使水轮机在加权平均水头下获得最高效率，式（3 - 36）中 n'_1 取选用原型最优单位转速，且 $n'_{10} = n'_{10M} = 72\text{r/min}$，将已知的 n'_{10} 和 $H_{av} = 30.0\text{m}$，$D_1 = 3.3\text{m}$ 代入下式

$$n = \frac{n'_1\sqrt{H}}{D_1} = \frac{n'_{10}\sqrt{H_{av}}}{D_1} = \frac{72\sqrt{30}}{3.3} = 119.5\,(\text{r/min})$$

选用与之接近而偏大的同步转速 $n = 125.0\text{r}/\min$。

4. 工作范围的检验

在选定 $D_1 = 3.3\text{m}$、$n = 125\text{r}/\min$ 后，水轮机的模型额定单位流量 Q'_{1rM} 及各特征水头相对应的模型单位转速 n'_{1M} 即可计算出来。水轮机在 H_r、N_r 下工作时，相应的单位流量 Q'_1 即为原型额定单位流量 Q'_{1r}（由于本算例中单位流量的修正值小于模型最优单位流量的 3%，故忽略修正值，取 $Q'_{1rM} = Q'_{1r}$），它也是水轮机在实际运行过程中能够通过的最大单位流量，故

$$Q'_{1rM} = Q'_{1r} = \frac{N_r}{9.81 \eta_r D_1^2 H_r \sqrt{H_r}} = \frac{17750}{9.81 \times 0.929 \times 3.3^2 \times 28.5 \times \sqrt{28.5}}$$
$$= 1.175(\text{m}^3/\text{s}) < 1.24\text{m}^3/\text{s}$$

则水轮机的额定流量 Q_r 也是其最大引用流量，其数值为

$$Q_r = Q'_{1r} D_1^2 \sqrt{H_r} = Q'_{1rM} D_1^2 \sqrt{H_r}$$
$$= 1.175 \times 3.3^2 \times \sqrt{28.5} = 68.31(\text{m}^3/\text{s})$$

与特征水头 $H_{\max}$、$H_{\min}$、H_{av} 和 H_r 相对应的单位转速为

$$n'_{1\min M} = \frac{nD_1}{\sqrt{H_{\max}}} - \Delta n'_1 = \frac{125 \times 3.3}{\sqrt{35.87}} = 68.87(\text{r}/\min)$$

$$n'_{1\max M} = \frac{nD_1}{\sqrt{H_{\min}}} - \Delta n'_1 = \frac{125 \times 3.3}{\sqrt{24.72}} = 82.97(\text{r}/\min)$$

$$n'_{1avM} = \frac{nD_1}{\sqrt{H_{av}}} - \Delta n'_1 = \frac{125 \times 3.3}{\sqrt{30}} = 75.31(\text{r}/\min)$$

$$n'_{1rM} = \frac{nD_1}{\sqrt{H_r}} - \Delta n'_1 = \frac{125 \times 3.3}{\sqrt{28.5}} = 77.27(\text{r}/\min)$$

如果 n'_{1avM} 值与模型水轮机最优单位转速 n'_{10M} 值很接近，则说明水轮机在大部分时间内的运行处于高效率区。在 HL240 型水轮机模型综合特性曲线图上分别绘出 $Q'_{1rM} = 1175\text{L}/\text{s}$，$n'_{1\max M} = 82.97\text{r}/\min$ 和 $n'_{1\min M} = 68.87\text{r}/\min$ 的直线，如图 3 - 25 所示。由图可见，由这三根直线所围成的水轮机工作范围（图中阴影部分）基本上包含了模型综合特性曲线的高效率区，且加权平均水头对应的模型单位转速 n'_{1avM} 与模型最优单位转速 n'_{10M} 较为接近。所以对于 HL240 型水轮机方案，所选定的 $D_1 = 3.3\text{m}$ 和 $n = 125\text{r}/\min$ 是合理的。

5. 吸出高度 H_S 计算

由水轮机的设计工况得到的模型单位参数，$n'_{1rM} = 77.27\text{r}/\min$，$Q'_{1rM} = 1175\text{L}/\text{s}$，在图 3 - 25 上可查得相应的空化系数约为 $\sigma = 0.195$，并在图 2 - 26 上查得空化系数的修正值约为 $\Delta\sigma = 0.04$，由此可求出水轮机的吸出高度为

$$H_S = 10 - \frac{\nabla}{900} - (\sigma + \Delta\sigma)H = 10 - \frac{24}{900} - (0.195 + 0.04) \times 28.5$$
$$= 3.27(\text{m}) > -4.0\text{m}$$

可见，HL240 型水轮机方案的吸出高度满足本电站 $H_S \geqslant -4.0\text{m}$ 的要求。应该

注意的是，并不是每座水电站都存在这种要求。

3.6.5.3　ZZ440 水轮机方案的主要参数选择

1. 转轮直径 D_1 计算

由表 3－7 查得 ZZ440 型水轮机在限制工况下的单位流量 $Q'_1 = 1650\text{L/s} = 1.65\text{m}^3/\text{s}$，同时可查得该工况下的空化系数 $\sigma = 0.72$。但在允许的吸出高度 $[H_s] = -4\text{m}$ 时，其相应的空化系数为

$$\sigma = \frac{10 - \dfrac{\nabla}{900} - [H_s]}{H} - \Delta\sigma = \frac{10 - \dfrac{24}{900} + 4}{28.5} - 0.04 = 0.45 < 0.72$$

式中 $\Delta\sigma$ 为空化系数修正值，由图 2－26 查得 $\Delta\sigma = 0.04$。

在满足 -4m 吸出高度的前提下，从图 3－13 中可查得选用工况点（$n'_{10} = 115\text{r/min}$，$\sigma = 0.45$）处的单位流量 Q'_{1r} 为 1205L/s。同时可查得该工况点的模型效率 $\eta_M = 86.2\%$，并据此假定水轮机的效率为 90.2%。

将以上的 N_r、H_r、Q'_1、η 各参数值代入式（3－34），可得 $D_1 = 3.31\text{m}$，与标准直径 $D_1 = 3.3\text{m}$ 非常接近。如果机械地根据"通常 D_1 选用接近计算值且稍大的标准直径"的原则，采用标准直径 3.80m，将使水轮机参数明显不合理（运行范围包含的最优效率区较少）。因此，最终选用 $D_1 = 3.3\text{m}$。

2. 效率及单位参数修正

（1）效率修正值采用前文所述的第一种效率修正方法所示的式（3－15）进行。对于轴流转桨式水轮机，必须对其模型综合特性曲线图上的每个叶片安放角 φ 的效率进行修正。

当叶片安放角为 φ 时的原型水轮机最大效率可用下式计算

$$\eta_{\varphi\max} = 1 - (1 - \eta_{\varphi M\max})(0.3 + 0.7\sqrt[5]{D_{1M}/D_1}\sqrt[10]{H_M/H})$$

根据表 3－7 知 $D_{1M} = 0.46\text{m}$，$H_M = 3.5\text{m}$，并已知 $D_1 = 3.3\text{m}$，$H_r = 28.5\text{m}$，代入上式可算得 $\eta_{\varphi\max} = 1 - 0.683 \times (1 - \eta_{\varphi M\max})$。

在不同叶片安放角 φ 时的 $\eta_{\varphi M\max}$ 可由模型综合特性曲线查得，从而可求出相应 φ 值的原型水轮机的最高效率 $\eta_{\varphi\max}$，进而计算出不同安放角 φ 时效率修正值 $\Delta\eta_\varphi$。其计算结果见表 3－8。

表 3－8　　　　　　　　　ZZ440 型水轮机效率修正值计算表

叶角安放角 φ/（°）	－10	－5	0	5	10	15
$\eta_{\varphi M\max}$/%	84.9	88.0	88.8	88.3	87.2	86.0
$\eta_{\varphi\max}$/%	89.7	91.8	92.4	92.0	91.3	90.4
$\Delta\eta_\varphi = \eta_{\varphi\max} - \eta_{\varphi M\max}$/%	4.8	3.8	3.6	3.7	4.1	4.4

由表 3－7 查得 ZZ440 型水轮机最优工况的模型效率为 $\eta_{M\max} = 89.0\%$。由于最优工况的模型效率接近于 $\varphi = 0°$ 等安放角线处的模型效率，故可采用 $\Delta\eta_\varphi = 3.6\%$ 作为其修正值，从而可得原型最高效率为

$$\eta_{\max} = 89.0\% + 3.6\% = 92.6\%$$

已知在吸出高度 $-4\mathrm{m}$ 限制的工况点（$n'_{10}=115$，$Q'_1=1205$）处的模型效率为 $\eta_M=86.2\%$，而该工况点处于 $\varphi=10°$ 和 $15°$ 等安放角线之间，用内插法可求得该点的效率修正值为 $\Delta\eta_\varphi=4.18\%$，由此可得该工况点的原型水轮机效率为

$\eta=86.2\%+4.18\%=90.38\%$（与上述假定的 $\eta=90.2\%$ 非常接近，相差 0.18%，不超过 0.25%，不需要进一步试算）

（2）单位参数修正值。由式（3-19）得

$\dfrac{\Delta n'_1}{n'_{10M}}=(\sqrt{\eta_{\varphi\max}/\eta_{\varphi M\max}}-1)=\sqrt{92.6/89.0}-1=2.0\%<3.0\%$，故单位转速可不作修正；同样，单位流量也可不作修正。

3. 转速 n 计算

$$n=\frac{n'_{10}\sqrt{H_{av}}}{D_1}=\frac{115\times\sqrt{30}}{3.3}=190.87(\mathrm{r/min})$$

选用与之相近而偏大的同步转速 $n=214.3\mathrm{r/min}$。

4. 工作范围的检验

在选定 $D_1=3.3\mathrm{m}$，$n=214.3\mathrm{r/min}$ 后，可求出水轮机的模型额定单位流量 Q'_{1rM} 及与各特征水头相对应的模型单位转速 n'_{1M} 值。类似于 HL240 型水轮机，ZZ440 型水轮机在 H_r、N_r 下工作时，对应的单位流量 Q'_1 即为原型额定单位流量 Q'_{1r}（由于本算例中单位流量的修正值小于模型最优单位流量的 3%，故忽略流量的修正值，取 $Q'_{1rM}=Q'_{1r}$），它也是水轮机在实际运行过程中能够通过的最大单位流量，故

$$Q'_{1rM}=Q'_{1r}=\frac{N_r}{9.81\eta_r D_1^2 H_r\sqrt{H_r}}=\frac{17750}{9.81\times0.9038\times3.3^2\times28.5\times\sqrt{28.5}}=1.21(\mathrm{m^3/s})$$

略微大于限制工况的单位流量 $1.205\mathrm{m^3/s}$，在可接受的范围之内，则水轮机的最大引用流量为

$$Q_r=Q'_{1rM}D_1^2\sqrt{H_r}=1.21\times3.3^2\times\sqrt{28.5}=70.35(\mathrm{m^3/s})$$

与特征水头 $H_{\max}$、$H_{\min}$、H_{av} 和 H_r 相对应的单位转速为

$$n'_{1\min M}=\frac{nD_1}{\sqrt{H_{\max}}}-\Delta n'_1=\frac{214.3\times3.3}{\sqrt{35.87}}=118.08(\mathrm{r/min})$$

$$n'_{1\max M}=\frac{nD_1}{\sqrt{H_{\min}}}-\Delta n'_1=\frac{214.3\times3.3}{\sqrt{24.72}}=142.24(\mathrm{r/min})$$

$$n'_{1avM}=\frac{nD_1}{\sqrt{H_{av}}}-\Delta n'_1=\frac{214.3\times3.3}{\sqrt{30}}=129.11(\mathrm{r/min})$$

$$n'_{1rM}=\frac{nD_1}{\sqrt{H_r}}-\Delta n'_1=\frac{214.3\times3.3}{\sqrt{28.5}}=132.47(\mathrm{r/min})$$

在 ZZ440 型水轮机模型综合特征曲线图上绘出 $Q'_{1rM}=1210\mathrm{L/s}$、$n'_{1\max M}=142.24\mathrm{r/min}$ 和 $n'_{1\min M}=118.08\mathrm{r/min}$ 的直线，如图 3-26 所示。由图可见，由这 3 根直线所围成的水轮机工作范围（图中阴影部分）仅部分地包含该特性曲线的高效率区，且加权平均水头对应的模型单位转速 $n'_{1avM}=129.11\mathrm{r/min}$ 与模型最优单位转速

$n'_{10M}=115.00\text{r/min}$ 相差较多，表明水轮机在大部分时间内的运行未处于高效率区。从运行范围的角度讲，$D_1=3.3\text{m}$、$n=125\text{r/min}$ 的 ZZ440 型水轮机方案不太理想。

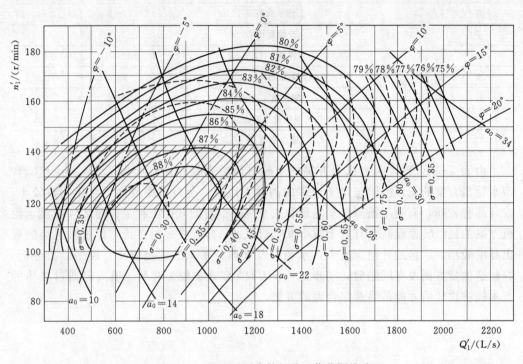

图 3-26　ZZ440 型水轮机的工作范围检验

5. 吸出高度 H_S 计算

在水轮机的设计工况点（$n'_{1r}=132.47\text{r/min}$，$Q'_{1max}=1210\text{L/s}$）处，由图 3-26 可查得其空化系数约为 $\sigma=0.42$，空化系数的修正值同上，则可求出水轮机的吸出高度为

$$H_S=10-\frac{\nabla}{900}-(\sigma+\Delta\sigma)H=10-\frac{24}{900}-(0.42+0.04)\times28.5$$

$$=-3.14(\text{m})>-4.0\text{m}$$

可见，ZZ440 型水轮机方案的吸出高度满足电站要求。

3.6.5.4　两种方案的比较分析

为了便于比较分析，现将这两种方案的有关参数列入表 3-9 中。

表 3-9　　　　　　　　　　　水轮机方案参数对照表

序　号	项　目		HL240	ZZ440
1		推荐使用水头范围 H/m	25~45	20~36
2		最优单位转速 $n'_{10}/(\text{r/min})$	72	115
3	模型转轮参数	最优单位流量 $Q'_{10}/(\text{L/s})$	1100	800
4		最高效率 $\eta_{M\max}/\%$	92	89
5		空化系数 σ	0.195	0.42

序　号	项　目			HL240	ZZ440
6	原型水轮机参数		工作水头范围 H/m	24.72~35.87	24.72~35.87
7			转轮直径 D_1/m	3.3	3.3
8			转速 $n/(r/min)$	125.0	214.3
9			最高效率 $\eta_{max}/\%$	94.6	91.6
10			额定出力 N_r/kW	17750	17750
11			最大引用流量 $Q_{max}/(m^3/s)$	68.31	70.35
12			吸出高度 H_S/m	3.27	-3.14

　　由表 3-9 可见，两种机型方案的水轮机转轮直径相同，均为 3.3m。但 HL240 型水轮机方案的工作范围包含了较多的高效率区域，运行效率较高，空化系数较小，安装高程较高，有利于提高年发电量和减小电站厂房的开挖工程量；而 ZZ440 型水轮机方案的机组转速较高，有利于减小发电机尺寸，降低发电机造价，但这种机型的吸出高度较小，厂房的开挖深度大，水轮机及其调节系统的造价较高。根据以上分析，在制造供货方面没有问题时，初步选用 HL240 型方案较为有利。但尚需通过具体的技术经济比较后才能最终选定合理的方案。

第4章

水轮机调节

4.1 水轮机调节的任务

水轮发电机组将水能转换为电能，输送给电力系统供用户使用。电力系统向用户提供的电能应满足一定的质量要求，频率和电压的变化不能太大，应保持在额定值附近的某一范围内，否则将影响各用电部门的工作质量。例如，电能频率的变化将引起用电设备电动机的转速变化，从而影响计时的准确性、车床加工零件的精度、布匹纤维的均匀性等。我国规定的电力系统频率力 50Hz，其偏差，大系统不得超过 ± 0.2Hz，小系统不得超过 ± 0.5Hz。

电力系统的负荷是不断变化的，包括 1 天之内或者更长时间的周期性变化和以分秒计的短周期的非规律性变化。负荷的周期性变化是可以预见的，但其变化速度是不可预见的；而负荷的非规律性变化是不可预见的。用户负荷的变化使电网的供电电压和频率也随之变化，此时发电机的电压调整系统便自动调节机组的无功功率，使电压恢复到额定值或保持在允许范围内，具体细节可查阅相关资料，本教材不做阐述。电力系统的频率稳定主要取决于系统内有功功率的平衡。因此，根据系统的要求和水轮发电机组出力变化灵活的特点，水轮发电机组的出力（有功功率输出）需进行调节，其任务如下：

（1）根据负荷图的安排，随着负荷的变化迅速改变机组的出力，以满足系统的要求。

（2）担负系统短周期的不可预见的负荷波动，调整系统频率。

水电站的水轮发电机磁极对数是固定的，其输出电流的频率决定于机组的转速，因此，欲保持机组供电频率不变，则必须维持机组转速不变。水轮发电机组的转速变化一般要求不得超过 $\pm 0.1\%$～$\pm 0.4\%$。故水轮机调节的基本任务可归纳为：根据负荷的变化不断调节水轮发电机组的有功功率输出，以保证机组转速（频率）恢复或维持机组转速（频率）在规定范围内。

除以上的基本任务外，水轮机调节的任务尚有机组的启动、并网、停机和在机组之间进行负荷分配，使得电站的运行经济合理等。

机组的转速变化可用以下基本动力方程表示

$$J \frac{\mathrm{d}\omega}{\mathrm{d}t} = M_t - M_g \qquad (4-1)$$

式中：J 为机组转动部分的惯性矩；ω 为机组的旋转角速度，$\omega = \pi n/30$，n 为机组转速，r/min；M_t 为水轮机的动力矩；M_g 为发电机的阻力矩；t 为时间。

发电机的阻力矩 M_g 是发电机定子对转子的作用力矩，其方向与机组的旋转方向及 M_t 的方向相反，与发电机的有功功率输出密切相关；水轮机的动力矩 M_t 来源于水流对水轮机叶片的作用力，它驱动机组转动，可用下式表示

$$M_t = \frac{\gamma Q H \eta}{\omega} \tag{4-2}$$

式中：γ 为水的容重；Q 为水轮机的流量；H 为水轮机的工作水头；η 为水轮机的效率。

在 γ、Q、H、η 中，只有 Q 是易于改变的，因此，通常把 Q 作为水轮机的被调节参数，通过改变 Q 来改变水轮机的动力矩 M_t。

比较式（4-2）和式（4-1），可能出现以下三种情况：

（1）$M_t = M_g$，水轮机的动力矩等于发电机的阻力矩，$\dfrac{d\omega}{dt} = 0$，$\omega =$ 常数。机组以恒定转速运行。

（2）$M_t > M_g$，水轮机的动力矩大于发电机的阻力矩，当发电机的负荷减小时会出现这种情况，此时 $\dfrac{d\omega}{dt} > 0$，机组转速上升。在这种情况下，应对水轮机进行调节，减小流量 Q，从而减小 M_t，以达到 $M_t = M_g$ 的新平衡状态。

（3）$M_t < M_g$，水轮机的动力矩小于发电机的阻力矩，当发电机的负荷增加时会出现这种情况，此时 $\dfrac{d\omega}{dt} < 0$，机组转速下降。在这种情况下，应增大水轮机的流量 Q 以达到 $M_t = M_g$ 的新的平衡状态。

反击式水轮机调节流量的机构为导叶（转桨式水轮机尚有转轮叶片）；冲击式水轮机调节流量的机构为带针阀的喷嘴。导叶和喷嘴的针阀由接力器操作，根据水轮机所需流量的大小，改变导叶或针阀的开度。接力器的动作则由调速器操纵，根据调速器的指令行事。

水轮机及其导水机构、接力器和调速器构成水轮机自动调节系统。与其他原动机的调节系统相比，水轮机的调节系统具有以下特点：

（1）水轮机的工作流量较大，水轮机及其导水机构的尺寸也较大，需要较大的力才能推动导水机构，因此，调速器需要有放大元件和强大的执行元件（即前述的接力器）。

（2）水轮发电机组以水为发电介质，与蒸汽等相比，水有较大的密度，同时，水电站的输水道一般较长，其中的水体有较大的质量，水轮机调节过程中的流量变化将引起很大的压力变化（即水锤），从而给水轮机调节带来很大困难。

（3）对于转桨式水轮机的导叶和转轮叶片、水斗式水轮机的喷嘴和折向器、带减压阀的混流式水轮机等，需增加一套协调机构，对两个对象同时进行调节，使调节更为困难。

（4）电力系统的扩大和自动化程度的提高，对水轮机调速器提出了快速自动准同期、功率反馈等自动操作与自动控制功能，使调节更加复杂。

总之，水轮机的调节比其他原动机（如汽轮机等）的调节要复杂和困难。

4.2　水轮机调节的基本概念

水轮机调节系统的组成元件及各元件的相互关系可用图 4-1 的方块图表示。

图 4-1 中的方块表示水轮机调节系统的元件，箭头表示元件间信号的传递关系：箭头朝向方块表示信号的输入，箭头离开方块表示信号的输出，前一个元件的输出是后一个元件的输入。从图 4-1 中可以看出，由导水机构输入的水能经机组转换成电能输送给电力系统。电能的频率 f（机组的转速 n）信号输入调速器的测量元件，测量元件将频率 f 信号转化成位移（或电压）信号输送给运算器（图中的 $\otimes$）并与给定的频率 f_0 值作比较，判定频率 f 是否有偏差和偏差的方向，根据偏差的情况按一定的调节规律发出调节命令，通过放大器向执行元件发出指令，执行元件根据指令改变导水机构的开度，反馈元件则将导叶开度变化的信息实时返回给运算器，以检查开度变化是否符合要求，如变化过头，则发出指令进行修正。

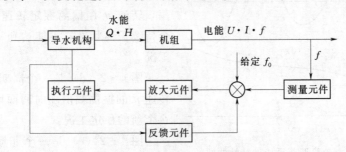

资源 4-2
水轮机调节
的基本概念

图 4-1　水轮机调节系统方块图

图 4-1 中的测量、运算、放大、执行和反馈元件总称为自动调速器。导水机构包括在机组内，统称为调节对象。调速器和调节对象构成水轮机自动调节系统。

水轮机调节系统以频率 f（机组转速 n）为被调节参数，根据实测 f 与给定值 f_0 间的偏差和偏差的方向调节导水机构的开度，从而改变机组的出力和转速（频率），但要使改变后的频率符合给定值，逐步使水轮机的出力与发电机的负荷达到新的平衡需要一个调节过程，这个过程又称为调节系统的过渡过程。在过渡过程中，频率、开度等参数随时间不断变化。调节系统的工作状态有两种：一种是调节开始之前和调节结束之后的稳定状态；另一种是从调节开始到调节结束之间机组参数随时间变化的过渡过程。在稳定状态，水轮机的动力矩等于发电机的阻力矩，机组的转速、出力等参数保持恒定不变；在过渡过程中，水轮机的动力矩与发电机的阻力矩处于非平衡状态，机组的导叶开度、转速等参数随着时间变化。稳定状态可以用调节系统的静特性来描述，过渡过程可以用调节系统的动特性来描述。下面将分别研究水轮机调节系统的这两种特性。

4.2.1　水轮机调节系统的动特性

水轮机调节系统的动特性是指在调节过程中被调节参数（例如转速 n）随时间变化的特性，常用被调节参数与时间的关系曲线来表达，此曲线也称为过渡过程曲线。

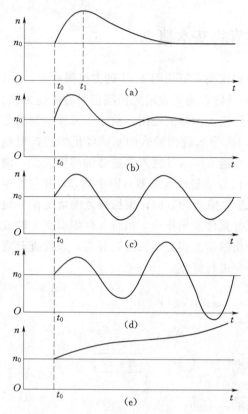

图 4-2　水轮机调节系统动特性曲线

调节系统的动特性不同，过渡过程曲线的形式也不同，但可归纳成 5 种基本类型，如图 4-2 所示。

图 4-2（a）中的机组转速在 $t=t_0$ 时偏离额定转速 n_0 后，在 t_1 时达最大值 n_{max}，然后逐步回复到额定转速 n_0，进入一个新的平衡状态，其过渡过程是一个非周期的衰减过程，无过调节现象（无 $n<n_0$ 情况出现）。

图 4-2（b）是一个周期性衰减振荡，转速 n 在偏离额定转速 n_0 后，经过一个振荡过程进入新的稳定状态。

图 4-2（c）是一个周期性非衰减振荡，转速 n 在偏离额定转速 n_0 后进入一个持续振荡状态，不能达到一个新的稳定工况。

图 4-2（d）是一个周期性发散振荡，转速 n 的振荡幅值随时间而增大，达不到一个新的稳定工况。

图 4-2（e）是一个非周期性发散过程，转速 n 一旦偏离定额值 n_0，其与 n_0 的偏差将随时间而增大，不可能达到一个新的稳定状态。

图 4-2（a）、（b）的过渡过程是稳定的，其他 3 种过渡过程是不稳定的。过渡过程能否稳定，取决于调节系统本身的性质。稳定性是对调节系统的基本要求，不稳定的调节系统是不能采用的。

图 4-2 是调节参数 n 与时间的关系曲线。同样，也可绘出其他调节参数如机组出力 N 和导水机构开度 a_0 等与时间的关系曲线。对于稳定的调节系统，所有这些参数与时间的关系曲线都是稳定的；对于不稳定的调节系统，所有这些曲线都是不稳定的。

调节系统除应满足稳定性的要求外，其过渡过程曲线还应该有比较好的形状，即具有良好的动态品质。对过渡动态过程品质的要求概括起来有以下几个方面：

（1）调节时间要短，即从被调节参数偏离初始平衡状态达到新的平衡状态的时间要短。从理论上讲，过渡过程振荡的完全消失要很长的时间，但对于工程实际，当转速 n 与额定转速 n_0 的偏离值小于 $(0.1\%\sim0.4\%)n_0$ 即可认为进入新的平衡状态。

（2）超调量要小，即被调节参数振荡的相对幅值要小。

（3）在第（1）点所述的调节时间内振荡次数要少。

4.2.2　水轮机调节系统的静特性

水轮机调节系统的静特性指稳定工况（平衡状态）时各参数之间的关系，通常用

机组转速 n 与出力 N 的关系表示。

调节系统的静特性有以下两种：

（1）无差特性，如图 4-3（a）所示，机组转速与出力无关，在任何出力情况下，调节系统均能保持机组转速 n 为额定转速为 n_0 不变。

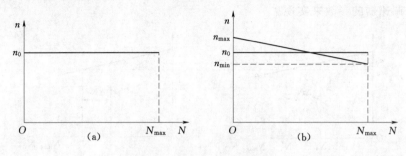

图 4-3　调节系统的静特性
(a) 无差特性；(b) 有差特性

（2）有差特性，如图 4-3（b）所示，机组出力小时保持较高的转速，机组出力大时则保持较低的转速，即调节前后两个稳定工况间的转速有一微小偏差。偏差的大小通常以相对值 δ 表示，称为调差率（亦称残留不均衡度），即

$$\delta = \frac{n_{max} - n_{min}}{n_0}$$

式中：n_{max} 为机组出力为零时的转速；n_{min} 为机组出力为额定值时的转速；n_0 为机组的额定转速。

在工程实践中，δ 一般为 $0 \sim 0.08$。

电力系统是由许多机组组成的，若各机组都是无差调节特性，则负荷在各机组间的分配是不明确的。图 4-4 为两台具有无差特性机组的并列运行情况。两台机组所分担的负荷 N_1 和 N_2 是不固定的，可以 N_1 大些，N_2 小些，也可相反，有无穷多的组合情况，不管负荷在两台机组之间如何分配，都能保持转速不变，而且负荷会在两台机组之间摆动，因此，除担负调频任务的机组外，一般机组不能采用无差特性。

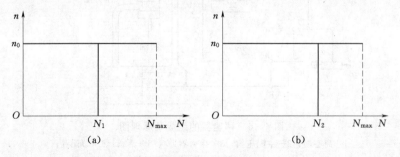

图 4-4　具有无差特性机组的并列运行

图 4-5 为两台具有有差调节特性的机组。若系统的转速（频率）为 n_0，则两台机组所分担的负荷 N_1 和 N_2 是固定不变的，否则便不能保持原有的转速 n_0。若外界负荷增加 ΔN_s，只需适当降低转速至 n_0'，即可使两台机组分别增加负荷 ΔN_1 和

ΔN_2，并使 $\Delta N_1 + \Delta N_2 = \Delta N_s$。$\Delta N_1$ 和 ΔN_2 的大小与转速变化 $\Delta n = n_0 - n_0'$ 和机组静特性曲线的斜率（或调差率 δ）有关，Δn 越大，δ 越小，ΔN 越大。故机组采用有差调节特性后，无论在负荷变动前或变动后，都能分担固定的负荷。这就是为什么一般机组都采用有差调节特性的原因。机组的无差或有差调节及调差率 δ 的大小，都可通过整定调速器的参数来实现。

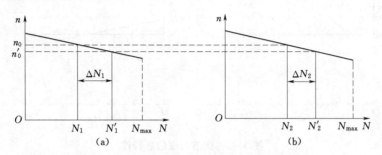

图 4-5　具有有差特性机组的并列运行

4.3　水轮机调速器的工作原理

4.3.1　调速器组成

水轮机的自动调节系统包括调节对象（水轮机及其导水机构）和调速器。调速器的主要组成部分和工作原理如图 4-6 所示。其主要组成部分如下。

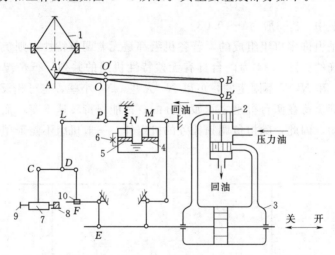

图 4-6　调速器的组成及原理图

1—离心摆；2—主配压阀；3—接力器；4、5—活塞；6—节流孔；
7、8、9—变速机构；10—移动滑块

1. 离心摆

离心摆如图 4-6 中的 1，它有两个摆锤，其顶部通过钢带与转轴固定，下部与可沿转轴上下滑动的套筒相连。离心摆用电动机带动旋转，其转速与水轮发电机组转速同步。在转速上升或下降时，摆锤在离心力的作用下带动套筒 A 上下移动。故离心摆是测量和指令元件，测量对象是机组转速，将机组转速信号转换为套筒位移信号。由于离心摆的负载能力很小，不可能直接推动笨重的水轮机导水机构，因此还需要有放大和执行机构。

2. 主配压阀

主配压阀如图 4-6 中的 2 所示，由阀套和两个阀盘组成。阀套右侧中部有压力油孔，顶部和底部各有一个回油孔，此外，阀套左右两侧各有一个油孔分别与接力器 3 的左右两个油腔相连。在机组稳定运行时，两个阀盘所处的位置恰巧堵住与接力器相通的两个油孔，故接力器处于静止状态，此时阀盘连杆顶端位于 B，并用 AOB 杠杆与离心摆的活动套筒 A 相连，故离心摆套筒的位移信号可通过 AOB 杠杆传递给配压阀连杆顶端。配压阀通过液压传动系统将离心摆的信号放大，故配压阀是一个放大机构。

3. 接力器

如图 4-6 中的 3 所示。接力器由油缸和活塞组成。油缸的左右两个油腔各有一个油孔连通配压阀。接力器的活塞杆与水轮机的导水机构连接。在机组稳定运行工况时，接力器的油路因被配压阀切断，故接力器的活塞处于静止状态。当需要改变水轮机导水机构的开度时，配压阀使压力油通入接力器的右油腔或左油腔，使接力器活塞向关闭或开起导水机构的方向移动。配压阀和接力器构成调速器的放大和执行机构。

4. 反馈机构

只有以上 3 种机构虽然可以在负荷变化时关闭或开启水轮机导水机构，但调节过程是不完善的。例如在负荷减小时，机组转速升高，接力器关闭导水机构，当水轮机的主动力矩 M_t 等于发电机的阻力矩 M_g 时，因机组转速仍高于额定转速，接力器将继续关闭导水机构形成过调节；同时，这样的调节过程也是不稳定的。为了防止过调节和保持调节过程的稳定性，调速器中还必须有反馈机构。反馈机构包括：

(1) 硬反馈机构。图 4-6 中的 $EFDLPO$ 是硬反馈机构。当接力器的活塞向左（关闭方向）移动时，若 C 点和 N 点不动，则 F、D、L、P 各点将向上移动，从而使 O 点上移至 O'，这样就使杠杆 AOB 处于 $A'O'B$ 的位置，配压阀的阀盘回复到初始位置，封堵了通往接力器的油孔，防止了接力器的过调节。硬反馈机构虽然解决了过调节问题，但在调节结束后，使 O 上移至 O'，A 上移至 A'，水轮机的转速高于调节前的转速，不能回复到初始状态，且调节的稳定性差，故只有硬反馈机构的调速器的调节性能仍然是不完善的。

硬反馈机构使水轮机在不同的负荷时有不同的转速，形成了 4.2 节所述的有差调节。

(2) 软反馈机构。软反馈机构是一个充满油的缓冲器，如图 4-6 中的 4、5、6 部分所示。4 和 5 是两个活塞，下部充满油，6 是节流孔，改变节流孔的大小可以改变通过节流孔的流量。当接力器向左关闭导水机构时，M 点和活塞 4 向下移动，活塞 5 因下部油压增大则和 N 点一起向上移动；同时，硬反馈的作用使 L 向上移动，N 和 L 点的上移使 O 上移至 O'，B' 上移至 B，配压阀的阀盘又封堵了通往接力器的油孔，使接力器的活塞停止运动。但由于此时 A 点处于 A' 的位置，水轮机的转速仍高于调节前的转速。在 N 点上移时，该处的弹簧受到压缩，弹簧的反力作用于活塞 5，迫使下腔的油经过节流孔 6 缓慢地流入上腔，直至活塞 5 回复到初始位置。活塞 5 和 N 点的下移使 O' 下移至 O，A' 下移至 A，水轮机的转速又回复到调节前的状态。故软反馈的作用可使机组在不同负荷下运行时保持相同的转速，形成 4.2 节所述的无差调节，同时可提高调节的稳定性。

调差率 δ 的大小可通过移动滑块 10 的位置来完成。改变滑块 10 的位置可改变硬反馈杠杆的传动比，因而可改变 δ。

图 4-6 中的 7、8、9 部分是变速机构，可用手动改变机组的负荷和转速。

4.3.2　调速器的工作过程及工作原理

以上介绍调速器的组成时已简单地说明了各组成部分的工作原理。下面以机组减荷为例系统地说明调速器的工作过程。

当机组以稳定工况运行时，离心摆也同步旋转，其滑动套筒位于 A。主配压阀 2 的阀盘连杆顶端位于 B，两个阀盘封堵了通向接力器 3 两端的进出油孔，接力器活塞两侧油压平衡，处于静止状态。

当机组负荷减小时，机组转速上升，离心摆的转速亦随之升高，摆锤因离心力的加大向外扩张，带动套筒 A 上移至 A'，将转速的信号转换成位移信号。由于杠杆 AOB 绕 O 旋转，A 点的位移信号转变成 B 点的位移信号，使配压阀阀盘连杆顶端由 B 下移至 B'，阀盘的相应下移打开了配压阀阀套上通向接力器 3 的两个油孔，使压力油进入接力器右侧油腔，同时，接力器的左侧油腔接通回油管排油，接力器右侧的较高油压推动缸体中的活塞向左（关闭水轮机导水机构方向）移动，使水轮机的流量减小，出力下降。接力器活塞向左移动使硬反馈和软反馈机构的 L 点和 N 点上移，从而使 O 上移至 O'，B' 上移至 B，配压阀的阀盘回复到初始位置，重新封堵了通往接力器的两个油孔，使接力器活塞停止运动。此时调节虽似已结束，但离心摆的套筒仍处于 A' 的位置，其转速未能恢复到调节前的状态。离心摆转速的恢复要靠软反馈的缓冲器。上升后的 N 点在弹簧反力的作用下使活塞 5 下腔的油经过节流孔 6 流入上腔，从而使 N、O'、A' 诸点下降到要求的位置，整个调节过程结束。若是无差调节，O' 和 A' 可以回复到 O 和 A 的位置；若为有差调节，则 O' 和 A' 不能回复到 O 和 A 的位置。具有硬反馈和软反馈机构的调速器可以通过整定反馈机构的参数改变调差率 δ，做到有差调节（$\delta \neq 0$）和无差调节（$\delta = 0$）。

以上是具有一级放大机构的机械液压调速器的基本工作过程和原理。一般的水轮机调速器因需要巨大的调速功，常具有二级放大机构。目前，电气液压调速器和微机调速器的应用已非常普遍，它们的工作原理与前述的一级放大机械液压调速器大同小异。

4.4　水轮机调速器的类型

水轮机调速器分类方式很多。按工作容量，调速器可以分为大、中、小型：大型调速器按主配压阀公称直径（mm）区分，主配压阀直径在 80mm 以上的称为大型调速器，或者其操作功不小于 30000N·m；操作功为 10000～30000N·m 的称为中型调速器；操作功在 10000N·m 以下的称为小型调速器；操作功在 3000N·m 以下的属于特小型调速器。按执行机构的数量可分为单调节和双调节调速器。按其组成元件的工作原理分为三类，即机械液压调速器、电气液压调速器和微机调速器。按调节规律可分为比例—积分调速器（PI 调速器）和比例—积分—微分调速器（PID 调速器）。近些年来，高油压组合式中小型调速器的使用越来越广泛。

资源 4-5
水轮机调速
器的类型

混流式、定桨式水轮发电机组只需要调节导叶开度，采用单调节调速器；转桨式水轮机或带调压阀的混流式机组，采用双调节调速器，这种调速器在调节导叶开度的同时，通过协联装置驱动另外一个机构去调节转轮叶片的安放角或者调压阀的开度；冲击式水轮机同时调节喷针和折向器（折流板）的行程，也要采用双调节调速器。

4.4.1 机械液压调速器的特点

4.3 节介绍的调速器就是机械液压调速器，其自动控制部分为机械元件，操作部分为液压系统。机械液压调速器出现较早，现在已经发展得比较成熟完善，其性能可基本满足水电站运行的要求，在过去曾经是大中型水电站广为采用的一种调速器，运行安全可靠。但机械液压调速器机构复杂，制造要求高，造价较高，不容易实现计算机控制，特别是随着大型机组和大型电网的出现，对系统周波、电站运行自动化等提出了更高的要求，机械液压调速器精度和灵敏度不高的缺点就显得较为突出，故我国新建的大中型水电站已不采用这类调速器。

4.4.2 电气液压调速器的特点

电气液压调速器是在机械液压调速器的基础上发展起来的，其特点是在自动控制部分用电气元件代替机械元件，即调速器的测量、放大、反馈、控制等部分用电气回路来实现，液压放大和执行机构则仍为机械液压装置。

与机械液压调速器相比，电气液压调速器的主要优点有：精度和灵敏度较高；便于实现电子计算机控制和提高调节品质、经济运行及自动化的水平；制造成本较低，便于安装、检修和参数调整。

根据水轮发电机组对调速器的工作容量、可靠性、自动化水平和静、动态品质的不同要求，调速器有不同型号。表 4-1 是我国大中型反击式水轮机调速器的产品系列。

表 4-1　　　　　　　　大中型反击式水轮机调速器的产品系列

型　式	单调节调速器		双调节调速器	
	机械液压式	电气液压式	机械液压式	电气液压式
大型	T-100	DT-80 DT-100 DT-150	ST-100 ST-150	DST-80 DST-100 DST-150 DST-200
中型	YT-1800 YT-3000	YDT-1800 YDT-3000		

调速器型号由三部分组成，各部分之间用横线分开，排列形式为：①②③④-⑤⑥-⑦。

第一部分表示调速器的类型和基本特性，采用大写的关键字汉语拼音的第一个字母表示：

①——大型（无代号），通流式（T），中、小型带（或配用）油压装置（Y）。

②——机械液压型（无代号）、电气液压型（D）。

③——单调节（无代号）、双调节（S），用于转桨式水轮机等需要进行双重调节的调速器。

④——调速器基本代号（T）。

第二部分表示调速器的工作容量，用阿拉伯数字表示：

⑤——对于大型调速器采用其主配压阀的直径（mm）；对于中小型调速器采用接力器的操作功（也称为调速功）表示的工作容量，kgf·m，1kgf·m＝9.81N·m。

⑥——改型次数的标记（A、B、C、D）。

第三部分表示调速器的额定油压（kgf/cm²），也采用阿拉伯数字表示。

⑦——对于额定油压为 25kgf/cm²（2.5MPa）及其以下的不加表示；而额定油压较高的，用油压数值表示。

例如：YT-1800 为带油压装置的中型机械液压型单调节调速器，额定油压为 2.5MPa，其接力器的工作容量为 1800×9.81N·m。DST-150B-40 表示大型电气液压型双调节型调速器，其主配压阀直径为 150mm，经过第二次改型后的产品，额定工作油压为 40kgf/cm²（4.0MPa）。

4.4.3　微机调速器的特点

自 20 世纪 90 年代以来，微机调速器已成为大中型水电站的主导产品。微机调速器由作为被控制对象的水轮发电机组和作为微机调速器的工业控制计算机、检测元件、执行单元等组成。其检测单元除了包括测频部分，还包括水头、功率等参数的测量。它用工业控制计算机取代了模拟电调的电子调节器，使水轮机调速器不仅能够实现 PID 调节，还能够方便地实现更高级的控制策略，在可靠性、调速功能和调节品质等方面都较上述两种调速器有了很大的提高。这种调速器的硬件集成度高，体积小，维护方便，可靠性高；其软件的灵活性大，增加功能和提高性能主要通过软件来实现，例如机组的开机规律、停机规律；并网时除了测频率，还有测量相位功能。微机调速器便于直接与厂级或系统级上位机连接，实现全场的综合控制，提高水电站的自动化水平。

4.5　油　压　装　置

油压装置是向调速器提供压力油的设备，是水轮机调速系统的重要组成部分，主要包括压力油箱（压力罐）、回油箱和油泵系统三个部分，如图 4-7 所示。

压力油箱呈圆筒形，如图 4-7 中的 1 所示，用于向调速器的配压阀和接力器输

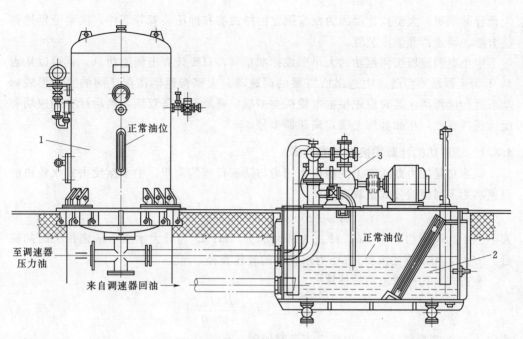

图 4-7　油压装置原理图
1—压力油箱；2—回油箱；3—油泵

送压力油。油箱中压缩空气约占 2/3，油占 1/3，利用空气良好的蓄存和释放能量的特点，减小用油过程中供求不平衡所引起的压力波动。压力油箱中的液压油由油泵提供，油压一般约为 2.5MPa（25kg/cm²），有的约达 4.0MPa（40kg/cm²），甚至更高。压力油箱通常布置在发电机层楼板上。

回油箱为矩形，如图 4-7 中的 2 所示，一般悬挂在发电机楼板之下，用于收集调速器的回油和漏油。此油箱中的油面与大气相通。

油泵的功用是将回油箱中的液压油输送给压力油箱。油泵一般有两台，一台工作，一台备用，布置在回油箱的顶盖上，如图 4-7 中的 3 所示。

油压装置上有测量油位、压力等参数的仪表，以决定是否需要向压力油箱供油或补气（压缩空气由压气系统提供）。油压装置的工作过程是自动的。

中小型调速器的油压装置与调速柜组成一个整体。大型调速器的油压装置因尺寸较大，与调速器的操作柜分开布置，中间用油管连接。

4.6　水轮机调速设备的选择

水轮机的调速设备一般包括调速柜、接力器和油压装置或蓄能器三大部分。中小型调速器中这三部分组合在一起，大型调速器中三者是分开的。中小型调速器的选型主要是根据水轮机的有关参数来确定调速器所需要的调速功，然后根据调速功选择相应容量的调速器。调速功也称为操作功或调节功，用以表征接力器容量或驱动能量，它是最小规定操作油压时使主接力器以最短的时间关闭或开启的净作用力与接力器最大行程的乘积。大型调速器因为没有固定的接力器和油压装置等部件，需要分别选择接力器、调速器和油压装置。

中小型调速器按调速功的大小形成标准系列，只要计算出调速功 A，就可以从表 $4-1$ 调速器系列型谱表中选出所需要的调速器。大型调速器按配压阀的直径形成标准系列。选择调速器时应先根据水轮机类型确定是单调还是双调，然后计算调速功和配压阀的直径，在此基础上确定调速器型号。

4.6.1 调速功的计算和接力器的选择

调速功是接力器活塞上的油压作用力与活塞行程的乘积。中小型反击式水轮机的调速功用下列经验公式估算

$$A = (200 \sim 250)Q\sqrt{H_{max}D_1} \tag{4-3}$$

式中：A 为调速功，$N \cdot m$；H_{max} 为最大水头，m；Q 为最大水头下额定出力时的流量，m^3/s，用试算法求得；D_1 为水轮机的转轮直径，m。

冲击式水轮机调速功的估算

$$A = 9.81z_0\left(d_0 + \frac{d_0^3 H_{max}}{6000}\right) \tag{4-4}$$

式中：z_0 为喷嘴数目；d_0 为额定流量时的射流直径，cm。

采用大型调速器的反击式水轮机，一般用两个接力器来操作控制环，一个接力器推，另一个接力器朝相反方向拉，形成力偶，驱使控制环带动导水机构开启或关闭。对采用 $2.5MPa$ 额定油压的油压装置及标准导水机构的情况，每个导水机构接力器的直径 d_s 可按下列公式近似计算

$$d_s = \lambda D_1 \sqrt{\frac{b_0}{D_1}H_{max}} \tag{4-5}$$

式中：λ 为计算系数，可由表 $4-2$ 查取；b_0 为导叶高度，m；D_1 为转轮直径，m。

表 4-2 λ 系 数 表

导叶数 z_0	16	24	32
标准正曲率导叶	0.031~0.034	0.029~0.032	
标准对称导叶	0.029~0.032	0.027~0.030	0.270~0.030

注 1. 若 b_0/D_1 数值相等，但转轮不同时，Q_1' 大时取大值；
  2. 同一转桨式水轮机，包角大并用标准对称形导叶的取大值；包角大用正曲率导叶的取较小值。

当油压装置的额定油压为 $4.0MPa$ 时，则每个导水机构接力器的直径 d_s' 为

$$d_s' = d_s\sqrt{1.05\frac{2.5}{4.0}} \tag{4-6}$$

由以上计算得的 d_s（或 d_s'）值便可在标准导叶接力器系列（表 $4-3$）中选择相邻偏大的直径。

表 4-3 导 叶 接 力 器 系 列

接力器直径/mm	250	300	350	400	450	500	550	600
	650	700	750	800	850	900	950	1000

接力器最大行程 S_{max} 可按经验公式计算

$$S_{max} = (1.4 \sim 1.8)a_{0max} \qquad (4-7)$$

式中：a_{0max} 为原型水轮机导叶的最大开度，mm；转轮直径 $D_1 > 5m$ 时使用较小的系数。

两个直缸接力器的总容积可按下式计算

$$V_s = \frac{1}{2}\pi d_s^2 S_{max} \qquad (4-8)$$

驱动转桨式水轮机叶片的转轮叶片接力器装在轮毂内，它的直径 d_c 按下式计算

$$d_c = (0.3 \sim 0.45)D_1 \sqrt{\frac{2.5}{P_0}} \qquad (4-9)$$

式中：P_0 为调速器油压装置的额定油压，MPa。

转轮叶片接力器的最大行程 S_{zmax} 由下式计算

$$S_{zmax} = (0.036 \sim 0.072)D_1 \qquad (4-10)$$

转轮叶片接力器的容积 V_c 可按下列经验公式计算

$$V_c = \frac{\pi}{4}d_c^2 S_{zmax} \qquad (4-11)$$

式（4-9）和式（4-10）中的系数，当 $D_1 > 5m$ 时用较小值。

4.6.2　调速器的选择

特小型、小型调速器的选择，只需要按前述方法计算出调速功就可以从型谱中选择相应型号。大型调速器是以配压阀的直径为依据来进行分类的。配压阀的直径一般与通向主接力器的油管直径相等，但有的调速器配压阀的直径较油管直径大一个等级。

初步确定配压阀直径时，按下列公式计算

$$d = \sqrt{\frac{4V_s}{\pi T_s v_m}} \qquad (4-12)$$

式中：V_s 为导水机构或折流板接力器的总容积，m³；v_m 为管内油的流速 m/s，当油压装置的额定油压为 2.5MPa 时，一般取 $v_m \leqslant 4 \sim 5m/s$，当管道较短和工作油压较高时选用较大的流速；$T_s$ 为由调节保证计算确定的接力器关闭时间，s，通常为 10s 左右，对于单机容量较大或工作水头较高的机组，T_s 可取长一些。

按式（4-12）计算出大型调速器配压阀的直径 d 后，便可在表 4-1 中选择调速器型号。

在选择具有双重调节的转桨式水轮机的调速器时，通常使转轮叶片接力器的配压阀直径与导水机构接力器的配压阀直径相同。

4.6.3　油压装置的选择

在液压系统的工作压力确定后，油压装置的选择主要是确定其压力油箱的容积。压力油箱的容积应保证调节系统正常工作时和事故关闭时能提供足够的有压油源。选择油压装置时，先根据机组类型按下列经验公式计算压力油箱的容积 V_k：

对混流式水轮机

$$V_k = (18 \sim 20)V_s \tag{4-13}$$

对转桨式水轮机

$$V_k = (18 \sim 20)V_s + (4 \sim 5)V_c \tag{4-14}$$

对于需要向调压阀和主阀的接力器供油的油压装置，其压力油箱的容积尚需在上述计算得到的容积中增加 $(9 \sim 10)V_t$ 和 $3V_f$，其中 V_t 为调压阀接力器的容积，V_f 为主阀接力器的容积。

当选用的额定油压为 2.5MPa 时，可按以上计算得的压力油箱容积在表 4 - 4 中选择相邻偏大的油压装置。

表 4 - 4　　　　　　　　　　　　　油 压 装 置 系 列 型 谱

分离式	YZ-1，YZ-1.6，YZ-2.5，YZ-4，YZ-6，YZ-8，YZ-10
组合式	HYZ-0.3，HYZ-0.6，HYZ-1，HYZ-1.6
分离式	YZ-12.5，YZ-16/2，YZ-20/2
组合式	HYZ-2.5，HYZ-4

4.7　囊式蓄能器的选择

蓄能器是一种广泛应用于液压传动和气压传动回路，起储蓄能量、减震、保压和稳压作用的装置。根据工作原理，可以分为重力式蓄能器、弹簧式蓄能器和气体蓄能器。其中利用气体的可压缩性，由气腔内气体压力给液端液体施压的气体蓄能器是工程中应用最多的一种。前文所述，油压装置中的压力油箱就是一种气体蓄能器，其中的压缩气体和液压油直接接触。由钢制壳体和气囊组成、液压油和压缩气体通过柔性气囊隔开的囊式蓄能器（图 4 - 8），在水电站、抽水蓄能电站和泵站高油压液压系统和中、小型机组的高油压调速器中得到了广泛的应用。在这种蓄能器中液压油与气体分离，因而油质不易劣化，延长了油液的使用寿命。由于气囊的密闭性良好，基本上不存在泄漏，因此不需要补气。在传统的油压装置中为补气设立的高压气系统可以取消，节省了高压气系统工作时消耗的能源、压气设备及其运行维护费用。油压系统需要建压时，只需油泵向蓄能器中充入液压油即可迅速达到所需要的工作压力，从而大大缩短建压时间，可缩短至传统油压装置建立压力所需时间的 15% 左右。

囊式蓄能器有三个典型的工作状态，即充气状态、最小工作压力状态和最大工作压力状态。图 4 - 8 （a）所示为液端无压力、蓄能器中尚未充入液压油、气体处于压力 P_0 时的充气状态；从图 4 - 8 （b）所示的最小工作压力状态到图 4 - 8 （c）所示的最大工作压力状态或相反变化过程中气囊体积的变化量称为气囊的有效利用体积，它对应于囊式蓄能器所能提供的高油压液压油的容积。根据气体状态方程 $P_0 V_0^K = P_1 V_1^K = P_2 V_2^K$，所需要的蓄能器气腔充气容积按式（4 - 15）计算

$$V_0 = \frac{V_u}{\left(\dfrac{P_0}{P_1}\right)^{\frac{1}{K}} - \left(\dfrac{P_0}{P_2}\right)^{\frac{1}{K}}} \tag{4-15}$$

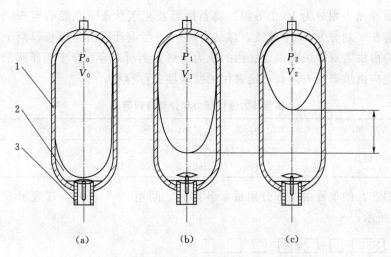

图 4-8　囊式蓄能器的三种状态
(a) 充气状态；(b) 最小工作压力状态；(c) 最大工作压力状态
1—钢制壳体；2—气囊；3—油阀

式中：P_0 为气囊的充气压力；P_1 为气囊的最小工作压力；P_2 为气囊的最大工作压力；V_0 为对应于充气状态下压力为 P_0 时的气腔容积；V_u 为蓄能器所能提供的高油压液压油的容积，表示从最大工作压力状态到最小工作压力状态或相反变化过程中气囊体积的变化量，$V_u = V_1 - V_2$；K 为气体状态方程的多方指数。

对近似于恒温过程的气体缓慢膨胀或压缩，时间大于 3min，气体大致保持恒定温度的过程，可近似取 $K = 1$；对近似于绝热过程的气体快速膨胀或压缩，时间不超过 3min 的过程，可近似按绝热状态处理，取 $K = 1.4$；在水电站高油压液压系统中，K 的取值范围为 1.3～1.4。

在计算充气容积时，式（4-15）中的各项压力应为绝对压力值；要注意合理确定各项压力的取值，最大工作压力 P_2 必须小于或等于被选用的蓄能器所规定的最大工作压力；充气压力 P_0 应尽可能接近最小工作压力，以获得液压油的最大释放量。此外，还要合理选择释放液压油所需的流量以及工作温度；后者决定了气囊材料和钢制壳体材料的选用，对初始荷载压力有影响，对蓄能器的容积也有影响。

蓄能器所能提供的高油压液压油体积至少应满足如下要求：对于混流式及定桨式机组的单调节装置为导叶接力器总容积的 3 倍；对于转桨式机组的双调节装置为导叶接力器总容积的 3 倍再加转轮接力器容积的 2 倍；对于冲击式机组的双调节装置为折向器接力器总容积的 3 倍再加喷针接力器总容积的 2 倍；对于带调压阀控制的双调节装置为导叶接力器总容积的 3 倍再加调压阀接力器容积的 4 倍。

如果需要的气腔容积大于一个囊式蓄能器的公称容积，可使用多个囊式蓄能器并联的形式来代替原来的钢制压力容器。当水轮发电机组容量较大、所需的囊式蓄能器个数较多时，蓄能器组将占用很大的布置空间，且影响安装维护，这时应该对油压装置和蓄能器提供液压油源方案进行技术经济比较，合理确定最终方案。

《蓄能压力容器》（GB/T 20663—2017）将囊式蓄能器、隔膜式蓄能器和活塞式蓄能器的设计压力划分为 10 个等级；将蓄能器在充气状态下气腔的容积定义为蓄能器的公称容积，划分为 24 个等级，详见表 4-5。当设计压力介于相邻两个压力等级之间时，应由供需双方协商确定选用的压力等级；当所需容积介于相邻两个容积等级之间时，也应由供需双方协商确定选用的蓄能器公称容积。

表 4-5	蓄能器的设计压力和公称容积等级
设计压力等级/MPa	6.3、10、16、20、25、31.5、40、50、63、80
公称容积等级/L	0.25、0.40、0.63、1.0、1.6、2.5、4.0、6.3、10、16、20、25、32、40、50、63、80、100、125、160、200、250、315、350

蓄能器产品的型号由 5 部分组成，各部分之间用"-"隔开，其表示方法和含义如图 4-9 所示。

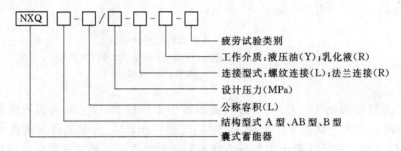

图 4-9 囊式蓄能器定型产品的表示方法

例如，NXQA-1.6/10-L-Y-Ⅰ表示为：A 型、公称容积为 1.6L、设计压力为 10MPa、螺纹连接、工作介质为液压油、第Ⅰ类疲劳试验要求的囊式蓄能器。

练 习 题

已知某水电站 $H_{max}=116m$，$H_{min}=76m$，$H_{av}=97m$，海拔高程 $\nabla=172m$，单机出力 $N_i=5\times10^4kW$，要求：

(1) 选择水轮机型式，并确定主要参数。

(2) 确定蜗壳、尾水管主要参数，并绘出它们的单线图。

(3) 选择合适的调速设备（注：导叶为非对称型，总关闭时间 $T_s=6s$，最大开度 a_{max} 选用额定开度 a_r）。

参考资料：《水电站机电设计手册·水力机械》

第 2 篇

水 电 站 输 水 系 统

第5章
水电站的典型布置及组成建筑物

5.1 水电站的典型布置型式

水电站的分类方式很多，如按工作水头分为低水头、中水头和高水头水电站；按水库的调节能力分为无调节（径流式）和有调节（日调节、年调节和多年调节）水电站；按在电力系统中的作用分为基荷、腰荷及峰荷水电站等。本教材着重讲述水电站的组成建筑物及其特征，根据这一原则，水电站可以有坝式、河床式及引水式3种典型布置型式。

5.1.1 坝式水电站

坝式水电站靠坝来集中水头。其中最常见的布置方式是水电站厂房位于非溢流坝坝趾处，被称为坝后式水电站，如图 5-1 及图 5-2 所示的湖北丹江口水电站以及三峡水电站都采用这种布置。这种水电站常建于河流中、上游的高山峡谷中，集中的落差为中、高水头。当河谷较窄而水电站机组较多、溢流坝和厂房并排布置有困难时，可将厂房布置在溢流坝下游，或者让溢流水舌挑越厂房顶泄入下游河道，或者让厂房顶兼作溢洪道宣泄洪水。前者称为挑越式水电站，如图 12-2 所示的贵州乌江渡水电站，后者称为厂房顶溢流式水电站，如图 12-3（a）所示的浙江新安江水电站。当坝体足够大时，还可将厂房移至坝体空腹内，成为坝内式水电站，如图 12-3（b）所示的厂房位于溢流坝坝体内的江西上犹江水电站和图 12-4 所示的厂房位于空腹重力拱坝内的湖南凤滩水电站。

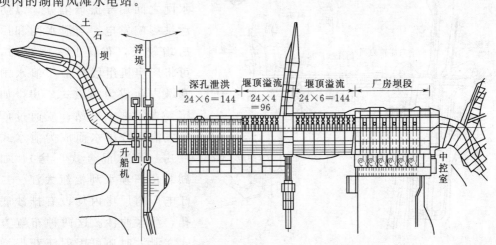

图 5-1　丹江口（坝后式）水电站枢纽布置图（单位：m）

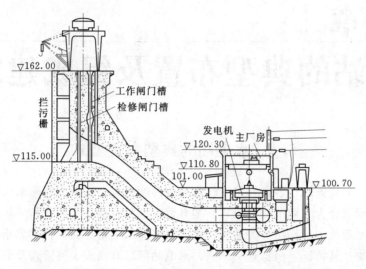

图 5-2　丹江口（坝后式）水电站厂坝横剖面图（单位：m）

采用当地材料坝时，厂房可布置在坝趾，由穿过坝基的引水道供水；或布置在坝下游河岸上，由穿过坝肩山体的引水隧洞供水。采用轻型坝时，厂房位置可因坝型、地形的不同而异，布置更为灵活，除上述各种布置方式外，还有颇具特色的安徽佛子岭水电站的连拱坝拱内厂房等。

5.1.2　河床式水电站

河床式水电站的特点是：位于河床内的水电站厂房本身起挡水作用，从而成为集中水头的挡水建筑物之一，如图 5-3 和图 5-4 所示的广西西津水电站。这类水电站一般建于河流中、下游，水头较低，流量较大。

河床式水电站枢纽最常见的布置方式是泄水闸（或溢流坝）在河床中部，厂房及船闸分踞两岸，厂房与泄水闸之间用导流墙隔开，以防泄洪影响发电。当泄水闸和厂房均较长，布置上有困难时，可将厂房机组段分散于泄水闸闸墩内而成为闸墩式厂房，如宁夏青铜峡水电站；或通过厂房宣泄部分洪水而成为泄水式厂房（也称混合式厂房），如湖北葛洲坝水利枢纽大江、二江电厂的厂房内均设有排沙底孔，泄水冲沙。这两种布置方式在泄洪时还可因射流获得增加落差的效益，详见第 12 章。

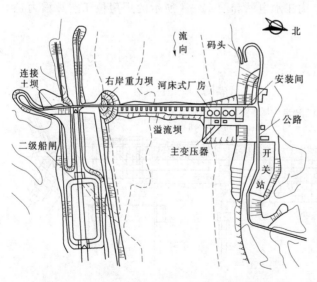

图 5-3　西津（河床式）水电站枢纽布置图

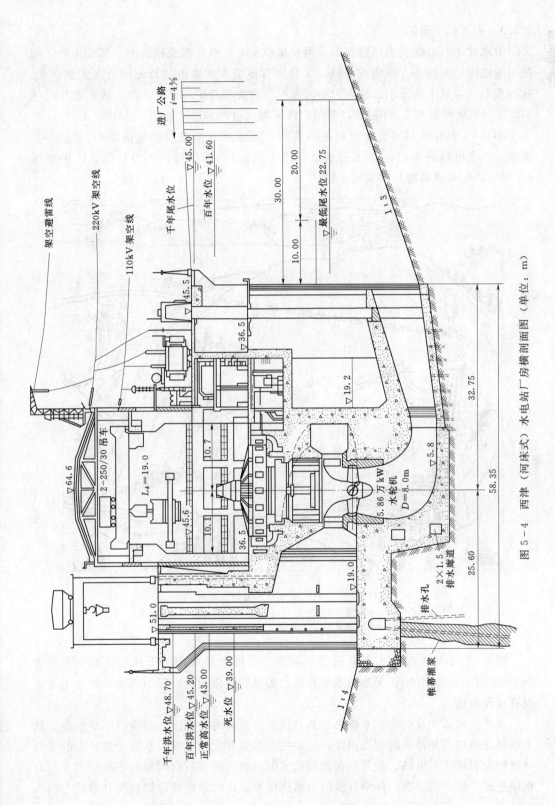

图 5 - 4　西津（河床式）水电站厂房横剖面图（单位：m）

5.1.3　引水式水电站

引水式水电站的引水道较长，并用来集中水电站的全部或相当大一部分水头。根据引水道中的水流是有压流或明流，又分为有压引水式水电站及无压引水式水电站。这种水电站常见于流量小、坡降大的河流中、上游或跨流域开发方案，最高水头已达 1767m（奥地利莱塞克水电站），我国广西天湖水电站的最大静水头达 1074m。

图 5-5 为有压引水式水电站的示意图。该水电站的建筑物包括水库、拦河坝、泄水道、水电站进水口、有压引水道（压力隧洞）、调压室、压力管道、厂房枢纽（含变电、配电建筑物）以及尾水渠。

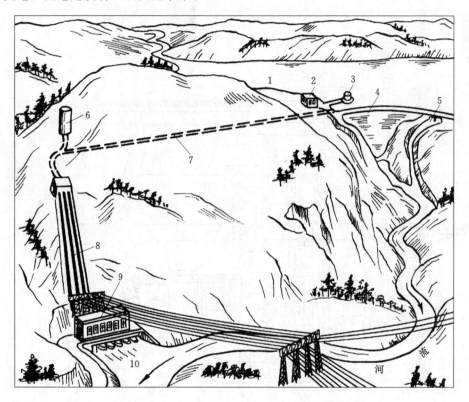

图 5-5　有压引水式水电站示意图
1—水库；2—闸门室；3—进水口；4—坝；5—泄水道；6—调压室；
7—有压隧洞；8—压力管道；9—厂房；10—尾水渠

图 5-6 为无压引水式水电站的示意图。其特点是采用了无压引水道——渠道（也有采用无压隧洞的）。无压引水道和压力管道的连接处设有压力前池，图示电站还设有日调节池。

坝式、河床式及引水式水电站虽各具特点，但有时它们之间却难以明确划分。从水电站建筑物及其特征的观点出发，一般把引水式开发及筑坝引水混合式开发的水电站统称为引水式水电站。此外，某些坝式水电站也可能将厂房布置在下游河岸上，亦称岸边式厂房，通过在山体中开凿的引水道供水，这时水电站建筑物及其特征与引水

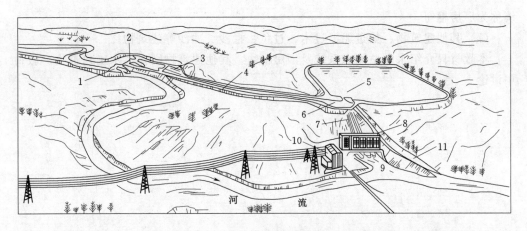

图 5-6　无压引水式水电站示意图

1—坝；2—进水口；3—沉沙池；4—引水渠道；5—日调节池；6—压力前池；

7—压力管道；8—厂房；9—尾水渠；10—配电所；11—泄水道

式水电站相似。因此，掌握引水式水电站的组成建筑物及其特性对研究各类水电站有举一反三的重要作用。

为了协调发电用水和生态用水要求，减小筑坝对下游河道环境的影响，筑坝引水式水电站可在大坝处增设生态放水口和新建水电站或增设生态机组。新建或扩建水电站应根据实际情况采用相应的厂房型式和新水电站建筑物，其布置应与既有建筑物相协调，不应危及既有建筑物的安全，并降低对发电的影响。

5.2　水电站的组成建筑物

从 5.1 节介绍的水电站示例可见水电站枢纽一般由下列 7 类建筑物组成：

（1）挡水建筑物：用以拦截河流、集中落差，形成水库，如坝、闸等。

（2）泄水建筑物：用以宣泄洪水，或放水供下游使用，或放水以降低水库水位，如溢洪道、泄洪隧洞、放水底孔等。

（3）水电站进水建筑物：用以按水电站的要求将水引入引水道，如有压或无压进水口。

（4）水电站引水及尾水建筑物：分别用以将发电用水自水库输送给水轮发电机组及把发电用过的水排入下游河道，引水式水电站的引水道还用来集中落差，形成水头。常见的建筑物为渠道、隧洞、管道等，也包括渡槽、涵洞、倒虹吸等交叉建筑物。

（5）水电站平水建筑物：用以平稳由于水电站负荷变化在引水或尾水建筑物中造成的流量及压力（水深）变化，如有压引水道中的调压室、无压引水道中的压力前池等。水电站的进水建筑物、引水和尾水建筑物以及平水建筑物统称为输水系统。

（6）发电、变电和配电建筑物：包括安装水轮发电机组及其控制、辅助设备的厂房、安装变压器的变压器场及安装高压配电装置的高压开关站。它们常集中在一起，

资源 5-6
水电站组成
建筑物

117

统称为厂房枢纽。

（7）其他建筑物：如过船、过木、过鱼、拦沙、冲沙等建筑物。

本教材只介绍水电站输水系统及厂房枢纽。其他建筑物则在《水工建筑物》教材中讨论。

第 6 章

水电站进水口

6.1 进水口的功用和要求

水电站进水口是位于输水系统首部以引水发电为主要用途的进水建筑物，其功用是按负荷要求引进发电用水，应满足下列基本要求：

（1）要有足够的进水能力。在任何工作水位下，进水口都能引进必须的流量。为此，进水口的高程以及在枢纽中的位置必须合理安排，进水口的流道应该平顺并有足够的断面尺寸，要妥善处理结冰、淤积及污塞问题，避免出现吸气旋涡，以防影响进水口的过流能力。

（2）水质要符合要求。进水口位置宜靠近河道主流，不宜靠近多泥沙支流和山沟出口的下游，应防止出现回流将漂浮物聚集在进水口前，也应避免漂浮物正面冲撞进水口。进水口应能拦截有害的泥沙、冰块及各种污物。为此，除了合理安排高程和位置外，进水口应设置必须的拦污设备，在寒冷地区和多泥沙河流，还要设置防冰和拦沙、沉沙及冲沙设备。

（3）水头损失要小。进水口应该位置合适、流道平顺、断面尺寸足够，并将流速控制在一定的范围之内，以合理地减小水头损失。

（4）可控制流量。进水口须设置必要的闸门，以便在事故时紧急关闭，截断水流，避免事故扩大，也为输水系统的检修创造条件。无压引水式水电站引进流量的大小也由进口闸门控制。

（5）满足水工建筑物的一般要求。进水口要有足够的强度、刚度和稳定性，结构简单，施工方便，造型美观，造价低廉，便于运行、维护和检修。

水电站进水口按水流条件，可分为有压式进水口、开敞式进水口和抽水蓄能进出水口三大类。有压式进水口设在水库死水位以下，以引进深层水为主，故又名深式进水口，其后接有压隧洞或管道，水流在进水口中处于有压流状态。开敞式亦称作无压进水口，其中的水流为具有与大气接触的自由水面的明流，以引进表层水为主，其后一般接无压引水道。抽水蓄能电站输水道中的水流方向在发电和抽水两种工况下相反，其进水建筑物既是进水口，又是出水口，故称为进出水口。按在工程枢纽中的布置情况，进水口分为整体布置和独立布置两大类，前者布置在主河道上和挡水建筑物结合在一起，后者独立于挡水建筑物布置于水库内或岸边，两者均引深层水。

6.2 有压式进水口的主要类型及适用条件

有压式进水口通常由进口段、闸门段、渐变段及操作平台和交通桥组成。操作平

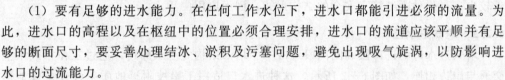

资源 6-1
进水口功用
和要求

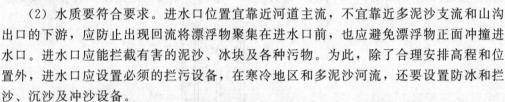

资源 6-2
进水口的
分类

台设在最高库水位以上，是放置闸门启闭机和启闭闸门的工作场所，可以是露天的，也可以是室内的。当进水口独立布置在库岸或大坝以外时，需要设置交通桥。按照结构特点，有压式进水口可分为以下六类。

6.2.1　闸门竖井式进水口

资源 6 - 3
有压进水口
的主要类型 1

闸门竖井式进水口的进口段和闸门竖井均从山体中开凿而成，如图 6 - 1 所示。隧洞进口加以扩大，开挖成喇叭形，以使入水平顺。闸门段经渐变段与引水隧洞衔接。这种进水口适用于隧洞进口的地质条件较好、便于对外交通、地形坡度适中的情况。当地质条件不好，扩大进口和开挖竖井会引起塌方，地形过于平缓，不易成洞，或过于陡峻，难以开凿竖井时，都不宜采用。当引用流量太大时，采用这种进水口，其拦污栅的布置较困难。闸门竖井式进水口充分利用了岩石的作用，钢筋混凝土工程量较少，是一种既经济又安全的结构形式，因而应用广泛。

6.2.2　塔式进水口

塔式进水口的进口段和闸门段组成一个塔形结构立于水库边，通过工作桥或水上交通与岸边相连，如图 6 - 2 所示。这种进水口适用于岸坡附近地质条件较差或地形

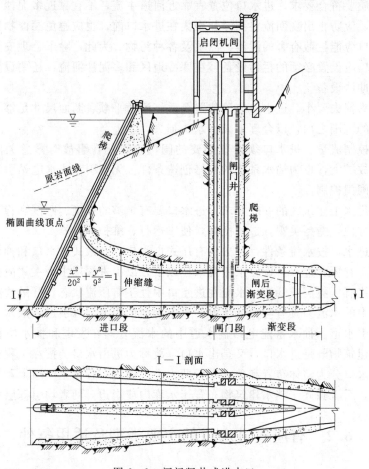

图 6 - 1　闸门竖井式进水口

平缓从而不宜采用闸门竖井式进水口的情况。当地材料坝的坝下涵管也常采用塔式进水口。塔式结构要承受风浪压力、冰压力及地震力，必须有足够的强度及稳定性。这种进水口的明挖量较少，但抗震性能较差，地震剧烈地区、基础地质条件较差时不宜采用。塔式进水口可由一侧进水，如图6-2所示；也可由周围多层多孔进水，然后将水引入塔底岩基的竖井中。

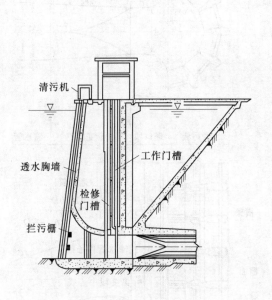

图6-2　塔式进水口

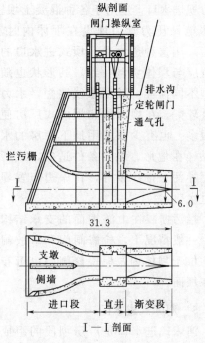

图6-3　岸塔式进水口（单位：m）

当隧洞进口地质条件较差，不宜将喇叭口设在岸边岩体内，或地形陡峻因而不宜采用闸门竖井式进水口时，可采用如图6-3所示的岸塔式进水口，其进口段和闸门段均布置在山体之外，形成一个背靠岸坡的塔形结构。这种进水口承受水压力，有时也承受山岩压力，因而需要足够的强度和稳定性，其整体稳定性好于塔式进水口，可减少洞挖跨度，明挖量一般较大。

6.2.3　岸坡式进水口

岸坡式进水口又称为斜卧式进水口，其结构连同闸门槽、拦污栅槽贴靠倾斜的岸坡

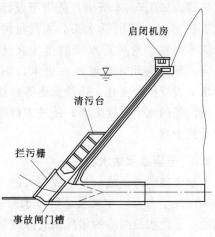

图6-4　岸坡式进水口

布置，以减小或免除山岩压力，同时使水压力部分或全部传给山岩承受，如图6-4所示。由于检修或事故闸门根据岸坡地形倾斜布置，闸门尺寸和启闭力增大，布置也

受到限制，这种进水口使用不多。

6.2.4　坝式进水口

坝式进水口的进口段和闸门段常合二为一，依附在坝体的上游面，与坝体形成一个整体，渐变段衔接紧凑以缩短进水口长度，如图5-2与图6-5所示的重力坝进水口，适用于各种混凝土坝。当水电站压力管道埋设在坝体内时，只能采用这种进水口，坝式进水口的布置应与坝体协调一致，其形状也随坝型不同而异。其引水线路短，水力条件较好。在坝后式和坝内式厂房使用很多。也有少数采用地下厂房的水电站，在地形、地质条件适宜，或者由于导污、排沙条件，在岸边布置坝式进水口。

拦污栅装在上游坝面的支承结构上，一般情况下，检修闸门和事故闸门均位于坝体内，但检修闸门也可布置在坝面。

6.2.5　河床式进水口

河床式进水口是厂房坝段的组成部分，它与厂房结合在一起，兼有挡水作用，如图5-4所示。适用于设计水头在40m以下的低水头、大流量河床式水电站。这种进水口的排沙和防污问题较为突出，可通过在进水口前

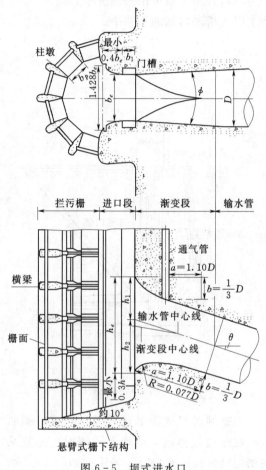

图6-5　坝式进水口

缘坎下设置排沙底孔、排沙廊道等排沙设施，减少通过机组的粗沙，如图12-7所示。当闸门处的流道宽度太大，使进水口结构设计和闸门结构设计比较困难时，可在流道中设置中墩。

6.2.6　分层取水进水口

水电站的库建成后，形成很大的水域，库区的水流速度减缓甚至接近静止。当水库水深大于10m，年来水总量与水库总库容之比小于10，正常高水位时水面的平均宽度小于此水位对应的水库最大深度的70倍时，水库的水温呈稳定的分层分布状态：表层水温高，密度小；底层密度大，温度低。有的水库上、下层水体最大温差可达20℃左右。

当水电站的水库消落深度很大时，采用前述有压进水口，为了在最低发电水位时，仍能取到足够的水量，进水口设置在较低位置。但在高水位运行时，此时取水口

取出的则是水库深层的水体，水温较低，致使下游河道内水体的温度和含氧量等指标与原天然河道时相比变化较大。如果下游的生态环境保护和农业灌溉要求电站尾水尽可能少地改变天然河道的水温和水质时，应研究采用以下两种形式的分层进水口，经不同方案的技术经济比较，选择安全、经济、可靠的结构形式，以适应不同季节不同水位都能引用水库表层水的要求：一种形式是在水库不同高程分别设置进水口，通过闸门控制分层取水，这种分层取水进水口适用于小型水电站；另一种形式为叠梁门控制分层取水进水口，如图6-6所示，主要由拦污栅、叠梁闸门、喇叭口段、检修闸门段等组成。进水口设置在较低位置，根据库水位涨落情况，适当增减取水口叠梁的数量，使水库表层水通过叠梁门顶部进入输水道，中低层的低温

资源6-6
有压进水口
的主要类型3

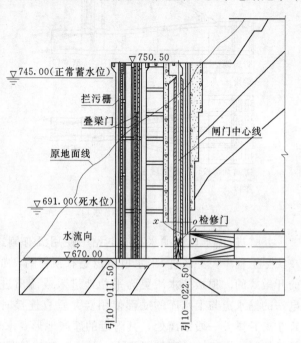

图6-6　分层取水进水口

水则被叠梁挡住。叠梁门门顶的高程满足下泄水温和进水口水力学要求。这种分层取水进水口具有结构形式简单，运行灵活，控制方便等优点，适用于大中型水电站，但水头损失略大。

利用虹吸原理工作的虹吸式进水口仅在机组引用流量不大的引水式水电站中使用。

6.2.7　抽水蓄能电站进/出水口

抽水蓄能电站的上库和下库均设有进/出水口。上库进/出水口在发电工况时进水，水流由上库流入进水口；在抽水工况时出水，水流从进/出水口流出，进入上库。下库进/出水口情况与之相反。由于抽水蓄能电站的进水口和出水口是合二为一的，故常称为进/出水口。

抽水蓄能电站常用两种形式的进/出水口，即侧式进/出水口（图6-7）和井式进/出水口（图6-8）。侧式进/出水口的纵轴线是水平的（或基本水平），水流水平的流向或流出进/出水口，应用很多。特别是下库进/出水口，因尾水洞多从水平向与下库连接，用侧式进/出水口便于布置，同时它对水道的施工有一定的方便之处。

当水库边界比较规则，地质地形条件合适时，可将侧式进/出水口的主要部分都做在岸坡中，伸入水库的距离较短，以减小工程量；如果水库边界不规则，或受地质地形条件限制，可将进/出水口伸入水库较远，使其主体在水库中，成为箱式钢筋混凝土结构，这种布置工程量较大。

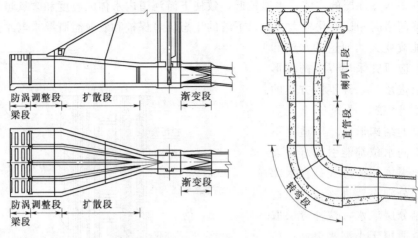

图 6-7　侧式进/出水口　　　　　图 6-8　井式进/出水口

井式进/出水口在抽水蓄能电站中使用没有侧式进/出水口多，一般只用于上库。在实际工程中，井式进/出水口可以是有顶板的，如图 6-8 所示，也可以是没有顶板的开敞式的。顶板使水流更为平稳地进入或流出进/出水口，减少旋涡。当抽水蓄能电站的输水道与上水库的底部使用竖井垂直连接时，可采用这种进/出水口，将其布置在离开岸坡一段距离处，其附近的库底地形要求比较平坦。其优点是结构紧凑，工程量较小，在岸边的开挖量很少，施工时可以较早地进行开挖。

6.3　有压式进水口的位置、高程及轮廓尺寸

6.3.1　有压式进水口的位置

水电站进水口在枢纽中的位置，应尽量使入流平顺、对称，不发生回流和旋涡，不出现淤积，不聚集污物，泄洪时仍能正常进水。水流不平顺或不对称，容易出现旋涡；进水口前如有回流区，则漂浮的污物大量聚集，难以清除并影响进水。进水口后接引水隧洞时，还应与洞线布置协调一致，选择地形、地质及水流条件都适宜的位置。

靠近抽水蓄能电站进/出水口的压力隧洞宜尽量避免弯道，或把弯道布置在离进/出水口较远处，与进/出水口连接的隧洞在平面布置上应有不小于 30 倍洞径的直段。在立面上的弯曲段，因在其平面上仍是对称的，可采用一段较短的整流距离，用以减小弯道水流对进/出水口出流带来的不利影响。

6.3.2　有压式进水口的高程

有压式进水口应低于运行中可能出现的最低水位，并有一定淹没深度，以避免进水口前出现漏斗状吸气旋涡并防止有压引水道内出现负压，其中前者常为控制条件。漏斗状旋涡会带入空气，吸入漂浮物，引起噪声和振动，减小过流能力，影响水电站正常发电。某些已建水电站的原型观测分析表明，不出现吸气旋涡的临界淹没深度可按下面的戈登（J. L. Gordon）经验公式估算

资源 6-7 水电站进水口旋涡的发生与发展过程

资源 6-8 有压进水口的位置、高程

$$S_{cr} = CV\sqrt{d} \tag{6-1}$$

式中：d 为闸门孔口高度，m；V 为闸门断面的水流速度，m/s；S_{cr} 为闸门门顶低于最低水位的临界淹没深度，m，考虑风浪影响时，计算中采用的最低水位比静水位约低半个浪高；C 为经验系数，$C=0.55\sim0.73$，对称进水时取小值，侧向进水时取大值。

对于抽水蓄能电站的进/出水口，当其进口过流净高度的中心在水库最低水位以下的淹没深度 S_m 大于一定值时，可避免进流时出现吸气旋涡。S_m 可按潘尼诺（B. J. Pennino）定义的进口弗汝德数 Fr 不超过 0.23 估算，即

$$Fr = \frac{V}{\sqrt{gS_m}} < 0.23 \tag{6-2}$$

式中：Fr 为进口弗汝德数；g 为重力加速度，m/s^2；V 为进/出水口进口断面的水流速度，m/s；S_m 为进口过流净高度的中心在水库最低水位以下的淹没深度，考虑风浪影响时，计算中采用的最低水位比静水位约低半个浪高。S_m 的设计值不应小于进口过流净高度或直径的 1/2。

由于影响旋涡产生的因素很多，除了淹没深度、进口流速，还有进水口相对于水库的位置、进水口附近的地形、进水口本身的结构和形状等，这些因素无法定量估算，式（6-1）、式（6-2）只能用来初估淹没深度。在工程实践中，受地形限制及复杂的行近水流边界条件影响，要求进水口在各种运行情况下完全不产生旋涡是困难的，关键是不应产生漏斗状吸气旋涡。此外，通过水力模型试验研究并采取相应的工程措施，如在旋涡区加设浮排和防涡梁等也有助于避免或消除旋涡。据统计，国内进水口淹没深度一般大于 $0.8d$，个别坝式进水口淹没深度仅为 $0.5d$。

在满足进水口前不产生漏斗状吸气旋涡及引水道内不产生负压的前提下，进水口高程应尽可能抬高，以改善结构受力条件，降低闸门、启闭设备及引水道的造价，也便于进水口运行维护。

有压式进水口的底部高程应高于设计淤积高程。如果这个要求无法满足，则应在进水口附近设排沙孔，以保证进水口不被淤塞，并防止有害的泥沙石块进入引水道。

6.3.3　有压式进水口的轮廓尺寸

水电站的闸门竖井式、岸塔式及塔式进水口的进口段、闸门段和渐变段划分比较明确，进水口的轮廓尺寸主要取决于 3 个控制断面的尺寸，即拦污栅断面、闸门孔口断面和隧洞断面。拦污栅断面尺寸通常按该断面的水流流速不超过某个极限值的要求来决定，详见 6.4 节。闸门孔口通常为矩形，事故闸门处净过水断面一般为隧洞断面的 1.1 倍左右，检修闸门孔口常与此相等或稍大，孔口宽度略小于隧洞直径，而高度等于或稍大于隧洞直径。隧洞直径一般通过动能经济分析来决定，见第 7 章。

进水口的轮廓应能光滑地连接这 3 个断面，使得水流平顺，流速变化均匀，水流与四周侧壁之间无负压及旋涡。

进口段的作用是连接拦污栅与闸门段。隧洞的进口段常为平底，两侧稍有收缩，上唇收缩较大。两侧收缩曲线常为圆弧，也可用椭圆；上唇收缩曲线目前广泛使用 1/4 椭圆，如图 6-1 所示，其长轴 a 可取 $(1\sim1.5)D$（D 为引水道渐变段末端直径，

资源 6-9
进水口的轮
廓尺寸

a、b 分别为椭圆的长轴和短轴），通常取 $1.1D$；短轴 b 可取 （$1/2\sim1/3$）D。一般情况下，椭圆曲线中 $a/b=3\sim4$；当引用流量及流速不大时可用圆弧或双曲线。进口段的长度无一定标准，在满足工程结构布置与水流顺畅的条件下，尽可能紧凑。重要工程的进水口曲线应通过水力模型试验确定。

闸门段的体形主要决定于所采用的闸门、门槽型式及结构的受力条件，其长度应满足闸门及启闭设备布置需要，并考虑引水道检修通道的要求。

渐变段是由矩形闸门段到圆形隧洞的过渡段。通常采用圆角过渡，如图 6-9 所示，其中 1—1 断面为闸门段，3—3 断面为隧洞。圆角半径 r 可按直线规律变为隧洞半径 R。渐变段的长度一般为隧洞直径的 $1.5\sim2.0$ 倍，侧面扩散角以 $6°\sim8°$ 为宜，一般不超过 $10°$。

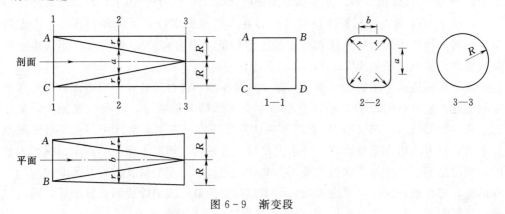

图 6-9　渐变段

拟定坝式进水口轮廓尺寸的原则同前，但又有其特点。为了适应坝体的结构要求，进水口长度要缩短，进口段与闸门段常合而为一。坝式进水口一般都做成矩形喇叭口状，水头较高时，喇叭开口较小，以减小闸门尺寸以及孔口对坝体结构的影响；水头较低时，孔口开口较大，以降低水头损失。喇叭口的形状常由试验决定，以不出现负压、有害旋涡且水头损失最小为原则。进水口的中心线可以是水平的，也可以是倾斜的，视与压力管道的连接条件而定。开口较小时工作闸门可设于喇叭口的中部而将检修闸门置于喇叭口上游，如图 6-5 所示，该图中还表示了为保证水流平顺各部分所需的最小尺寸。图 6-5 中所示的在上游坝面伸出的悬臂平台上安放拦污栅框架等结构的布置方式，在已建的坝式进水口中应用较多，悬臂的长度一般应使得拦污栅到上游坝面的距离不小于进水口宽度的一半。也有将上游坝坡切平改作进水口平台的，如图 5-2 所示的丹江口水电站和图 12-3（a）所示的新安江水电站。

对于图 6-6 所示的分层取水进水口，为了使进水室内水流具有较好的流态，解决进水室旋涡问题，应合理确定叠梁门到闸门胸墙的距离、叠梁门隔墩体形和结构梁的布置。

上述各点均就水电站进水口而言。抽水蓄能电站的进/出水口有双向水流运动，因其拦污栅面积较大，而与之连接的隧洞面积较小，常不到前者的 $1/5$，故中间需要一个过渡的扩散段，如图 6-7 所示，其体形和尺寸取决于出流情况，是决定进/出水口水力性能的重要部分。因为出流时只允许较小的扩散角，否则水流将与边壁分离，产生脱流。为了使进水时水流平顺地收缩，在出水时，又要使水流平顺地扩散，扩散段的长度一般取与之连接的隧洞直径的 4～5 倍，进水口净过流高度不超过 1.5 倍的隧洞直径。为了减小扩散段的长度，降低工程造价，可增大平面扩散角，并设分流墩，将扩散段分成数孔，以强迫水流扩散。立面扩散角 $\theta < 10°$；每孔的平面扩散角 $\Delta\alpha$ 一般不大于下列数值：圆形断面 5°～6.5°，正方形断面 7°～8°，矩形断面 10°～12°。采用的立面扩散角 θ 较大时，则平面扩散角 α 需减小。

6.4　有压式进水口的主要设备

有压式进水口应根据运用条件设置拦污设备、闸门及启闭设备、通气孔以及充水阀等主要设备。

6.4.1　拦污设备

拦污设备的功用是防止漂木、树枝、树叶、杂草、垃圾、浮冰等漂浮物随水流带入进水口，同时不让这些漂浮物堵塞进水口，影响进水能力。主要的拦污设备是进口处的拦污栅。许多河流洪水期漂浮物骤增，进口处的拦污栅极易堵塞。如清污不及时，就可能使水电站被迫减小出力甚至停机，压坏拦污栅的事例也曾发生。为了减轻对进口拦污栅的压力，有时在离进水口几十米之外加设一道粗栅或拦污浮排，拦截粗大的漂浮物，并将其引向溢流坝，宣泄至下游。拦污浮排可用竹木、钢材或混凝土等材料制作，其中竹木材质的拦污浮排一般仅临时性地使用。

资源 6−10
拦污设备

6.4.1.1　拦污栅的布置及支承结构

拦污栅的立面布置可以是倾斜的或垂直的。闸门竖井式、岸塔式和岸坡式进水口的拦污栅常布置为倾斜的，倾角为 60°～70°，如图 6−1、图 6−3 及图 6−4 所示，其优点是过水断面大，且易于清污。塔式进水口的拦污栅可布置为倾斜的或垂直的，取决于进水口的结构形状。坝式进水口的拦污栅一般为垂直的。

拦污栅在平面上可以布置成直线形或多边形构成的近似半圆形。前者便于清污；后者可以增大拦污栅处的过水断面。闸门竖井式及岸塔式进水口一般采用平面拦污栅，如图 6−1、图 6−3 及图 6−4 所示。塔式及坝式进水口则两种均可能采用。坝式进水口采用直线形拦污栅的情况如图 5−2 所示，该电站所有进水口共用一个整体的直线形通仓拦污栅。这种将各个进水口的拦污栅连成一个直线形的整体，不再分隔的通仓拦污栅，适合引用流量较大的机组，它充分利用了进水口前的空间来增大过水断面，在部分栅面被泥沙或污物堵塞时，可通过邻近栅面进水，起到互为备用的作用，且结构简单，施工方便，又便于机械清污。坝式进水口采用多边形拦污栅的情况如图 6−5 所示。

拦污栅的总面积常按电站的引用流量及拟定的过栅流速反算得出，过栅流速是指扣除墩（柱）、横梁及栅条等各种阻水断面后按净面积算出的流速。拦污栅总面积小则过栅流速大，水头损失大，漂浮物对拦污栅的撞击力大，清污亦困难；拦污栅的面积大，则会增加造价，甚至布置困难。为便于机械清污，过栅流速一般限制在 1.0～

1.2m/s。当河流污物很少或经粗栅、拦污浮排等措施后，拦污栅前污物很少，而水电站引用流量较大时，过栅流速可适当加大。

　　拦污栅通常由钢筋混凝土框架结构支承，如图6-1及图6-5所示。拦污栅框架由墩（柱）及横梁组成，墩（柱）侧面留槽，拦污栅片插在槽内，上、下两端分别支承在两根横梁上，承受水压时相当于简支梁。横梁的间距一般不大于4m，间距过大会加大栅片的横断面，但过小会减小净过水断面，增加水头损失。多边形拦污栅离压力管道进口不能太近，以保证入流平顺。拦污栅框架顶部应高出需要清污时的相应水库水位。

6.4.1.2　拦污栅栅片

　　拦污栅由若干块栅片组成，每块栅片的宽度一般不超过2.5m，高度不超过4m，栅片像闸门一样插在支承结构的栅槽中，必要时可一片片提起检修。栅片的结构如图6-10所示。其矩形边框由角钢或槽钢焊成，纵向的栅条常用扁钢制成，上下两端焊在边框上。沿栅条的长度方向，等距设置几道带有槽口的横隔板，栅条背水的一边嵌入该槽口并加以焊接，不仅固定了位置，也增加了侧向稳定性。栅片顶部设有吊环。

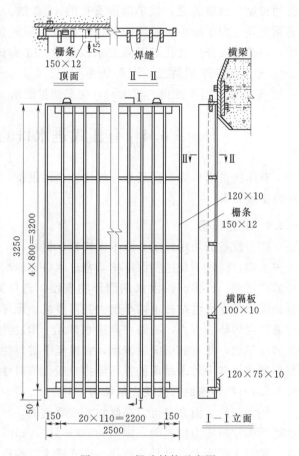

图6-10　栅片结构示意图

　　栅条的厚度及宽度由强度计算决定，通常厚8～12mm，宽100～200mm。相邻栅条之间的净距b取决于水轮机的型号及尺寸，以保证通过拦污栅的污物不会卡在水轮机过流部件中为原则。该值一般由水轮机制造厂提供，或对于混流式水轮机，取$b \approx D_1/30$；轴流式水轮机，取$b \approx D_1/20$，其中D_1为转轮直径；对冲击式水轮机，$b \approx d/5$，其中d为喷嘴直径。但相邻栅条之间的最大净距不宜超过20cm，最小净距不宜小于5cm。栅条的截面形状直接影响水流通过拦污栅时的水头损失。

6.4.1.3　拦污栅的清污及防冻

　　拦污栅是否被污物堵塞及其堵塞程度可通过监测栅前、栅后的压力差或水位差来判断，这是因为正常情况下水流通过拦污栅时的水头损失很小，被污物堵塞后则明显增大。发现拦污栅被堵时，要及时清污，以免造成额外的水头损失。堵塞不严重时清污方便，堵塞过多则过栅流速大，水头损失加大，污物被水压力紧压在栅条上，清污困难，处理不当会造成停机或压坏拦污栅的事故。

拦污栅的清污方法随清污设施及污物种类不同而异。人工清污是用齿耙扒掉拦污栅上的污物，一般用于小型水电站的浅水、倾斜拦污栅。大中型水电站常用清污机，如图6-11所示。若污物中的树枝较多，不易扒除时，可利用倒冲的方法使其脱离拦污栅，如引水系统中有调压室或前池，则可先加大水电站出力，然后突弃负荷，造成引水道内短时间反向水流，将污物自拦污栅上冲下，再将其扒走。拦污栅吊起清污方法可用于污物不多的河流，结合拦污栅检修进行，也用于污物（尤其是漂浮的树枝）较多、清污困难的情况。对于后一种情况，可设两道拦污栅，一道吊出清污时，另一道可以拦污，以保证清污时水电站仍能正常运行，如四川映秀湾水电站。有的漂浮污物较多的水电站采用回转拦污栅，其拦污网可循环转动，连续清污。

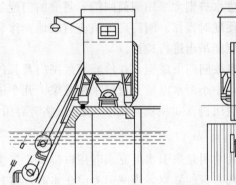

资源6-11
水电站拦污栅结构及机械清污过程

图6-11　清污机

在严寒地区要防止拦污栅封冻。如冬季仍能保证全部栅条完全淹没在水下，则水面形成冰盖后，下层水温高于0℃，栅面不会结冰。如栅条露出水面，则要设法防止栅面结冰。一种方法是在栅面上通过50V以下电流，形成回路，使栅条发热；另一种方法是将压缩空气用管道通到拦污栅上游侧的底部，从均匀布置的喷嘴中喷出，形成自下向上的挟气水流，将下层温水带至栅面，并增加水流紊动，防止栅面结冰。这时要相应减小水电站引用流量以免吸入大量气泡。在特别寒冷的地区，有时采用室内进水口（包括拦污栅），以便保温。

6.4.1.4　拦污栅结构设计原理

拦污栅及其支承结构的设计荷载有：水压力，清污机压力，漂浮物（漂木及浮冰等）的冲击力，清污机自重，拦污栅及支承结构自重等。拦污栅设计水压力指的是拦污栅可能堵塞情况下的栅前、栅后的压力差，一般可取为2～4m的均匀水压力。有可能严重堵塞时，设计水压力要相应加大。

拦污栅栅片上下两端支承在横梁上，栅条相当于简支梁，设计荷载确定后不难算出所需要的截面尺寸。栅片的荷载传给上下两根横梁，横梁受均布力。横梁、柱墩等按框架结构设计。

6.4.2　闸门及启闭设备

按工作性质，进水口闸门可分为3类：工作闸门、事故闸门和检修闸门。工作闸门可在动水中开启和关闭；事故闸门在动水中关闭，静水中开启；检修闸门在静水中启闭。在厂房机组有快速下门保护要求时，工作闸门或事故闸门还应满足下门速度要求。进水口通常设两道闸门，即事故闸门及检修闸门。当隧洞较短或调压室处另设有事故闸门时，可只设一道检修闸门。事故闸门仅在全开或全关的情况下工作，不用于流量调节，其主要功能是，当机组或引水道内发生事故时迅速切断水流，以防事故扩大。此外，引水道检修期间，也用以封堵水流。事故闸门常悬挂于孔口上方，以便事故时能在动水中快速（2～3min）关闭。因事故闸门是在静水中开启，因此应先用充水阀向门后管道中充水，待闸门前后的水压基本平衡后才开启闸门。事实上，闸门前后常因引水道末端的阀门或水轮机导叶漏水产生一定压差，故事故闸门应能在 3～5m 水压差下开启。事故闸门一般为平板门，因其占据空间小，布置上较为方便，但也有采用弧形门的。周边进水的塔式进水口则常采用圆筒闸门。每套闸门配备一套固定的卷扬式启闭机或油压启闭机，以便随时操作。闸门启闭机应有就地操作和远程操作两套系统，并配有可靠电源。闸门应能吊出进行检修。

有压进水口的检修闸门设在事故闸门上游侧，在检修事故闸门及其门槽时用以堵水。一般采用静水启闭的平板门，中小型水电站上也可采用叠梁。几个进水口可合用一扇检修门，合用一台移动式的启闭机（如坝顶门机），或采用临时启闭设备。

6.4.3　通气孔及充水阀

通气孔设在事故闸门之后，其功用是当引水道充水时用以排气，当事故闸门关闭放空引水道时，用以补气以防出现有害的真空。当闸门为前止水时，常利用闸门井兼作通气孔，如图 6-1 所示。当闸门为后止水时，则必须设专用的通气孔，如图 6-5 所示。通气孔中常设爬梯，兼作进人孔。

通气孔的面积常按最大进气流量除以允许进气流速得出。最大进气流量出现在事故闸门紧急关闭时，可近似认为等于进水口的最大引用流量。允许进气流速与引水道形式有关，对于露天钢管可取 30～50m/s，坝内钢管及隧洞可取 70～80m/s，或更高。通气孔顶端应高出上游最高水位，以防水流溢出。要采取适当措施，防止通气孔因冰冻堵塞，防止大量进气时危害运行人员或吸入周围物件。

充水阀的作用是开启闸门前向引水道充水，平衡闸门前后水压，以便闸门在静水中开启。充水阀的尺寸应根据充水容积、下游漏水量及要求充满的时间等因素来确定。充水阀可安装在专门设置的连通闸门上、下游水道的旁通管上，但较常见的是直接在平板闸门上设充水"小门"，利用闸门拉杆启闭。闸门关闭时，拉杆及充水"小门"重量同时作用，使充水"小门"关闭；提升拉杆而闸门本体尚未提起时即可先行开启充水"小门"，向闸后管道充水，待闸门前后水压基本平衡时，继续提升拉杆，升起闸门本体。由于连接旁通充水阀的管路不便于检修，并且与水库相连，存在一定的安全隐患，加之不容易进行自动控制，故旁通阀充水方法没有闸门上附设充水"小门"的方法流行。过去一些工程不设充水阀而采用局部提升事故闸门的方法向引水道充水。这种办法容易误操作，国内外曾多次发生因充水时闸门提升过高，引水道内紊乱的气、水混流造成闸门井及通气孔向上冒水的事故。

此外，进水口应设有可靠的测压设施，以便监测拦污栅前后的水位差以及事故闸门、检修闸门在开启前的平压情况。

6.5　无压进水口及沉沙池

无压进水口一般用于无压引水式水电站，也见于低坝水库的有压引水式水电站，其设计原理与有压进水口相同，但因水库较小，防沙、防污及防冰问题突出，设计中要格外注意以下几点：

（1）枢纽布置：布置设有无压进水口的水力枢纽时，要合理安排拦河闸、坝的位置，尽量维持河流原有的形态及泥沙运动规律。洪水期要使上游冲下来的泥沙（特别是推移质）全部下泄，防止泥沙堆积，同时最好能在进水口前形成一股水流，以便将漂浮物冲至下游。

（2）进水口位置：无压进水口上游无大水库，因而河中流速较大（尤其是洪水期），泥沙、污物等可顺流而下直抵进水口前。平面上的回流作用常使漂浮物聚积于凸岸，剖面上的环流作用则将底层泥沙带向凸岸，而使上层清水流向凹岸。因此，进水口应布置在河流弯曲段的凹岸，以避免漂浮物聚集、防止泥沙淤积以及便于引进清水。

（3）拦污设施：进水口一般均设拦污栅或浮排以拦截漂浮物。当树枝、草根等污物较多时，常设粗、细两道拦污栅，当河中漂木较多时，可设胸墙拦阻漂木。

（4）拦沙、沉沙、冲沙设施：进水口应能防止粒径大于 0.25mm 的有害泥沙进入引水道，以免淤积引水道，降低过流能力以及磨损水轮机转轮和过流部件。进水口前常设拦沙坎，截住沿河底滚动的推移质泥沙，并通过冲沙底孔或廊道排至下游。进水口内常设沉沙池，沉积悬移质泥沙中的有害泥沙，再利用冲沙廊道或排沙机械将其清除。

图 6-12 为一双层进水口，上层清水进入渠道，推移质泥沙则堆积在进水口前，

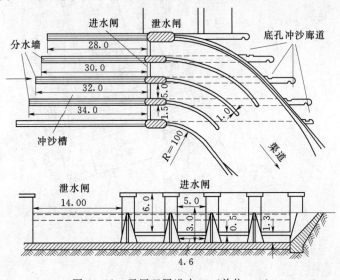

图 6-12　无压双层进水口（单位：m）

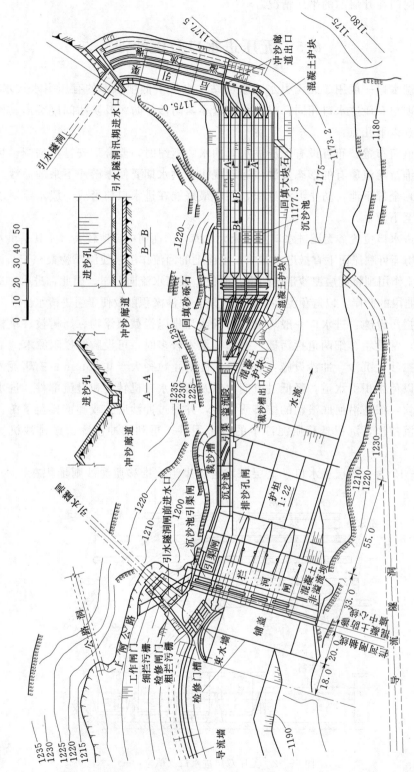

图 6 - 13　某引水式水电站的首部枢纽（单位：m）

通过定期打开底孔冲沙廊道将其冲走。分水墙用来分隔水流，以形成较大的流速。冲沙廊道中的水流流速一般要达到 4～6m/s 才能有效地冲沙。

资源 6 - 14
无压引水式
水电站首部
枢纽布置及
沉沙池工作
过程

　　图 6 - 13 为一典型的山区多泥沙河流上引水式水电站的首部枢纽图。无压进水口设于凹岸、进水口前设拦沙坎拦截推移质泥沙，并利用排沙闸冲走堆沙。进水口还筑有束水墙以增大坎前冲沙流速。进口处设粗拦污栅及叠梁槽。引水隧洞入口处设第二道拦沙坎及沉沙池、检修闸门、细拦污栅及事故闸门。在枯水季节河水含沙极少时，拦河闸关闭以抬高水位，水流由隧洞的闸前进水口直接进入引水隧洞。洪水季节则闸门全开，使挟沙洪水顺利下泄，隧洞入口闸门关闭，部分挟沙水流经引渠闸、沉沙池引渠进入沉沙池。引渠上设截沙槽，拦截和排除进入引渠的推移质泥沙。经沉沙池处理后的清水引入隧洞的汛期进水口。

　　沉沙池的基本原理是加大过水断面并通过分流墙或格栅形成均匀的低速区，减小水流挟沙能力，使有害泥沙沉积在池内，而让清水进入引水道。沉沙池内水流平均流速一般为 0.25～0.70m/s，视有害泥沙粒径而定。水流流出沉沙池前，挟带的有害泥沙应能沉入池底，这就要求沉沙池有足够的长度。沉沙池的过水断面和长度要通过专门计算及试验来确定。

　　沉沙池内沉积的泥沙要及时排除。排沙方式分连续冲沙、定期冲沙及机械排沙 3 种。图 6 - 13 所示的沉沙池采用连续冲沙，逐渐沉下的泥沙由底部冲沙廊道顶板中的倾斜进沙孔进入廊道并排往原河道，上层清水则流往后引渠。这种布置方式的缺点是进沙孔易被水中挟带的小树枝、草根等堵塞，所以在沉沙池的进口处要设比较密的拦污栅，图 6 - 13 中就设了两道拦污栅。定期冲沙是指泥沙沉积到一定深度时，关闭池后闸门，降低池中水位，向原河道中冲沙。为不影响水电站发电，可以将池做成并列几个，轮流冲沙。机械排沙是用挖泥船等机械来排除沉积的泥沙，如四川映秀湾水电站。

第7章
水电站渠道及隧洞

7.1 渠　　道

7.1.1　渠道的功用、要求及类型

水电站渠道可当作引水渠，为无压引水式水电站集中落差，形成水头，并向机组输水；也用作尾水渠，将发电用过的水排入下游河道。尾水渠道通常很短，以下主要讨论引水渠道。

对水电站引水渠道的基本要求包括：

（1）有足够的输水能力。渠道应能随时向机组输送所需的流量，并有适应流量变化的能力。

（2）水质符合要求。要防止有害的污物及泥沙经渠首或由渠道沿线进入渠道，在渠末水电站压力管道进口处还要再次采取拦污排冰、防沙等措施。

（3）运行安全可靠。渠道中既要防冲又要防淤，为此渠内流速要小于不冲流速而大于不淤流速；渠道的渗漏要限制在一定范围内，过大的渗漏不仅造成水量损失，而且会危及渠道的安全；渠道中长草会增大水头损失，降低过水能力，在气温较高易于长草的季节，维持渠中水深大于 1.5m 及流速大于 0.6m/s 可抑制水草生长；在渠道中加设护面既可减小糙率，又可防冲、防渗、防草，还有利于维护边坡稳定，但造价较贵；严寒季节，水流中的冰凌会堵塞进水口拦污栅，用暂时降低水电站出力、使渠中流速小于 0.45～0.60m/s，以迅速形成冰盖的方法可防止冰凌的生成，为了保护冰盖，渠内流速应限制在 1.25m/s 以下，并防止过大的水位变动。

（4）结构经济合理，便于施工运行。水电站渠道按其水力特性分为非自动调节渠道和自动调节渠道。非自动调节渠道末端压力前池处（或接近渠末处）设有泄水建筑物，如溢流堰（图 7－1）或虹吸泄水道。当渠中通过最大流量 Q_{max} 时，压力前池水位低于堰顶；当流量减小到一定程度时，水位超过堰顶，溢流堰开始溢流。当水电站引用流量为零时，通过渠道的全部流量由溢流堰溢走。溢流堰的作用是限制渠末水位以及保证下游用水。若下游无用水要求，则当水电站引用流量减小时要相应关小渠道进口的闸门以减少弃水。非自动调节渠道的堤顶高程为渠内最高水位加上安全超高，堤顶与底坡大致平行。实际工程中大多数发电渠道都属此类渠道。

自动调节渠道渠末不设溢流堰。当水电站引用流量为零时，渠中水位是水平的，因而堤顶基本上是水平的，渠道断面向下游逐渐加大。自动调节渠道只用于渠线很短的情况，进口可只设检修闸门。

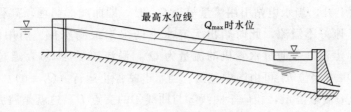

图 7-1 非自动调节渠道示意图

7.1.2 渠道的水力计算特点

渠道水力计算的基本原理及方法已在水力学中讲过，水力计算可分为恒定流计算及非恒定流计算两种，它们是决定渠道尺寸及拟定水电站运行方式的基础。

7.1.2.1 恒定流计算

对于给定的渠道断面形状、底坡及糙率，利用谢才公式可求出均匀流下正常水深 h_n 与流量 Q 之间的关系曲线，如图 7-2 中的曲线①。

根据给定的断面，假定一系列临界水深 h_c 可算得与其相对应的流量 Q，从而做出 h_c-Q 关系曲线，即曲线②。

对于给定的渠首设计水深 h_1（即水库为设计低水位、闸门全开下的渠首水深），利用水力学中非均匀流水面曲线的计算方法可求出渠道通过不同流量时渠末的水深 h_2，从而绘出 h_2-Q 关系曲线，即曲线③。

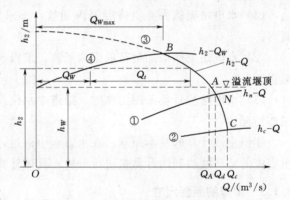

图 7-2 渠末水深与流量关系

根据渠末溢流堰的实际尺寸，按堰流公式可以得出渠末水深 h_2（等于堰顶至渠底的高度 h_w，加上堰上水头）与溢流流量 Q_w 的关系曲线 h_2-Q_w，即曲线④。

这几根曲线的关系及意义如下：

曲线①与曲线③的交点 N 表示 $h_n = h_2$，渠内发生均匀流。此时的流量相应于渠道的设计流量 Q_d。

若水电站引用流量大于 Q_d，$h_2 < h_n$，渠中出现降水曲线，且随着流量的增加 h_2 迅速减小。h_2 的极限值是临界水深 h_c，即曲线②与曲线③的交点 C。此时的流量 Q_c 为给定渠首水深 h_1 下渠道的极限过水能力。一般取水电站的最大引用流量 Q_{max} 为渠道的设计流量 Q_d（而不是令 Q_{max} 等于 Q_c），原因如下：

（1）使渠道经常处于壅水状态工作，以增加发电水头。

（2）避免因流量增加不多而水头显著减小的现象。

（3）使渠道的过水能力留有余地，以防止渠道淤积、长草或实际糙率大于设计采用值时，水电站出力受阻（即发不出额定出力）。

水电站引用流量小于 Q_{max}（即 Q_d）时，$h_2 > h_d$，渠中出现壅水曲线，渠末水位

资源 7-2
渠道的水力计算

资源 7-3
水电站动力渠道渠末水深与流量关系

随流量减小而上升。当水电站引用流量等于 Q_A 时，即曲线②与堰顶高程线的交点 A 处，$h_2 = h_w$，刚好不溢流，此时给出无弃水下的渠末最高水位。引用流量更小时，$h_2 > h_w$，发生溢流。令通过水轮机的流量为 Q_t，溢流流量为 Q_w，通过渠道的流量为 $Q_t + Q_w$，渠末水位 h_2 可由图中查出。当水电站停止运行（$Q_t = 0$）时，通过渠道的流量全部由溢流堰溢走，相应于曲线③与曲线④的交点 B，这就是溢流堰在恒定流情况下的最大溢流流量 $Q_{w\max}$，相应水位为恒定流下渠末最高水位。曲线③交点 B 以左部分无意义。

当水库水位变动或闸门开度不同因而渠首水深 h_1 在一定范围内变化时，可取几个典型 h_1 值进行非均匀流计算，得出相应的 $h_2 - Q$ 曲线，进行综合分析。

7.1.2.2　非恒定流计算

非恒定流计算的目的是研究水电站负荷变化因而引用流量改变引起的渠中水位和流速的变化过程，其计算内容如下：

（1）水电站突然丢弃负荷后渠内涌波，即求渠道沿线的最高水位，以决定堤顶高程。

（2）水电站突然增加负荷后渠内涌波，求得最低水位，以决定渠末压力管道进口高程。

（3）水电站按日负荷图工作时，渠道中水位及流速的变化过程，以研究水电站的工作情况。

非恒定流计算的基本原理已在水力学中讲过，工程实际中已普遍采用一维明渠非恒定流的特征线法利用计算机进行分析，具体计算可参见有关书籍。

7.1.3　渠道的断面尺寸

渠道一般为梯形断面，边坡的坡度取决于地质条件及护面情况。在岩石中开凿的渠道边坡可近于垂直而成为矩形断面。从水力条件出发，希望采用"水力最优断面"，即给定过水断面面积下湿周最小的断面（水力学中已经证明，这时水力半径 R 为水深之半）。在实际应用中，常常因技术经济原因，不得不放弃这种水力最优断面。例如，边坡平缓的土质渠道按最优水力断面求出的底宽常因不足以安排施工机械而必须加大；边坡较陡的深挖方渠道则宜缩小底宽以减小渠道水位以上的"空"挖方。

决定渠道断面尺寸时，先拟定几个满足防冲、防淤、防草等技术条件的方案、经动能经济比较，最终选出最优方案。动能经济计算常采用"系统计算支出最小法"，其过程简述如下。

如某一方案渠道断面为 $F（\text{m}^2）$，按均匀流通过设计流量 Q_d 的条件求出其底坡 i，进而得出该方案渠道及有关建筑物的投资 K_h。受渠末溢流堰的限制，渠道运行过程中渠末水深偏离正常水深很小，可近似假定渠末水深等于正常水深，从而得出这一方案的水头损失 $\Delta h = iL$（L 为渠道长度）。这一方案的年电能损失为

$$\Delta E = 9.81 \eta Q_d \Delta h T \tag{7-1}$$

式中：η 为机组效率，可近似当作常数；T 为水电站年利用小时。

这部分损耗了的电能必须由系统中的替代电站发出。替代电站一般为火电站，为

了发出 ΔE，必须增加装机，多耗煤。增加装机的投资 $K_t = \Delta E k_e$，其中 k_e 为火电站单位电能投资；煤耗支出为 $\Delta E B_c$，其中 B_c 为单位电能的煤耗支出［元/(kW·h)］。则水、火电站的计算支出分别为

$$C_h = (\rho_b + p_h) K_h = P_h K_h \qquad (7-2)$$
$$C_t = (\rho_b + p_t) \Delta E k_e + \Delta E B_c = \Delta E P_t \qquad (7-3)$$

式中：ρ_b 为额定投资效益系数；p_h、p_t 为水电站及火电站的年运行费率；P_h 为水电站的计算支出系数，$P_h = \rho_b + p_h$；P_t 为火电站的计算支出系数，$P_t = (\rho_b + p_t) k_e + B_c$。

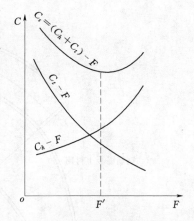

图 7-3 各横断面方案的动能经济计算示意图

对断面不同的每一方案计算相应的 C_h，C_t，及系统计算支出 $C_s = C_h + C_t$，从而可绘出 C_h-F、C_t-F 及 C_s-F 的关系曲线，如图 7-3 所示。C_s 曲线最低点所对应的 F' 即为最经济的断面尺寸。由于 C_s 在最低点附近变化缓慢，通常将断面 F 稍选小些，以减小工程量，而几乎不影响动能经济计算的成果。

我国工程实践表明，水电站渠道的经济流速为 $1.5 \sim 2.0 \text{m/s}$，粗略估算渠道断面尺寸时可作参考。

7.2 压力前池及日调节池

7.2.1 压力前池

压力前池是引水渠道和压力管道（或称压力水管）之间的连接结构，如图 5-6 所示。它的作用包括：①加宽和加深渠道以满足压力管道进水口的布置要求；②向各压力管道均匀分配流量并加以必要的控制；③清除水中的污物、泥沙及浮冰；④宣泄多余水量。此外，当水电站负荷变化而水轮机引用流量迅速改变时，压力前池的容积可以起一定的调节作用，反射压力水管中的水锤波，同时抑制渠道内水位的过大波动。正因如此，压力前池是无压引水系统中的平水建筑物。

资源 7-5
压力前池及
日调节池

图 7-4 为北京模式口水电站压力前池布置图。由图可见，压力前池由以下几部分组成：

（1）池身及扩散段。它们可以看作是渠道的扩大段。池身的宽度和深度取决于压力水管进水口的要求。扩散段的两侧墙及底坡扩散角不宜大于 $10°$，以保证水流平顺，水头损失小，无脱流及旋涡。

（2）压力管道的进水口。一般为岸塔式进水口，其布置及设备见第 6 章。

（3）泄水建筑物。一般为沿池身一侧布置的侧堰，也可采用虹吸式泄水道。侧堰简单可靠，但前沿较长、水位变化较大；加设自动控制闸门能提高单宽流量，但必须稳妥可靠。虹吸泄水道泄流量大，但结构复杂，泄流量变化突然，可能引起水位振荡，不能宣泄漂浮物，易封冻。泄水建筑物应能在上游最高水位下宣泄进入渠道的最大流量。

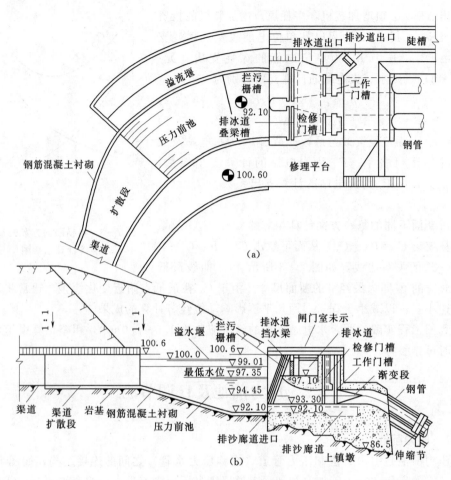

图 7-4　北京模式口水电站的压力前池

(a) 平面图；(b) 纵剖面图

（4）排污、排沙、排冰设备。污物及泥沙可由渠首进入渠道，也可能在渠道沿线进入，必须予以清除，以防进入压力管道。在严寒地区还要设拦冰及排冰设备。

压力前池一般都布置在靠近厂房的陡坡上，以缩短压力管道的长度。建筑物和水的重量、水的推力、渠道和前池的渗漏都增加了山坡坍滑的可能性，设计中要特别注意其地基稳定问题。

7.2.2　日调节池

担任峰荷的水电站一日之内的引用流量在 $0 \sim Q_{max}$ 变化，而引水渠道是按 Q_{max} 设计的，这意味着一天内的大部分时间，渠道的过水能力没有得到充分利用。如渠道下游沿线有合适的地形建造日调节池，如图 5-6 所示，则情况可大为改善：日调节池与前池之间的渠道仍按 Q_{max} 设计，但日调节池上游的渠道可按较小的流量进行设计，当日调节池足够大时（该容量可按水电站的工作方式通过流量调节计算求得），设计流量接近于水电站的平均流量。运行过程中，水电站引用流量大于平均流量时，日调节池予以补水，水位下降；水电站引用流量小于平均流量时，多余的水注入日调节池，使水位回升，这样，上游渠道可以终日维持在平均流量左右。当引水渠道较长、水电站负荷变幅较大时，增设日调节池有可能降低整个输水系统的造价并改善其运行条件。显然，日调节池越靠近压力前池，其作用越大。

当河中含有泥沙时，日调节池很容易被淤积，所以在含沙量大的季节中，最好使水电站担任基荷，而将日调节池进口封闭。

7.3　隧　　洞

发电隧洞包括引水隧洞和尾水隧洞，它是水电站最常见的输水建筑物之一。与渠道相比，隧洞具有以下优点：

(1) 可以采用较短的路线，避开沿线不利的地形、地质条件。

(2) 有压隧洞能适应水库水位的大幅度升降及水电站引用流量的迅速变化。

(3) 不受冰冻影响，沿程无水质污染。

(4) 运行安全可靠。

资源 7 - 6
隧洞特点及
路线选择

隧洞的主要缺点是对地质条件、施工技术及机械化的要求较高，单价较贵，工期较长。但随着现代施工技术和设备的不断改进，以及隧洞衬砌设计理论的不断提高，这些缺点正被逐渐克服。因此，隧洞获得了越来越广泛的应用。

7.3.1　隧洞路线选择

隧洞路线直接影响其造价大小、施工难易、安全可靠程度以及工程效益。原则上，洞线应尽可能布置成进口与厂房或厂房与尾水出口间的最短直线，但实际上常由于种种原因而弯曲。隧洞选线中需考虑的主要因素如下：

(1) 地质条件。隧洞应尽量布置在地质构造简单、岩体完整稳定、岩石坚硬、水文地质条件有利的地区；洞线与岩层、构造断裂面及主要软弱带应有较大的夹角；高地应力区的隧洞，从围岩稳定考虑，洞线应与最大水平地应力方向一致或尽量减小其夹角；要考虑隧洞漏水、岩体浸湿后失稳的可能性；要统筹考虑输水系统各建筑物及厂房的地质条件。

(2) 地形条件。隧洞进出口处地形宜陡，进出口段应尽量垂直地形等高线，其洞顶围岩厚度宜不小于 1 倍开挖洞径，配以合理的施工程序和工程措施后可保证洞口安全；洞身的埋藏深度应满足洞顶以上围岩重量大于洞内静水压力的要求；拟利用围岩抗力时，围岩厚度不应小于 3 倍开挖洞径；要利用山谷等有利地形布置施工支洞。

(3) 施工条件。长隧洞的施工条件极为重要，应能利用地形每隔一定距离开凿一条施工支洞（平洞、竖井或斜井），配以相应的道路和附属企业，以增加工作面，加快施工进度。有压隧洞要设 0.3%～0.5% 的纵坡，以利施工排水及放空隧洞。

(4) 水力条件。洞线尽可能直，少转弯；必须转弯时弯曲半径一般大于 5 倍洞径，转角不宜大于 60°，以使水流平顺，减小水头损失。

7.3.2　隧洞水力计算

就水力特性而言，隧洞可以是无压的或有压的，发电隧洞中以后者居多。要避免在隧洞中出现时而无压时而有压的不稳定工作状态。无压隧洞的水力计算与渠道相同，以下只讨论有压隧洞的水力计算。

有压隧洞的水力计算包括恒定流及非恒定流两种。恒定流计算常用曼宁公式，其目的是研究隧洞断面、引用流量及水头损失之间的关系，以便选定隧洞尺寸。非恒定流计算的目的是求出隧洞沿线的最大、最小内水压力，分别用以设计隧洞衬砌及决定隧洞高程——隧洞各点高程都应在最小压力线以下，以保证不出现负压。根据输水系统的组成情况和水力特性，非恒定流计算又分为以下 3 种情况：

（1）当引水隧洞末端（或尾水隧洞首端，下同）无调压室时，隧洞的非恒定流计算即水锤计算，见第 9 章。

（2）当隧洞末端建有能充分反射水锤波的调压室（如简单圆筒式调压室）时，隧洞内的压力受库水位及调压室涌浪水位控制。可按第 10 章所述方法求出调压室内的最高及最低水位，则水库最高水位与调压室最高水位的连线就是隧洞的最大内水压力坡降线，而水库最低水位与调压室最低水位连线为隧洞的最小内水压力坡降线，如图 7-5 所示。

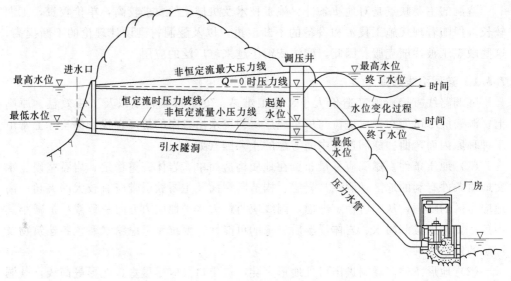

图 7-5　隧洞的最大及最小内水压力坡降线

（3）隧洞末端虽设有调压室，但其反射水锤波效果较差（如阻抗式调压室的阻抗孔口较小）时，隧洞内的压力取决于水锤及调压室水位波动的共同作用。此时应取整个输水系统进行水锤、调压室水位波动联合分析，见第 9、10 章。

7.3.3　隧洞的断面尺寸

常见的隧洞断面型式有圆形、方圆形（城门洞形）、马蹄形及高拱形四类。有压隧洞常采用圆形断面。对于无压隧洞，地质条件良好时通常为方圆形，洞顶和两侧围岩不稳时采用马蹄形，洞顶岩石很不稳定时采用高拱形。

为了便于施工，隧洞的横断面尺寸至少宽 1.5m、高 1.8m，或内径不小于 1.8m。发电隧洞的断面尺寸应根据动能经济计算来选定，其基本原理与前述渠道相同。每米

长隧洞的水头损失可由曼宁公式求得

$$\Delta h = n^2 Q^2 / R^{4/3} F^2 \qquad (7-4)$$

式中：n、Q、R、F 分别为隧洞的糙率、流量、水力半径及过水断面面积。

每米长隧洞的电能损失为

$$\Delta E = \int_0^T 9.81 \eta Q \Delta h \, dt = \frac{9.81 \eta n^2}{R^{4/3} F^2} \int_0^T Q^3 \, dt \qquad (7-5)$$

式中：η 为机组效率，为简化起见设为常数；T 为水电站年运行小时数。

由水能计算可得出年内流量 Q 的历时曲线，如图 7-6（本例中 $T = 8760h$）所示。同时也可以得出 Q^3 的历时曲线。该曲线以下的面积即式（7-5）中的积分值。若令 $\overline{Q^3}$ 表示 Q^3 的平均值，即

$$\overline{Q^3} = \frac{1}{T} \int_0^T Q^3 \, dt \qquad (7-6)$$

则式（7-5）成为

$$\Delta E = \frac{9.81 T \eta n^2 \overline{Q^3}}{R^{4/3} F^2} \qquad (7-7)$$

决定隧洞断面尺寸时，先拟定几个具有可比性的方案，求出每方案的水电站及替代电站的计算支出 C_h 及 C_t，然后选择系统计算支出 $C_s = C_h + C_t$ 最小所对应的断面。

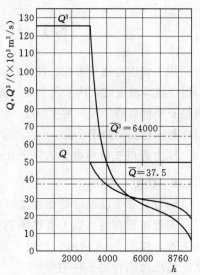

图 7-6　流量历时曲线

根据经验，有压隧洞中的经济流速一般在 4m/s 左右，粗略估计隧洞直径时可作参考。

第8章

水电站的压力管道

8.1　压力管道的功用和类型

资源 8-1
压力管道功
能和类型

压力管道是指从水库、前池或调压室将水流在有压状态下输送给水轮机的管道。其一般特点是坡度陡，内水压力大，同时承受较大的动水压力，而且靠近厂房。因此它必须是安全可靠的。万一发生事故，也应有防止事故扩大的措施，以保证发生事故时厂房设施和运行人员的安全。

压力管道按材料可分为以下几种。

8.1.1　钢管

钢管具有强度高、防渗性能好等许多优点，常用于大中型水电站。

钢管布置在地面以上者称明钢管，如图 5-5 所示。布置于坝体混凝土中者称坝内钢管，如图 5-2 所示。埋设于岩体中者则成地下埋管，如图 12-12 所示。以上是水电站压力钢管的 3 种主要形式。

8.1.2　钢筋混凝土管

钢筋混凝土管具有造价低、可节约钢材、能承受较大外压和经久耐用等优点，通常用于内压不高的中小型水电站。除普通钢筋混凝土管外，尚有预应力和自应力钢筋混凝土管、钢丝网水泥管和预应力钢丝网水泥管等。普通钢筋混凝土管因易于开裂，一般用在水头 H 和内径 D 的乘积 $HD<50m^2$ 的情况下，预应力和自应力钢筋混凝土管的 HD 值可超过 $200m^2$；预应力钢丝网水泥管由于抗裂性能好，抗拉强度高，HD 值可超过 $300m^2$。

位于岩体中的现浇钢筋混凝土管道，在内水压力作用下，钢筋混凝土与围岩联合受力，工作状态与隧洞相似，归于隧洞一类。

8.1.3　钢衬钢筋混凝土管

钢衬钢筋混凝土管是在钢筋混凝土管内衬以钢板构成。在内水压力作用下钢衬与外包钢筋混凝土联合受力，从而可减小钢材的厚度，适用于大 HD 值管道情况。由于钢衬可以防渗，外包钢筋混凝土可按允许开裂设计，以充分发挥钢筋的作用。

本章主要介绍钢管。

8.2　压力管道的布置和供水方式

资源 8-2
压力管道布置
和供水方式

8.2.1　压力管道的布置

压力管道是引水系统的组成建筑物之一。压力管道的布置应根据其形式、当地的地形地质条件和工程的总体布置要求确定，其基本原则可归纳如下：

（1）尽可能选择短而直的路线。这样不但可以缩短管道的长度，降低造价，减小水头损失，而且可以降低水锤压力，改善机组的运行条件。因此，明钢管常敷设在陡峻的山坡上，以缩短平水建筑物（如果有的话）和厂房之间的水平距离。

（2）尽量选择良好的地质条件。明钢管应敷设在坚固而稳定的山坡上，以免因地基滑动引起管道破坏；支墩和镇墩应尽量设置在坚固的基岩上，表面的覆盖层应予以清除，以防支墩和镇墩发生有害的位移。地下埋管应设置在良好的岩体中，其好处是：可利用围岩承担部分内水压力；开挖时可不用或少用支护以减少施工费用和加快施工进度；良好的岩层中裂隙水一般不发育，钢管受外压失稳的威胁较小。

（3）尽量减少管道的起伏波折，避免出现反坡，以利管道排空；管道任何部位的顶部应在最低压力线以下，并有 2m 的裕度。若因地形限制，为了减少挖方而将明管布置成折线时，在转弯处应设镇墩，管轴线的曲率半径应不小于 3 倍管径。明钢管的底部至少应高出地表 0.6m，以便安装检修；若直管段超过 150m，中间宜加镇墩。地下埋管的坡度应便于开挖出碴和钢管的安装检修。

（4）避开可能发生山崩或滑坡地区。明管应尽可能沿山脊布置，避免布置在山水集中的山谷之中，若明管之上有坠石或可能崩塌的峭壁，则应事先清除。

（5）明钢管的首部应设事故闸门，并应考虑设置事故排水和防冲设施，以免钢管发生事故时危及电站设备和运行人员的安全。

8.2.2　压力管道的供水方式

水电站的机组往往不止一台，压力管道可能有一根或数根，压力管道向机组的供水方式可归纳为 3 类。

8.2.2.1　单元供水

每台机组由一根专用水管供水，如图 8-1（a）、（b）所示。

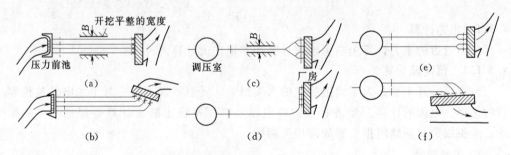

图 8-1　压力管道供水方式示意图
——必须设的闸门或阀门；×—有时可以不设的阀门

这种供水方式结构简单，工作可靠，管道检修或发生事故时，只影响一台机组工作，其余机组可正常运行。这种布置方式除水头较高和机组容量较大外，一般只在进口设事故闸门，不设蜗壳进口上游侧阀门。单机供水所需的管道根数较多，需要较多的钢材，适用于以下两种情况：单机流量较大，若几台机组共用一根水管，则管径较大，管壁较厚，制造和安装困难；压力管道较短，几台机组共用一根水管，在管身上节约材料不多，但需要增加岔管、弯管和阀门，并使运行的灵活性和安全性降低。坝内钢管一般较短，通常都采用单元供水。

8.2.2.2　集中供水

全部机组集中由一根管道供水，如图 8-1（c）、（d）所示。用一根管道代替几根管道，管身材料较省，但需设置结构复杂的分岔管，并需在每台机组之前设置事故阀门，以保证在任意一台机组检修或发生事故时不致影响其他机组运行。这种供水方式的灵活性和可靠性不如单元供水，一旦压力管道发生事故或进行检修，需全厂停机，对于跨流域开发的梯级电站，这同时会给下游梯级的供水带来困难。

集中供水适用于单机流量不大，管道较长的情况下。对于地下埋管，由于运行可靠，同时又因不宜平行开挖几根距离不远的管井，较多地采用这种供水方式。

8.2.2.3　分组供水

采用数根管道，每根管道向几台机组供水，如图 8-1（e）、（f）所示。这种供水的特点介于单元供水和集中供水之间，适用于压力管道较长、机组台数较多和容量较大的情况。

压力管道可以从正面进入厂房，如图 8-1（a）、（c）、（e）所示，也可以从侧面进入厂房，如图 8-1（b）、（d）、（f）所示。前者适用于水头不高、管道不长或地下埋管情况。对于明钢管，若水头较高，宜从侧面进入厂房，在这种情况下，万一管道爆破，可使高速水流从厂外排走，以防危及厂房和运行人员的安全。在集中供水和分组供水情况下，管道从侧面进入厂房也易于分岔。地下埋管爆破的可能性较小，即使爆破，由于围岩的限制亦不易突然扩大，管道进入厂房的方式常决定于管道及厂房布置的需要。

8.3　压力管道的水力计算和经济直径的确定

8.3.1　水力计算

压力管道的水力计算包括恒定流计算和非恒定流计算两种。

8.3.1.1　恒定流计算

资源 8-3
压力管道水力计算和管径确定

恒定流计算主要是为了确定管道的水头损失。管道的水头损失对于水电站装机容量的选择、电能的计算、经济管径的确定以及调压室稳定断面计算等都是不可缺少的。水头损失包括摩阻损失和局部损失两种。

1. 摩阻损失

管道中的水头损失与水流形态有关。水电站压力管道中水流的雷诺数 Re 一般都超过 3400，因而水流处于紊流状态，摩阻水头损失可用曼宁公式或斯柯别公式计算。

曼宁公式应用方便，在我国应用较广。该公式中，水头损失与流速平方成正比，这对于钢筋混凝土管和隧洞这类糙率较大的水道是适用的。对于钢管，由于糙率较小，水流未能完全进入阻力平方区，但随着时间的推移，管壁因锈蚀糙率逐渐增大，按流速平方关系计算摩阻损失仍然是可行的。曼宁公式因一般水力学书中均可找到，此处从略。

斯柯别根据 198 段水管的 1178 个实测资料，推荐用以下公式计算每米长铜管的摩阻损失

$$i = \alpha m \frac{V^{1.9}}{D^{1.1}} \qquad (8-1)$$

式中：α 为水头损失系数，焊接管用 0.00083；m 为考虑水头损失随使用年数 t 的增加而增大的系数，$m = e^{Kt}$，清水取 $K = 0.01$，腐蚀性水可取 $K = 0.015$。

2. 局部损失

在流道断面急剧变化处，水流受边界的扰动，在水流与边界之间和水流的内部形成旋涡，在水流质量强烈的混掺和大量的动量交换过程中，在不长的距离内造成较大的能量损失，这种损失通常称为局部损失。压力管道的局部损失发生在进口、门槽、渐变段、弯段、分岔等处。压力管道的局部损失往往不可忽视，尤其是分岔的损失有时可能达到相当大的数值。局部损失的计算公式通常表示为

$$\Delta h = \xi \frac{V^2}{2g} \qquad (8-2)$$

系数 ξ 可查有关水力学手册。

8.3.1.2　非恒定流计算

管道中的非恒定流现象通常称为水锤。进行非恒定流计算的目的是推求管道各点的动水压强及其变化过程，为管道的布置、结构设计和机组的运行提供依据。非恒定流计算的内容见第 9 章。

8.3.2　管径的确定

压力管道的直径应通过动能经济计算确定。在第 7 章中已经研究了决定渠道和隧洞经济断面的方法，其基本原理对压力管道也完全适用，可以拟定几个不同管径的方案，进行比较，选定较为有利的管道直径，也可以将某些条件加以简化，推导出计算公式，直接求解。在可行性研究和初步设计阶段，可用以下彭德舒公式来初步确定大中型压力钢管的经济直径

$$D = \sqrt[7]{\frac{5.2 Q_{max}^3}{H}} \qquad (8-3)$$

式中：Q_{max} 为钢管的最大设计流量，m^3/s；H 为设计水头，m。

8.4　钢管的材料、容许应力和管身构造

8.4.1　钢管的材料

钢管的材料应符合规范的要求。钢管的受力构件有管壁、加劲环、支承环及支座的滚轮和支承板等。管壁、加劲环、支承环和岔管的加强构件等应采用经过镇静熔炼的热轧平炉低碳钢或低合金钢制造。近年来，我国一些大型水电站已开始采用屈服点为 $60 \sim 80 kgf/mm^2$ 的高强度钢材制造钢管。

对于焊接管，钢材的基本性能包括机械性能、加工性能和化学成分等方面。

资源 8-4
压力管道材料

8.4.1.1 机械性能

机械性能一般指钢材的屈服点 σ_s、极限强度 σ_b、断裂时的延伸率 ε 和冲击韧性 α_k。

在屈服点 σ_s 内，钢材的应力与应变存在线性关系，即处于弹性工作状态。当应力超过 σ_s 时，材料发生蠕变，即使外荷载不再增加，变形仍继续发展，形成所谓流幅。对于普通低碳钢，当相对变形 ε 达到 $2.5\%\sim3\%$ 后，材料进入第三工作阶段，即自动强化阶段，钢材重新获得承受较高荷载的能力。极限强度 σ_b 是与试件破坏前的最大荷载相对应的应力。

流幅的存在是普通碳素钢的一个重要特性，它能使结构应力趋于均匀，排除结构因局部应力太大而过早破坏。因此，流幅是提高结构物安全度的一种因素。

当应力达到 σ_s 时，虽然不会引起结构破坏，但因变形过大，结构物可能已无法正常工作，σ_s 应认为是容许使用应力的上限。普通低碳钢的极限强度 σ_b 超过 σ_s 值 $55\%\sim95\%$。若 σ_s 较低，由于变形等因素的限制，容许应力不能采用得过高，材料的充分利用受到限制；若 σ_s 较高，则材料的塑性降低，因此，σ_s 与 σ_b 的最优比值（最优屈强比）在 $0.5\sim0.7$ 范围内。

延伸率 ε 是试件实际破坏时的相对变形值，代表材料的塑性性能。普通碳素钢的 ε 为 $20\%\sim24\%$。

钢材的脆性破坏和时效硬化趋向及材料抗重复荷载和动荷载的性能应根据运行条件，经钢材夏比（V形缺口）冲击试验确定。

8.4.1.2 加工性能

钢材的加工性能主要指辊轧、冷弯、焊接等方面的性能，应通过样品试验确定。

冷弯性能对于制造钢管的钢材特别重要，因为制造钢管的基本作业是辊轧和弯曲。经过冷作的钢板因有塑性变形，故发生冷强，继而时效硬化，钢材变脆。

焊接性能指钢材在焊接后的性能，应保证焊缝不开裂，也不降低焊缝及相邻母材的机械性能（如强度、延伸率、冲击韧性等）。

钢管在制造过程中，辊轧、弯曲、焊接等工艺使材料的塑性降低，并产生一定的内应力。为了消除上述不良影响，当管壁超过一定厚度时需进行消除内应力处理。

8.4.1.3 化学成分

钢材的化学成分影响钢材的强度、延伸率和焊接性能。当碳素钢的含碳量超过 0.22% 时，硬度急剧上升，σ_s 上升，塑性和冲击韧性降低，可焊性恶化。硅的存在有同样影响，含量应限制在 0.2% 以内。镍和锰能够提高钢材的机械性能。

硫的存在降低钢材的强度，使钢材热脆，含硫量高的钢材不宜进行热处理。磷的存在使钢材冷脆，含磷量高的钢材不宜用于制作在低温下工作的钢结构。溶解于钢材中的氮和氧也使钢材变脆。对以上各种杂质的含量都应加以限制。

8.4.2 容许应力

钢材的强度指标一般用屈服点 σ_s 表示。钢材的容许应力 $[\sigma]$ 可用 σ_s 除以安全系数 K 获得，或用 σ_s 的某一百分比表示。不同的荷载组合及不同的内力、应力特性应采用不同的容许应力。压力钢管的容许应力按表 8-1 采用。

资源 8-5
压力管道容
许应力及管
身构造

表8-1   钢管容许应力

应力区域	膜应力区		局部应力区			
荷载组合	基本	特殊	基本		特殊	
内力性质	轴力		轴力	轴力和弯矩	轴力	轴力和弯矩
容许应力 $[\sigma]$ 明钢管	$0.55\sigma_s$	$0.7\sigma_s$	$0.67\sigma_s$	$0.85\sigma_s$	$0.8\sigma_s$	$1.0\sigma_s$
地下埋管	$0.67\sigma_s$	$0.9\sigma_s$				
坝内埋管	$0.67\sigma_s$	$0.8\sigma_s$ $0.9\sigma_s$				

对于高强度钢材，若屈服点 σ_s 与抗拉强度 σ_b 之比（屈强比）大于 0.7，应以 $\sigma_s = 0.7\sigma_b$ 计算容许应力；坝内埋管膜应力区在特殊荷载组合下的容许应力取为 $0.9\sigma_s$，仅适用于按明管校核情况，其余情况均用 $0.8\sigma_s$。参阅《水电站压力钢管设计规范》（NB/T 35056—2015）。

8.4.3　管身构造

压力钢管按其构造又分为无缝钢管、焊接管和箍管，其中焊接管应用最普遍。

焊接管是用钢板按要求的曲率辊卷成弧形。在工厂用纵向焊缝连接成管节，运到现场后再用横向焊缝将管节连成整体。内水压力是钢管的主要荷载，纵缝受力较大，在工厂焊接后应以超声法或射线法作探伤检查，以保证纵缝的焊接质量。在焊接横缝时，应使各管节的纵缝错开，如图8-2所示。对于明管，纵缝不应布置在横断面的水平轴线和垂直轴线上，与轴线的夹角应大于10°，相应的弧线距离应大于300mm。

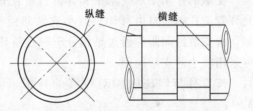

图8-2　纵缝和横缝布置示意图

管壁厚度一般经结构分析确定。管壁的结构厚度取为计算厚度加 2mm 的锈蚀裕度。考虑制造工艺、安装、运输等要求，管壁的最小结构厚度不宜小于下式确定的数值，也不宜小于 6mm。

$$\delta \geqslant D/800 + 4 \tag{8-4}$$

式中：D 为钢管直径，mm。

为了消除辊卷和焊接引起的残余应力，当钢板厚度超过一定数值时，应按规范要求做热处理。

钢管安装完毕后的椭圆度（相互垂直的两管径最大差值与标准管径之比）不得超过 0.5%，且不超过 40mm。

8.5　明钢管的敷设方式、镇墩、支墩和附属设备

8.5.1　明钢管的敷设方式

明钢管一般敷设在一系列的支墩上，底面高出地表不小于 0.6m，这样使管道受

资源 8-6
明钢管敷设
方式、支墩

力明确，管身离开地面也易于维护和检修。在自重和水重的作用下，支墩上的管道相当于一个多跨连续梁。在管道的转弯处设镇墩，将管道固定，不允许有任何位移，相当于梁的固定端。

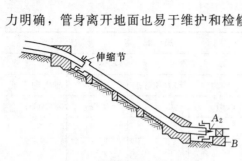

图 8-3　明钢管的敷设方式

明钢管宜做成分段式，在两镇墩之间设伸缩节，如图 8-3 所示。由于伸缩节的存在，在温度变化时，管身在轴向可以自由伸缩，由温度变化引起的轴向力仅为管壁与支墩间的摩擦力和伸缩节的摩擦力。

为了减小伸缩节的内水压力和便于安装钢管，伸缩节一般布置在管段的上端，靠近上镇墩处。这样布置也常常有利于镇墩的稳定。伸缩节的位置可以根据具体情况进行调整。若直管段的长度超过 150m，可在其间加设镇墩；若其坡度较缓，也可不加镇墩，而将伸缩节置于该管段的中部。

8.5.2　明钢管的支墩和镇墩

8.5.2.1　支墩

资源 8-7
水电站明钢管支墩的工作原理

支墩的作用是承受水重和管道自重在管轴线法向的分力，相当于梁的滚动支承，允许管道在轴向自由移动。减小支墩间距可以减小管道的弯矩和剪力，但支墩数增加，故支墩的间距应通过结构分析和经济比较确定，一般为 6～12m。大直径的钢管可采用较小的支墩间距。

按管身与墩座间相对位移的特征，可将支墩分成滑动式、滚动式和摆动式 3 种。

1. 滑动式支墩

滑动式支墩的特征是管道伸缩时沿支墩顶部滑动，可分为鞍式和支承环式两种。鞍式支墩如图 8-4（a）所示。钢管直接安放在一个鞍形的混凝土支座上，鞍座的包角在 120°左右。为了减小管壁与鞍座间的摩擦力，在鞍座上常设有金属支承面，并敷以润滑剂。鞍式支墩的优点是结构简单，造价较低，缺点是摩阻力大，支承部分管身受力不均匀，适用于直径在 100cm 以下的管道。支承环式滑动支墩是在支墩处的管身外围加刚性的支承环，用两点支承在支墩上，这样可改善支座处的管壁应力状态，减小滑动摩阻，并可防止滑动时磨损管壁，如图 8-4（b）所示。但与滚动式支座相比，摩阻系数仍然较大，适用于直径 200cm 以下的管道。

2. 滚动式支墩

滚动式支墩与上述支承环式滑动支墩不同之处，在于支承环与墩座之间有辊轴，如图 8-5 所示，改滑动为滚动，从而使摩擦系数降为 0.1 左右，适用于直径 200cm 以上的管道。由于辊轴直径不可能做得很大，所以辊轴与上下承板的接触面积较小，不能承受较大的垂直荷载，使这种支墩的使用受到限制。

3. 摆动式支墩

摆动式支墩的特征是在支承环与墩座之间设一摆动短柱（摆柱），如图 8-6 所示。图中摆柱的下端与墩座铰接，上端以圆弧面与支承环的承板接触，管道伸缩时，

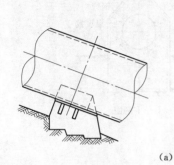
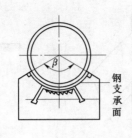

（a）

钢支承面

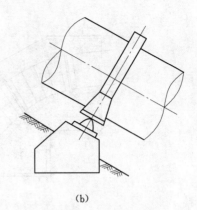

（b）

图 8-4 滑动式支墩
（a）鞍式；（b）支承环式

短柱以铰为中心前后摆动。这种支墩摩阻力很小，能承受较大的垂直荷载，适用于大直径管道。

8.5.2.2 镇墩

镇墩一般布置在管道的转弯处，以承受因管道改变方向而产生的不平衡力，将管道固定在山坡上，不允许管道在镇墩处发生任何位移，如图 8-3 所示。在管道的直线段，若长度超过 150m，在直线段的中间也应设置镇墩，此时伸缩节可布置在中间镇墩两侧的等距离处，以减小镇墩所受的不平衡力。

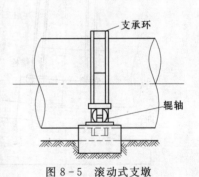

支承环

辊轴

图 8-5 滚动式支墩

资源 8-8
水电站镇墩的工作原理

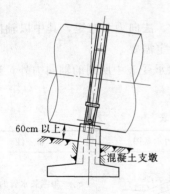
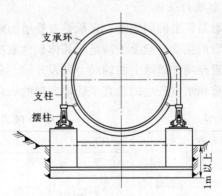

60cm 以上

混凝土支墩

支承环

支柱

摆柱

1m 以上

图 8-6 摆动式支墩

1. 镇墩的型式

镇墩靠自身重量保持稳定，一般用混凝土浇制。按管道在镇墩上的固定方式，镇墩可分为封闭式（图 8-7）和开敞式（图 8-8）两种。前者结构简单，节省钢材，对管道的固定好，应用较多；后者易检修，但镇墩处管壁受力不够均匀，用于作用力不太大的情况。

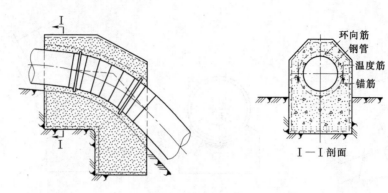

图8-7　封闭式镇墩

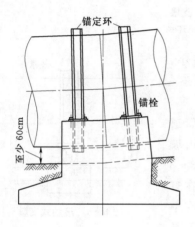
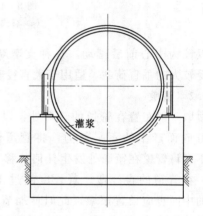

图8-8　开敞式镇墩

2. 镇墩的设计

镇墩是管道的固定端，它承受着管道的轴向力、法向力和弯矩，其中以轴向力为主。镇墩的强度一般易于满足，其体积常取决于稳定需要。

管道作用于镇墩上的轴向力见表8-2。镇墩除承受表中所列的轴向力外，还承受部分管重和水重产生的垂直于管轴方向的法向力。

表8-2　　　　　　　　　　管 道 轴 向 力 一 览 表

编号	作用力名称	计算公式	作用力示意图	备　注
1	水管自重的轴向分力	$A_1 = g_T L_1 \sin\varphi$		g_T—每米长水管的重量 L_1—管段的计算长度
2	作用在阀门或堵头上的内水压力	$A_2 = \dfrac{\pi}{4} D_0^2 \gamma H$		γ—水的容重 H—该处的水头
3	水管转弯处的内水压力	$A_3 = \dfrac{\pi}{4} D_0^2 \gamma H$		

编号	作用力名称	计算公式	作用力示意图	备 注
4	水管直径变化处的内水压力	$A_4 = \dfrac{\pi}{4}(D_{01}^2 - D_{02}^2)\gamma H$		
5	伸缩节变化处的内水压力	$A_5 = \dfrac{\pi}{4}(D_1^2 - D_2^2)\gamma H$		
6	水流对管壁的摩擦力	$A_6 = \dfrac{\pi}{4}D_0^2 h_w$		h_w—计算管段的水头损失
7	温度变化时伸缩节填料的摩擦力	$A_7 = \pi D_1 b f_K \gamma H$		f_K—填料与管壁的摩擦系数 $bf_K\gamma H$ 应不小于 $0.75\mathrm{t/m}$
8	温度变化时水管与支墩的摩擦力	$A_8 = \sum f(Q_P + Q_w)\cos\varphi$		Q_P——一跨的管重 Q_w——一跨的水重 f—管壁与支墩的摩擦系数
9	水在水管转弯处的离心力	$A_9 = \dfrac{\pi}{4}D_0^2 \dfrac{\gamma V^2}{g}$		R—离心力 A_9—离心力在管轴方向的分力
10	水管横向变形引起的力（管壁厚度不变）	$A_{10} = \mu\sigma\pi D\delta$		μ—泊松比 σ—管壁的环拉应力 δ—管壁的厚度
11	温度变化时的管壁的力（管壁厚度不变）	$A_{11} = \alpha E\Delta t\pi D\delta$		α—线膨胀系数 E—弹性模量 Δt—温差

管重产生的法向力 Q_P，可近似地表达为

$$\left.\begin{array}{l} Q_{P_1} = g_{P_1} L_1 \cos\varphi_1 \\ Q_{P_2} = g_{P_2} L_2 \cos\varphi_2 \end{array}\right\} \qquad (8-5)$$

式中：g_{P_1}、g_{P_2} 分别为镇墩上、下游管段单位管长的管重；φ_1、φ_2 分别为镇墩上、下游管段的倾角；L_1、L_2 分别为镇墩与上、下游相邻支墩间管道长度的 $1/2$。

水重产生的法向力 Q_w 可近似地表达为

$$\left.\begin{array}{l} Q_{w_1} = g_{w_1} L_1 \cos\varphi_1 \\ Q_{w_2} = g_{w_2} L_2 \cos\varphi_2 \end{array}\right\} \qquad (8-6)$$

式中：g_{w_1}、g_{w_2} 分别为镇墩上、下游管段单位管长的水重；其他符号的意义同式 $(8-5)$。

镇墩的设计应根据管道的满水、放空、温升、温降等情况，找出各力的最不利组合，求出镇墩所需的形状和尺寸。图8-9标出了分段式（有伸缩节的）管道在满水、温升情况下作用于镇墩上各轴向力的方向。

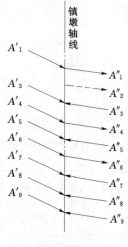

图 8-9 满水温升时
管道轴向力

在上述各力作用下，镇墩依靠本身重量维持稳定。镇墩的设计包括抗滑稳定、地基应力校核及镇墩的细部结构设计。

求出上述各力的水平合力 $\sum X$ 和垂直合力 $\sum Y$，设镇墩自重（包括镇墩范围内的管重和水重）为 G，镇墩与地基间的摩擦系数为 f_c，则镇墩的抗滑安全系数

$$K_c = \frac{f_c(\sum Y + G)}{\sum X} \qquad (8-7)$$

K_c 一般不小于 1.5，从而可求出镇墩的必须重量

$$G = \frac{K_c \sum X}{f_c} - \sum Y \qquad (8-8)$$

根据所需的重量可初步拟定镇墩的轮廓尺寸。对初拟的轮廓尺寸进行地基应力校核，以保证总的合力作用点在镇墩底宽的三分点之内，避免镇墩底面出现拉应力；软基上镇墩的地基反力应力求均匀，以减小不均匀沉陷，其值不应超过地基的容许承载力。

软基上镇墩的底面必须在冰冻线以下；对有软弱夹层的地基，还应验算通过地基内部发生深层滑动的可能。

在岩基上，为了减小镇墩的尺寸，可将底面做成倾斜的台阶形，使倾斜面与合力接近垂直，抗滑稳定计算可沿倾斜面进行，但这样做必须以地基充分可靠、滑动面不会通过地基内部为前提。

封闭式混凝土镇墩的表层应配置温度钢筋，以防混凝土开裂而丧失锚固作用；对于管道弯曲段向上凸起处的镇墩（图8-7），轴向力的合力向上，仅靠管道上部混凝土的重量不足以平衡此合力，尚需设置锚筋以固定管道。

开敞式镇墩需用锚定环将管道固定在混凝土底座上，如图8-8所示；锚定环附近的管身应力不易精确计算，容许应力应降低10%。

8.5.3 明钢管上的闸门、阀门和附件

8.5.3.1 闸门及阀门

压力管道的进口处常设置平面钢闸门，以便在压力管道发生事故或检修时用以切断水流。平面钢闸门价格便宜，便于制造，应用较广。平面钢闸门可用到 80m 水头或更高。

在压力管道末端，即蜗壳进口处，是否需要设置阀门则视具体情况而定：如系单元供水，水头不高，或单机容量不大，而管道进口处又有闸门者，则管末可不设阀门，坝内埋管通常如此；如为集中供水或分组供水，或虽系单元供水而水头较高和机组容量较大时，则需在管道末端设置阀门。

地下埋管多为集中供水或分组供水，压力管道末端的阀门一般是不可缺少的。若

水电站的水头不高，容量不大，压力管道前的引水道不长，而引水道进口处又设有闸门时，则压力管道进口处可不设闸门。

阀门的类型很多，有平板阀、蝶阀、球阀、圆筒阀、针阀和锥阀等，但作为水电站压力管道上的阀门，最常用的是蝶阀和球阀，极小型电站有时用平板阀。

1. 蝶阀

蝶阀由阀壳和阀体构成。阀壳为一短圆筒。阀体形似圆饼，在阀壳内绕水平或垂直轴旋转。当阀体平面与水流方向一致时，阀门处于开启状态；当阀体平面与水流方向垂直时，阀门处于关闭状态，如图 8-10 所示。蝶阀的操作有电动和液压两种，前者用于小型，后者用于大型。蝶阀的优点是启闭力小，操作方便迅速，体积小，重量轻，造价较低；缺点是在开启状态，由于阀体对水流的扰动，水头损失较大；在关闭状态，止水不够严密。它适用于直径较大和水头不很高的情况。

资源 8-10 水电站蝶阀的结构和启闭操作原理

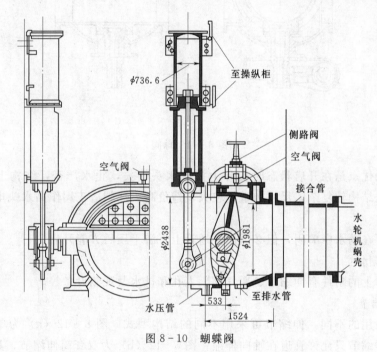

图 8-10　蝶阀

蝶阀有横轴和竖轴两种。前者结构简单，水压力的合力偏于阀体的中心轴以下，一旦阀体离开中间位置，即有自闭倾向，特别适于用作事故阀门，但因控制阀门启闭的接力器在阀门旁侧，需要较大的位置。后者接力器在阀顶，结构紧凑，但需设推力轴承支撑阀体，较复杂。

蝶阀是目前国内外应用最广的一种阀门。国外最大直径用到 800cm 以上，最大水头用到 200m。蝶阀可在动水中关闭，但必须用旁通管上下游平压后开启。蝶阀因止水不够严密，不适用于高水头情况。

2. 球阀

球阀由球形外壳、可转动的圆筒形阀体及其他附件构成。当阀体圆筒的轴线与管道轴线一致时，阀门处于开启状态，如图 8-11（b）所示；若将阀体旋转 90°，使圆

资源 8-11 水电站球阀的结构和启闭操作原理

筒一侧的球面封板挡住水流通路，则阀门处于关闭状态，如图 8-11 (a) 所示。关闭时，将小阀 B 关闭，在空腔 A 内注入高压水（可使之与上游管道相通），使球面封板紧紧压在下游管口的阀座上，故止水严密。开启时，先将小阀 B 打开，将空腔 A 中的压力水排至下游，并用旁通管向下游管道充水，形成反向压力，使球面封板离开阀座，以减小旋转阀体时的阻力和防止磨损止水。

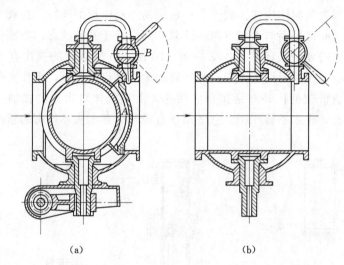

(a)　　　　　　　　　　　　　(b)

图 8-11　球阀

　　球阀的优点是在开启状态时实际上没有水头损失，止水严密，结构上能承受高压，缺点是结构较复杂，尺寸和重量较大，造价高。球阀适于用作高水头电站的水轮机前阀门。

　　球阀可在动水中关闭，但必须用旁通管上下游平压后方能开启。

8.5.3.2　附件

明钢管上的附件有伸缩节、通气阀、人孔和排水及观测设备等。

1. 伸缩节

根据功用的不同，伸缩节可采用不同的结构型式。图 8-12 (a) 为单套筒伸缩节，这种伸缩节只允许管道在轴向伸缩；图 8-12 (b) 为双套筒伸缩节，具有这种伸缩节的管道除可作轴向伸缩外，还允许有微小的角位移。这两种均属温度伸缩节。如地基可能出现较大的变形，则应采用温度沉陷伸缩节，这种伸缩节除允许管道沿轴向自由变形外，还允许两侧管道发生较大的相对转角。温度沉陷伸缩节与图 8-12 (b) 相似，只在管壁与填料的接触部位沿轴向做成弧形，以适应管轴转动。除了套筒式伸缩节外，明钢管的伸缩节形式还包括压盖式限位伸缩节、套筒式波纹密封全封闭式伸缩节和波纹管式伸缩节等。各类伸缩节的细部结构参阅有关资料。

2. 通气阀

通气阀常布置在阀门之后，其功用与通气孔相似。当阀门紧急关闭时，管道中的负压使通气孔打开进气；管道充水时，管道中的空气从通气阀排出，然后利用水压将通气阀关闭。在可能产生负压的供水管路上，有时也需设通气阀。

资源 8-12
附属设备

资源 8-13
水电站伸缩节的结构和热胀冷缩时发生的动作

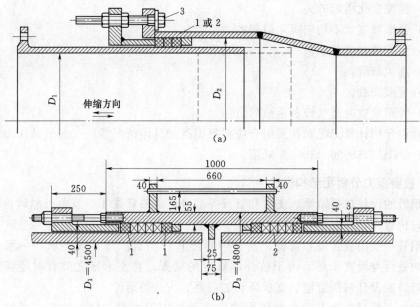

图 8-12　伸缩节（单位：mm）

（a）单套筒伸缩节；（b）双套筒伸缩节

1—橡皮填料；2—大麻或石棉填料；3—拉紧螺栓

3. 人孔

人孔是工作人员进入管内进行观察和检修的通道。明钢管的人孔宜设在镇墩附近，以便固定钢丝线、吊篮和布置卷扬机等。人孔在管道横断面上的位置以便于进人为原则，其形状一般为直径 450～500mm 的圆孔。图 8-13 为其一种。人孔间距视具体情况而定，一般可取 150m。

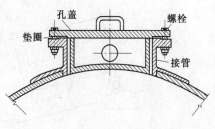

图 8-13　人孔

4. 排水及观测设备

管道的最低点应设排水管，以便在检修管道时排除其中积水和闸（阀）门漏水。

大中型压力管道应有进行应力、沉陷和振动（明管）、外水压和管外间隙（埋管）、腐蚀与磨损等原型观测的设备。

8.6　明钢管的管身应力分析及结构设计

8.6.1　明钢管的荷载

明钢管的设计荷载应根据运行条件，通过具体分析确定，一般有以下几种：

（1）内水压力。包括各种静水压力和动水压力，水重，水压试验和充、放水时的水压力。

（2）钢管自重。

资源 8-14
明钢管荷载
及管身应力
符号规定

（3）温度变化引起的力。

（4）镇墩和支墩不均匀沉陷引起的力。

（5）风荷载和雪荷载。

（6）施工荷载。

（7）地震荷载。

（8）管道放空时通气设备造成的负压。

钢管设计的计算工况和荷载组合应根据工程的具体情况参照《水电站压力钢管设计规范》（NB/T 35056—2015）采用。

8.6.2　管身应力分析和结构设计

明钢管的设计包括镇墩、支墩和管身等部分。前两者在 8.5 节中已经讨论过，这里主要讨论管身设计问题。

明钢管一般由直管段和弯管、岔管等异形管段组成。直管段支承在一系列支墩上，支墩处管身设支承环。由于抗外压稳定的需要，在支承环之间有时还需设加劲环。直管段的设计包括管壁、支承环和加劲环、人孔等附件。

支承在一系列支墩上的直管段在法向力的作用下类似一根连续梁。根据受力特点，管身的应力分析可取如图 8-14 所示的 3 个基本断面：跨中断面 1—1、支承环附近断面 2—2 和支承环断面 3—3。

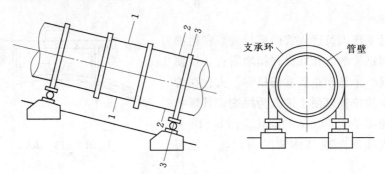

图 8-14　管身计算断面

钢管管身应力分析有两种方法：①结构力学分析方法；②采用概率极限状态设计原则的分项系数分析方法，简称分项系数分析方法。以下简要介绍分项系数分析方法的主要内容：

（1）钢管结构的极限状态分为承载能力极限状态和正常使用极限状态两类，不同的管型应根据这两类极限状态的要求，分别进行计算和验算。如：对于明钢管而言，钢管主要结构构件应进行承载能力计算，管壁和加劲环还应进行抗外压稳定计算，若有抗震设防要求尚应进行抗震承载能力计算。

（2）钢管结构设计中，明确钢管的结构安全级别及相应的结构重要性系数。钢管的结构安全级别可根据其重要性或 HD 值调整一个级别，但不得低于 Ⅱ 级。

（3）钢管结构设计分为持久状况、短暂状况和偶然状况 3 种设计状况。3 种设计状况均应进行承载能力极限状态设计，持久状况尚应进行正常使用极限状态设计。按承载能力极限状态设计，设计表达式中的结构系数应根据管型、应力种类和内力种类等因素确定。

（4）钢管结构设计中，永久作用、可变作用的标准值和偶然作用的代表值以及相应的作用分项系数，应按相关规范的规定执行，包括各种管型结构设计应计入的作用以及按承载能力极限状态设计的作用分项系数。按正常使用极限状态设计的各种作用的分项系数均取为1.0。

（5）钢管结构设计应根据两类不同的极限状态的要求，对不同设计工况下可能同时出现的作用，进行相应的作用效应组合。按承载能力极限状态设计，对应基本组合和偶然组合，各计算点的应力应按第四强度理论计算，其数值应符合规范的要求。

分项系数分析方法的具体内容可参见《水电站压力钢管设计规范》（NB/T 35056—2015）。

本节主要介绍明钢管计算的结构力学方法。

资源 8－15
明钢管管身应
力（结构力
学分析方法）

8.6.2.1　跨中断面（断面1—1）

管壁应力采用的坐标系如图 8-15 所示。以 x 表示管道轴向，r 表示管道径向，θ 表示管道切向，这 3 个方向的正应力以 σ_x、σ_r、σ_θ 的表示，并以拉应力为正。图中表明了管壁单元体的应力状态，剪应力 τ 下标的第 1 个符号表示此剪应力所在的面（垂直 x 轴者称 x 面，余同），第 2 个符号表示剪应力的方向，如 $\tau_{x\theta}$，表示在垂直 x 轴的面上沿 θ 向作用的剪应力。

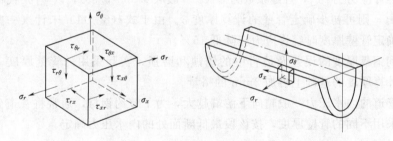

图 8-15　管壁单元体的应力状态

1. 切向（环向）应力 σ_θ

管壁的切向应力主要由内水压力引起。对于水平管段，管道横截面上的水压力见图 8-16（a），它可看作由图 8-16（b）的均匀水压力和图 8-16（c）的满水压力组成。这两部分的水压力在管壁中引起的切向应力为

$$\sigma_\theta = \frac{\gamma HD}{2\delta} + \frac{\gamma D^2}{4\delta}(1-\cos\theta) \tag{8-9}$$

式中：D、δ 分别为管道内径和管壁计算厚度，cm；γ 为水的容重，0.001kgf/cm^3；H 为管顶以上的计算水头，cm；θ 为管壁的计算点与垂直中线构成的圆心角，如图 8-16（c）所示。

式（8-9）等号右端第一项系由均匀内水压力引起的切向应力，第二项为满水压力引起的切向应力。若令管道中心的计算水头为 H_P，则有 $H_P = H + D/2$，式（8-9）写成

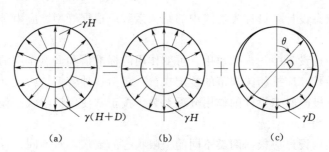

图 8-16　管道横截面上的水压力

$$\sigma_\theta = \frac{\gamma H_P D}{2\delta} - \frac{\gamma D^2}{4\delta}\cos\theta \qquad (8-10)$$

对于倾斜的管道，若管轴与水平线的倾角为 φ，则式（8-10）应写成

$$\sigma_\theta = \frac{\gamma H_P D}{2\delta} - \frac{\gamma D^2}{4\delta}\cos\theta\cos\varphi \qquad (8-11)$$

对于水电站的压力管道，式（8-11）等号右端的第二项是次要的，只有当 $\frac{D}{2}\cos\theta\cos\varphi > 0.05 H_P$ 时才有计入的必要。

式（8-11）中未计入管壁自重引起的切向应力，此应力一般较小。内水压力引起的切向应力是管壁的主要应力，因此常可利用式（8-11）来初步确定管壁的厚度。若钢材的容许应力为 $[\sigma]$，焊缝系数为 ϕ（ϕ 一般取 $0.90\sim0.95$），以 $\phi[\sigma]$ 代替式（8-11）中的 σ_θ，则可初步确定管壁的计算厚度 δ。由于式（8-11）未计入一些次要应力，用以确定管壁厚度时容许应力应降低 15%。

考虑到钢板厚度的误差及运行中的锈蚀和磨损，实际采用的管壁厚度（结构厚度）应在计算厚度的基础上再加 2mm 的裕量。

压力管道的内水压力一般越向下游端越大，为了节约钢材，通常将管道分成若干段，每段采用不同的管壁厚度，按该段最低断面处的内水压力确定。

2. 径向应力 σ_r

管壁内表面的径向应力 σ_r 等于该处的内水压强，即

$$\sigma_r = -\gamma H_P \qquad (8-12)$$

"$-$" 表示压应力，"$+$" 表示拉应力。管壁外表面 $\sigma_r = 0$。σ_r 较小。

3. 轴向应力 σ_x

跨中断面的轴向应力 σ_x 由两部分组成，即由水重和管重引起的轴向弯曲应力 σ_{x_1} 及表 8-2 各轴向力引起的应力 σ_{x_3}。

对于支承在一系列支墩上的管道，其跨中弯矩 M 可按多跨连续梁求出。轴向弯曲应力

$$\sigma_{x_1} = -\frac{My}{J} = -\frac{4M}{\pi D^2\delta}\cos\theta$$

$$\sigma_{x_1} = \mp\frac{4M}{\pi D^2\delta} \qquad (8-13)$$

式中：$J = \pi D^3\delta/8$，$y = (D\cos\theta)/2$，在管顶和管底，$\theta = 0°$ 和 $180°$，$y = \pm D/2$，σ_{x_1} 最大。

管道各轴向力见表 8-2，其合力为 $\sum A$，由此引起的轴向力为

$$\sigma_{x_3} = \frac{\sum A}{\pi D \delta} \tag{8-14}$$

跨中断面剪应力为零。到此求出了全部应力分量。

资源 8-16
明钢管支承
环附近断面
管壁弯曲变
形过程

8.6.2.2　支承环附近断面（断面 2—2）

断面 2—2 在支承环附近，但在支承环的影响范围之外，故仍为膜应力区。支承环的影响范围是不大的。

断面 2—2 的应力分量 σ_θ、σ_r、σ_{x_1}、σ_{x_3} 的计算公式与断面 1—1 相同。除此之外，断面 2—2 尚有管重和水重在管道横截面上引起的剪应力。管重和水重在支承环处引起的剪力可将管道视作连续梁求出，近似可取为 $Q = (qL\cos\varphi)/2$，q 为每米长的管重和水重，L 为支承环中心距，φ 为管道倾角。在垂直 x 轴的截面上，此剪力 Q 在管壁中引起的 θ 向剪应力

$$\tau_{x\theta} = \frac{QS}{bJ} = \frac{Q}{\pi r \delta}\sin\theta \tag{8-15}$$

式中：S 为某断面以上的管壁面积对中和轴的静矩，$S = 2r^2\delta\sin\theta$；J 为管壁的截面惯性矩，$J = \pi r^3\delta$；r 为管道半径；b 为受剪截面宽度，$b = 2\delta$；θ 为管顶至计算点的圆心角，当 $\theta = 0°$ 和 $180°$ 时，即在管顶和管底，$\tau_{x\theta} = 0$，当 $\theta = 90°$ 和 $270°$ 时，剪应力最大，$\tau_{x\theta} = Q/\pi r\delta$。

8.6.2.3　支承环断面（断面 3—3）

1. 轴向应力 σ_x

支承环处的管壁由于支承环的约束，在内水压力作用下发生局部弯曲，如图 8-17 所示。因此，与断面 2—2 相比，增加了局部弯曲应力 σ_{x_2}，切向应力 σ_θ 也因支承环的影响而改变。

资源 8-17
明钢管支承
环断面应力
分析 1

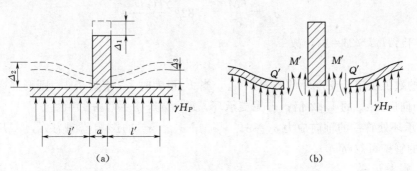

图 8-17　管壁局部弯曲示意图

资源 8-18
明钢管支承
环断面应力
分析 2

支承环在管壁中引起的局部弯曲应力随离开支承环的距离而很快衰减，因此影响范围是不大的（超过这个范围可忽略不计），其等效宽度

$$l' = \frac{\sqrt{r\delta}}{\sqrt[4]{3(1-\mu^2)}} \approx 0.78\sqrt{r\delta} \tag{8-16}$$

式中：r、δ 分别为管道的半径和管壁的厚度；μ 为泊松比，钢材可取 $\mu = 0.3$。

从图 8-17（b）可以看出，支承环除直接承受一小部分内水压力外，主要还承受管壁传来的剪应力 Q'。在这些力的作用下，支承环的径向位移

$$\Delta_1 = (\gamma H_P a + 2Q') \frac{D^2}{4EF'_k} \tag{8-17}$$

式中：F'_k 为支承环的净截面（包括衔接段 a 的管壁面积）。管壁在内水压力 γH_P 的作用下，若无支承环的约束，则径向位移

$$\Delta_2 = \frac{\sigma_\theta}{E} \frac{D}{2} = \frac{\gamma H_P D^2}{4E\delta} \tag{8-18}$$

加劲环处的管壁在剪力 Q' 和弯矩 M' 的共同作用下，只能产生径向位移而不能转动（无角位移），可以证明，要满足这样的条件，必须有

$$M' = \frac{1}{2} Q'l' \tag{8-19}$$

在上述 Q' 和 M' 的共同作用下，该处管壁径向缩小

$$\Delta_3 = \frac{3(1-\mu^2)Q'}{E\delta^3}(l')^3 \tag{8-20}$$

若不计支承环高度的变化，根据相容条件 $\Delta_3 = \Delta_2 - \Delta_1$，并利用式（8-17）～式（8-20）得

$$Q' = \beta l' \gamma H_P \tag{8-21}$$

$$M' = \frac{1}{2} \beta (l')^2 \gamma H_P \tag{8-22}$$

$$\beta = (F'_k - a\delta)/(F'_k + 2\delta l') \tag{8-23}$$

Q' 和 M' 为沿圆周向单位长度的剪力和弯矩。M' 在管壁引起的局部应力（令 $\mu = 0.3$）为

$$\sigma_{x_2} = \frac{6M'}{\delta^2} = 1.82\beta \frac{\gamma H_P D}{2\delta} \tag{8-24}$$

由于 $\gamma H_P D/2\delta = \sigma_\theta$，故

$$\sigma_{x_2} = 1.82\beta\sigma_\theta \tag{8-25}$$

β 的数值决定于支承环的截面积 F'_k，当 F'_k 很大时，β 接近于 1，则局部弯曲应力 σ_{x_2} 为切向应力 σ_θ 的 1.82 倍；若无支承环，$F'_k = a\delta$，$\beta = 0$，$\sigma_{x_2} = 0$。

支承环处管壁的轴向应力 $\sigma_x = \sigma_{x_1} + \sigma_{x_2} + \sigma_{x_3}$。$\sigma_{x_2}$ 的影响范围为 l'，离开支撑环 l' 以外的管壁可忽略 σ_{x_2}。

2. 剪应力 τ_{xr}

支承环的约束在管壁中引起的剪应力为

$$\tau_{xr} = \frac{6Q'}{\delta^3}\left(\frac{\delta^2}{4} - y^2\right) \tag{8-26}$$

式中：Q' 由式（8-21）求得。y 为沿管壁厚度方向的计算点到管壁截面形心的距离。管壁的内外缘，$y = \pm\delta/2$，$\tau_{xr} = 0$；管壁中点，$y = 0$，剪应力最大。

$$\tau_{xr} = \frac{3Q'}{2\delta} \tag{8-27}$$

由管重和水重在管壁中引起的剪应力 $\tau_{x\theta}$ 用式（8-15）计算。

3. 切向应力 σ_θ

在断面 3—3，作用在支承环上的主要荷载如下：

（1）由管重和水重引起的向下剪力。其沿支承环四周的分布规律由式（8-15）确定，因支承环两侧均承受剪力，故式（8-15）的结果应乘以 2δ。

（2）在内水压力作用下，管壁对支承环的剪力，其值为 $2Q'$，Q' 由式（8-21）求出。

（3）支承环直接承受的内水压力。

（4）支承环自重。

由（2）、（3）两项荷载在支承环中引起的切向应力为

$$\sigma_{\theta_1} = \frac{(2Q' + \gamma H_P a)D}{2F_k'} = \frac{\gamma H_P r}{F_k'}(1.56\beta\sqrt{r\delta} + a) \qquad (8-28)$$

支承环自重引起的应力一般较小。下面研究第一项荷载引起的应力。

第一项荷载作用下的计算简图如图 8-18 所示。图中 Q 为半跨管重和水重在管轴法向的分力（水平管段即为半跨管重和水重）。反力 $R = Q$。对于这种在对称荷载作用下的圆环，用结构力学中的"弹心法"求解较为简便。支承环中的力除与外荷载的大小和支承环本身的几何尺寸有关外，还与

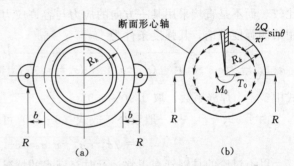

图 8-18　第一项荷载作用下的计算简图

比值 b/R_k 有关，其中 b 为支承点离支承环断面形心的水平距离，R_k 为支承环断面形心的曲率半径。为了充分利用材料，b 与 R_k 的最合理比值是使支承环上不同断面的两个最大弯矩相等。研究证明，满足这一条件的比值是 $b/R_k = 0.04$，其相应的弯矩 M_k、轴力 N_k、剪力 T_k 示于图 8-19 中。任一断面的 M_k、N_k、T_k 的计算公式见《水电站压力钢管设计规范》（NB/T 35056—2015）或《水工设计手册》（第 2 版）。

支承环各断面上的应力为

$$\left. \begin{array}{l} \sigma_{\theta_2} = \dfrac{M_k}{W_k} \\[2mm] \sigma_{\theta_3} = \dfrac{N_k}{F_k} \\[2mm] \tau_{\theta_r} = \dfrac{T_k S_y}{a J_k} \end{array} \right\} \qquad (8-29)$$

式中：W_k、F_k、J_k、S_y 分别为支承环的截面模量、断面面积、断面惯性矩、某计算点以上的面积矩。

计算以上各值时，应包括管壁的有效长度 $(1.56\beta\sqrt{r\delta} + a)$ 在内。支承环的切向应力为 $\sigma_{\theta_1} + \sigma_{\theta_2} + \sigma_{\theta_3}$。支承环附近管壁的切向应力等于支承环内缘的切向应力。

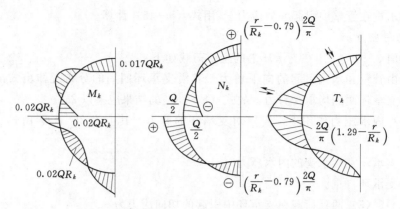

图 8-19 弯矩 M_k、轴力 N_k 和剪力 T_k 示意图（$b/R_k = 0.04$）

3 个断面的应力计算公式汇总于表 8-3 中。

钢管的工作处于三维应力状态，强度校核的方法是求出计算应力并与容许应力做比较，而不是直接采用某一方向的应力与容许应力做比较。钢管的强度校核目前多采用第四强度理论，其强度条件为

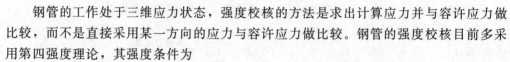

$$\sigma = \sqrt{\frac{1}{2}\left[(\sigma_x - \sigma_r)^2 + (\sigma_r - \sigma_\theta)^2 + (\sigma_\theta - \sigma_x)^2\right] + 3(\tau_{xr}^2 + \tau_{r\theta}^2 + \tau_{\theta x}^2)} \leqslant \phi[\sigma] \qquad (8-30)$$

式中：ϕ 为焊缝系数，取 $0.90 \sim 0.95$。

由于 σ_r、τ_{xr}、$\tau_{r\theta}$ 一般较小，故式（8-30）可简化为

$$\sigma = \sqrt{\sigma_x^2 + \sigma_\theta^2 - \sigma_x \sigma_\theta + 3\tau_{\theta x}^2} \leqslant \phi[\sigma] \qquad (8-31)$$

以上讨论的是钢管在正常运行时充满水的情况。在钢管充水和放空过程中，钢管可能处于部分充水状态，此时管壁中可能产生较大的弯曲应力。在管径较大、管壁较薄和倾角较小的明钢管需校核这种情况。限于篇幅，这里不做详细讨论。

8.6.2.4　外压稳定校核

钢管是一种薄壳结构，能承受较大的内水压力，但抵抗外压的能力较低。在外压的作用下，管壁易于失去稳定，屈曲成波形，过早地失去承载能力，如图 8-20 所示。因此，在按强度和构造初步确立管壁厚度之后，尚需进行外压稳定校核。钢管的外荷载有：明管放空时通气设备引起的负压、埋藏式钢管放空时的外水压力、浇筑混凝土时的压力、灌浆压力等。

在不同的外压作用下，有多种管壁稳定问题。下面介绍的是明钢管在均匀径向外压作用下的稳定问题。对于水电站的钢管而言，这是一种主要情况。

对于沿轴向可以自由伸缩的无加劲环的明钢管，管壁的临界外压

$$P_{cr} = 2E\left(\frac{\delta}{D}\right)^3 \qquad (8-32)$$

对于平面形变问题，式（8-32）中的 E 应以 $E/(1-\mu^2)$ 代换。明钢管抗外压稳定安全系数取 2.0。如不能满足抗外压稳定要求，设置加劲环一般比增加管壁厚度经济。

表 8 - 3　　**各计算断面的应力公式汇总表**

序号	断面	应力种类	计算公式 断面 1—1	计算公式 断面 2—2	计算公式 断面 3—3	备注
1	纵向	正应力	$\sigma_\theta = \dfrac{\gamma D}{2\delta}\left(H_P - \dfrac{D}{2}\cos\theta\cos\varphi\right)$	$\sigma_\theta = \dfrac{\gamma D}{2\delta}\left(H_P - \dfrac{D}{2}\cos\theta\cos\varphi\right)$	$\sigma_{\theta_1} = \dfrac{\gamma H\,pr}{F_k'}(2\beta l' + a)$	
2	纵向	正应力			$\sigma_{\theta_2} = \pm\dfrac{M_k}{W_k}$	
3	纵向	正应力			$\sigma_{\theta_3} = \dfrac{N_k}{F_k}$	
4	纵向	剪应力			$\tau_{\theta r} = \tau_{r\theta} = \dfrac{T_k S_k}{a J_k}$	
5	横向	正应力	$\sigma_{x_1} = \pm\dfrac{My}{J} = \pm\dfrac{2qL^2}{5\pi D^2\delta}$ ①	$\sigma_{x_1} = \mp\dfrac{My}{J} = \mp\dfrac{2qL^2}{5\pi D^2\delta}$	$\sigma_{x_1} = \mp\dfrac{My}{J} = \mp\dfrac{2qL^2}{5\pi D^2\delta}$	
6	横向	正应力			$\sigma_{x_2} = \pm 1.82\beta\dfrac{\gamma H_P D}{2\delta}$ ②	
7	横向	正应力	$\sigma_{x_3} = \dfrac{\sum A}{\pi D\delta}$	$\sigma_{x_3} = \dfrac{\sum A}{\pi D\delta}$	$\sigma_{x_3} = \dfrac{\sum A}{\pi D\delta}$	
8	横向	剪应力		$\tau_{x\theta} = \dfrac{Q}{\pi r\delta}\sin\theta$	$\tau_{x\theta} = \dfrac{Q}{\pi r\delta}\sin\theta$	
9	横向	剪应力			$\tau_{xr} = \dfrac{\gamma H_P}{\delta}\beta l'$	
10	径向	正应力	$\sigma_r = -\gamma H_P$	$\sigma_r = -\gamma H_P$	$\sigma_r = -\gamma H_P$	

① 当 $y = \pm\dfrac{D}{2}$，$M = \dfrac{1}{10}qL^2$ 时 $\sigma_{x_1} = \dfrac{2qL^2}{5\pi D^2\delta}$。

② 管壁内缘为 +，外缘为 -。

对设有加劲环的管壁，其临界外压为

$$P_{cr}=\frac{E}{(n^2-1)\left(1+\frac{n^2l^2}{\pi^2r^2}\right)}\left(\frac{\delta}{r}\right)+\frac{E}{12(1-\mu^2)}\times\left[n^2-1+\frac{2n^2-1-\mu}{1+\frac{n^2l^2}{\pi^2r^2}}\right]\left(\frac{\delta}{r}\right)^3$$

$$(8-33)$$

式中：l 为加劲环的间距；n 为屈曲波数。

资源 8-21
在外压作用
下明钢管管
壁屈曲变形
过程

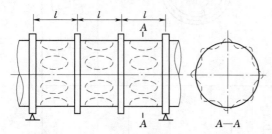

图 8-20　管壁屈曲示意图

需假定不同的 n，用试算法求出最小的 P_{cr}。对应于最小 P_{cr} 的 n 值可按下式估算

$$n=1.63\left(\frac{D}{l}\right)^{0.5}\left(\frac{D}{\delta}\right)^{0.25}$$

$$(8-34)$$

式中：D 为管径。

按式（8-34）求 n，取相近的整数后代入式（8-33）求最小的 P_{cr}。

以上两式适用于 $\sigma_{cr}=P_{cr}r/\delta\leqslant0.9\sigma_s$ 情况。当 $\sigma_{cr}>0.9\sigma_s$ 时，管壁将因压应力过大而丧失承载能力，这已经不是上面所讨论的弹性稳定问题了。

决定管壁厚度的步骤是：根据强度计算确定管壁的计算厚度 δ，加 2mm 的裕度得管壁的结构厚度 δ_0，并与规范规定的最小结构厚度相比较，取其大者；进行抗外压稳定校核（不计 2mm 裕度），如不满足要求，用设置加劲环的办法提高其抗外压能力一般较为经济。

加劲环的间距根据管壁抗外压稳定的要求确定。图 8-21 列有加劲环 3 种不同的断面形式。

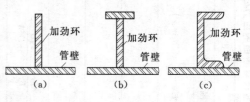

图 8-21　加劲环的 3 种断面形式

加劲环自身稳定的临界外压在以下两式中取其小者

$$P_{cr_1}=\frac{3EJ_k}{R_k^3l}$$

$$(8-35)$$

$$P_{cr_2}=\frac{\sigma_sF_k}{rl}$$

$$(8-36)$$

式中的符号同前。加劲环与支承环的不同之处是无管重和水重引起的剪力和支座反力，其主要的环向应力可用式（8-28）求解。

8.7　分　岔　管

8.7.1　分岔管的设计特点

压力管道的分岔方式有 Y 形［图 8-22（a）］和 y 形［图 8-22（b）］。前者对水流的分配对称、均匀，缺点是机组数较多时分岔段较长；后者的优缺点与前者相反。

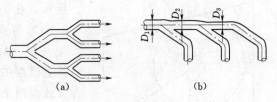

资源 8-22
分岔管的
特点

图 8-22　管道分岔方式

分岔管是一种由薄壳和刚度较大的加强梁组成的复杂的空间组合结构，受力状态比较复杂。在计算力学和计算机应用于工程之前，对这种结构只能简化成平面问题进行近似计算。岔管的加强梁有时需要锻造，卷板和焊接后需作调整残余应力处理，因而制造工艺比较复杂。

岔管的另一特点是水头损失较大，在整个引水系统的水头损失中占重要地位。例如我国某水电站，引水隧洞长 1200m，根据模型试验，仅一处岔管的局部水头损失即超过引水隧洞和进水口水头损失的总和。因此，如何降低水头损失是岔管设计的一个重要问题。较好的岔管体型应具有较小的水头损失、较好的应力状态和较易于制造。

从水力学的角度看，岔管的体型设计应注意以下几点：

（1）使水流通过岔管各断面的平均流速相等，或使水流处于缓慢的加速状态。

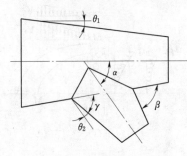

图 8-23　岔管体型示意图

（2）采用较小的分岔角 α，如图 8-23 所示。但从结构上考虑，分岔角不宜太小，太小会增加分岔段的长度，需要较大尺寸的加强梁，并会给制造带来困难。水电站岔管的分岔角一般为 $35°\sim75°$，最常采用的范围是 $45°\sim60°$。

（3）分支管采用锥管过渡，避免用柱管直接连接。半锥角一般用 $5°\sim10°$。

（4）采用较小的岔裆角 β。岔裆有分流的作用，较小的岔裆角有利于分流。

（5）支管上游侧采用较小的顺流转角 γ。

以上各点有时难于同时满足，例如，增加支管锥角 θ_2 有助于减小 γ，但又不可避免地会加大 β，但前者对水流的影响较大。

岔管的水力要求和结构要求也存在矛盾，例如，较小的分岔角对水流有利，但对结构不利，因为分岔角越小，管壁互相切割的破口越大，加强梁的尺寸也就越大，而且过小的夹角会使岔裆部位的焊接困难；又例如，支管用锥管过渡对水流有明显的好处，但不可避免地会使主支间的破口加大等。这就要求在设计岔管体型时应最大限度地满足各方面的要求，分清主次，抓住主要矛盾。一般说来，对于水头较低的电站，岔管的内压较小，而岔管的水头损失占总水头的比重较大，此时多考虑一些水力方面的要求是正确的；反之，对于高水头的电站，多考虑一些结构方面的要求是合理的。

在以后的讨论中将会知道，在分岔区，由于管壁的相互切割，在内水压力的作用下，存在较大的不平衡力，需要另设加强构件承担。加强构件一般沿管壁的相贯线（管壁交线）布置。在工程中，为了便于加固，希望相贯线是平面曲线。相贯线是平面曲线的必要和充分条件是两个锥管有一个公切球（平面图像是公切圆），如图 8-24

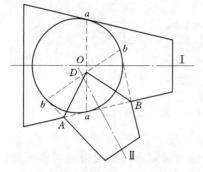

图 8-24　两个锥管平面的公切圆

所示。在平面图上，公切圆 O 与锥管 I 相切于 $a—a$，与锥管 II 相切于 $b—b$，连接 aa 和 bb，得交点 D，AD 和 BD 即为相贯线的平面图像。在垂直纸面的沿 AD 和 BD 方向的两个平面上，相贯线是两个椭圆曲线。

若主支管的直径相差较大，两者公切于一个球有困难，则岔管的体型也可以不按这一要求进行设计，此时相贯线是一个曲面上的封闭曲线，常用一个曲面圈梁加固。

8.7.2　岔管的荷载和受力特点

在压力管道的分岔处，管壁因互相切割而不再是一个完整的圆形，在内水压力作用下，原被切割掉的管壁所承担的环拉力 T 便无法平衡，需另设加强构件来承担这个不平衡力，如图 8-25（b）所示。此外，在有些情况下管壁还存在轴向力，此轴向力在相贯处也不能平衡，需由加强构件承担。

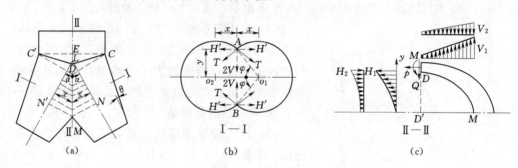

图 8-25　岔管的受力情况

1. 管壁环向拉力引起的荷载

如图 8-25（b）所示，在内压 p 作用下，沿锥管轴线单位长度管壁的环拉力

$$T = \frac{pr_x}{\cos^2\theta} \tag{8-37}$$

式中：θ 为锥管的半锥顶角；r_x 为计算点处的锥管半径。

T 沿 LM 方向单位长度的垂直分量为

$$V_1 = T\cos\varphi, \quad \cos\alpha = \frac{px\cos\alpha}{\cos^2\theta} \tag{8-38}$$

图 8-25 中的分力 H' 分解为作用在相贯线平面内沿竖轴 y 表示的水平分量

$$H_1 = \frac{a}{b}p\frac{y^2}{\sqrt{b^2-y^2}}\frac{\sin\alpha\cos\alpha}{\cos^2\theta} \tag{8-39}$$

式中：α 为支管轴线与主管轴线所夹之锐角；y 为相贯线垂直坐标，如图 8-25（c）所示；a、b 为相贯线的半长轴和半短轴。其值为

$$a = R\frac{\cos\theta\sin\alpha}{\cos^2\theta - \cos^2\alpha}, \quad b = R\frac{\sin\alpha}{\sqrt{\cos^2\theta - \cos^2\alpha}}$$

式中：R 为主管半径。

上述 V_1 和 H_1 是一侧支管作用于相贯线 LM 上的荷载，对 Y 形分岔，乘以 2 得总荷载；对于不对称的 y 形分岔，则应分别以两支管的参数代入式（8-38）和式（8-39）求出相应的荷载。V_1 和 H_1 沿 y 轴的分布如图 8-25 （c）所示。

2. 管壁轴向力引起的荷载

管壁的轴向力有以下几种情况：有闷头、有锥管、有伸缩节及埋管等。

对支管有闷头情况（如水压试验等），单位周长管壁沿母线方向的轴力

$$T' = \frac{p r_x}{2\cos\theta} \tag{8-40}$$

对于埋管

$$T' = \frac{\mu p r_x}{\cos\theta} - \alpha_s E \delta \Delta t \tag{8-41}$$

式中：μ 为钢材的泊松比；α_s 为钢材的线膨胀系数；E 为钢材的弹性模量；Δt 为温差。

轴向力 T' 在相贯线上的垂直分量和水平分量

$$V_2 = T' \sin\theta \sin\alpha \left(1 + \frac{u-b'}{r_x}\tan\theta\cos\alpha\right) \tag{8-42}$$

$$H_2 = \frac{a^2}{b^2} T' \frac{R}{\sin\theta}\tan\theta\sin\alpha \left[\frac{\cos\theta\cos\alpha}{u} - \frac{(u-b')\sin^2\alpha\sin\theta}{u r_x}\right] \tag{8-43}$$

式中：u 为相贯线椭圆曲线 $u^2/a^2 + y^2/b^2 = 1$ 上计算点的横坐标值；$b' = a - \dfrac{R}{\sin(\alpha+\theta)}$；其他符号意义同前。

V_2 和 H_2 也为一个支管引起的荷载，方向示于图 8-25 （c）中。

以上为相贯线 LM 上的荷载。相贯线 CD 和 $C'D$ 上的荷载求法类似。

8.7.3　几种常用的岔管

根据岔管的体型和加固方式，水电站常用的岔管有以下几种。

8.7.3.1　贴边岔管

贴边岔管在相贯线的两侧用补强板加强，如图 8-26 所示。补强板与管壁焊接，可加于管外，也可同时加于管内和管外。我国早期建造的几个水电站多采用这种岔管。贴边岔管的特点是补强板的刚度较小（与后面的加固梁比较），不平衡区的内水压力由补强板和管壁共同承担，适用于中、低水头的 y 形地下埋管，特别适用于支、主管直径之比（d/D）在 0.5 以下的情况，此比值大于 0.7 时不宜采用贴边岔管。

贴边岔管的应力状态比较复杂，除有限元法外，目前尚无其他比较合理的分析方法，其壁厚可近似地用下式确定

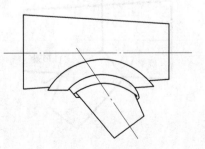

图 8-26　贴边岔管

$$\delta = \frac{K_1 pR}{[\sigma]_1 \phi \cos\theta} \tag{8-44}$$

式中：R 为计算管节的最大内径；ϕ 为焊缝系数；K_1 为系数，取 $1.2\sim1.5$，d/D 小者取小值；$[\sigma]_1$ 为膜应力区的容许应力，基本荷载时取 $0.5\sigma_s$，特殊荷载时取 $0.7\sigma_s$。

补强板可采用一层（置于管外），d/D 较大时可用两层（管内外各一层），宽度用 $(0.2\sim0.4)d$，厚度可与管壁厚度相同。

8.7.3.2　三梁岔管

三梁岔管用 3 根首尾相接的曲梁作为加固构件，如图 8-27 所示。U 形梁承受较大的不平衡水压力，是梁系中的主要构件。腰梁 1 承受的不平衡水压力较小。腰梁 2 用来加固主管管壁。同时，两根腰梁有协助 U 形梁承受外力的功用。

加固梁的刚度比邻近的管壁刚度要大得多，故在设计时，一般假定梁系承担全部不平衡区的内水压力。梁的断面可计入每侧 $0.78\sqrt{r\delta}$ 宽度的管壁。

U 形梁沿相贯线布置，一般加于管壳之外，内外缘均为椭圆曲线，如图 8-28（a）所示。U 形梁的荷载如图 8-25（c）所示，在垂直和水平荷载 V、H 及腰梁反力 P、Q、M 的作用下，U 形梁可近似作为固定于对称轴 1—1 的变截面悬臂梁进行分析计算。

U 形梁的横截面形式比较常用的有矩形和 T 形两种，如图 8-28（b）和（c）所示。采用 T 形截面的目的是采用较薄的腹板获得较大的惯性矩，但由于 T 形截面形心外移使 U 形梁的悬臂加长，荷载 V 在截面 1—1 形成的弯矩将显著增加，从而使 U 形梁内缘的拉应力加大，故宜采用"⊥"形截面。矩形截面的 U 形梁也应避免采用瘦高截面。

为了减小 U 形梁的计算跨度。可将其部分嵌入管壳内，如图 8-28（d）所示。嵌入的深度越大，U 形梁的弯曲应力越小，逐步使 U 梁过渡为受拉构件。水工模型试验表明，嵌入的 U 形梁对水流的影响视岔管的分流情况而定。对于设计的分流情况，水流比较对称，嵌入的 U 形梁对水流一般无不良影响，甚至可能有利；对于非设计情况（如一个支管为设计流量另一支管关闭），则 U 形梁两侧出现旋涡区，使水头损失加大，在 U 形梁两侧加导流板有一定效果。

三梁岔管的主要缺点是梁系中的应力主要是弯曲应力，材料的强度未得到充分利用，3 个曲梁（特别是 U 形梁）常常需要高大的截面，这不但浪费了材料，加大了岔管的轮廓尺寸，而且可能需要锻造，焊接后还可能需要进行热处理。由于梁的刚度较大，对管壳有较强的约束，使梁附近的管壳产生较大的局部应力。同时，在内压的作用下，由于相贯线的垂直变位较小，用于埋管则不能充分利用围岩的抗力。因此，三梁岔管虽有长期的设计、制造和运行的经验，但由于存在上述缺点，不能认为是一种很理想的岔管。三梁岔管适用于内压较高、直径不大的明管道。

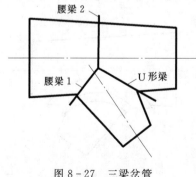

图 8-27　三梁岔管

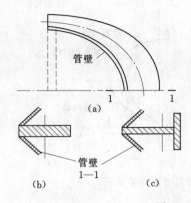

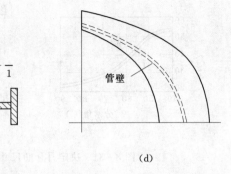

图 8 - 28　U 形梁

8.7.3.3　月牙肋岔管

　　月牙肋岔管是三梁岔管的一种发展。前面
已经指出，三梁岔管的 U 形梁嵌入管壳能够改
善其应力状态。月牙肋岔管用一个完全嵌入管
壳内的月牙形肋板代替三梁岔管的 U 形梁，并
按月牙肋主要承受轴向拉力的原则来确定月牙
肋的尺寸。

　　月牙肋岔管的主管为倒锥管，两个支管为
顺锥管，三者有一公切球，如图 8 - 29 所示。
主管采用倒锥管的目的有：①减小 A 点管壁

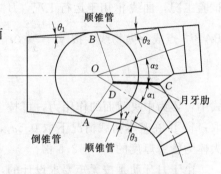

图 8 - 29　月牙肋岔管

的转角 γ（一般不超过 13°），以达到取消 AD 方向的腰梁和改善流态的目的；②适当
地逐步扩大分岔区的过流面积，以减小流速，从而降低水头损失。

　　月牙肋岔管的分岔角常用 55°~90°，公切球的半径取 1.1~1.2 倍主管半径。

　　月牙肋岔管的壁厚用式（8 - 44）和式（8 - 45）求出再取其大者

$$\delta = \frac{K_2 pR}{[\sigma]_2 \phi \cos\theta} \qquad\qquad (8 - 45)$$

式（8 - 44）用于膜应力区，K_1 取 1.0~1.1。式（8 - 45）用于局部应力区，K_2 按图
8 - 30 查取，$[\sigma]_2$ 在基本荷载情况下取 $0.8\sigma_s$，在特殊荷载情况下取 $1.0\sigma_s$。

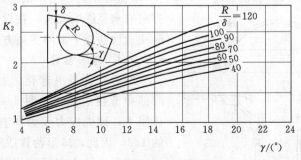

图 8 - 30　应力集中系数曲线

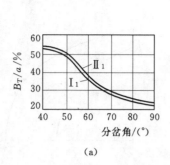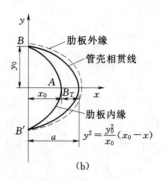

图 8 - 31　决定月牙肋尺寸的经验曲线

肋板的中央截面宽度 B_T 可从图 8 - 31（a）中的经验曲线初步确定，曲线 I_1 用于试验工况，曲线 II_1 用于运行工况。B_T 确定后，肋板内缘尺寸可按图 8 - 31（b）中的 $BAB'3$ 点成一抛物线，按 $y^2 = \dfrac{y_0^2}{x_0}(x_0 - x)$ 确定。肋板的厚度按下式确定。

$$t_\omega = \frac{V}{B_T [\sigma]_1} + C \tag{8-46}$$

式中：V 为中央截面的作用力，可按《水工设计手册》（第 2 版）等文献中的公式求取；$[\sigma]_1$ 在基本荷载情况下取 $0.5\sigma_s$，特殊荷载情况下取 $0.7\sigma_s$；C 为锈蚀裕量；t_ω 大体为管壁厚度的 $2.0 \sim 2.5$ 倍。

由于月牙肋是按无矩要求设计的，荷载合力基本通过肋板截面形心，使肋板处于轴心受拉状态，材料的强度得以充分发挥。由于肋板厚度不大，可用厚钢板制造，工艺较为简单。

肋板的轮廓尺寸与分岔角（α_2，α_3）和两顺锥管的半锥角（θ_2，θ_3）有关，一般说来，分岔角越小、锥角越大，要求的肋板宽度越大，因此，调整分岔角和锥角的大小可改变肋板的宽度和厚度。

月牙肋岔管除沿 CD 向有肋板加固外，其他部位均无加固构件，由管壳承担全部内水压力，故管壳的体型应力求平顺。结构模型试验表明，管壁转折处 A 点是一个薄弱环节，应控制转折角 γ 勿过大。

水工模型试验表明，在设计分流情况下，月牙肋岔管具有良好的流态，但在非对称水流情况下，插入的肋板对向一侧偏转的水流有阻碍作用，流态趋于恶化。肋板的方向对水流影响较大，在设计岔管的体型时，应注意使肋板平面与主流方向一致。

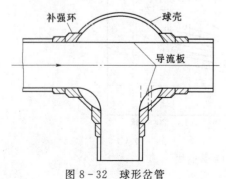

图 8 - 32　球形岔管

8.7.3.4　球形岔管

球形岔管是由球壳、主支管、补强环和内部导流板组成，如图 8 - 32 所示。在内压作用下，球壳应力仅为同直径管壳环向应力的 1/2，因此，球形岔管适用于高水头电站。

球壳的最小直径按用补强环加固后的各主、支管开孔的局部应力不致相互影响并有

一定的焊接空间决定。两相邻开孔间的最短弧长

$$L \geqslant \frac{\pi \sqrt{Rt_s}}{\sqrt[4]{3(1-\mu^2)}} = 2.44\sqrt{Rt_s} \qquad (8-47)$$

式中：R、t_s 为球壳的半径和壁厚，R 一般为 $1.3 \sim 1.6$ 倍主管半径。

为了减小球壳的半径，球形岔管常采用较大的分岔角（$60° \sim 90°$），使主、支管能均布在球壳的周围。

球壳的荷载主要有内水压力、补强环的约束力和主、支管的轴向力。球壳的厚度 t_s 可按内水压力确定，即

$$t_s = \frac{K_1 pR}{2\phi [\sigma]_1} + C \qquad (8-48)$$

式中：K_1 为系数取 $1.1 \sim 1.2$；$[\sigma]_1$ 在基本荷载情况下取 $0.5\sigma_s$，特殊荷载情况下取 $0.7\sigma_s$；ϕ 为焊缝系数，取 $0.9 \sim 0.95$；C 为锈蚀裕度，取 $2mm$。

主、支管的轴向力对球壳应力有很大影响，在结构上应认真对待。对于垂直方向的支管应加以锚定，若为具有伸缩节的自由端，则管壁不能传递轴向力，作用于球壳上的轴向水压力将无法平衡。

补强环一般为锻件，其截面积 F 的选择应使补强环受力后的径向变形等于被切割的球壳圆盘在同方向的变形，可近似地按下式确定

$$F = \frac{pr_r}{0.7r_0\sigma_{s_0}}(br + 0.5R^2 \cos\alpha \sin\alpha) \qquad (8-49)$$

式中：r_r 为补强环截面形心的半径；r_0、α 分别为补强环和球壳连接点的半径及与球心所夹之角；b 为补强环顺流向的宽度；σ_{s_0} 为球壳设计膜应力。

球形岔管突然扩大的球体对水流不利。为了改善水流条件，常在球壳内设导流板，导流板上设平压孔，因此不承受内水压力，仅起导流作用。

8.7.3.5 无梁岔管

无梁岔管是在球形岔管的基础上发展而成。球形岔管的补强环需要锻造，与管壳焊接时要预热，球壳一般也要加热压制成形。有的球岔在制成后还进行整体退火，因此工艺复杂。无梁岔管是用三个渐变的锥管作为主、支管与球壳的连接段以代替补强环，需要压制的球壳面积大为减小，只剩下两个面积不大的三角体，如图 8-33 所示。三个锥管的公切球半径一般取主管半径的 $1.1 \sim 1.3$ 倍。管壁转折角 θ 和 α 不宜超过 $12°$，无梁岔管的壁厚可按式（8-44）和式（8-45）计算而取其大者，系数 K_1 取 $1.1 \sim 1.2$，K_2 按图 8-30 查取。

无梁岔管是由球壳、锥壳和柱壳组成。

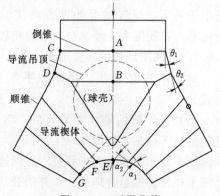

图 8-33 无梁岔管

结构模型试验表明，无梁岔管的 A、B、C、D、E、F、G 等部位由于管壁不连续，是应力集中区域。爆破试验的破口多出现在这些部位。无梁岔管适宜用作埋管。

为了改善应力条件、省去加强构件，无梁岔管采用了较肥胖的体型，在分岔处，过水断面急剧增大，水流易于出现涡流，无梁岔管的岔裆具有宽阔的迎水面，不利于分流。水工模型试验表明，上下球壳部位有明显的旋涡区，在不对称分流时，岔裆部位的脉动压力幅值较大。在上下球壳部位加水平吊顶，在岔裆部位加导流楔体，如图 8-33 中的虚线所示，对改善流态、减小水头损失有明显的效果。

岔管的整体强度是衡量岔管整体安全度的一个重要标志。结构模型试验表明、与同直径的直管段相比，三梁岔管与月牙肋岔管的整体屈服压力比和爆破压力比均接近 1；贴边岔管的整体屈服压力比约为 0.8～0.85，爆破压力比仅为 0.7～0.8；无梁岔管和球形岔管的相应比值分别为 0.8～0.85 和 0.9～0.95。故三梁岔管与月牙肋岔管的整体安全度较高，而贴边岔管则较差，后者一般用作地下埋管。

我国采用地下埋藏式岔管较多。目前，对埋藏式岔管的设计除了以明岔管的设计思想为指导以外，还通过研究埋藏式岔管的合理形式，以便利用围岩承担更多的内水压力。在地质条件较好和地应力满足要求的情况下，也可不做钢岔管而采用钢筋混凝土岔管。近年来，在埋藏式岔管与围岩联合承载的设计理论和方法取得了重要成果，并广泛应用于大型水利水电工程实践中。

8.8　地下埋管和坝身管道

8.8.1　地下埋管

地下埋管指埋设于岩体中并在管道和岩壁间充填混凝土的钢管，断面形式如图 8-34 所示，地下埋管虽然增加了岩石开挖和混凝土衬砌的费用，但与明钢管相比，往往可以缩短压力管道的长度，省去支承结构，在坚固的岩体中，可利用围岩承担部分内水压力，从而减小钢衬的厚度，节约钢材。此外，地下埋管位于地下，受气候等外界影响较小，运行安全可靠，在我国大中型水电站中应用较广。

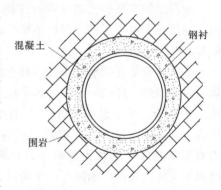

图 8-34　地下埋管的断面形式

8.8.1.1　地下埋管的布置形式

地下埋管有竖井、斜井和平洞 3 种布置形式。

竖井式管道的轴线是垂直的，常用于首部开发的地下电站，如图 12-11 所示。采用竖井式可使压力管道缩至最短，从而减小水锤压强和压力管道的工程量。虽然这样做不可避免地会增加尾水隧洞的长度，但在经济上往往仍然是合理的。竖井的开挖、钢管的安装和混凝土的回填，一般都自下而上进行。

斜井式管道的轴线倾角小于 90°，如图 12-12 所示，对于地面式或地下式厂房均适用，在地下埋管中是采用最多的一种。斜井的倾角通常决定于施工要求。如斜井自上而下开挖，为了便于出渣，倾角不宜超过 35°；若采用自下而上开挖，为了使爆破后的石碴能自由滑落，倾角不宜小于 45°。

平洞一般作过渡段使用。例如，上游引水道经平洞过渡为竖井或斜井；竖井或斜井先转为平洞再进入厂房。管道分岔也多在平洞部分；对于高水头电站，斜井的长度很大，为了使斜井开挖、钢管安装和混凝土回填等工作能分段同时进行，可在斜井中部的适当部位设置一个平段，并用交通洞与地面相通。

地下埋管应尽量布置在坚固完整的岩体之中，以便充分利用围岩的弹性抗力承担内水压力。完整岩体的透水性小，在水管放空时，钢材因外压失稳的可能性也小。管道的埋置深度以大些为宜，对于斜井和平洞，只有当垂直管轴方向的新鲜岩石覆盖厚度达到 3 倍开挖直径时，才能考虑岩石的弹性抗力。对于竖井，这一数值还应取得大些。

8.8.1.2　地下埋管的结构和构造

地下埋管的工作特点相当于一个多层衬砌的隧洞。钢衬的功用是承担部分内水压力和防止渗透；回填混凝土的功用是将部分内水压力传给围岩，因此，回填混凝土与钢衬和围岩必须紧密结合。回填混凝土的质量是地下埋管施工中的一个关键。钢管与岩壁的间距在满足钢管安装和混凝土浇筑要求的前提下应尽量减小，一般在 50cm 左右。一般来说，竖井的回填混凝土质量易于保证，斜井次之，平洞最难。在斜井和平洞中，钢管两侧混凝土的质量较易保证，在顶、底拱处，平仓振捣困难，稀浆集中，易于形成空洞。我国几个电站的地下埋管曾因外压和内压造成破坏，破坏部位多位于平洞部位，这不是偶然的。

由于混凝土凝固收缩和温降的影响，在钢管和混凝土之间、混凝土与围岩之间均可能存在一定缝隙，需进行灌浆。斜井和平洞的顶部应进行回填灌浆，压力不小于 0.2MPa。钢管与混凝土、混凝土与岩壁之间有时也进行压力不小于 0.2MPa 的接缝灌浆。对于不太完整的围岩，为了提高其整体性，增加弹性抗力，有时还进行固结灌浆，灌浆压力与孔深视水头大小和围岩的破碎情况而定，压力可达 0.5~1.0MPa，孔深一般为 2~4m。灌浆应在气温较低时进行。

钢管与岩壁间的混凝土除一般常用的浇筑方法外，尚有预压骨料灌浆法，后者可减小混凝土层的厚度，提高施工质量。

在岩体破碎、地下水位较高的地区，管道放空后，钢衬可能因外压而失去稳定，国内外地下埋管均有因此而破坏的例子。解决的办法有：①离开管道一定距离打排水洞以降低地下水位，这是一种很有效的措施，有的工程在回填混凝土中设排水管，但排水管在施工中易被堵塞，可靠性差；②在钢衬外设加劲环，或用锚件将钢衬锚固在混凝土上。在衬砌的周围进行压力灌浆，可减小钢衬、混凝土与岩壁间的初始缝隙，减小围岩的透水性，这些都有利于钢衬的抗外压稳定。

8.8.1.3　钢衬承受内压时的强度计算

钢衬承受内压时的强度计算基于以下假定：

（1）钢衬、混凝土垫层和围岩中的应力都在其弹性范围之内；围岩是完全弹性体，且各向同性。

（2）围岩在开挖后已充分变形，混凝土垫层和钢衬在施工后无初始应力。

（3）钢衬与混凝土垫层、混凝土垫层与岩壁间存在微小的初始缝隙。

地下埋管在内压作用下的变形和荷载传递情况如图 8-35 所示。

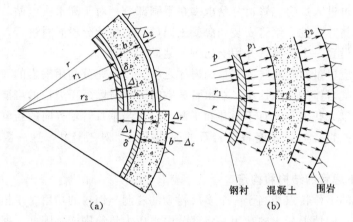

图 8-35　地下埋管在内压作用下的变形和荷载传递情况

设内水压强为 p，钢衬承受部分压强后，其余部分 p_1 传给混凝土垫层，则钢衬的传递系数

$$\varepsilon = \frac{p_1}{p} \tag{8-50}$$

钢衬在内水压强 $(p-p_1)$ 作用下，径向变位

$$\Delta_s = \Delta_1 + \Delta_2 + \Delta_c + \Delta_r \tag{8-51}$$

$$\Delta_c = \frac{r_1 p_1}{E_c} \ln\left(\frac{r_2}{r_1}\right) \tag{8-52}$$

式中：Δ_1、Δ_2 分别为混凝土垫层与钢衬和岩壁间的初始缝隙；Δ_c 为混凝土垫层的径向压缩，在有径向裂缝情况下的 Δ_c 见式（8-52）；E_c 为混凝土弹性模量；Δ_r 为岩壁的径向变位。

钢衬传给混凝土垫层的径向压强为 p_1，由于混凝土垫层有径向裂缝，不能承受环向力，故混凝土垫层传给岩壁的压强

$$p_2 = \frac{r_1}{r_2} p_1$$

假定围岩为弹性体，能承受切向应力，在 p_2 作用下，岩壁的径向变位

$$\Delta_r = \frac{r_2 p_2}{E_r}(1+\mu_r) = \frac{r_1 p_1}{E_r}(1+\mu_r) \tag{8-53}$$

式中：E_r、μ_r 分别为围岩的弹性模量和泊松比。

钢衬的半径为 r，厚度为 δ，在荷载 $(p-p_1)$ 作用下，径向变位

$$\Delta_s = \frac{p - p_1}{E_r} \times \frac{r^2}{\delta} = \frac{\sigma_s r}{E_s} \tag{8-54}$$

式中：Δ_s、E_s 分别为钢衬的环拉应力和弹性模量。

将式（8-52）、式（8-53）和式（8-54）代入式（8-51），近似地令 $r_1 = r$，并引入关系式（8-50），得传递系数

$$\varepsilon = \frac{1}{p} \times \frac{\sigma_s - \frac{E_s}{r}(\Delta_1 + \Delta_2)}{\frac{E_s}{E_c}\ln\left(\frac{r_2}{r_1}\right) + \frac{E_s}{E_r}(1 + \mu_r)} \tag{8-55}$$

设计钢衬可能有两种情况；已知内水压强求钢衬的厚度；已知内压和钢衬厚度求钢衬应力。

对于第 1 种情况，在已知内压下欲求钢衬的厚度，可采用钢材的容许应力 $[\sigma_s]$ 代替式（8-55）中的 σ_s，求出传递系数 ε，则钢材厚度

$$\delta = \frac{(1-\varepsilon)pr}{[\sigma_s]} \tag{8-56}$$

对第 2 种情况，若已知钢衬厚度求钢衬应力，则式（8-55）变为

$$\varepsilon = \frac{\frac{r}{\delta} - \frac{E_s}{rp}(\Delta_1 + \Delta_2)}{\frac{r}{\delta} + \frac{E_s}{E_c}\ln\left(\frac{r_2}{r_1}\right) + \frac{E_s}{E_r}(1 + \mu_r)} \tag{8-57}$$

用上式求出 ε，则钢材中的环向应力

$$\sigma_s = \frac{(1-\varepsilon)pr}{\delta} \tag{8-58}$$

传递系数 ε 变化在 $0 \sim 1$ 之间，若 $\varepsilon \geqslant 1$，则不需钢衬，若 $\varepsilon \leqslant 0$，则全部内水压力由钢衬承担。

洞室的开挖可能在洞壁的一定范围内形成一个松动圈，在松动圈内，岩石只能传递径向力，不能承担切向力，与开裂后的混凝土垫层相似，其径向压缩变形可用形式与式（8-52）相似的公式计算。

在求传递系数 ε 时比较困难的是如何确定围岩的弹性模量 E_r 和初始缝隙 Δ_1、Δ_2。

1. 岩体的弹性模量 E_r

岩体由岩块组成，岩块间存在节理和裂隙，受力后，节理裂隙的开合有塑性变形的特点，因此，岩体在宏观上不是完全弹性体，也不是各向同性体，而且因地制宜。室内试验只能取小块岩石作试样，不能代表岩体的宏观情况。为了考虑岩体节理裂隙对变形的影响，工程上又常用变形模量来表示岩体的应力应变关系。对有条件的工程，岩石的弹性模量（或变形模量）应通过现场试验结合工程经验确定；对无条件进行现场试验的工程，则主要靠经验。由于岩体的复杂性和多变性，在洞室的开挖过程中，应及时进行监测和评估，以便对原先选择的岩体弹性模量进行调整。

实践证明，对裂隙发育的岩体进行固结灌浆能较显著地提高岩体的弹性模量（可

提高一倍至数倍）。进行固结灌浆还可改善岩体各向异性的特点。

衡量岩体变形与作用力的关系，我国习惯上用单位抗力系数 K_0 而不用 E_r，二者的关系为 $E_r = 100(1 + \mu_r)K_0$。

2. 初始缝隙 $(\Delta_1 + \Delta_2 = \Delta_0)$

初始缝隙的数值对钢衬应力影响很大，但不易精确地确定。初始缝隙由以下几个方面组成：

（1）施工缝隙 Δ_0'。混凝土垫层在浇筑后，其凝固过程中释放的水化热使钢衬温升膨胀，混凝土凝固后，除自身的干缩外，钢衬也会因温降而收缩，在钢衬、混凝土垫层和岩壁间形成缝隙。

施工缝隙的大小与施工质量有密切关系。平洞和坡度较小的斜井在浇筑混凝土时，钢管两侧易于平仓振捣，回填混凝土的质量较易保证；而顶、底拱部位易于形成较大空隙，故施工缝隙沿管周的分布是不均匀的。减小施工缝隙的有效措施是提高混凝土垫层的浇筑质量和进行回填及接缝灌浆。我国某高水头电站的现场观测表明：在施测断面 Ⅰ，围岩较差，进行灌浆后实测最大施工缝隙为 0.14mm，钢衬实测应力小于计算应力，比较安全；施测断面 Ⅲ 的围岩较好，未进行灌浆，实测最大施工缝隙达 0.31mm，钢衬的实测应力大于计算应力，后补做回填灌浆，施工缝隙减小 0.11mm，实测钢衬应力下降 20MPa。而另一电站的地下埋管未进行灌浆，实测总施工缝隙达 0.4mm。

（2）岩石的蠕变缝隙 Δ_{rc}。岩石不是完全弹性体，在长期反复荷载作用下，有部分变形在卸荷后不能复原，形成残余变形。残余变形在一定时间内会逐渐增大。例如，我国某地下埋管的一个实测断面，7 年内钢衬应力增加约 20%，这有力地说明残余变形的存在和发展。岩体残余变形的机理，可以认为是由于岩体的节理和裂隙在加荷后闭合而卸荷后不能完全复原所致。残余变形的大小与岩体的破碎程度有关。完整岩体的残余变形很小。例如，我国另一电站的埋管，围岩较好，建成后 5 年之内实测钢衬应力无变化。对于较破碎的岩体进行固结灌浆，封堵节理和裂隙，能有效地减小岩体的残余变形。

日本东川电站的现场试验研究表明，岩体的残余变形和弹性变形存在良好的相关关系，残余变形可用与弹性变形的比值 β_r 表示，即

$$\Delta_{rc} = \beta_r (1 + \mu_r) \frac{r_1 p_1}{E_r}$$

该电站实测的 $\beta_r = 0.3 \sim 0.6$。

为了考虑节理和裂隙对岩体变形的影响，在地下工程设计中常用岩体的变性模量 M_r 代替弹性模量 E_r，二者的关系为

$$M_r = \frac{E_r}{1 + \beta_r}$$

混凝土垫层的残余变形也可利用与其弹性变形的比值 β_c 表示。

（3）温降缝隙。钢管通水后，因水温较低，钢管和围岩冷却收缩，与混凝土垫层间形成缝隙。在埋管水压试验的稳压阶段，在一定时间之内钢衬应力会随时间逐渐增

大，就是由于钢衬和围岩因热交换逐渐冷却的结果。钢衬的径向温降收缩计算式为

$$\Delta_{st} = \alpha_s(1+\mu_r)\Delta t_s r$$

式中：α_s、μ_r 分别为钢衬的线胀系数和泊松比；Δt_s 为钢衬充水前后的温差。

围岩冷缩的岩壁径向变位

$$\Delta_{rt} = \alpha_r \Delta t_r r_1 \Delta'_r$$

式中：α_r、Δt_r 分别为围岩的线胀系数和岩壁充水前后的温差；Δ'_r 可从《水电站压力钢管设计规范》（NB/T 35056—2015）附录 B 的图表查取。

考虑混凝土垫层和围岩的蠕变缝隙及钢衬和围岩的温降缝隙后，式（8-57）变为

$$\varepsilon = \cfrac{\cfrac{r}{\delta} - \cfrac{E_s}{rp}\left[\Delta'_0 + \alpha_s(1+\mu_s)r\Delta t + \Delta_{rt}\right]}{\cfrac{r}{\delta} + (1+\beta_c)\cfrac{E_s}{E_c}\ln\left(\cfrac{r_2}{r_1}\right) + (1+\beta_r)\cfrac{E_s}{E_r}(1+\mu_r)} \tag{8-59}$$

在初始缝隙中，钢衬的温降缝隙常占很大比重。围岩的温降缝隙因岩性复杂，不易确定。混凝土垫层也有温降收缩，数值不大。后两者的温降缝隙一般可以不计。

国内外的资料表明，施工缝隙 Δ'_0 一般是竖井小于斜井，斜井小于平洞。施工缝隙还与施工质量、灌浆与否等因素有关。施工质量较好，进行过接缝灌浆，Δ'_0 可取 0.2mm。

总的初始缝隙约为 $\Delta_0 = \Delta'_0 + \Delta_{rc} + \Delta_{st} = (3\sim5)\times10^{-4}r$。

8.8.1.4　钢衬承受外压时的稳定校核

钢衬是一种薄壳结构，抵抗外压的能力较低，国内外埋管的重大事故，多数是因钢衬受外压失稳造成。因此，钢衬承受外压的稳定校核是地下埋管设计的一个重要内容。图 8-36 是我国某地下埋管被外压压屈的内视照片，压屈段的长度达百余米。

钢衬承受的外压有以下 3 种：①外部地下水压力；②浇筑混凝土垫层时未凝固混凝土的压力；③灌浆压力。3 种荷载的作用情况不完全相同。钢衬承受未凝固混凝土压力时，因钢材尚无约束，类似明钢管承受外压。钢衬在承受地下水压力和灌浆压力时，已经受到混凝土垫层的约束。灌浆压力沿管周不是均布的，地下水压力则可认为是均布的。未凝固混凝土的压力和灌浆压力是可以人为控制的。

图 8-36　钢衬外压失稳照片（内视）

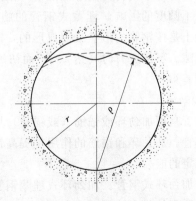

图 8-37　阿姆斯图兹假定
的钢衬屈曲波形

1. 光面管

在均匀外水压力作用下，无加劲环的光面管的计算公式较多，在我国比较常用的是阿姆斯图兹（Amstutz）公式。阿氏假定，当外压超过钢材的临界外压时，一部分的钢衬首先失稳，屈曲成三个半波，一个向内，两个向外，如图 8-37 所示；在被压屈部分，钢衬中的最大应力达到了材料的屈服强度 σ_s。根据以上假定，阿氏导出的临界外压 p_{cr} 的公式为

$$12\left(E'\frac{\Delta_0}{r}+\sigma_N\right)\left(\frac{r}{\delta}\right)^2\left(\frac{\sigma_N}{E'}\right)^{3/2}=(\sigma_s^*-\sigma_N)\left[1-0.45\left(\frac{r}{\delta}\right)\frac{\sigma_s^*-\sigma_N}{E'}\right] \tag{8-60}$$

$$P_{cr}=\frac{\sigma_N}{\dfrac{r}{\delta}\left[1+0.35\left(\dfrac{r}{\delta}\right)\dfrac{\sigma_s^*-\sigma_N}{E'}\right]} \tag{8-61}$$

$$E'=E_s/(1-\mu_s^2);\ \sigma_s^*=\sigma_s/\sqrt{1-\mu_s+\mu_s^2}$$

式中：σ_N 为钢衬屈曲部分由外压直接引起的环向应力。

式（8-60）中，r、δ、E_s、μ_s 均为已知，初始缝隙根据实际情况选定，用试算法求出 σ_N 并代入式（8-61）求 P_{cr}。对于高强度钢材，当 $\sigma_s>0.7\sigma_b$（σ_b 为钢材的极限强度）时，采用 $\sigma_s=0.7\sigma_b$。

光面管的临界外压也可用以下更简便的公式初步计算

$$P_{cr}=3440\left(\frac{r}{\delta}\right)^{1.7}\sigma_s^{0.25} \tag{8-62}$$

钢衬的容许外压 $P\leqslant P_{cr}/K$，安全系数 K 取 2.0。

初始缝隙的存在使钢衬的临界外压降低。严格浇筑垫层混凝土并进行灌浆是减小初始缝隙的重要措施。灌浆应在温度较低时进行，灌浆压力应加以控制，以防因灌浆压力过大造成钢衬失稳。灌浆的程序应是先进行低压灌浆，再进行高压灌浆。

由于制造、运输等原因，钢衬不可能是纯圆的，若半径的最大偏差为 Δr，则 $\Delta r/r$ 称为不圆度或椭圆度，一般不超过 0.5%。不圆度使钢衬某些部位的曲率半径变大，因而降低了钢材的抗外压能力。但某些理论把不圆度和初始缝隙等同起来，因而夸大了不圆度的影响。埋藏式钢管的施工顺序是先安装钢管然后再浇筑外围混凝土，混凝土是按钢管的形状凝固成形的，因此，不圆度对钢材抗外压稳定的影响不同于初始缝隙。不圆度有时高达 1%，而初始缝隙一般不超过半径的 0.04%，两者的数量级也相差很大。

2. 加劲管

加劲管是用加劲环或锚筋（或锚片）加固的管道，前者称加劲环式钢管，后者称锚筋式钢管。加劲环和锚筋的作用是提高钢材外压失稳时的屈曲波数，从而提高钢材抗外压稳定的能力。

（1）加劲环式钢管。加劲环式埋藏钢管抗外压稳定计算包括加劲环间管壁的稳定计算和加劲环的稳定计算两个方面。

加劲环的存在使管壁的屈曲波数 n 增多，波幅减小，因管壁与混凝土间有一定的初始缝隙，混凝土垫层对管壁变形的约束作用不大，故管壁的临界外压仍按明管公式

(8 – 33) 计算。

对于矩形截面的加劲环，若不考虑混凝土对加劲环的锚固作用，其本身的抗外压稳定计算可采用下面的阿姆斯图兹公式

$$\left(E_s\frac{\Delta_0}{r}+\sigma_N\right)\left(\frac{r}{i}\right)^3\left(\frac{\sigma_N}{E_s}\right)^{3/2}=1.73\frac{r}{e}(\sigma_s-\sigma_N)\left(1-0.225\frac{r}{e}\times\frac{\sigma_s-\sigma_N}{E_s}\right) \quad (8-63)$$

$$P_{cr}=\frac{\sigma_N F}{lr}\Big/\left(1+0.175\frac{r}{e}\times\frac{\sigma_s-\sigma_N}{E_s}\right) \quad (8-64)$$

式中：i 为加劲环截面的回转半径，$i=\sqrt{J/F}$，F、J 分别为加劲环的截面积和截面惯矩；e 为加劲环截面的中和轴到外缘的距离；l 为加劲环的间距。

在计算 J、F、e 时，均应包括等效长度 $(1.56+\sqrt{r\delta}+a)$ 的管壁在内。对于 T 形截面的加劲环，由于混凝土的锚固作用，一般可不进行稳定校核。

对于光面管，$e=\frac{1}{2}\delta$，$i=\sqrt{\frac{1}{12}\delta^3/\delta}=\delta/12$，即得式 (8-60) 和式 (8-61)。

（2）锚筋式钢管。用锚筋（或锚片）将管壁锚固在管周混凝土上的管道，如图 8 - 38 所示，适用于地下埋管和坝内埋管。若锚筋（或锚片）有足够的强度，而又能牢固地锚着在混凝土中，在外压的作用下，锚着点处的管壁基本上无位移，

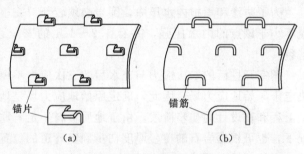

锚片　　　　　　　　　　　　锚筋

(a)　　　　　　　　　　　　(b)

图 8 - 38　锚筋式钢管

管壁屈曲形成的鼓包只能发生在相邻锚筋之间。鼓包的大小、形状和分布视锚筋的间距和相互位置而定。锚筋在管壁上多采用梅花形布置，环向间距不宜过小，管轴向间距不宜过大。用锚筋或锚片加劲钢管比采用加劲环节省钢材。但锚筋管的设计目前尚无成熟的理论，多凭经验。管壁的临界外压可用以下经验公式初步确定

$$P_{cr}=552\sigma_s^{0.4}n^{0.64}\left(\frac{\delta}{r}\right)^{1.8}\left(1+\frac{nl}{2\pi r}\right)^{-0.43} \quad (8-65)$$

式中：n 为同一截面上的管周锚筋数；l 为管轴向锚筋间距（排距）。

锚筋截面积可按下式确定

$$f=\frac{L\left[p_0 r+\alpha_s(1+\mu)\Delta t E'\delta\right]}{K[\sigma]} \quad (8-66)$$

式中：f 为锚筋截面积；p_0 为管壁的设计外压；α_s 为钢材的线膨胀系数，可取 $1.2\times10^{-5}/℃$；Δt 为管壁的计算温差，一般取 $10\sim20℃$；μ 为钢材的泊松比，可取 0.3；L 为计算宽度，可取锚筋纵距 l，$E'=E_s/(1-\mu^2)$，其中 E_s 为钢材的弹性模量；$[\sigma]$ 为锚筋的容许应力；$K=12\left(\frac{r}{\delta}\right)^2 K'+K''$，其中 $K'=\frac{\varphi+\sin\varphi\cos\varphi}{4\sin^2\varphi}-\frac{1}{2\varphi}$，$K''=\frac{\varphi+\sin\varphi\cos\varphi}{4\sin^2\varphi}$，$\varphi$ 为相邻锚筋所夹圆心角之半。

8.8.1.5　不用钢衬的地下管道

以上所述都是与埋藏式钢管有关的问题。为了节约投资和加快施工进度，取消钢材是近代埋藏式压力管道设计的一个发展方向。充分利用围岩承担内水压力是其设计的指导思想。

地下管道的衬砌形式除钢板衬砌外，尚有混凝土及钢筋混凝土衬砌、预应力混凝土衬砌和具有防渗薄膜的混凝土衬砌等。

1. 混凝土及钢筋混凝土衬砌

混凝土衬砌和钢筋混凝土衬砌在低水头压力水道中应用较多，其设计方法也有较多的文献介绍。但用于高水头情况，在内水压力作用下，混凝土不可避免地要开裂，大部分的内水压力将通过开裂后的衬砌传递给围岩。因此，在内压较高的情况下，无论在防渗还是在承担内水压力方面，这两种衬砌都不能扮演主要角色。防渗和承担内水压力主要靠围岩。因此，其工作机理与不衬砌隧洞相似。衬砌主要只能起到平整洞壁的作用。

为了防渗和承担内水压力，围岩必须较新鲜完整，同时，其原始的最小主压应力应不小于该点的内水压强，并有 1.2～1.4 的安全系数，以防在充水后围岩被水力劈裂。

洞室开挖后的二次应力与充水后的三次应力不但与洞室的尺寸和形状有关，而且决定于原始地应力场。因此，确定原始地应力场是地下工程设计的重要内容。但对小型工程和在设计的初步阶段，由于地质资料不足，原始地应力场难以确定，在这种情况下，也可根据岩石的覆盖厚度初步确定管道的位置和线路。根据挪威的经验，管顶以上岩体的最小覆盖厚度应满足

$$L_r = \frac{K\gamma_w H}{\gamma_r \cos\alpha} \qquad (8-67)$$

式中：L_r 为计算点至岩面的最小距离，如图 8 - 39 所示；γ_w、H 分别为水的容重和计算点的静水压；γ_r、α 分别为岩体容重和山坡倾角；K 为安全系数，可取 1.2～1.4。

围岩的覆盖厚度除满足上述要求外，还应该是新鲜完整的，以满足防渗要求。

2. 预应力混凝土衬砌

预应力混凝土衬砌是在管道无水之前在衬砌中施加预压应力，使管道充水后衬砌中不出现拉应力，或只有局部的很小的拉应力。

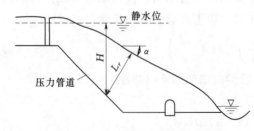

图 8 - 39　挪威围岩覆盖准则示意图

混凝土衬砌中预压应力的施加方法主要有以下 3 种：

（1）高压灌浆。在混凝土衬砌与围岩之间进行高压灌浆，给衬砌施加预压应力。这种方法简单可靠，应用较广，但要求围岩新鲜完整，并有足够的厚度。少数工程将混凝土衬砌做成双层，外层靠近岩壁，现场浇制，内层用预制块装配或现场浇制，在两层衬砌之间进行高压混浆，这种做法的优点是灌浆压力可较均匀地施加在衬砌上，

但工序复杂。

（2）钢缆施压。在混凝土衬砌外围预设钢缆，待混凝土强度足够后，张拉钢缆给衬砌施加预压应力。这种做法安全可靠，对围岩的要求不高，但施工复杂，造价较高。

（3）用膨胀混凝土衬砌。在混凝土的凝固过程中，因自身膨胀形成压应力。若围岩不够完整或覆盖厚度不够，可在衬砌靠围岩一侧布置钢筋，使其在衬砌混凝土的膨胀过程中承受拉应力，以确保在混凝土中能够形成足够的压应力和减小混凝土膨胀在围岩中引起的应力。

8.8.2 坝身管道

坝后式厂房的压力管道需穿过坝身，其布置形式主要有两种：①管道埋于混凝土坝体之中，称坝内埋管；②管道上段穿过混凝土坝体后，沿坝下游面布置在坝体之外，称为下游坝面管道，习惯上又常称"坝后背管"或"背管"。此外，尚有布置在拱坝上游面的管道。

资源 8 - 27
坝身管道和
坝后背管

8.8.2.1 坝内埋管

1. 坝内埋管的布置

坝内埋管的布置主要决定于进水口的高程、坝型及坝体尺寸、水轮机的安装高程和厂房的位置。坝内埋管在坝体中常布置成倾斜的，如图5-2所示，其轴线与下游坝坡平行，即基本上与坝体最大主压应力的方向一致，这样可以减小坝体荷载在孔口边缘引起的应力。但对坝内式厂房，进水口和水轮机的水平距离较小而高差较大，压力管道在坝体内只能垂直布置，如图12-3（b）所示。

坝内埋管的直径可由式（8-3）初步确定，由上而下可采用同一管径，也可分段采用不同的管径。坝内埋管的经济流速一般为5~7m/s。由于管道布置在坝内，回旋余地较小，故坝内埋管弯管段的曲率半径可以小些，一般为直径的2~3倍。

钢管在坝体内有两种埋设方式。第1种是钢管在坝体内用软垫层与坝体混凝土分开，钢管基本上承受全部内水压力，周围混凝土的应力则根据坝体荷载按坝内孔口求出。这种埋设方式的优点是受力较明确，坝身孔口应力较小，不致引起混凝土开裂，钢筋用量也较少，但钢管按明管设计，需要较多钢材，在高水头大直径情况下，可能因钢板太厚，在加工制造时需作消除应力处理。第2种是将钢管直接埋置在坝体混凝土中，二者结为整体，共同承担内水压力，其工作情况与地下埋管相似。

对于第2种情况，为了保证外围混凝土与钢管联合受力，在两者之间应进行接触灌浆。

坝内埋管的施工方法有两种：第1种是安装一段钢管浇筑一层坝体混凝土，两者相互配合，这样做虽可省去二期混凝土的工作，但钢管安装与坝体混凝土的浇筑干扰较大，影响施工进度。第2种是在浇筑坝体时预留钢管槽，待钢管在槽中安装就绪后用混凝土回填，槽壁与钢管间的最小距离以能满足钢管的安装要求为限，一般采用1m。

2. 坝内埋管的结构计算

坝内埋管可采用有限元的方法进行分析计算。下面介绍的是一种近似方法。该法

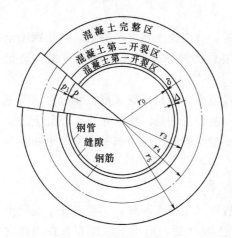

图 8-40　坝内埋管断面图

假定坝内埋管属轴对称平面形变问题，计算图形如图 8-40 所示的厚壁圆筒。根据钢管、钢筋和混凝土的变形协调关系，导出计算公式。计算步骤如下：

（1）判别混凝土开裂情况。在内水压力作用下，钢管外围混凝土可能有未开裂、开裂但未裂穿和裂穿 3 种情况。首先，假定钢管的壁厚 δ 和外围钢筋的数量（折算成连续的壁厚 δ_3），根据图 8-41 判别混凝土的开裂情况，该图系根据式（8-68）绘制而成。

若混凝土未裂穿，可由下式进一步推求混凝土的相对开裂深度

$$\Psi = r_4 / r_5$$

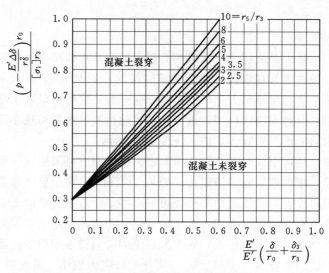

图 8-41　混凝土开裂情况判别图

$$\Psi \frac{1-\Psi^2}{1+\Psi^2}\left\{1+\frac{E'}{E'_c}\left(\frac{\delta}{r_0}+\frac{\delta_3}{r_3}\right)\left[\ln\left(\Psi\frac{r_5}{r_3}\right)+\frac{1+\Psi^2}{1-\Psi^2}+\mu'_c\right]\right\}=\frac{p-E'\dfrac{\Delta\delta}{r_0^2}}{[\sigma_l]}\times\frac{r_0}{r_5} \qquad (8-68)$$

$$E'=E_s/(1-\mu^2)\,,\ E'_c=E_c/(1-\mu_c^2)\,,\ \mu'_c=\frac{\mu_c}{1-\mu_c}$$

式中：p 为内水压强；r_0、r_3 分别为钢管和钢筋层半径；E_s、μ 分别为钢材的弹性模量和泊松比；E_c、μ_c 分别为混凝土的弹性模量和泊松比；$[\sigma_l]$ 为混凝土的容许拉应力；Δ 为钢管与混凝土间的缝隙。

式（8-68）中的 Ψ 偶有双解，取其小值。若 $\Psi\leqslant r_0/r_5$，表示混凝土未开裂；若 $\Psi>1$，则混凝土已裂穿。Ψ 用试算求解，在《水电站压力钢管设计规范》（NB/T 35056—2015）中有曲线可查。

（2）计算各部分应力。

1）混凝土未开裂。混凝土分担的内水压强

$$p_1 = \frac{p - E' \dfrac{\Delta}{r_0^2} \delta}{1 + \dfrac{E' \delta}{E_c' r_0} \left(\dfrac{r_5^2 + r_0^2}{r_5^2 - r_0^2} + \mu_c' \right)} \qquad (8-69)$$

混凝土内缘的环向应力

$$\sigma_c = \frac{p_1 (r_5^2 + r_0^2)}{r_5^2 - r_0^2} \qquad (8-70)$$

钢筋接近孔口内缘，其应力可用下式计算

$$\sigma_3 = \frac{E_s}{E_c} \sigma_c \qquad (8-71)$$

钢管环向应力

$$\sigma_1 = \frac{(p - p_1) r_0}{\delta} \qquad (8-72)$$

2）混凝土未裂穿。混凝土部分开裂，钢筋应力

$$\sigma_3 = \frac{E'}{E_c'} \times \frac{r_s}{r_3} [\sigma_l] \left\{ m \left[\ln \left(\Psi \frac{r_s}{r_3} \right) + n \right] \right\} \qquad (8-73)$$

$$m = \Psi \frac{1 - \Psi^2}{1 + \Psi^2}, \quad n = \frac{1 + \Psi^2}{1 - \Psi^2} + \mu_c'$$

钢管环向应力

$$\sigma_1 = \frac{\sigma_3 r_3}{r_0} + \frac{E' \Delta}{r_0} \qquad (8-74)$$

3）混凝土裂穿。此时混凝土不能参与承载，钢管传给混凝土的内水压强

$$p_1 = \frac{p - E' \dfrac{\Delta}{r_0^2} \delta}{1 + \dfrac{r_3}{\delta_3} \dfrac{\delta}{r_0}} \qquad (8-75)$$

钢管环向应力

$$\sigma_1 = \frac{(p - p_1) r_0}{\delta} \qquad (8-76)$$

钢筋环向应力

$$\sigma_3 = \frac{p_1 r_0}{\delta_3} \qquad (8-77)$$

上述计算为承受内水压力情况。在坝体荷载作用下，孔口有附加环向应力。将内水荷载和坝体荷载在孔口引起的环向应力叠加，通过配筋计算求出钢筋用量。如求出的钢筋数量不超过并接近原先假定的钢筋数量，则认为满足要求。否则，重新假定钢筋数量，计算至满意为止。

8.8.2.2　坝后背管

为了解决钢管安装与坝体混凝土浇筑的矛盾，苏联从 20 世纪 60 年代起，在一些大型坝后式水电站中将钢管布置在混凝土坝的下游面上，形成坝后背管。与坝内埋管相比，坝后背管虽然长度较长，费材较多，但由于可以加快施工进度，缩短工期，在

世界各国逐步得到了推广。

坝后背管可采用明钢管，如图 8-42 所示。其优点是管道结构简单，受力明确，施工简便。但管道位于厂房上游，如若爆破对厂房的安全威胁较大，在高水头大直径情况下，可能因管壁太厚，在加工制造时需作消除应力处理，在气候寒冷地区，需有防冻设施。

坝后背管目前采用较多的是钢衬钢筋混凝土管道，即在钢管之外再包一层钢筋混凝土，形成组合式多层管道，如图 8-43 所示。钢筋混凝土层的厚度视水头高低和管道直径大小而定，通常用 1~2m，不宜用得太厚。

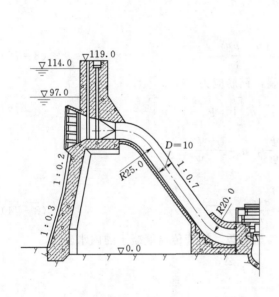

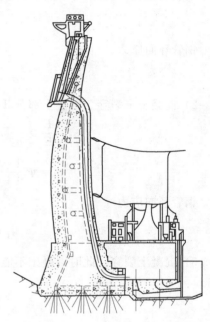

图 8-42 明背管 　　　　　　　 图 8-43 钢衬钢筋混凝土背管

早期的钢衬钢筋混凝土背管多按钢衬单独承担内压设计，外层钢筋混凝土只是一种附加的安全措施。近期的钢衬钢筋混凝土背管则按钢材和钢筋混凝土联合受力设计，并允许混凝土裂穿，钢衬和钢筋的应力可按式（8-75）～式（8-77）确定。由于钢衬和钢筋混凝土之间有一定的初始缝隙 Δ，钢材和钢筋的材料强度不能同时得到充分利用，故两者总的钢材用量将超过明钢管的钢材用量。由于初始缝隙 Δ 无法预知而又难以控制，为安全计，钢衬和钢筋的总量可以这样来控制：不考虑初始缝隙 Δ，假定内水压力由钢衬和钢筋共同承担，并将钢材的容许应力降低至 $0.50\sigma_s$（相当于安全系数为 2.0）。钢衬和钢筋的用量在一定情况下是可以互相代替的，即可以采用厚一些的钢衬和少一些钢筋，也可以相反。由于钢筋的单价较低，故钢衬钢筋混凝土管道宜采用较薄的钢衬和较多的钢筋，这样不但有助于降低造价，而且可以降低钢衬对焊接的要求，但钢衬的最小厚度受管壁最小结构厚度限制。钢衬钢筋混凝土管道具有较高的安全度，但与明管相比，增加了扎筋、立模和浇筑混凝土等工序。近年来，我国东江、紧水滩和三峡水电站均采用了钢衬钢筋混凝土管。

第9章

水电站的水锤与调节保证

9.1 水锤现象和研究水锤的目的

9.1.1 水锤现象

《水力学》这门课程介绍了当压力管道末端的流量发生变化时，管道内将出现非恒定流现象，其特点是随着流速的急剧变化压强有较显著的变化，这种现象称为水锤（亦称水击）。

图9-1为一压力管道水锤示意图。管道末端有一节流阀 A，阀门全开时管道中的恒定流速为 V_0，若忽略水头损失，管末水头为 H_0，管道直径为 d_0，水的密度为 ρ_0。

当阀门突然瞬时关闭（关闭时间 $T_s=0$）后，阀门处的流速为零，管道中的水体由于惯性作用，仍以流速 V_0 流向阀门，首先使靠近阀门 dx 长的一段水体受到压缩，如图9-1（a）所示，在该段长度内，流速减为零，水头增至 $H_0+\Delta H$，水的密度增至 $\rho_0+\Delta\rho$，管径增至 $d_0+\Delta d$。由于 dx 上游水体未受到阀门关闭的影响，仍以流速 V_0 流向下游，使靠近 dx 上游的另一段水体又受到压缩，其结果使流速、压强、水的密度和管径变化与 dx 段相同。这样，整个压力管道中的水体便逐步被压缩。水头变化 ΔH 称水锤压强，其前峰的传播速度 c 称水锤波速。

当时间 $t=L/c$（L 为管长）时，水锤波传到 B 点。B 点的左边为水库，压强不变，

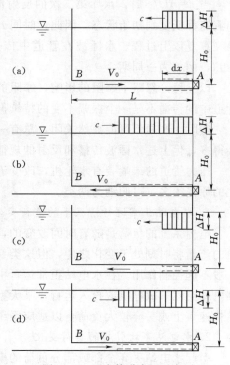

图9-1 压力管道水锤示意图

资源9-1
水锤现象

资源9-2
管道末阀门关闭时水锤波传播和压力、流速变化过程

右边的压强比左边高 ΔH，不能平衡，管道中的水体被挤向水库，其流速为 V_0，使管道进口的压强恢复到初始状态 H_0，水的密度和管径也恢复到初始状态 ρ_0 和 d_0。可以看出，水锤波在 B 点发生了反射，反射波的绝对值与入射波相同，均为 ΔH，但符号相反，即由升压波反射为降压波，故 B 点的反射规律为异号等值反射，这是水库对水锤波反射的特点。

B 点的反射波以速度 c 向下游传播，反射波所到之处，消除了升压波的影响，使

管道中水的压强、密度和管径都恢复到初始状态，但流速方向与初始状态相反，如图 9-1 (b) 所示。

当 $t=2L/c$ 时，管道中的压强虽恢复正常，但其中的水体仍以流速 V_0 向上游流动，由于阀门是关闭的，使得流速为零，故此向上游的流速 V_0 必然在阀门处引起一个压降 ΔH。可以看出，水库反射波在阀门处再一次发生反射，其数值和符号均不变，即降压波仍反射为降压波，故 A 点的反射规律为同号等值反射，这是阀门完全关闭状态下的反射特点。

阀门处的反射波仍以速度 c 向上游传播，所到处，管道内压强降为 $H_0-\Delta H$，管径减为 $d_0-\Delta d$，水的密度变为 $\rho_0-\Delta\rho$，流速变为零，如图 9-1 (c) 所示。

当 $t=3L/c$ 时，阀门的反射波到达 B 点，B 点右边管道中的压强比左边水库低 ΔH，压强仍不能平衡，水库中的水体必然以流速 V_0 进入管道，使管道的压强逐步恢复正常，如图 9-1 (d) 所示。可见，水库将阀门反射回来的降压波又反射成升压波，以速度 c 传播回去，其值仍为 ΔH，这是符合水库的"异号等值"反射规律的。

当 $t=4L/c$ 时，水库第二次的反射波又到达 A 点，此时整个压力管道中的压强和流速都恢复到初始状态。因此，时间 $t=4L/c$ 称为水锤波的"周期"。此后水锤现象又重复以上过程。水锤波在管道中传播一个来回的时间 $t=2L/c$，称为水锤波的"相"，两相为一周期。

以上讨论忽略了摩阻的影响，摩阻的存在将带来能量的损耗，实际上，水锤波在管道中的传播不是一个振幅不变的持续振荡，而是逐渐衰减趋于消失。

实际上阀门不可能突然关闭，总有一定的历时，其水锤现象比突然关闭情况要复杂得多，但上述水锤波传播和反射的规律仍然适用，下面逐步加以讨论。

压力管道的末端装有水轮机，改变流量的机构为导叶或阀门。引起水轮机流量变化的原因很多，可归纳为两类。

1. 水电站正常运行情况下的负荷变化

电力系统的负荷是随着时间改变的，如水电站担任峰荷或调频，则其负荷和水轮机的流量将时刻处于变化之中，但这类变化一般比较缓慢，由此引起的水流压力变化一般不起控制作用。在水电站正常运行中也可能发生较大的负荷变化，例如，系统中某电站突然事故停机或投入运行，某大型用电设备的启动或停机等，都可能要求本电站快速带上或丢弃较大负荷，以适应系统的供电要求。

2. 水电站事故引起的负荷变化

引起水电站丢弃全部或部分负荷的事故有：输电线或母线短路，主要设备发生故障（如水轮发电机组轴承过热、调速系统故障等）及有关建筑物发生事故等。输电线或母线短路，视主接线形式和短路性质，可能迫使水电站丢弃全部负荷或部分负荷；主要设备故障一般只使发生故障的机组停机。水电站事故引起的负荷变化一般较大，常是水锤计算的控制情况。

9.1.2 研究水锤现象的目的

水锤现象是各类水电站所共有。研究水锤现象的目的可归纳为以下 4 个方面。

(1) 计算水电站过水系统的最大内水压强，作为设计或校核压力管道、蜗壳和水

资源 9-3
水电站的不
稳定工况

资源 9-4
研究水锤
的目的

轮机强度的依据。

（2）计算过水系统的最小内水压强，作为布置压力管道的路线（防止压力管道内发生真空）和检验尾水管内真空度的依据。

（3）研究水锤现象与机组运行（如机组转速变化和运行的稳定性等）的关系。

（4）研究减小水锤压强的措施。

水锤现象也往往是引起压力管道和机组振动的原因之一。对于明钢管，应研究水锤引起管道振动的可能性。

9.2 水锤基本方程和水锤波的传播速度

9.2.1 基本方程

《水力学》教材根据动量定理和水流连续性定理导出的水锤基本方程为

$$g\frac{\partial H}{\partial x}+V\frac{\partial V}{\partial x}+\frac{\partial V}{\partial t}+\frac{f}{2d}|V|V=0 \tag{9-1}$$

$$V\frac{\partial H}{\partial x}+\frac{\partial H}{\partial t}+V\sin\alpha+\frac{c^2}{g}\frac{\partial V}{\partial x}=0 \tag{9-2}$$

式中：V 为管道中的流速，向下游为正；H 为压力水头；x 为距离，以管道进口为原点，向下游为正；t 为时间；c、g 分别为水锤波速和重力加速度；d、α 分别为管道直径和纵坡；f 为达西-维斯巴哈（Darcy-Weisbach）摩阻系数。

在式（9-1）和式（9-2）中，$V\frac{\partial V}{\partial x}$ 相对于 $\frac{\partial V}{\partial t}$，$V\frac{\partial H}{\partial x}$ 相对于 $\frac{\partial H}{\partial t}$，均较小，$V\sin\alpha$ 亦为小项，对于水电站的压力管道，摩阻项 $\frac{f}{2d}|V|V$ 可不计，在式（9-1）和式（9-2）中略去各次要项后，得

$$\frac{\partial V}{\partial t}+g\frac{\partial H}{\partial x}=0 \tag{9-3}$$

$$\frac{\partial H}{\partial t}+\frac{c^2}{g}\frac{\partial V}{\partial x}=0 \tag{9-4}$$

式（9-3）和式（9-4）为一组双曲线型偏微分方程，其通解为

$$\Delta H=H-H_0=F\left(t+\frac{x}{c}\right)+f\left(t-\frac{x}{c}\right) \tag{9-5}$$

$$\Delta V=V-V_0=-\frac{g}{c}\left[F\left(t+\frac{x}{c}\right)-f\left(t-\frac{x}{c}\right)\right] \tag{9-6}$$

式中：H_0 和 V_0 分别为初始水头和流速；F 和 f 分别为两个波函数。

$F\left(t+\frac{x}{c}\right)$ 表示以速度 c 沿 x 轴负方向传播的压力波；因为，若欲保持 F 为常数，则必须 $t+\frac{x}{c}=$ 常数，即随着 t 的增加，x 必须以 c 的速率减小，故 F 是由管末向上

游传播的压力波，可根据管末的边界条件确定。$f\left(t-\dfrac{x}{c}\right)$ 表示以速度 c 沿 x 轴正方向传播的压力波，可根据管道进口的边界条件确定。F 和 f 的因次与 ΔH 相同。压力管道任一断面在任一时刻的压强和流速的变化均决定于这两个波函数。

9.2.2　水锤波的传播速度

根据水流的连续性定理和动量定理，考虑水体和管壁的弹性，可导出水锤波的传播速度

$$c=\dfrac{\sqrt{E_w\dfrac{g}{\gamma}}}{\sqrt{1+\dfrac{2E_w}{Kr}}} \tag{9-7}$$

式中：E_w、γ 分别为水的体积弹性模量和容重，在一般温度和压力下，$E_w=2.0\times10^3\text{MPa}$（$2.1\times10^5\text{tf/m}^2$），$\gamma=9.81\text{kN/m}^3$（$1\text{tf/m}^3$）；分子 $\sqrt{E_w g/\gamma}$ 为声波在水中的传播速度，约为 1435m/s；r 为管道的半径；K 为抗力系数，对以下不同的情况取不同的数值。

1. 明钢管

$$K=K_s=\dfrac{E_s\delta_s}{r^2} \tag{9-8}$$

式中：E_s、δ_s 分别为钢材弹模和管壁厚度。若管道在轴向不能自由伸缩（平面形变问题），则 E_s 应代以 $E_s/(1-\mu^2)$，μ 为泊松比。对有加劲环的情况，可近似地取 $\delta_s=\delta_0+F/l$，δ_0 为管壁的实际厚度，F、l 分别为加劲环的截面积和间距。

2. 岩石中的不衬砌隧洞

$$K=\dfrac{100K_0}{r} \tag{9-9}$$

式中：K_0 为岩石的单位抗力系数。

3. 埋藏式钢管（图 9-2）

$$K=K_s+K_c+K_f+K_r \tag{9-10}$$

式中：K_s 为钢衬的抗力系数，用式（9-8）计算，$r=r_1$，E_s 代以 $E_s/(1-\mu^2)$；K_f 为环向钢筋的抗力系数；K_r 为围岩的抗力系数，用式（9-9）计算，$r=r_1$；K_c 为回填混凝土的抗力系数，若混凝土已开裂，忽略其径向压缩，可近似地令 $K_c=0$，若未开裂，则

$$K_c=\dfrac{E_c}{(1-\mu_c^2)r_1}\ln\dfrac{r_2}{r_1} \tag{9-11}$$

式中：E_c、μ_c 分别为混凝土的弹性模量和泊松比。

$$K_f=\dfrac{E_s f}{r_1 r_f} \tag{9-12}$$

式中：f、r_f 分别为每厘米长管道中钢筋的截面积和钢筋圈的半径。

应该指出，除均质薄壁管外，各组合管的水锤波速一般只能近似地确定，这与一些原始数据（如围岩的弹性抗力系数 K_0 等）的精度不高有关。对于最大水锤压强出现在第一相末的高水头水电站，水锤波速对最大水锤压强影响较大，应尽可能选择符合实际情况而又略为偏小的水锤波速以策安全。水锤波速对以后各相水锤压强的影响逐渐减小。对于大多数水电站，最大水锤压强出现在开度变化接近终了时刻，在这种情况下，过分追求水锤波速的精度是没有必要的，而且一般也是难于做到的。这些在学习了后面的有关部分以后即可理解。在缺乏

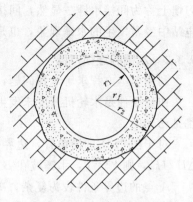

图 9-2　埋藏式钢管

资料的情况下，明钢管的水锤波速可近似地取为 1000m/s，埋藏式钢管可近似地取为 1200m/s。

9.3　水锤计算的解析法

9.3.1　直接水锤和间接水锤

1. 直接水锤

若水轮机开度的调节时间 $T_s \leqslant 2L/c$，则在水库反射波到达管道末端之前开度变化已经结束。管道末端只受因开度变化直接引起的水锤波的影响，这种现象习惯上称为直接水锤。

资源 9-6
直接水锤和
间接水锤

由于管道末端未受水库反射波的影响，故基本方程式（9-5）和式（9-6）中的函数 $f\left(t-\dfrac{x}{c}\right)=0$，用以上二式消去 $F\left(t+\dfrac{x}{c}\right)$ 得直接水锤公式

$$\Delta H = H - H_0 = -\frac{c}{g}(V - V_0) \tag{9-13}$$

从式（9-13）可以看出，当水轮机导叶或阀门关闭，即开度减小时，管内流速减小，括号内为负值，ΔH 为正，发生正水锤；反之，当水轮机导叶或阀门开启，即开度增大时，ΔH 为负，发生负水锤。直接水锤的压强只与流速变化量 $(V-V_0)$ 和管道特性（反映在波速 c 中）有关，而与开度的变化速度、变化规律和管道长度无关。

设管道中的初始流速 $V_0 = 5\text{m/s}$，波速 $c = 1000\text{m/s}$，在丢弃全负荷时若发生直接水锤，ΔH 将达 510m，因此在水电站中直接水锤是应当绝对避免的。

2. 间接水锤

若水轮机开度的调节时间 $T_s > 2L/c$，则在开度变化终了之前管道进口的反射波已经到达管道末端，此反射波在管道末端将发生再反射，因此管道末端的水锤压强是由向上游传播的水锤波 F 和反射回管道末端的水锤波 f 叠加的结果，这种水锤现象

习惯上称为间接水锤。显然，间接水锤的计算要比直接水锤复杂得多。间接水锤是水电站中经常发生的水锤现象，也是主要的研究对象。

9.3.2　水锤的连锁方程

资源 9 - 7
水锤的连
锁方程

利用基本方程求解水锤问题，必须考虑已知的初始条件和边界条件。

初始条件是水轮机开度未发生变化时的状态，此时管道中为恒定流，压强和流速都是已知的。

对于图 9-1 的简单管，边界条件是利用 A、B 两点。B 点的压强为常数，令 $\zeta = \Delta H/H_0$，则 $\zeta^B = 0$，水锤波在 B 点发生异号等值反射。

A 点的边界条件较为复杂，决定于水轮机导叶或阀门等节流机构的出流规律。从《水力学》中可知，水斗式水轮机喷嘴的边界条件可表达为

$$v = \tau\sqrt{1+\zeta} \tag{9-14}$$

式中：v 为管道中的相对流速；$v = V/V_{max}$，V 为管道中任意时刻的流速，V_{max} 为最大流速；τ 为喷嘴的相对开度；$\tau = \omega/\omega_{max}$，$\omega$ 为喷嘴任意时刻的过水面积，ω_{max} 为喷嘴最大过水面积；ζ 为水锤相对压强，$\zeta = (H - H_0)/H_0$，H 为管末任意时刻的压力水头，H_0 为初始水头。

式（9-14）所表达的出流规律对反击式水轮机并不适合，根据这一边界条件导出的水锤计算公式，只适用于水斗式水轮机，对反击式水轮机，只能用于水锤的粗略计算。

在《水力学》教材中已经证明，根据基本方程式（9-5）、式（9-6）和边界条件式（9-14）可导出丢弃负荷时压力管道末端第一相、第二相和任意相末的水锤方程

$$\tau_1\sqrt{1+\zeta_1} = \tau_0 - \frac{1}{2\rho}\zeta_1 \tag{9-15}$$

$$\tau_2\sqrt{1+\zeta_2} = \tau_0 - \frac{1}{\rho}\zeta_1 - \frac{1}{2\rho}\zeta_2 \tag{9-16}$$

$$\vdots$$

$$\tau_n\sqrt{1+\zeta_n} = \tau_0 - \frac{1}{\rho}\sum_{i=1}^{i=n-1}\zeta_i - \frac{1}{2\rho}\zeta_n \tag{9-17}$$

式中：τ_1、τ_2、τ_n 分别为第一相、第二相和第 n 相末的相对开度，τ_0 为初始开度；ζ_1、ζ_2、ζ_n 分别为第一相、第二相和第 n 相末管道末端的水锤相对压强，$\zeta_i = (H_i - H_0)/H_0$；$\rho$ 为水锤常数，$\rho = \dfrac{cV_{max}}{2gH_0}$。

利用式（9-15）～式（9-17）可求出任意相末的水锤压强，但必须连锁求解，例如欲求第 n 相末的 ζ_n，必须先依次求出 ζ_1、ζ_2、…、ζ_{n-1}，故式（9-15）～式（9-17）称为水锤的连锁方程，应用起来不够方便，常设法予以简化。

对增加负荷情况，压力管道末端各相末的水锤方程见表 9-1。

表 9-1　　　　　　　　　　　　水锤计算公式汇总表

闸门或导叶状态	水锤类型	开度 起始	开度 终了	计算公式	近似公式
关闭	直接水锤	τ_0	τ_c	$\tau_c\sqrt{1+\zeta}=\tau_0-\dfrac{1}{2\rho}\zeta$	$\zeta=\dfrac{2\rho(\tau_0-\tau_c)}{1+\rho\tau_c}$
		τ_0	0	$\zeta=2\rho\tau_0$	$\zeta=2\rho\tau_0$
		1	0	$\zeta=2\rho$	$\zeta=2\rho$
	间接水锤	τ_0	0	$\zeta_m=\dfrac{\sigma}{2}\left(\sqrt{\sigma^2+4}+\sigma\right)$	$\zeta_m=\dfrac{2\sigma}{2-\sigma}$
		τ_0		$\tau_1\sqrt{1+\zeta_1}=\tau_0-\dfrac{1}{2\rho}\zeta_1$	$\zeta_1=\dfrac{2\sigma}{1+\rho\tau_0-\sigma}$
		1		$\tau_1\sqrt{1+\zeta_1}=1-\dfrac{1}{2\rho}\zeta_1$	$\zeta_1=\dfrac{2\sigma}{1+\rho-\sigma}$
		τ_0		$\tau_n\sqrt{1+\zeta_n}=\tau_0-\dfrac{1}{\rho}\displaystyle\sum_{i=1}^{n-1}\zeta_i-\dfrac{1}{2\rho}\zeta_n$	$\zeta_n=\dfrac{2\left(n\sigma-\displaystyle\sum_{i=1}^{n-1}\zeta_i\right)}{1+\rho\tau_0-n\sigma}$
开启	直接水锤	τ_0	τ_c	$\tau_c\sqrt{1-\eta}=\tau_0+\dfrac{1}{2\rho}\eta$	$\eta=\dfrac{2\rho(\tau_c-\tau_0)}{1+\rho\tau_c}$
		τ_0	1	$\sqrt{1-\eta}=\tau_0+\dfrac{1}{2\rho}\eta$	$\eta=\dfrac{2\rho(1-\tau_0)}{1+\rho}$
			1	$\sqrt{1-\eta}=\dfrac{1}{2\rho}\eta$	$\eta=\dfrac{2\rho}{1+\rho}$
	间接水锤	τ_0	1	$\eta_m=\dfrac{\sigma}{2}\left(\sqrt{\sigma^2+4}-\sigma\right)$	$\eta_m=\dfrac{2\sigma}{1+\sigma}$
		τ_0	1	$\tau_1\sqrt{1-\eta}=\tau_0+\dfrac{1}{2\rho}\eta_1$	$\eta_1=\dfrac{2\sigma}{1+\rho\tau_0+\sigma}$
		0	1	$\tau_1\sqrt{1-\eta_1}=\dfrac{1}{2\rho}\eta_1$	$\eta_1=\dfrac{2\sigma}{1+\sigma}$
		τ_0	1	$\tau_n\sqrt{1-\eta_n}=\tau_0+\dfrac{1}{\rho}\displaystyle\sum_{i=1}^{n-1}\eta_i+\dfrac{1}{2\rho}\eta_n$	$\eta_n=\dfrac{2\left(n\sigma-\displaystyle\sum_{i=1}^{n-1}\eta_i\right)}{1+\rho\tau_0+n\sigma}$

注　表中 $\eta_i=(H_0-H_i)/H_0$，η_i 为水锤的相对降压，式中 η 均取正号。

9.3.3　水锤波在管道特性变化处的反射

水锤波在管道特性变化处（如管道进口、分岔、变径段、阀门等）都将发生反射，以便保持该处压强和流量的连续，这是水锤波的重要特性之一。一般来说，当入射波到达管道特性变化处之后，一部分以反射波的形式折回，另一部分以透射波的形式继续向前传播。

反射波与入射波的比值称反射系数，以 r 表示。透射波与入射波的比值称透射系数，以 s 表示，两者的关系为

$$s-r=1 \tag{9-18}$$

资源 9-8
水锤波在水
管特性变化
处的反射
特性

1. 水锤波在管道末端的反射

水锤波在管道末端的反射决定于管道末端节流机构的出流规律。对于水斗式水轮机，其喷嘴的出流规律为 $\upsilon=\tau\sqrt{1+\zeta}$，当 $\zeta\leqslant0.5$ 时，利用泰勒级数展开，可近似地

取 $\upsilon = \tau(1+\zeta/2)$。在入射波未到达的时刻，$\zeta_0 = 0$，$\upsilon_0 = \tau$。

设有一入射波 f（传至阀门的水库反射波），传到阀门后发生反射，产生一反射波 F 折回，根据基本方程式（9-6），得

$$F - f = -\frac{c}{g}(V - V_0) = -\frac{cV_{\max}}{g}\left[\tau\left(1+\frac{1}{2}\zeta\right) - \tau\right]$$

$$= -\frac{cV_{\max}}{2g}\tau\zeta$$

阀门处的水锤压强为入射波与反射波的叠加结果，根据式（9-5），得

$$\Delta H = H_0\zeta = F + f$$

消去 ζ，简化后得阀门的反射系数为

$$r = \frac{F}{f} = \frac{1-\rho\tau}{1+\rho\tau} \tag{9-19}$$

根据水锤常数 ρ 和任意时刻的开度 τ，可利用式（9-19）确定阀门在任意时刻的

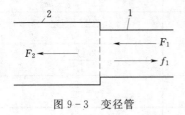

图 9-3　变径管

反射特性。例如，当阀门完全关闭时，$\tau = 0$，$r = 1$，阀门处发生同号等值反射，这证明在 9.1 节讨论水锤现象时所用的假定是正确的。

式（9-19）适用于水斗式水轮机，用于反击式水轮机是近似的。

2. 水锤波在管径变化处的反射

对于图 9-3 所示的变径管，入射波 F_1 从管 1 传来，在变径处发生反射，反射波为 f_1，透射波为 F_2，根据式（9-5）和式（9-6）及水流在变径处的连续性，可导出反射系数

$$r_1 = \frac{\rho_2 - \rho_1}{\rho_1 + \rho_2} \tag{9-20}$$

$$\rho_1 = \frac{c_1 V_1}{2gH_0}$$

$$\rho_2 = \frac{c_2 V_2}{2gH_0}$$

r_1 为正表示反射是同号的，其结果是使管 1 中水锤压强的绝对值增大；反之，r_1 为负表示反射是异号的，其结果是使管 1 中的水锤压强的绝对值减小。

若管 2 断面趋近于零，则 $\rho_2 \to \infty$，由式（9-20）得 $r_1 = 1$，同号等值反射，使该处的水锤压强增加一倍，这相当于管道末端阀门完全关闭情况。若管 2 断面无限大，则 $V_2 = 0$，$\rho_2 = 0$、$r_1 = -1$，异号等值反射，使该处的水锤压强为零，这相当于水库处的情况。

3. 水锤波在岔管处的反射

对于图 9-4 所示的岔管，入射波 F_1 从管 1 传来，在岔管处发生反射，反射波为 f_1，透射波为 F_2 和 F_3，根据水锤基本方程式（9-5）、式（9-

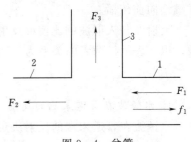

图 9-4　岔管

6）和该处水流的连续性，导出反射系数为

$$r = \frac{\rho_2\rho_3 - \rho_1\rho_2 - \rho_3\rho_1}{\rho_1\rho_2 + \rho_2\rho_3 + \rho_3\rho_1} \tag{9-21}$$

式中：$\rho_i = \dfrac{c_i Q}{2gH_0 A_i}$，$Q$ 为总管流量（用其他流量也不影响计算结果）；A 为管道断面积；$i = 1$，2，3。

式（9-21）可用于计算水锤波在调压室处的反射。

9.3.4　开度依直线变化的水锤

水轮机导叶或阀门的关闭规律常具有图 9-5 中实线的形式。从全开（$\tau = 1.0$）到全关（$\tau = 0$）的全部历时为 T_z，由于节流机构的惯性，曲线开始的一段接近水平，开度的变化速度较慢，在这个过程中，引起的水锤压强很小，对水锤计算的实际意义不大。在接近关闭终了时，阀门速度又逐渐减慢，这种现象只对关闭接近终了时的水锤有影响。因此，为了简化计算，常取阀门关闭过程的直线段加以适当延长，得到 T_s（T_s 称有效关闭时间），用 T_s 进行水锤计算。在缺乏资料的情况下，可近似地取 $T_s = 0.7T_z$。

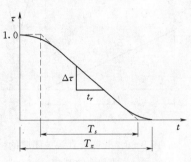

图 9-5　开度变化规律

进行水锤计算，最重要的是求出水锤压强的最大值。在开度直线变化情况下，不必根据连锁方程依次求出各相的水锤，再从中找出最大值，而可采取更简便的方法。

对于阀门直线关闭情况的水锤，根据最大压强出现的时间可归纳为两种类型：

（1）最大水锤出现在第一相末，如图 9-6（a），此种水锤称为第一相水锤（或首相水锤）。

（2）最大水锤出现在第一相以后的某一相，其特点是最大水锤压强虽可能超过极限值 ζ_m，但与 ζ_m 相差不大，可用 ζ_m 代表，这一类型的水锤现象可用图 9-6（b）代表，称为极限水锤。

产生以上不同水锤现象的原因是由于管道末端阀门的反射特性不同。

1. 第一相水锤

根据式（9-19），当 $\rho\tau_0 < 1$ 时（τ_0 为起始开度），r 为正，水锤波在阀门处的反射是不变号的。在阀门关闭过程中，阀门处任一时刻的水锤压强系由三部分组成：阀门不断关闭所产生的升压波和经阀门反射向上游的反射波，这两种水锤波都按 x 轴的负方向传递，统称为反向波；第三部分是经水库反射回来的水锤波，因按 x 的正方向传递，称为正向波。第一相中，正向波未到达阀门，阀门处的水锤压强只决定于开度关闭所产生的升压波，第一相末达到 ζ_1，如图 9-6（a）所示。第二相末，正向波早已到达阀门，若阀门的反射是不变号的，水库反射回来的降压波仍反射为降压波，两个降压波之和将超过第二相中由于阀门关闭所产生的升压波，因而第二相末的水锤压强 $\zeta_2 < \zeta_1$。第三相末，由于阀门反射回去的降压波，经水库反射为升压波折回阀门，在阀门处又反射为升压波，这两个升压波的共同作用，又使阀门处的水锤压强开始升

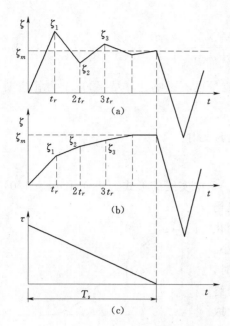

图 9-6　开度依直线关闭时的
两种水锤现象

高，$\zeta_3 > \zeta_2$。

根据阀门对水锤波不变号的反射规律，水锤压强绕某一 ζ_m 值上下波动，最后趋近于 ζ_m。由于最大水锤出现在第一相末，$\zeta_1 > \zeta_m$，故称为第一相水锤。

$\rho\tau_0 < 1$ 是发生第一相末水锤的判别条件，凡属第一相水锤者，即可利用式（9-15）和第一相末的阀门开度 τ_1 求出最大水锤压强 ζ_1。

对于如图 9-5 所示的直线关闭规律，一个相 t_r 的开度变化 $\Delta\tau = -t_r/T_s = -2L/cT_s$，负号表示阀门关闭时开度随时间而减小，令 $-\rho\Delta\tau = \sigma$，则

$$\sigma = \frac{LV_{\max}}{gH_0T_s}$$

σ 和 ρ 是水锤计算中两个常用的系数。σ 表示阀门开度变化时管道中水流动量的相对变化率。

通常，水锤压强不会超过静水头的 50%，若近似地以 $(1 + \zeta_1/2)$ 代替 $\sqrt{1 + \zeta_1}$，则式（9-15）可简化为

$$\zeta_1 = \frac{2\sigma}{1 + \rho\tau_0 - \sigma} \tag{9-22}$$

发生第一相水锤的条件是 $\rho\tau_0 < 1$，对于丢弃满负荷情况，$\tau_0 = 1$，则有 $\rho = cV_{\max}/2gH_0 < 1$，若 $c = 1000\text{m/s}$，$V_{\max} = 5\text{m/s}$，则 $H_0 > 250\text{m}$，故在丢弃满负荷的情况下，只有高水头电站才可能出现第一相水锤。第一相水锤是高水头电站水锤的特征。

2. 极限水锤

根据式（9-19），当 $\rho\tau_0 > 1$ 时，r 为负，阀门对水锤波的反射是变号的。在第二相中，水库传来的降压波在阀门处反射成升压波，它和第二相中阀门继续关闭产生的升压波共同作用，使第二相中阀门处的水锤压强不断升高，即 $\zeta_2 > \zeta_1$。同理，以后各相只要满足 $\rho\tau > 1$ 的条件，水锤压强将继续升高趋近于极限值 $\zeta_{\max}$，如图 9-6（b）所示。由于水锤的最大值为 $\zeta_{\max}$，故称为极限水锤。极限水锤是中低水头电站水锤的特征。

在阀门的关闭过程中，由于 ρ 是常数，随着阀门开度 τ 的逐渐减小，经过一定时间即会出现 $\rho\tau < 1$ 的情况，此时水锤压强达到最大值，以后即上下波动趋于极限值 ζ_m，可见，最大水锤可能出现在第一相以后的任何一相。但在开度直线变化的情况下，前后两相水锤压强之差是逐渐减小的，随着相数的增加，水锤压强越来越趋近于 ζ_m，即 $|\zeta_i - \zeta_m| > |\zeta_{i+1} - \zeta_m|$。因此，第一相以后各相出现的最大水锤虽可能超过 ζ_m，但与 ζ_m 相差不大，最大水锤出现得越迟越接近 ζ_m，故除第一相水锤以外的各种水锤现象均归入极限水锤一类。

根据式（9-17），列出第 n 相和第 $n+1$ 相的水锤方程为

$$\tau_n \sqrt{1+\zeta_n} = \tau_0 - \frac{1}{\rho}\sum_{i=1}^{n-1}\zeta_i - \frac{1}{2\rho}\zeta_n$$

$$\tau_{n+1}\sqrt{1+\zeta_{n+1}} = \tau_0 - \frac{1}{\rho}\sum_{i=1}^{n-1}\zeta_i - \frac{1}{\rho}\zeta_n - \frac{1}{2\rho}\zeta_{n+1}$$

根据极限水锤的概念，若相数足够多，则可认为 $\zeta_n = \zeta_{n+1} = \zeta_m$。

将以上两式相减，并以 $\tau_{n+1}-\tau_n = \Delta\tau$ 和 $-\rho\Delta\tau = \sigma$ 代入，得

$$\zeta_m = \sigma\sqrt{1+\zeta_m} \tag{9-23}$$

解上式得

$$\zeta_m = \frac{\sigma}{2}(\sigma + \sqrt{\sigma^2+4}) \tag{9-24}$$

若以近似值 $(1+\zeta_m/2)$ 代 $\sqrt{1+\zeta_m}$，则式（9-23）可进一步简化为

$$\zeta_m = \frac{2\sigma}{2-\sigma} \tag{9-25}$$

仅仅用 $\rho\tau_0$ 大于还是小于 1 作为判别水锤类型的条件是近似的。水锤的类型不但与 $\rho\tau_0$ 有关，而且与 σ 有关，可根据两者的数值从图 9-7 查出。图中有 5 个区域：Ⅰ区，属极限正水锤范围；Ⅱ区，$\zeta_1 > \zeta_m$，属第一相正水锤范围；Ⅲ区，属直接水锤范围；Ⅳ区，$\eta_m > \eta_1$，属极限负水锤范围；Ⅴ区，$\eta_1 > \eta_m$，属第一相负水锤范围。查出水锤的类型后，可选择相应的计算公式求出最大水锤压强。表 9-1 中汇总了各种主要情况的水锤计算公式供选用。

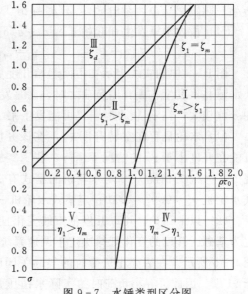

图 9-7　水锤类型区分图

9.3.5 起始开度和关闭规律对水锤的影响

1. 起始开度对水锤的影响

水电站可能在各种不同的负荷情况下运行。当电站满负荷运行时，$\tau_0 = 1$；当电站以部分负荷运行时，$\tau_0 < 1$。因此，水电站因事故丢弃负荷时的起始开度 τ_0 可能有各种数值。

从式（9-24）可以看出，ζ_m 只与 σ 有关，而与 τ_0 无关，因此在 $\zeta - \tau_0$ 坐标场上是一平行于 τ_0 轴的直线，如图 9-8 所示。

从式（9-22）可以看出，ζ_1 随 τ_0 的减小而增大，在 $\zeta - \tau_0$ 坐标场上是一根下降的曲线。

资源 9-10
起始开度对
水锤的影响

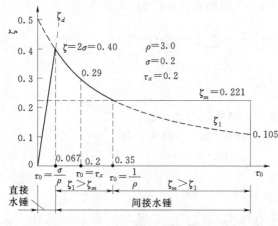

图 9-8　不同起始开度的水锤压强

式（9-13）为直接水锤公式。当水电站丢弃全部负荷时，$V=0$，起始流速 $V_0=\tau_0 V_{max}$，$\Delta H=\zeta_d H_0$，代入式（9-13），得

$$\zeta_d=\frac{cV_{max}}{gH_0}\tau_0=2\rho\tau_0$$

（9-26）

ζ_d 在 $\zeta-\tau_0$ 坐标场上是一根通过坐标原点的直线，斜率为 2ρ。

图 9-8 是根据特性常数 $\rho=3.0$ 和 $\sigma=0.2$ 绘制的。分析此图可得出以下结论：

（1）当 $\tau_0>(1/\rho)$，即 $\rho\tau_0>1$ 时，$\zeta_m>\zeta_1$，最大水锤压强出现在开度变化终了。ζ_m 与 τ_0 无关。

（2）当 $(\sigma/\rho)<\tau_0<(1/\rho)$ 时，$\zeta_1>\zeta_m$，最大水锤出现在第一相末，τ_0 越小 ζ_1 越大。

（3）当 $\tau_0\leqslant(\sigma/\rho)$ 时，发生直接水锤。在开度直线变化时，关闭时间与 τ_0 成正比，若 $\tau_0=1$ 时的关闭时间为 T_s，则任意起始开度 τ_0 时的关闭时间 $T=\tau_0 T_s$，同时 $(\sigma/\rho)=(2L/cT_s)$，易由 $\tau_0\leqslant(\sigma/\rho)$ 导出 $T\leqslant 2L/c$，这是发生直接水锤的条件。

（4）最大水锤发生在起始开度 $\tau_0=\sigma/\rho$ 时，由式（9-26）得

$$\zeta_{max}=2\rho\tau_0=2\sigma$$

（9-27）

图 9-8 中的实线表示在不同起始开度 τ_0 时的最大水锤压强，可见在该情况下最大水锤并不发生在丢弃满负荷之时，而是发生在全部丢弃较小负荷之时。低水头电站的 ρ 值较大，在 τ_0 较小时，仍可能发生第一相水锤。但必须说明：

（1）水轮机存在空转开度 τ_x，在该开度时，机组已不能输出功率，因此机组不可能在开度小于 τ_x 的情况下运行，若 $\tau_x>\sigma/\rho$，则不可能发生直接水锤，亦即不会出现 $\zeta_{max}=2\sigma$ 的情况。τ_x 与水轮机的型式有关：混流式水轮机 $\tau_x=0.08\sim0.12$；转桨式水轮机 $\tau_x=0.07\sim0.10$；定桨式水轮机 $\tau_x=0.20\sim0.25$。

（2）以上讨论，均以开度依直线变化且关闭时间与起始开度的大小成正比这一假定为基础。开度的变化规律决定于调速系统的特性，一般在关闭终了有延缓现象，如图 9-5 所示。在丢弃小负荷时的实际关闭时间比按直线比例关系求出的要长，即大于 $\tau_0 T_s$，因此丢弃小负荷时的实际水锤压强往往并不起控制作用，只是一种在设计时应该考虑的因素。

2. 开度变化规律对水锤的影响

前面讨论了开度依直线变化情况下的水锤现象。开度的变化规律不同，水锤压强的变化过程也不同。图 9-9（a）绘出了 3 种不同的关闭规律，3 种规律都具有相同的关闭时间；图 9-9（b）绘出了与之相应的 3 种水锤压强变化过程线。可以看出，关闭规律不同，水锤压强变化过程有很大差异。以Ⅱ、Ⅲ两种情况为例：曲线Ⅱ表示

资源 9-11
关机规律对
水锤的影响

开始阶段关闭速度较快，因此水锤压强迅速上升达最大值，以后关闭速度逐渐减慢，水锤压强也逐渐减小；曲线Ⅲ的规律与曲线Ⅱ相反，关闭速度是先慢后快，而水锤压强是先小后大。水锤压强的上升速度随阀门关闭速度的加快而加快，最大压强大致出现在关闭速度较快的那一时段的末尾。

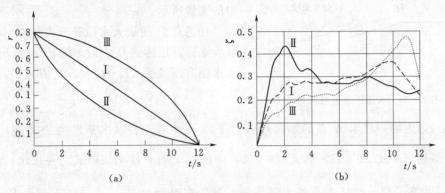

资源 9-12
不同阀门关闭规律对水锤压力的影响

图 9-9　不同关闭规律的水锤压强

从图 9-9 中可以看出，关闭规律Ⅰ较为合理，其 $\zeta_{\max}=0.36$；最为不利的是关闭规律Ⅲ，其 $\zeta_{\max}=0.48$，较前者高出 30%。可见开度的变化规律对水锤压强的影响很大。

对于非直线关闭规律的水锤，需以每相末的开度依次代入连锁方程式（9-15）～式（9-17）求解。

关闭规律决定于调速系统的特性，在一定的范围内是可调的。合理的关闭规律是，在一定的关闭时间下，在调速器的可调范围内，获得尽可能小的水锤压强。采用合理的调节规律以降低水锤压强，不需要额外增加投资，是一种经济而有效的措施，这一点在理论和实践上都是应该重视的。

9.3.6　水锤压强沿管道长度的分布

资源 9-13
水锤压强沿管道长度的分布

以上讨论的都是管道末端 A 点的水锤问题。设计压力管道时，不仅要知道 A 点的压强，而且需要水锤沿管长分布的资料。压力管道的强度设计需掌握管道沿线各点的最大水锤升压；管路布置则需掌握管道沿线各点的最大水锤降压，以检验管内有无发生真空的可能。在开度依直线规律变化情况下，极限水锤和第一相水锤的分布规律是不同的，如图 9-10 所示。

1. 极限水锤的分布规律

研究证明，当压力管道末端出现极限水锤时，无论是正水锤还是负水锤，管道沿线的最大水锤压强都是按直线规律分布，如图 9-10 中的虚线所示。若管道末端 A 点的最大水锤为 ζ_m^A 和 η_m^A，则任意点 P 的最大水锤

$$\zeta_{\max}^P=\frac{l}{L}\zeta_m^A \tag{9-28}$$

和

$$\eta_{\max}^P=\frac{l}{L}\eta_m^A \tag{9-29}$$

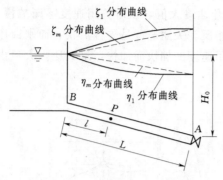

图 9-10　水锤压强沿管长的分布

2. 第一相水锤的分布规律

研究证明，第一相水锤沿管长不依直线规律分布。对于正水锤，其分布曲线是上凸的，负水锤的分布曲线是下凹的，如图 9-10 中的实线所示。

任意点 P 的最大水锤升压发生在 A 点的最大水锤升压传到 P 点时，即比 A 点出现最大水锤升压滞后 $(L-l)/c$，其值为

$$\zeta_{\max}^P = \zeta_{\frac{2L}{c}}^A - \zeta_{\frac{2l}{c}-\frac{2l}{c}}^A \qquad (9-30)$$

式中：$\zeta_{\frac{2L}{c}}^A$ 为第一相末 A 点的水锤压强，下标 $\frac{2L}{c}=t_r$，表示水锤发生的时刻，因此 $\zeta_{\frac{2L}{c}}^A$ 即相当于式（9-15）和式（9-22）中的 ζ_1，可直接用该两式之一求出；$\zeta_{\frac{2L}{c}-\frac{2l}{c}}^A$ 为第一相终了前 $\frac{2l}{c}$ 秒时 A 点的水锤压强，发生在时刻 $\left(t_r-\frac{2l}{c}\right)$，当 $\zeta_{\frac{2L}{c}}^A$ 传到 P 点时，$\zeta_{\frac{2L}{c}-\frac{2l}{c}}^A$ 正好经水库反射折回 P 点，故 P 点的水锤压强是两者的代数和。$\zeta_{\frac{2L}{c}-\frac{2l}{c}}^A$ 仍可用式（9-15）求解，只需以该时刻的开度 $\tau_{t_r-\frac{2l}{c}}$ 代式中的 τ_1 即可。

式（9-30）的近似表达式为

$$\zeta_{\max}^P = \frac{2\sigma}{1+\rho\tau_0-\sigma} - \frac{2\sigma_{AP}}{1+\rho\tau_0-\sigma_{AP}} \qquad (9-31)$$

式中：$\sigma=\dfrac{LV_{\max}}{gH_0T_s}$；$\sigma_{AP}=\dfrac{(L-l)V_{\max}}{gH_0T_s}=\dfrac{l_{AP}V_{\max}}{gH_0T_s}$。

上式应用较方便，在一般情况下也有足够的精度。

从式（9-30）或式（9-31）可以看出，等号右端第一项为管长为 L 时 A 点第一相末水锤压强，第二项为管长为 $L-l$（相当于水库移至 P 点）时 A 点第一相末水锤压强，P 点最大水锤压强为上述两者之差。

对于第一相负水锤，任意点 P 的最大水锤降压为

$$\eta_{\max}^P = \eta_{\frac{2l}{c}}^A \qquad (9-32)$$

式中：$\eta_{\frac{2l}{c}}^A$ 为阀门开启 $2l/c$ 时刻 A 点的负水锤，可用表 9-1 中的公式求解，τ_1 用 $2l/c$ 时刻的开度 $\tau_{\frac{2l}{c}}$ 代替。$\eta_{\frac{2l}{c}}^A$ 相当于管长为 l（即阀门移至 P 点）时的第一相水锤。

式（9-32）的近似式为

$$\eta_{\max}^P = \frac{2\sigma_{BP}}{1+\rho\tau_0+\sigma_{BP}} \qquad (9-33)$$

式中：$\sigma_{BP}=\dfrac{l_{BP}V_{\max}}{gH_0T_s}$。

对于第一相水锤，假定压强沿管长直线分布是不安全的。

9.3.7　开度变化终了后的水锤现象

直到目前为止，讨论的都是开度变化过程中的水锤现象。在开度变化终了后，水锤一般并不立即消失，而有一个变化过程。研究这个过程对水轮机的调节和压力管道的设计有时是必要的，例如，阀门关闭终了后的正水锤可能经阀门反射而成负水锤，其值可能大于阀门开启时的压力降低值。

资源 9-14
开度变化结束后的水锤变化

开度变化终了后的水锤现象决定于开度变化终了时的阀门反射特性，可用式(9-19)加以判别。若终了开度记为 τ_c，则式（9-19）可写成

$$r = \frac{1 - \rho\tau_c}{1 + \rho\tau_c} \tag{9-34}$$

（1）若阀门在第 n 相全部关闭，$\tau_c = 0$，$r = 1$，阀门发生同号等值反射。阀门关闭终了时的升压波经水库反射为等值的降压波返回阀门，又经阀门反射为等值降压波返回水库，两个降压波和一个升压波的叠加，使第 $n+1$ 相水锤压强与第 n 相（即阀门关闭终了时）水锤压强绝对值相等而符号相反，若不计摩阻，则阀门关闭后水锤压强成周期性不衰减振荡，如图 9-11（a）所示。

（2）若 $\tau_c > 0$，$\rho\tau_c < 1$，则 $0 < r < 1$，阀门的反射是同号减值的。根据对前一种情况的分析，可知开度变化终了（阀门未完全关闭）后的水锤出现逐渐衰减的振荡，如图 9-11（b）所示。

（3）若 $\tau_c > 0$，$\rho\tau_c = 1$，则 $r = 0$，阀门不发生反射，水库传来的反射波到达阀门即行消失。如图 9-11（c）所示。

（4）若 $\tau_c > 0$，$\rho\tau_c > 1$，则 $-1 < r < 0$，阀门发生异号减值反射。水库传来的降压波经阀门反射为升压波，开度变化终了后不可能出现负水锤。由于阀门只发生部分反射，反射波是减值的，故随着相数的增加，水锤压强逐渐减小，如图 9-11（d）所示。

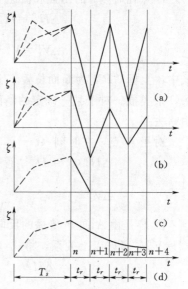

图 9-11　开度变化终了后的水锤现象

对于增加负荷情况可得到类似的结论，但此时 τ_c 较大，出现后两种情况的可能性较多。

9.4　水锤计算的特征线法

前面介绍了水锤计算的解析法。解析法的优点是应用简便，但难以求解较为复杂的水锤问题。水锤计算的特征线法原则上可以解决任何形式的边界条件问题，可以较合理地反映水轮机的特性，能较方便地计入摩阻的影响，也便于用计算机计算。

资源 9-15
水锤计算的特征线法

特征线方法有两种：①基于水锤基本方程的通解式，以 ζ-υ（或 H-V）为坐标场的特征线法；②基于水锤基本方程，以 x-t 为坐标场的特征线法。两种特征线法的结果是一致的，其中常用的水锤计算分析方法是 x-t 特征线法。

9.4.1　以 ζ-υ 为坐标场的特征线法

图 9-12 表示一特性沿管长不变的管道，P 为管中任意一点，距 A 点和 B 点的距离分别为 l_{AP} 和 l_{PB}。根据基本方程式（9-5）和式（9-6）可导出求解 P、B、A 三点水锤压强的特征线方程。

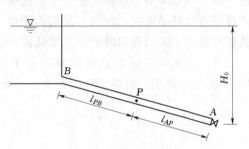

图 9-12　简单管示意图

1. 任意断面 P 的水锤求解

根据基本方程式（9-5）和式（9-6），P 点在时刻 t 的压强和流速变化为

$$\left.\begin{aligned}\Delta H_t^P = H_t^P - H_0^P = F^P(t) + f^P(t)\\\Delta V_t^P = V_t^P - V_0^P = -\frac{g}{c}\big[F^P(t) - f^P(t)\big]\end{aligned}\right\} \tag{9-35}$$

式中：上标 "P" 为断面位置，下标 "t" 为时间，例如，H_t^P 表示 P 点在时刻 t 的水头，余类推。对于某一确定的断面 P，x^P 为一常数，为便于书写，在波函数 F 和 f 中略去了 x^P。

对于 A 点，在时刻（$t-t_{AP}$）可写出下列相似的方程（$t_{AP}=l_{AP}/c$）

$$\left.\begin{aligned}\Delta H_{t-t_{AP}}^A = H_{t-t_{AP}}^A - H_0^A = F^A(t-t_{AP}) + f^A(t-t_{AP})\\\Delta V_{t-t_{AP}}^A = V_{t-t_{AP}}^A - V_0^A = -\frac{g}{c}\big[F^A(t-t_{AP}) - f^A(t-t_{AP})\big]\end{aligned}\right\} \tag{9-36}$$

因 F 是由 A 向 P 传播的反向波，故 $F^A(t-t_{AP})=F^P(t)$。由于管道特性不变，$V_0^A=V_0^P$。考虑以上关系，将式（9-35）和式（9-36）两组方程相减，得

$$\Delta H_{t-t_{AP}}^A - \Delta H_t^P = f^A(t-t_{AP}) - f^P(t)$$

$$\Delta V_{t-t_{AP}}^A - \Delta V_t^P = \frac{g}{c}\big[f^A(t-t_{AP}) - f^P(t)\big]$$

以上两式消去 f，并以 $\zeta=\Delta H/H_0$、$\upsilon=V/V_{\max}$ 和 $\rho=cV_{\max}/2gH_0$ 代入，得

$$\zeta_{t-t_{AP}}^A - \zeta_t^P = 2\rho(\upsilon_{t-t_{AP}}^A - \upsilon_t^P) \tag{9-37}$$

对于 B 点，在时刻（$t-t_{PB}$）可以写出与式（9-36）相似的方程（$t_{PB}=l_{PB}/c$）

$$\left.\begin{aligned}\Delta H_{t-t_{PB}}^B = H_{t-t_{PB}}^B - H_0^B = F^B(t-t_{PB}) + f^B(t-t_{PB})\\\Delta V_{t-t_{PB}}^B = V_{t-t_{PB}}^B - V_0^B = -\frac{g}{c}\big[F^B(t-t_{PB}) + f^B(t-t_{PB})\big]\end{aligned}\right\} \tag{9-38}$$

因 f 是由 B 向 P 传播的正向波，故 $f^B(t-t_{PB})=f^P(t)$，将式（9-38）与式（9-35）两组方程相减，以上述方法处理，得

$$\zeta_{t-t_{PB}}^B - \zeta_t^P = -2\rho(\upsilon_{t-t_{PB}}^B - \upsilon_t^P) \tag{9-39}$$

从形式上看，式（9-37）是反 x 向写出的，称为反向方程，在 ζ-υ 坐标场上是一根斜率为 2ρ 的直线，如图 9-13 中的 $A_{t-t_{AP}}$-P_t 线；式（9-39）是顺 x 向写出的

方程，称为正向方程，在 $\zeta-\upsilon$ 坐标场上是一根斜率为 -2ρ 的直线，如图 9-13 中的 $B_{t-t_{PB}}-P_t$ 线。

在式（9-37）和式（9-39）中，如已知 A 点在时刻（$t-t_{AP}$）和 B 点在时刻（$t-t_{PB}$）的压强和流速（$\zeta^B\equiv 0$），即可求出 P 点在时刻 t 的压强 ζ_t^P 和流速 υ_t^P。ζ_t^P 和 υ_t^P 为图 9-13 中 P_t 的坐标值，可用 $A_{t-t_{AP}}-P_t$ 和 $B_{t-t_{PB}}-P_t$ 两条直线的交点求出。用特征线相交求解压强和流速的方法就是过去广为采用的水锤计算图解法。

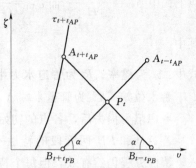

图 9-13　$\zeta-\upsilon$ 坐标场上的特征线

2. 进口 B 点的水锤求解

已知 P 点在时刻 t 的压强和流速，列出 PB 间反向方程

$$\zeta_t^P-\zeta_{t+t_{PB}}^B=2\rho(\upsilon_t^P-\upsilon_{t+t_{PB}}^B) \tag{9-40}$$

压力管道进口为水库或平水建筑物，$\zeta^B=0$，故由上式可确定未知量 $\upsilon_{t+t_{PB}}^B$。

3. 管末 A 点的水锤求解

已知 P 点在时刻 t 的压强和流速，列出 PA 间的正向方程

$$\zeta_t^P-\zeta_{t+t_{AP}}^A=-2\rho(\upsilon_t^P-\upsilon_{t+t_{AP}}^A) \tag{9-41}$$

上式中有两个未知量 $\zeta_{t+t_{AP}}^A$ 和 $\upsilon_{t+t_{AP}}^A$，必须利用 A 点的边界条件方能求解。若 A 点为水斗式水轮机的喷嘴，则在时刻（$t+t_{AP}$）的出流条件为

$$\upsilon_{t+t_{AP}}^A=\tau_{t+t_{AP}}\sqrt{1+\zeta_{t+t_{AP}}^A} \tag{9-42}$$

利用式（9-41）和式（9-42）可求出未知量 $\zeta_{t+t_{AP}}^A$ 和 $\upsilon_{t+t_{AP}}^A$。在图 9-13 中，式（9-41）代表一根通过 P_t 斜率为 -2ρ 的直线，式（9-42）则为一根抛物线，两者的交点 $A_{t+t_{AP}}$ 的坐标即为待求的 $\zeta_{t+t_{AP}}^A$ 和 $\upsilon_{t+t_{AP}}^A$。

式（9-37），式（9-39）～式（9-41）是水锤的特征方程。已知 A 点和 B 点的压强和流速推求 P 点的压强和流速，再以 P 点作为已知，并利用边界条件，推求下一时段 A 点和 B 点之值，如是反复进行，可求出各点水锤压强和流速的全过程。

以上计算可图解，可手算，也可编制计算机程序进行数值计算。计算时段为 t_{AP} 和 t_{PB} 最大公约数的 2 倍。若两者的最大公约数很小，为了求出水锤的全过程，可能需要进行数百次或更多的反复运算，用计算机来求解这类问题是很理想的。

对于水头较低管路较长的水电站或供水、输油系统，在水锤计算中考虑阻力损失是必要的。阻力损失与 υ^2 成正比，υ 有方向性（即有正负），为了在计算中反映 υ 的方向性，以 $|\upsilon|\upsilon$ 代 υ^2，$|\upsilon|$ 为 υ 的绝对值。在非恒定流时，管道中的流速随着时间和地点而改变，对阻力损失只能近似地予以考虑。计入阻力损失有不同的方法，比较简便而又有足够精度的方法是将式（9-37），式（9-39）～式（9-41）写成

$$\zeta_{t-t_{AP}}^A-\zeta_t^P=2\rho(\upsilon_{t-t_{AP}}^A-\upsilon_t^P)-\psi_{AP}|\upsilon_{t-t_{AP}}^A|\upsilon_t^P \tag{9-43}$$

$$\zeta_{t-t_{PB}}^B-\zeta_t^P=-2\rho(\upsilon_{t-t_{PB}}^B-\upsilon_t^P)+\psi_{PB}|\upsilon_{t-t_{PB}}^B|\upsilon_t^P \tag{9-44}$$

$$\zeta_t^P-\zeta_{t+t_{PB}}^B=2\rho(\upsilon_t^P-\upsilon_{t+t_{PB}}^B)-\psi_{PB}|\upsilon_t^P|\upsilon_{t+t_{PB}}^B \tag{9-45}$$

$$\zeta_t^P - \zeta_{t+t_{AP}}^A = -2\rho(v_t^P - v_{t+t_{AP}}^A) + \psi_{AP}|v_t^P|v_{t+t_{AP}}^A \tag{9-46}$$

以上式中 $\psi_{AP} = \dfrac{\alpha_{AP}V_{\max}^2}{H_0}$，而 $\alpha_{AP} = \dfrac{l_{AP}}{C^2R} + \sum\xi\dfrac{1}{2g}$；$\psi_{PB} = \dfrac{\alpha_{PB}V_{\max}^2}{H_0}$，而 $\alpha_{PB} = \dfrac{l_{PB}}{C^2R} + \sum\xi'\dfrac{1}{2g}$；

其中

$$C = \frac{1}{n}R^{\frac{1}{6}}$$

式中：n 为糙率；R 为管道水力半径；$H_0 = H - h_f^A$，ρ 按此 H_0 求出，H 为水电站上下游水位差；h_f^A 为管道末端 A 点以上的水头损失。

考虑阻力损失后，各点的初始压强应注意扣除该点以上的水头损失。

若 AP 和 PB 两管段的特性不同，以 ρ_{AP}、C_{AP}、R_{AP} 和 ρ_{PB}、C_{PB}、R_{PB} 分别代入，特征方程仍然有效，但每个特征方程所跨越的管段（如 AP 段和 PB 段）则必须是特性不变的。

9.4.2　以 x-t 为坐标场的特征线法

水锤的基本方程式（9-1）和式（9-2）有两个自变量 x 和 t，两个因变量 H 和 V，是一组拟线性双曲型偏微分方程组，难于直接求出解析解。

特征线法的原理是在 x-t 平面建立一组曲线，沿这组曲线将水锤的偏微分方程转换为常微分方程，这组常微分方程的解就是满足上述曲线所给定的 x 和 t 特定关系的偏微分方程的解。

以任意常数 λ 乘以式（9-2），并与式（9-1）相加，忽略管道坡度的影响，得

$$\lambda\left[\left(V + \frac{g}{\lambda}\right)\frac{\partial H}{\partial x} + \frac{\partial H}{\partial t}\right] + \left(V + \frac{c^2\lambda}{g}\right)\frac{\partial V}{\partial x} + \frac{\partial V}{\partial t} + \frac{f}{2d}|V|V = 0 \tag{9-47}$$

选择 λ 的两个特征值，使

$$V + \frac{g}{\lambda} = V + \frac{c^2g}{\lambda} = \frac{\mathrm{d}x}{\mathrm{d}t} \tag{9-48}$$

则式（9-47）成

$$\lambda\left(\frac{\partial H}{\partial x}\frac{\mathrm{d}x}{\mathrm{d}t} + \frac{\partial H}{\partial t}\right) + \left(\frac{\partial V}{\partial x}\frac{\mathrm{d}x}{\mathrm{d}t} + \frac{\partial V}{\partial t}\right) + \frac{f}{2d}|V|V = 0 \tag{9-49}$$

H 和 V 为 x 和 t 的函数。若 x 随 t 的变化而变化，则

$$\frac{\mathrm{d}H}{\mathrm{d}t} = \frac{\partial H}{\partial x}\frac{\mathrm{d}x}{\mathrm{d}t} + \frac{\partial H}{\partial t}, \frac{\mathrm{d}V}{\mathrm{d}t} = \frac{\partial V}{\partial x}\frac{\mathrm{d}x}{\mathrm{d}t} + \frac{\partial V}{\partial t}$$

以之代入式（9-49），得

$$\lambda\frac{\mathrm{d}H}{\mathrm{d}t} + \frac{\mathrm{d}V}{\mathrm{d}t} + \frac{f}{2d}|V|V = 0 \tag{9-50}$$

式（9-50）以 t 为自变量，H 和 V 为因变量的常微分方程，λ 的数值可从式（9-48）求出，得

$$\lambda = \pm\frac{g}{c}, \frac{\mathrm{d}x}{\mathrm{d}t} = V \pm c$$

流速 V 远小于波速 c，可以略去。

由 $\lambda = +\dfrac{g}{c}$ 得

$$\left. \begin{array}{c} \dfrac{\mathrm{d}x}{\mathrm{d}t} = +c \\[3mm] \dfrac{g}{c}\dfrac{\mathrm{d}H}{\mathrm{d}t} + \dfrac{\mathrm{d}V}{\mathrm{d}t} + \dfrac{f}{2d}|V|V = 0 \end{array} \right\} C^{+}$$

$$(9-51)$$

$$(9-52)$$

由 $\lambda = -\dfrac{g}{c}$ 得

$$\left. \begin{array}{c} \dfrac{\mathrm{d}x}{\mathrm{d}t} = -c \\[3mm] -\dfrac{g}{c}\dfrac{\mathrm{d}H}{\mathrm{d}t} + \dfrac{\mathrm{d}V}{\mathrm{d}t} + \dfrac{f}{2d}|V|V = 0 \end{array} \right\} C^{-}$$

$$(9-53)$$

$$(9-54)$$

式（9-51）和式（9-53）在 $x-t$ 坐标场上代表两族曲线，如图 9-14 所示。曲线 $\dfrac{\mathrm{d}x}{\mathrm{d}t} = +c$（$C^{+}$ 线）上的点均满足式（9-52），称正向特征线；曲线 $\dfrac{\mathrm{d}x}{\mathrm{d}t} = -c$（$C^{-}$ 线）上的点均满足式（9-54）。称反向特征线。

式（9-52）和式（9-54）与式（9-51）和式（9-53）等价，称特征方程，其解就是水锤基本方程式（9-1）和式（9-2）的解。

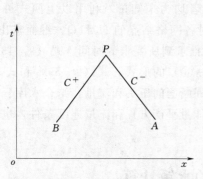

图 9-14　$x-t$ 坐标场上的特征线

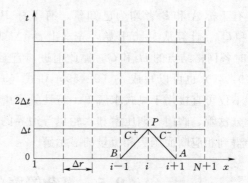

图 9-15　特征线法的计算网格

若将一简单管等分成 N 段，每段长 Δx，时间步长 $\Delta t = \Delta x / c$，如图 9-15 所示。其中 AP 线（C^{-} 线）满足式（9-54），若 A 点的因变量 H 和 V 已知，则沿 C^{-} 线将式（9-54）积分，可得 P 点的未知量 H 和 V。

以 $c\mathrm{d}t/g = \mathrm{d}x/g$ 乘以式（9-54），引入管道的断面积 A，以流量 Q 替换流速 V，积分得

$$-\int_{H_A}^{H_P}\mathrm{d}H + \dfrac{c}{gA}\int_{Q_A}^{Q_P}\mathrm{d}Q + \dfrac{f}{2g\,\mathrm{d}A^2}\int_{x_A}^{x_P}|Q|Q\,\mathrm{d}x = 0 \qquad (9-55)$$

式（9-55）最后一项中 Q 随 x 的变化是未知的，若 A、P 两点的距离不大，可采用一阶近似积分代替式（9-55）的最后一项，得

$$H_P - H_A = \dfrac{c}{gA}(Q_P - Q_A) + \dfrac{f\Delta x}{2g\,\mathrm{d}A^2}|Q_A|Q_A \qquad (9-56)$$

为了提高计算精度，可将上式的摩阻项略加修正而成

$$H_P - H_A = \dfrac{c}{gA}(Q_P - Q_A) + \dfrac{f\Delta x}{2g\,\mathrm{d}A^2}|Q_A|Q_P \qquad (9-57)$$

同理，图 9-15 中的 BP 线（C^{+} 线）满足式（9-52），同理可得

$$H_P - H_B = -\frac{c}{gA}(Q_P - Q_B) - \frac{f\Delta x}{2g\,\mathrm{d}A^2}|Q_B|Q_P \tag{9-58}$$

利用式（9-57）和式（9-58）可求出 P 点的压头 H_P 和流量 Q_P。由于式中 $f = 8g/C^2$，$C = \frac{1}{n}R^{\frac{1}{6}}$，略加分析即可证明，式（9-57）和式（9-58）与式（9-43）和式（9-44）是完全相同的，因此，特征线法无论以 $\zeta - \upsilon$ 为坐标场或以 $x - t$ 为坐标场，其特征线方程相同。

式（9-57）和式（9-58）可简写为

$$C^-: \quad H_P = C_A + S_A Q_P \tag{9-59}$$

$$C^+: \quad H_P = C_B - S_B Q_P \tag{9-60}$$

式中：$C_A = H_A - \frac{c}{gA}Q_A$，$S_A = \frac{c}{gA} + \frac{f\Delta x}{2g\,\mathrm{d}A^2}|Q_A|$；$C_B = H_B + \frac{c}{gA}Q_B$，$S_B = \frac{c}{gA} + \frac{f\Delta x}{2g\,\mathrm{d}A^2}|Q_B|$。

有下标 A 和 B 者均为已知量，有下标 P 者均为未知量，利用以上两式可解出 H_p 和 Q_p。计算从 $t = 0$ 开始，先求出 $t = \Delta t$ 时各网格结点的 H 和 Q，继而求出 $t = 2\Delta t$ 时各网格结点的 H 和 Q，循此前进，直至推求到所要求的时间。式（9-43）和式（9-44）也可以写成式（9-59）和式（9-60）的形式。式（9-59）和式（9-60）不仅可直接用于显式求解单一特性管道中间断面的压头和流量，结合水库、串联管、分岔管、阀门、调压室和水轮机等边界的能量平衡方程和流量连续条件，也易于推导得到相应断面压头和流量的显示解。

9.5　复杂管路的水锤计算

直到目前为止，讨论的都是简单管中的水锤问题。简单管是指直径、管壁厚度和材料均不随管长变化的管道。在实际工程中，简单管是不多见的，经常遇到的是复杂管。复杂管有两种：①管径和管壁厚度自上而下随着水头的增加而逐段改变的管道，这种管道有时称为串联管；②分岔管，在集中供水中经常遇到。无论是串联管或分岔管，水锤波在管道特性变化处都将发生反射，从而使水锤现象更为复杂。

9.5.1　串联管的水锤

串联管各段的流速 V 和波速 c 不同，因此特性系数 ρ 和 σ 各异。用特征线法可精确求出管道各点的水锤变化过程，管道特性变化点应选为计算网格的结点，各管段的特征方程则用相应管段的有关参数列出。

资源 9-16
复杂管路的
水锤计算

对于图 9-12 所示的压力管道，若 AP 和 PB 两段的特性不同，其流速（或断面积）和波速分别为 V_{AP}（或 A_{AP}）、c_{AP} 和 V_{PB}（或 A_{PB}）、c_{PB}，则这两段管道特征方程的系数和特征线的斜率均应采用其相应的流速（或断面积）和波速求出，经过这样的调整以后，即可按前述方法和步骤进行串联管的水锤计算。

若水锤波通过 AP 段管道的历时为 t_{AP}，通过 PB 段管道的历时为 t_{PB}，则最大的计算时间步长为两者最大公约数的 2 倍，若最大公约数很小，则计算时间步长小，计算工作量大。若串联管由许多管段组成，则计算更为烦琐。因此，在实践中常把串联管转化为等价的简单管计算，研究证明，由此简化带来的误差不大。这种简化的计算方法称"等价管道法"，现介绍如下。

设串联管如图 9-16 所示，各段的长度、流速和水锤波速分别示于图中。现用一等价的简单管代替，其流速和水锤波速分别以 V_e 和 c_e 表示，此等价管应满足以下要求：长度与原管相同；相长与原管相同；管中水体动能与原管相同。后两项要求是必要的。根据相长不变的要求得

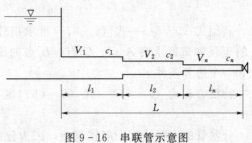

图 9-16　串联管示意图

$$c_e = \frac{L}{\sum_{i=1}^{n} \frac{l_i}{c_i}} \tag{9-61}$$

根据水体动能不变的要求得

$$V_e = \frac{\sum_{i=1}^{n} l_i V_i}{L} \tag{9-62}$$

等价管的特性常数

$$\rho_e = \frac{c_e V_e}{2 g H_0}, \ \sigma_e = \frac{L V_e}{g H_0 T_s} \tag{9-63}$$

利用 ρ_e 和 σ_e，即可将串联管作为简单管用前面介绍的任何方法进行计算。

9.5.2　分岔管的水锤计算

由图 9-17 表示一分岔管。分岔管水锤计算的关键是求解分岔点 P 的压强和流速。

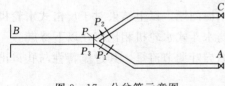

图 9-17　分岔管示意图

在分岔点取 3 个相邻断面 P_1、P_2、P_3，这 3 个断面相距很近，其压强可认为是相等的，即 $\zeta^{P_1} = \zeta^{P_2} = \zeta^{P_3} = \zeta^{P}$，通过 3 个断面的流量 q^{P_1}、q^{P_2}、q^{P_3} 则互不相等，因此 P 点有 4 个未知量。可利用以下 4 个方程求解。

1. $A\text{-}P_1$、$C\text{-}P_2$、$B\text{-}P_3$ 特征方程

式（9-37）和式（9-39）可以写出以下 3 个特征方程

$$\zeta_{t-t_{AP}}^{A} - \zeta_t^{P} = 2\rho_{AP}(q_{t-t_{AP}}^{A} - q_t^{P_1}) \tag{9-64}$$

$$\zeta_{t-t_{CP}}^{C} - \zeta_t^{P} = 2\rho_{CP}(q_{t-t_{CP}}^{C} - q_t^{P_2}) \tag{9-65}$$

$$\zeta_{t-t_{BP}}^{B} - \zeta_t^{P} = -2\rho_{BP}(q_{t-t_{BP}}^{B} - q_t^{P_3}) \tag{9-66}$$

式中：$q^A = Q^A/Q_{max}$，$q^C = Q^C/Q_{max}$，$q^B = Q^B/Q_{max}$，$q^{Pi} = Q^{Pi}/Q_{max}$（$i=1$，2，3），$\rho_{AP} = c_{AP}Q_{max}/2gH_0A_{AP}$，$\rho_{CP} = c_{CP}Q_{max}/2gH_0A_{CP}$，$\rho_{BP} = c_{BP}Q_{max}/2gH_0A_{BP}$，$C$ 和 A 为各管段的波速和断面积。

2. 连续方程

$$q^{P3} = q^{P1} + q^{P2} \tag{9-67}$$

利用式（9-64）～式（9-67）可求出任意时刻的 q^{P1}、q^{P2}、q^{P3} 和 ζ^P。已知 P 点的压强和流速求解 A 点、C 点、B 点的压强和流速，对每点只需利用一个特征方程和一个边界条件。

特征方程式（9-64）～式（9-66）也可用式（9-59）和式（9-60）的形式写出。

分岔管的水锤计算一般较复杂，因为分岔管有时有几个分支，每个分支的长度也不尽相同，水锤波通过各管段时间的最大公约数往往很小，这意味着需反复进行大量计算方能求出结果。水锤波速的计算一般不可能很精确，同时，对于关闭时间 T_s 内水锤相数足够多（超过 5 相）的中低水头电站，水锤波速的精度对水锤计算结果影响不大，因此，对求出的水锤波速的数值可在小范围内进行调整，以谋求其通过各管段的时间具有较大的公约数，这样做一般不会带来很大误差。

在实际工程中，对分岔管的水锤计算有时采用更为粗略的计算方法。简化法的要点如下：设想将所有机组合并成一台大机组，此设想的大机组装在最长一根支管的末端，引用的流量等于各台机组流量之和，最长支管的断面积亦用各支管断面积之和代替，从而求出其中的流速，显然，若原来各支管的流量和断面积相同，简化后的计算流速必等于原支管的流速。这样，将分岔管简化成串联管，再按等价管道法进行水锤计算。这种将几个支管合并成一个支管进行水锤计算的方法有时称为"合支法"。

水锤波在分岔点的反射比在串联管特性变化处的反射要复杂和强烈得多，因此上述的简化法是非常粗略的，只有在主管较长而支管很短的情况下方可应用。

9.6　反击式水轮机水锤计算特点

到目前为止，讨论的都是水斗式水轮机的水锤问题，以上结果对于反击式水轮机虽仍然可用，但有时误差较大。反击式水轮机与水斗式水轮机相比存在以下特点：

（1）反击式水轮机具有蜗壳和尾水管，并以导叶调节流量，其过流特性与孔口出流不完全相符。

（2）反击式水轮机的转速影响水轮机的流量，而水斗式水轮机的流量与转速无关。

（3）当流量变化时，反击式水轮机的蜗壳和尾水管中亦将发生水锤现象。蜗壳相当于压力管道的延续部分，其水锤现象与压力管道相同；尾水管在导叶之后，其水锤现象则与压力管道相反：导叶关闭时产生负水锤，导叶开启时产生正水锤。蜗壳和尾水管的水锤影响水轮机的出流，从而也影响压力管道中的水锤。

水轮机的特性曲线是根据模型水轮机恒定运行情况的量测数据绘制的，故在恒定状

资源 9-17
反击式水轮
机水锤计算
特点

态下蜗壳和尾水管的影响已包括在水轮机的特性曲线之中。但在非恒定状态，蜗壳和尾水管的影响则未计入。水锤基本方程的主要假定之一是水流为一元流，蜗壳和尾水管中的水流并不符合这一假定，因此，蜗壳和尾水管中的水锤目前只能近似地加以计算。

在中水头电站中，常装有中比速的混流式水轮机，其转速变化对流量影响不大，尾水管的长度与上游压力管道和蜗壳的总长度相比也很小，这两个因素可忽略不计。蜗壳可视为压力管道的延续部分。在这种情况下，只要将水轮机的综合特性曲线进行换算，给出在各种开度 τ 情况下的 $\zeta-\upsilon$ 关系，即可按前述的方法进行水锤计算。

下面介绍根据反击式水轮机特性曲线换算成 $\zeta-\upsilon$ 曲线的方法。

图 9-18 为某型水轮机的综合特性曲线。图中 a 为导叶开度，n_1' 为单位转速，Q_1' 为单位流量

$$n_1' = \frac{nD_1}{\sqrt{H}} \tag{9-68}$$

$$Q_1' = \frac{Q}{D_1^2 \sqrt{H}} \tag{9-69}$$

式中：n、Q、H 和 D_1 分别为水轮机的转速、流量、水头和转轮直径。

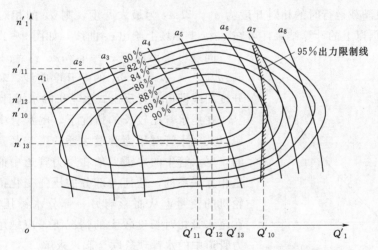

图 9-18　某型反击式水轮机综合特性曲线

水轮机在水头 H_0（略去水头损失）和额定转速 n_0 情况下，满载运行时的单位转速和单位流量为

$$n_{10}' = \frac{n_0 D_1}{\sqrt{H_0}} \tag{9-70}$$

$$Q_{10}' = \frac{Q_0}{D_1^2 \sqrt{H_0}} \tag{9-71}$$

在图 9-18 的纵轴上任取一点：n_{1i}'（例如 n_{11}'），作水平线与某一开度线 a_i（例如 a_5）相交得 Q_{1i}'（例如 Q_{11}'），若不计机组转速变化，由

$$n_{1i}' = \frac{n_0 D_1}{\sqrt{H_i}} = \frac{n_0 D_1}{\sqrt{H_0(1+\zeta_i)}} = \frac{n_{10}'}{\sqrt{1+\zeta_i}}$$

解得

$$\zeta_i = \left(\frac{n'_{10}}{n'_{1i}}\right)^2 - 1 \qquad (9-72)$$

由

$$Q'_{1i} = \frac{Q_i}{D_1^2\sqrt{H_i}}, Q_i = D_1^2 Q'_{1i}\sqrt{H_0(1+\zeta_i)}$$

解得

$$\upsilon_i = \frac{Q_i}{Q_0} = \frac{Q'_{1i}}{Q'_{10}}\sqrt{1+\zeta_i} \qquad (9-73)$$

已知 n'_{10} 和 n'_{1i}，根据式（9-72）求出 ζ_i，以 ζ_i 代入式（9-73）求出 υ_i，从而得开度线 a_i（其相对值为 τ_i）上的某点坐标（ζ_i，υ_i）。适当地取几个 n'_{1i}、求出其对应的 ζ_i 和 υ_i，即可在 $\zeta-\upsilon$ 坐标场上绘出开度线 a_i。

例如，欲在 $\zeta-\upsilon$ 坐标场上绘出 a_5 曲线，可在图 9-18 上适当地取 n 个单位转速 n'_{11}、n'_{12}、n'_{13}、…，在开度线 a_5 上找出对应的单位流量 Q'_{11}、Q'_{12}、Q'_{13}、… 以 n'_{11} 代入式（9-72）得 ζ_1，以各 ζ_1 和 Q'_{11} 代入式（9-73）得 υ_1。同理，利用 n'_{12} 和 Q'_{12} 求 ζ_2 和 υ_2；利用 n'_{13} 和 Q'_{13} 求 ζ_3 和 υ_3…，在绘制开度曲线时常用相对值表示。图 9-18 中，水轮机满载运行时的相对开度为 a_6。以 a_6 为最大开度，则 a_5 的相对开度 $\tau_5 = a_5/a_6$。根据以上的计算结果，可在 $\zeta-\upsilon$ 坐标场上绘出 τ_5 曲线，如图 9-19 所示。

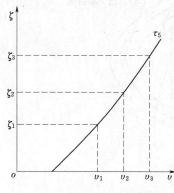

图 9-19　等 τ 曲线绘制示意图

同理可绘出对应 $\tau_1 = a_1/a_6$、$\tau_2 = a_2/a_6$、$\tau_3 = a_3/a_6$、…、$\tau_6 = a_6/a_6$ 的等开度曲线。利用这组等开度曲线即可进行反击式水轮机的水锤计算。

在尾水管比较长的情况下，尾水管中的水锤现象以及尾水管对压力管道水锤的影响都是不容忽视的，尾水管中的水锤现象和压力管道中的水锤现象是相互联系的，任何一部分的压强变化都将影响水轮机的流量，从而影响另一部分水锤压强。因此，在尾水管相对长度较大的情况下，应把尾水管和压力管道中的水锤现象联合起来求解。

对于图 9-20 所示的系统，A 点是压力管道（包括蜗壳）和尾水管的连接点，这一点的流量是连续的，而两侧的水锤压强则不同，故 A 点有 3 个未知量 υ^A、ζ^{A_1} 和 ζ^{A_2}。

蜗壳可视作压力管道的延续部分。将 AC 管简化成一等价的简单管。写出 $B-A$ 和 $C-A$ 间的特征方程。

$$\zeta^B_{t-t_{AB}} - \zeta^{A_1}_t = -2\rho_{AB}(\upsilon^B_{t-t_{AB}} - \upsilon^A_t) \qquad (9-74)$$

$$\zeta^C_{t-t_{AC}} - \zeta^{A_2}_t = 2\rho_{AC}(\upsilon^C_{t-t_{AC}} - \upsilon^A_t) \qquad (9-75)$$

式中：$\zeta^C \equiv 0$，$\zeta^{A_1}_t$、$\zeta^{A_2}_t$、υ^A_t 为未知量。ζ^{A_1} 和 ζ^{A_2} 均假定为正水锤，对于负水锤，应以负值代入。ζ^{A_1} 和 ζ^{A_2} 通常是反号的。

为了求解未知量 $\zeta^{A_1}_t$、$\zeta^{A_2}_t$、υ^A_t，尚需利用水轮机的特性方程式（9-72）和式（9-73），即

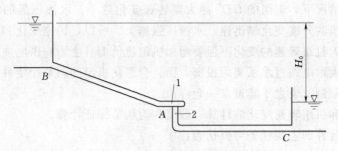

图 9-20　计入尾水管的输入系统示意图

$$\zeta_t^{A_1} - \zeta_t^{A_2} = \left(\frac{n'_{10}}{n'_{1t}}\right)^2 - 1 \qquad (9-76)$$

$$\upsilon_t^A = \frac{Q'_{1t}}{Q'_{10t}}\sqrt{1+\zeta_t^{A_1}-\zeta_t^{A_2}} \qquad (9-77)$$

式（9-76）和式（9-77）中又出现 2 个未知量 n'_{1t} 和 Q'_{1t}，但两者不是相互独立的，其关系必须满足开度曲线 τ_t。利用式（9-74）～式（9-77）和开度曲线 τ_t 可求出 5 个未知量 $\zeta_t^{A_1}$、$\zeta_t^{A_2}$、υ_t^A、n'_{1t} 和 Q'_{1t}，由于需通过试算求解，计算工作量较大。

对于近似计算，式（9-76）和式（9-77）可用以下的水轮机出流规律代替

$$\upsilon_t^A = \tau_t\sqrt{1+\zeta_t^{A_1}-\zeta_t^{A_2}} \qquad (9-78)$$

利用式（9-74）、式（9-75）和式（9-78）可求出未知量 $\zeta_t^{A_1}$、$\zeta_t^{A_2}$ 和 υ_t^A。

以上两种方法均未考虑机组转速影响。在机组增加负荷或丢弃部分负荷时，机组与电力系统相连，机组转速决定于系统周波，不可能有很大变化。当机组丢弃全部负荷而与系统解列时，机组转速可能发生较大变化。对于中比速的混流式水轮机，转速对流量的影响不大，进行水锤计算时可忽略转速的影响。对于高比速和低比速（水斗式水轮机除外）的水轮机，当进行丢弃全负荷的水锤计算时，为了提高计算精度，考虑机组转速变化有时是必要的，此时可利用机组的转动方程将水锤和机组转速变化结合起来进行计算。

9.7　调 节 保 证 计 算

9.7.1　调节保证计算的任务

在水电站的外界负荷突然改变后，调速系统由于惯性作用，不可能将水轮机的导叶或针阀在瞬时内调整到与改变后的负荷相适应的开度，同时，由于水锤压强的限制，这样做也是不允许的。在开度的调整过程中，水轮机的出力与外界的负荷是不平衡的，此不平衡的能量将转化为机组转速的变化。例如，在丢弃负荷时，开度调整过程中的剩余能量将转化为机组的旋转动能而使转速升高；反之，在增加负荷时，调整过程中不足的能量将由机组的动能补充而使转速降低。机组的惯性一般用飞轮力矩 GD^2 表示，G 为机组转动部分的重量，D 为转动部分的惯性直径。在 GD^2 一定的情况下。水轮机的开度变化越缓慢（即调整的时间越长），机组的转速变化越大；在开

资源 9-18
调节保证
计算

度变化一定的情况下，机组的 GD^2 越大则转速变化越小。水锤压强的变化与转速变化相反，水轮机的开度变化越迅速，水锤压强越大。所以，转速变化和水锤压强两者是矛盾的。加大机组转速的变化不但要增加机组造价而且会影响供电质量，加大水锤压强不但会加大水电站过水系统的投资，而且会恶化机组的调节稳定性。因此，对两者都必须加以限制，使之不超过某一允许值。

协调水锤和机组转速变化的计算一般统称为调节保证计算。

调节保证计算的主要任务可概括为：

（1）根据水电站引水系统和水轮发电机组特性，合理地选择水轮机开度的调节时间和调节规律，使水锤压强和机组转速变化均在允许范围之内，并尽可能地减小水锤压强以降低工程投资。

（2）根据给定的机组 GD^2 和调节时间，计算转速变化，检验它是否在允许范围之内；或者相反，在给定转速变化和调节时间的情况下，计算必须的 GD^2 值。

（3）根据给定的调节时间和调节规律进行水锤计算，检验水锤压强是否在允许范围之内；或给定水锤压强，验算水电站有压引水系统是否需要设置调压室等平水设施。

调节时间直接影响机组的转速变化和水锤压强。调节规律对水锤压强的影响比对转速变化的影响更显著。合理的调节规律是指在某调节时间内使水锤压强最小而调速系统又能做到的导叶开度变化规律。

调节保证计算往往要多次反复才能把调节时间和规律、转速变化、水锤压强调整到比较理想的情况。在计算中有时需要适当调整有压引水系统和机组的有关参数。

9.7.2　调节保证计算的内容

1. 丢弃负荷情况

（1）转速的最大升高值。

（2）压力管道和蜗壳内的最大压力升高值。

（3）压力管道和尾水管内的最大压力降低值：前者指开度变化终了后的负水锤，其值可能超过增加负荷时的最大压力降低，以检验压力管道的上弯段是否会出现负压；后者用以检验尾水管进口的真空度。

2. 增加负荷情况

（1）转速的最大降低值。

（2）压力管道内的最大压力降低值。

求出的以上各值均应在允许范围之内。

转速变化一般用相对值 β 表示，β 称为转速变化率

丢弃负荷
$$\beta = \frac{n_{max} - n_0}{n_0}$$

增加负荷
$$\beta = \frac{n_0 - n_{min}}{n_0}$$

式中：n_0、n_{max}、n_{min} 分别为机组的额定转速、丢弃负荷后的最高转速和增加负荷后的最低转速。

世界各国对 β 允许值的采用并不一致，而且有逐步提高的趋势。对于丢弃全负荷情况。目前美国采用 0.65，苏联各国采用 0.60，法国和日本采用 0.50；我国《水力发电厂机电设计规范》（DL/T 5186—2004）在总结我国多年来电站设计及安全运行的实践及参考国外对这方面规定的基础上规定，当机组容量占电力系统工作总容量的比重较大，或担负调频任务时，宜小于 50%；当机组容量占电力系统工作总容量的比重不大，或不担负调频任务时，宜小于 60%；贯流式机组转速最大上升率宜小于 65%；冲击式机组转速最大上升率宜小于 30%。

增加负荷的转速变化计算只对单独运行的水电站才有意义。在一般情况下，水电站在系统中运行，机组转速受系统频率控制，不可能有很大变化。

丢弃负荷的转速变化一般控制在计算水头时丢弃满负荷情况，此时机组功率最大。丢弃负荷引起的转速上升一般也最大。

丢弃负荷时，蜗壳末端允许的最大水锤相对升压为

$$H < 20\text{m}, \qquad \zeta = 1.00 \sim 0.70$$
$$H = 20 \sim 40\text{m}, \qquad \zeta = 0.70 \sim 0.50$$
$$H = 40 \sim 100\text{m}, \qquad \zeta = 0.50 \sim 0.30$$
$$H = 100 \sim 300\text{m}, \qquad \zeta = 0.30 \sim 0.25$$
$$H > 300\text{m}, \qquad \zeta < 0.25$$

式中：H 为额定水头，在 ζ 的变化范围中，低水头时取大值。

负水锤时，以压力管道顶部任何一点不出现负压并有 $2\text{mH}_2\text{O}$ 以上裕度为限。尾水管进口的允许最大真空度为 $8\text{mH}_2\text{O}$。

机组蜗壳末端最大压力升高率保证值和尾水管进口最小压力（或最大真空度）保证值，均应按计算值并留有适当裕度（考虑计算误差和压力脉动的影响）确定。

9.7.3　机组转速变化计算

机组转速变化计算的公式较多，下面介绍两种。

1. 苏联 ЛМЗ 公式

机组丢弃负荷后，导叶由全开关至空转开度，历时 T_{s_1}，机组出力由 N_0 减至零，在这个过程中，机组的剩余能量为图 9-21 所示的阴影面积。由于导叶动作的迟滞和水锤升压的影响，N-t 曲线是上凸的。此剩余能量将转化为机组转速的变化。若机组转动部分的惯量为 I，丢弃负荷前的角速度为 ω_0，丢弃负荷后的最大角速度为 $\omega_{\max}$，则

$$\int_0^{T_{s_1}} N \mathrm{d}t = \frac{1}{2} I (\omega_{\max}^2 - \omega_0^2) \tag{9-79}$$

其中

$$\omega_0 = \frac{\pi n_0}{30}$$

$$\omega_{\max} = \frac{\pi (n_0 + \Delta n)}{30} = \frac{\pi n_0}{30}(1 + \beta)$$

$$I = 1000 \times \frac{G}{g} \times \left(\frac{D}{2}\right)^2 = 1000 \frac{GD^2}{4g}$$

式中：n_0 为机组额定转速，r/min；I 在工程单位制中以 kg·m·s^2 计，GD^2 以 t·m^2 计。

式 (9-79) 左边积分表示图 9-21 中阴影面积，可表达为 $\frac{1}{2}N_0 T_{s_1} f$，f 为考虑 $N-t$ 线与虚直线间的所夹弓形面积的影响系数，可从图 9-22 查出。

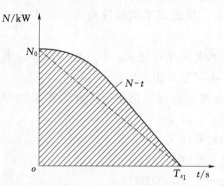

图 9-21 导叶关闭过程中的水轮机出力变化

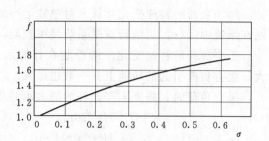

图 9-22 修正系数 f 与水锤系数 σ 的关系曲线

将以上关系代入式 (9-79)，简化后得

$$\beta = \sqrt{1 + \frac{365 N_0 T_{s_1} f}{n_0^2 GD^2}} - 1 \tag{9-80}$$

混流式和水斗式水轮机的 $T_{s_1} = (0.8 \sim 0.9) T_s$；轴流式水轮机的 $T_{s_1} = (0.6 \sim 0.7) T_s$。

式 (9-80) 的计算结果一般偏大。在机组丢弃负荷后，机组转速上升，摩阻等能量损耗也随之增大，故在导叶达到正常转速下的空转开度之前机组已停止升速，即实际的升速时间小于 T_{s_1}；此外，由于调速系统的惯性，调节动作有一迟滞时间。针对式 (9-80) 存在的问题，出现了一些修正公式。

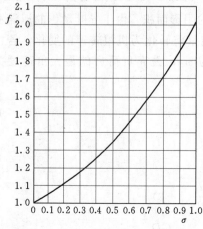

图 9-23 $f-\sigma$ 关系曲线

2. 我国"长办"公式

考虑到导叶的迟滞时间等因素，我国原长江流域规划办公室提出了如下的修正公式

$$\beta = \sqrt{1 + \frac{365 N_0}{n_0^2 GD^2}(2T_c + T_n f)} - 1 \tag{9-81}$$

$$T_c = T_A + 0.5\delta T_a$$
$$T_a = n_0^2 GD^2 / 365 N_0$$
$$T_n = (0.9 - 6.3 \times 10^{-4} n_s) T_s$$
$$n_s = n_0 \sqrt{N_0} / H^{1.25}$$

式中：T_c 为调节迟滞时间；T_A 为导叶动作迟滞时间（电调取 0.1s，机调取 0.2s）；δ 为调

速器的残留不均衡度（一般为 $0.2\sim0.6$）；T_a 为机组的时间常数，s；T_n 为升速时间；n_s 为比转速；N_0 单位为 kW。

在给定 β 的情况下，很容易根据式（9-80）或式（9-81）反算必须的 GD^2。式（9-81）中的修正系数 f 从图 9-23 查出。

9.8　水锤的计算条件和减小水锤压强的措施

9.8.1　水锤计算条件的选择

水锤计算的主要目的是推求管道中的最大和最小水锤压强。管道中的内水压强是静水压强和水锤压强的代数和。前者决定于电站的上下游水位，后者则决定于水头、流量、调节时间和调节规律。

资源 9-19
水锤计算条件的选择

管道中的最大内水压强一般控制在以下两种情况：

（1）上游最高水位时电站丢弃负荷。此时电站的流量和水锤压强都不是最大值，但由于管道中的静水压较高，叠加的结果有可能是控制情况。

（2）计算水头时电站丢弃负荷。这时管道中的静水压较低，但电站的流量和丢弃负荷时的水锤升压较大，叠加的结果也可能是控制情况。机组转速上升一般控制在这种情况。

水电站流量变化的选择决定于引水系统的布置形式和电气主接线图。对于单元供水（一管一机）情况，一般应按机组丢弃全负荷考虑。对于集中供水（一管多机）情况，若与管道连接的所有机组由一个回路出线，则应按这些机组同时丢弃全负荷考虑；若这些机组由两个或两个以上回路出线，则应根据具体情况做具体分析。

管道中的最低压力一般控制在以下两种情况：

（1）上游最低水位时电站丢弃负荷，导叶关闭后的正水锤经水库和导叶反射而成的负水锤。

（2）上游最低水位时电站最后一台机组投入运行。

尾水管进口的最低压力一般决定于下游最低水位时机组丢弃负荷情况。

调节时间和调节规律的选择应结合机组的转速变化和调速器的特性进行。

9.8.2　减小水锤压强的措施

减小水锤压强对于降低引水建筑物及机组造价和改善机组的运行条件均有重要意义。减小水锤压强主要有以下几种措施。

9.8.2.1　减小压力管道长度

减小压力管道的长度，使进口的反射波能较早地回到压力管道的末端，增加调节过程中水锤的相数，加强进口反射波削减水锤压强的作用，从而降低水锤压强。从水锤计算公式也可看出，减小 L 可以减小 σ，因而可减小 ζ。因此，根据具体的地形地质条件，压力管道的布置应采用尽可能短的路线。

在比较长的引水道中，常设置调压室，利用其底部较大的面积和自由水面反射水锤波。调压室的功用实质上就是缩短压力管道的长度。调压室的位置应尽可能地靠近

资源 9-20
减小水锤压力的措施

厂房。

9.8.2.2　减小压力管道中的流速

减小压力管道中的流速可以减小其中单位水体的动量，因此，在同样的调节时间内，可以减小动量的变化梯度，从而减小水锤压强。从水锤公式也可看出，在 T_s 一定时，σ 随流速的减小而减小，因此 ζ 也随流速的减小而减小。水电站压力管道的直径一般由动能经济计算确定，在流量一定的情况下，减小流速意味着加大管径。用减小流速的办法降低水锤压强，往往是不经济的，一般并不采用。但在一定的条件下，例如在适当地加大管径可以取消调压室时，采用这一措施可能是合理的。

9.8.2.3　采用合理的调节规律

在 9.3 节中，已经讨论了开度变化规律对水锤的影响，如图 9－9 所示。

若不计摩阻，并忽略水体和管壁弹性变形的影响，则在调节时间 T_s 内，管道末端的水锤压强（以相对值表示）过程线与时间轴所包围的面积为

$$\int_D^{T_s} \zeta^A \, \mathrm{d}t = \frac{LV_0}{gH_0} = \sigma T_s \tag{9-82}$$

从式（9-82）可以看出，其面积决定于水电站的特性，即决定于水电站的水头、压力管道的长度和起始流速，而与调节时间 T_s 的长短无关。这是水锤压强的一个重要特性，利用这一特性可以测量压力管道中的流量。调节规律虽不能改变水锤曲线的面积，但在 T_s 一定的情况下，却决定着水锤曲线的形状，因而也决定着水锤压强的最大值，如图 9－9 所示。水锤常数 σ 则为调节时间 T_s 内水锤压强的平均值，即 $\sigma = \zeta_a^A$。显然，合理的调节规律是在调速器能够实现的条件下，使最大水锤压强尽可能接近平均值 ζ_a^A。在中低水头的电站中，最大水锤压强通常出现在调节过程的终了，水轮机导叶可采用先快后慢的关闭规律，即所谓分段关闭，以提高开始阶段的水锤压强，从而降低终了阶段的水锤值。对于高水头电站，最大水锤压强通常出现在调节过程的开始阶段，可采用先慢后快的调节规律。

采用合理的调节规律减小最大水锤压强，既简单易行又不需要多少附加费用，是应该优先采用的措施。

9.8.2.4　减小压力管道流速的变化梯度

减小压力管道流速变化梯度最直接的办法是加大 T_s，但增加 T_s 会使机组转速 β 变化率加大，因此，T_s 的增加受到限制。为了解决这一矛盾，可以采用以下措施。

1. 设置减压阀

减压阀是一种旁通的过流设备，一般装在反击式水轮机的蜗壳上，如图 9－24 所示。在机组丢弃负荷后，水轮机导叶以机组转速上升所允许的时间快速关闭，同时，受同一调速器控制的减压阀逐渐开启向下游泄放部分流量，以减小压力管道中的流速变化梯度，待导叶关闭后，减压阀再以水锤升压所允许的速度缓慢关闭。这样就可同时保证转速上升和压力上升都在允许范围之内。

我国装有减压阀的水电站有澄碧河、绿水河、西洱河、龙源等，已经累积了不少设计和运行经验。国外装有减压阀的水电站如澳大利亚的 Lemonthyme 水电站和 Wilmot 水电站，前者引水隧洞长 7790m，最小水头 132m，后者引水隧洞长 4618m，

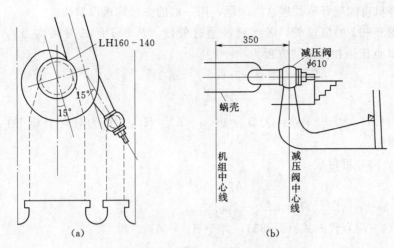

图 9-24　减压阀装置示意图

最小水头 223m；加拿大的 Jordan 水电站，引水隧洞长 7200m，最大水头 289.5m。这些电站都不设调压室而装置减压阀。

　　与调压室相比，减压阀的优点是造价低，但减压阀在增加负荷时不起作用，不能改善机组运行的稳定性，机组在变动小负荷（机组额定出力 15% 以下）时减压阀不动作，水轮机导叶以慢速关闭，因而恶化了机组的速动性。减压阀适用于引水道较长、流量较小、不担负调频任务，或对电能质量要求不高的中小型电站。在这类电站上采用减压阀而不用调压室，可能是经济合理的。

　　2. 设置水阻器（水电阻）

　　水阻器是一种利用水阻消耗能量的设备，它与发电机母线相联，用调速器操作。当机组丢弃负荷时，调速器使水阻器投入，将机组原来输入系统的功率消耗于水阻之中，即用水阻代替机组原有负荷，然后调速器在一个较长的时间内将水轮机导叶逐渐关闭。水阻器对于增加负荷和发电机母线短路情况不起作用，其灵敏性和可靠性亦有待研究改进，可用于小型电站。

9.9　水电站有压引水系统非恒定流数值算法

　　水电站有压引水系统的非恒定流计算包括水锤计算和调压室涌波计算。这两种计算各有特点而又相互联系。在负荷变化时，机组的转速变化与水锤和调压室涌波也有联系。把这 3 种过渡过程联系起来研究的理论已很成熟，但由于计算过于烦琐，在计算机应用于工程实际之前，很少有把它们联系求解的实例，一般都是用孤立的、简化的方法计算。即使对于分岔管的水锤，为了避免烦琐的计算，也往往采用很粗略的简化方法。计算机的推广应用则实现了准确合理地联合求解上述问题，现简要介绍如下。

资源 9-22
水电站有压
引水系统非
恒定流数值
算法

　　1. 简单管水锤计算

　　简单管水锤计算可不利用计算机，但如欲在计算中考虑水头损失或机组特性的影响，用计算机也能较好地处理这类问题，用一般的方法则难以解决。

对于图 9-12 的简单管，若水锤波通过管段 AP 和 PB 的时间均为 t_0，则求解 A、P、B 3 点压强和流量的方程为

A 点：
$$h_{t-t_r}^P - h_t^A = -2\rho(q_{t-t_r}^P - q_t^A) + \alpha \mid q_{t-t_r}^P \mid q_t^A \tag{9-83}$$

$$q_t^A = \tau_t \sqrt{h_t^A} \tag{9-84}$$

其中，$h = H/H_0 = 1 + \zeta$；$q = Q/Q_0 = \upsilon$；$\alpha = h_{f0}^{AP}/H_0$，h_{f0}^{AP} 为对应于 Q_0 的 AP 段管道的水头损失。

式（9-83）可写成
$$h_t^A + A q_t^A = R \tag{9-85}$$

其中，$A = 2\rho + \alpha \mid q_{t-t_r}^P \mid$，$R = h_{t-t_r}^P + 2\rho q_{t-t_r}^P$。

将式（9-84）代入式（9-85），并令 $S = -A\tau_t$，得
$$h_t^A - S\sqrt{h_t^A} = R \tag{9-86}$$

求解式（9-86），舍去增根，得
$$h_t^A = \frac{1}{2}(2R + S^2 + S\sqrt{4R + S^2})$$

故式（9-83）和式（9-84）可写成
$$\left.\begin{array}{l} R = h_{t-t_r}^P + 2\rho q_{t-t_r}^P \\[2mm] S = -A\tau_t = -(2\rho + \alpha \mid q_{t-t_r}^P \mid)\tau_t \\[2mm] h_t^A = \frac{1}{2}(2R + S^2 + S\sqrt{4R + S^2}) \\[2mm] q_t^A = \tau_t \sqrt{h_t^A} \end{array}\right\} \tag{9-87}$$

P 点：
$$h_t^A - h_{t+t_r}^P = 2\rho(q_t^A - q_{t+t_r}^P) - \alpha \mid q_{t+t_r}^P \mid q_{t+t_r}^P \tag{9-88}$$

$$h_{t_r}^B - h_{t+t_r}^P = -2\rho(q_t^B - q_{t+t_r}^P) + \alpha \mid q_t^B \mid q_{t+t_r}^P \tag{9-89}$$

式（9-88）和式（9-89）可写成
$$h_{t+t_r}^P - B q_{t+t_r}^P = U \tag{9-90}$$

$$h_{t+t_r}^P + F q_{t+t_r}^P = V \tag{9-91}$$

解式（9-90）和式（9-91），得
$$\left.\begin{array}{l} B = 2\rho + \alpha \mid q_t^A \mid \\[2mm] F = 2\rho + \alpha \mid q_t^B \mid \\[2mm] U = h_t^A - 2\rho q_t^A \\[2mm] V = h_t^B + 2\rho q_t^B \\[2mm] h_{t+t_r}^P = \frac{BV + FU}{B + F} \\[2mm] q_{t+t_r}^P = \frac{V - U}{B + F} \end{array}\right\} \tag{9-92}$$

B 点：

$$h_{t+t_r}^P - h_{t+2t_r}^B = 2\rho(q_{t+t_r}^P - q_{t+2t_r}^B) - \alpha\,|\,q_{t+t_r}^P\,|\,q_{t+2t_r}^B \tag{9-93}$$

上式可写成

$$\left.\begin{array}{l} D = 2\rho + \alpha\,|\,q_{t+t_r}^P\,| \\[2mm] E = h^B - h_{t+t_r}^P + 2\rho q_{t+t_r}^P \quad (h^B \equiv 常数) \\[2mm] q_{t+2t_r}^P = \dfrac{E}{D} \end{array}\right\} \tag{9-94}$$

根据式 (9-87)、式 (9-92) 和式 (9-94) 所列的顺序，不难编出简单的程序迭代地求出 A、P、B 3 点压强和流量的变化过程，计算可以从 $t = 2t_0$ 开始，到所要求的时刻为止。τ_t 根据开度变化曲线确定。

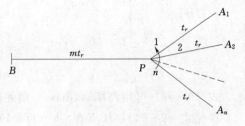

图 9-25　分岔管示意图

2. 分岔管的水锤计算

对于图 9-25 所示的分岔管，若 P 点有 n 个分支，水锤波通过各分支的时间均为 t_r，通过主管 PB 的时间为 mt_r，参照式 (9-87) 水轮机端 A_1、A_2、$\cdots$、A_n 点的水锤压强和流量可用以下式组求出

$$\left.\begin{array}{l} R_i = h_{t-t_r}^P + 2\rho_i q_{t-t_r}^{P_i} \\[2mm] S_i = -(2\rho_i + \alpha_i\,|\,q_{t-t_r}^P\,|)\tau_{it} \\[2mm] h_t^{A_i} = \dfrac{1}{2}(2R_i + S_i^2 + S_i\sqrt{4R_i + S_i^2}) \\[2mm] q_t^{A_i} = \tau_{it}\sqrt{h_t^{A_i}} \end{array}\right\} \tag{9-95}$$

其中：$i = 1,\ 2,\ \cdots,\ n$，故以上式组共 n 个。

P 点的压强和流量有 $n+2$ 个未知量，用下列 $n+2$ 个方程求解。

$A_i - P$ 特征方程

$$h_t^{A_i} - h_{t+t_r}^P = 2\rho_i(q_t^{A_i} - q_{t+t_r}^{P_i}) - \alpha_i\,|\,q_t^{A_i}\,|\,q_{t+t_r}^{P_i}$$

即

$$h_{t+t_r}^P - A_i q_{t+t_r}^{P_i} = R_i$$

其中：$A_i = 2\rho_i + \alpha_i\,|\,q_t^{A_i}\,|$，$R_i = h_t^{A_i} - 2\rho_i q_t^{A_i}$，$i = 1, 2, \cdots, n$，故上式有 n 个。

$P - B$ 特征方程

$$h^B - h_{t+t_r}^P = -2\rho_{PB}(q_{t-(m-1)t_r}^{P_i} - q_{t+t_r}^P) + \alpha_{PB}\,|\,q_{t-(m-1)t_r}^P\,|\,q_{t+t_r}^{P_i}$$

即

$$h_{t+t_r}^P + A'q_{t+t_r}^{P_i} = R'$$

其中

$$A' = 2\rho_{PB} + \alpha_{PB}\,|\,q_{t-(m-1)t_r}^B\,|$$

$$R' = h^B + 2\rho_{PB}q_{t-(m-1)t_r}^B$$

P 点连续方程

$$q_{t+t_r}^P = q_{t+t_r}^{P1} + q_{t+t_r}^{P2} + \cdots + q_{t+t_r}^{Pn}$$

以上共有 $n+2$ 个方程，其中具有下标 $t+t_r$ 者为未知量，也有 $n+2$ 个。将前 $n+1$ 个方程写成矩阵形式，为了避免系数矩阵主对角线的积为零，将第 $n+1$ 个方程排在第二位，并以 $q_{t+t_r}^P = \sum\limits_{i=1}^{n} q_{t+t_r}^{Pi}$ 的关系代入，得

$$
\begin{bmatrix}
1 & -A_1 & 0 & \cdots & \\
1 & A' & A' & \cdots & A' \\
1 & 0 & -A_2 & 0 & \cdots \\
& & \vdots & & \\
1 & 0 & \cdots & & -A_n
\end{bmatrix}
\begin{Bmatrix}
h_{t+t_r}^P \\
q_{t+t_r}^{P1} \\
q_{t+t_r}^{P2} \\
\vdots \\
q_{t+t_r}^{Pn}
\end{Bmatrix}
=
\begin{Bmatrix}
R_1 \\
R' \\
R_2 \\
\vdots \\
R_n
\end{Bmatrix}
\tag{9-96}
$$

$$q_{t+t_r}^P = q_{t+t_r}^{P1} + q_{t+t_r}^{P2} + \cdots + q_{t+t_r}^{Pn}$$

式（9-96）可用高斯（Guass）消元法求解。

参照式（9-94），B 点在 $t+(m+1)t_r$ 时刻的流量可用以下式组求出

$$
\left.
\begin{aligned}
D &= 2\rho_{PB} + \alpha_{PB} \left| q_{t+t_r}^P \right| \\
E &= h^B - h_{t+t_r}^P + 2\rho_{PB} q_{t+t_r}^P \\
q_{t+(m+1)t_r}^B &= \frac{E}{D}
\end{aligned}
\right\}
\tag{9-97}
$$

计算可从 $t=2t_r$ 开始，到要求的时刻结束。τ_{1t}、τ_{2t}、$\cdots$、τ_{nt} 根据 A_1、A_2、$\cdots$、A_n 点的开度变化曲线确定。

程序框图如图 9-26 所示。程序框图中，NH 为预定的总时段。I 为正在进行计算的时段数。

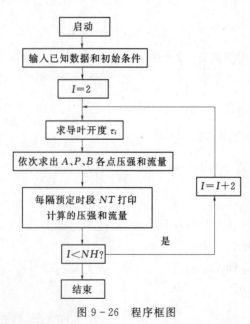

图 9-26 程序框图

3. 具有调压室的引水系统非恒定流计算可有以下 3 种情况：

（1）对细而高的调压室（如差动调压室的升管等），可将调压室视为一个支管，把水锤计算和调压室的涌波计算用水锤方程统一起来。调压室水面处的流速即为调压室的水位变化速度。

（2）若调压室比较粗短，为了避免因计算时段过小而明显增加计算工作量，可以忽略调压室和其中水体的弹性变形。在这种假定下，调压室底部的流量等于其顶部的流量，底部的压强等于调压室水柱的高度和其中水体惯性力的代数和。

（3）若调压室极粗短，且与压力管道的连接处断面又较大（如无连接管的简单调压室），在水锤计算过程中调压室水位

变化不大，则可视调压室为水库。

4. 水电站的调节保证计算

用计算机可以把水锤、调压室涌波和机组的转速变化 3 种过渡过程联系起来加以研究。目前，基于水锤分析的基本理论，水电站调节保证计算常用的方法是：以 $x-t$ 为坐标场的特征线法为基础，引入机组的动力方程，并根据水轮机的特性和开度变化规律，从而求出特征断面压强、调压室水位和机组转速等参数的变化过程，限于篇幅，具体方法从略。

第 10 章

调压室

10.1　调压室的功用、要求及设置调压室的条件

1. 调压室的功用

为了减小水锤压力，常在有压引水隧洞（或管道）与压力管道衔接处建造调压室，如图 7-5 所示。调压室利用扩大的断面和自由水面反射水锤波，将有压引水系统分成两段：上游段为有压引水隧洞，调压室使隧洞基本上避免了水锤压力的影响；下游段为压力管道，由于长度缩短了，从而降低了压力管道中的水锤值，改善了机组的运行条件。

根据上面的分析，调压室的功用可归纳为以下 3 点：

（1）反射水锤波。基本上避免（或减小）压力管道中的水锤波进入有压引水道。

（2）缩短压力管道的长度。从而减小压力管道及厂房过流部分中的水锤压力。

（3）改善机组在负荷变化时的运行条件及系统供电质量。

按照人们的习惯，调压室的大部分或全部设置在地面以上的称为调压塔，如黑龙江省的镜泊湖水电站的调压塔；调压室大部分埋在地面之下者，则称为调压井，如官厅水电站、乌溪江水电站等的调压井。

2. 对调压室的基本要求

根据调压室的功用，调压室应满足以下基本要求：

（1）调压室的位置应尽量靠近厂房，以缩短压力管道的长度。

（2）能较充分地反射压力管道传来的水锤波。调压室对水锤波的反射愈充分，愈能减小压力管道和引水道中的水锤压力。

（3）调压室的工作必须是稳定的，在负荷变化时，引水道及调压室水体的波动应该迅速衰减，达到新的恒定状态。

（4）正常运行时，水头损失要小。为此调压室底部和压力管道连接处应具有较小的断面积，以减小水流通过调压室底部的水头损失。

（5）工程安全可靠，施工简单方便，造价经济合理。

上述各项要求之间会存在一定程度的矛盾，所以必须根据具体情况统筹考虑各项要求，进行全面的分析比较，审慎地选择调压室的位置、型式及轮廓尺寸。

3. 设置调压室的条件

如前所述，在有压引水系统中设置调压室后，一方面使有压引水道基本上避免了水锤压力的影响，减小了压力管道中水锤压力，改善了机组运行条件，从而减少了它们的造价；但另一方面却增加了设置调压室的造价，所以是否需要设置调压室应进行

资源 10-1
调压室的功
用、要求及
设置条件

方案的技术经济比较来决定。我国《水电站调压室设计规范》（NB/T 35021—2014）建议以下式作为初步判别是否需要设置上游调压室的近似准则

$$T_w = \sum L_i V_i / g H_p \qquad (10-1)$$

式中：L_i 为压力水道长度，m（包括蜗壳及尾水管）；V_i 为压力水道中的平均流速，m/s；g 为重力加速度，9.81m/s^2；H_p 为设计水头，m；T_w 为压力水道的惯性时间常数，s。

当 $T_w < 2 \sim 4\text{s}$，可不设调压室。

对于在电力系统单独运行或机组容量在电力系统中所占比重超过 50% 的电站，T_w 宜用小值；对比重小于 10%～20% 的电站，可取大值。

计算 T_w 时，采用的流量与水头应为相互对应值，即采用最大流量时，应用与之相对应的额定水头；若采用最小水头，应用与之相对应的流量。

设置下游调压室的条件以尾水管内不产生液柱分离为前提，在常规水电站中，其必要性可按下式作初步判断

$$L_w > \frac{5 T_s}{V_{w0}} \left(8 - \frac{\nabla}{900} - \frac{V_{wj}^2}{2g} - H_s \right) \qquad (10-2)$$

式中：L_w 为压力尾水道的长度，m；T_s 为水轮机导叶关闭时间，s；V_{w0} 为恒定运行时尾水道中之流速，m/s；V_{wj} 为尾水管进口流速，m/s；∇ 为水轮机安装高程，m；H_s 为水轮机吸出高度，m。

最终通过调节保证计算，机组丢弃全负荷过程中尾水管进口的最大真空度不宜大于 8m 水柱。高海拔地区可按下式进行修正

$$H_v \leqslant 8 - \frac{\nabla}{900} \qquad (10-3)$$

式中：H_v 为尾水管进口处的最大压力真空度，m 水柱。

10.2　调压室的工作原理和基本方程

1. 调压室的工作原理

水电站在运行时负荷会经常发生变化。负荷变化时，机组就需要相应地改变引用流量，从而在引水系统中引起非恒定流现象。压力管道中的非恒定流现象（即水锤现象）在第 9 章中已经加以讨论。引用流量的变化，在"引水道—调压室"系统中亦将引起非恒定流现象，这正是本节要加以讨论的。

图 10-1 为一具有调压室的引水

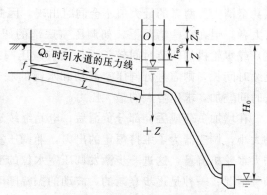

资源 10-2
调压室的
工作原理

图 10-1　有压引水系统示意图

系统。当水电站以某一固定出力运行时，水轮机引用的流量 Q_0 亦保持不变，因此通过整个引水系统的流量均为 Q_0，调压室的稳定水位比上游水位低 h_{w_0}，h_{w_0} 为 Q_0 通过引水道时所造成的水头损失。

当电站丢弃全负荷时，水轮机的流量由 Q_0 变为零，压力管道中发生水锤现象。压力管道的水流经过一个短暂的时间后就停止流动。此时，引水道中的水流由于惯性作用仍继续流向调压室，引起调压室水位升高，使引水道始末两端的水位差随之减小，因而其中的流速也逐渐减慢。当调压室的水位达到水库水位时，引水道始末两端的水位差等于零。但其中水流由于惯性作用仍继续流向调压室，使调压室水位继续升高直至引水道中的流速等于零为止，此时调压室水位达到最高点。因为这时调压室的水位高于水库水位，在引水道的始末又形成了新的水位差，所以水又向水库流去，即形成了相反方向的流动，调压室中水位开始下降。当调压室中水位达到库水位时。引水道始末两端的压力差又等于零，但这时流速不等于零，由于惯性作用，水位继续下降，直至引水道流速减到零为止，此时调压室水位降低到最低点、此后引水道中的水流又开始流向调压室，调压室水位又开始回升。这样，引水道和调压室中的水体往复波动。由于摩阻的存在，运动水体的能量被逐渐消耗。因此，波动逐渐衰减，最后全部能量被消耗掉，调压室水位稳定在水库水位。调压室水位波动过程见图 7-5 中右上方的一条水位变化过程线，当水电站增加负荷时，水轮机引用流量加大，引水道中的水流由于惯性作用。尚不能立即满足负荷变化的需要，调压室需首先放出一部分水量。从而引起调压室水位下降，这样室库间形成新的水位差，使引水道的水流加速流向调压室。当调压室中水位达到最低点时，引水道的流量等于水轮机的流量，但因室库间水位差较大。隧洞流量继续增加，并超过水轮机的需要，多余水量流入调压室，因而调压室水位又开始回升，达最高点后又开始下降，这样就形成了调压室水位的上下波动，由于能量的消耗，波动逐渐衰减，最后稳定在一个新的水位。此水位与库水位之差为引水道通过水轮机引用流量的水头损失。水位变化过程如图 7-5 中右下方的一条水位变化过程线。

从以上的讨论可知，"引水道—调压室"系统非恒定流的特点是大量水体的往复运动，其周期较长，伴随着水体运动有不大的和较为缓慢的压力变化。这些特点与水锤不同。在一般情况下，当调压室水位达到最高或最低点之前，水锤压力早已大大衰减甚至消失。两者的最大值不会同时出现，因此在初步估算时可将两者分开计算，取其大者。但在有些情况下，如调压室底部的压力变化较快（如阻抗式或差动式调压室）或水轮机的调节时间较长（如设有减压阀或折流板等），这时水锤压力虽小，但延续时间长，则需进行调压室波动和水锤的联合计算，或将两者的过程线分别求出，按时间叠加，求出各点的最大压力。

在增加负荷或丢弃部分负荷后，电站继续运行。调压室水位的变化影响发电水头的大小，调速器为了维持恒定的出力，随调压室水位的升高和降低，将相应地减小和增大水轮机流量，这进一步激发调压室水位的变化，因此调压室的水位波动，可能有两种情况：一种是逐步衰减的，波动的振幅随时间而减小；另一种是波动的振幅不衰减甚至随时间而增大，成为不稳定的波动，产生这种现象的调压室其工作是不稳定的，在设计调压室时应予避免。

因此，研究调压室水位波动的目的主要是：

（1）求出调压室中可能出现的最高和最低涌波水位及其变化过程，从而决定调压室的高度和引水道的设计内水压力及布置高程。

（2）根据波动稳定的要求，确定调压室所需的最小断面积。

2. 调压室的基本方程

如图 10-1 所示，当水轮机引用流量 Q 固定不变时，隧洞中的水流为恒定流，通过隧洞的流量即为水轮机引用流量，此时隧洞中的流速 V 和调压室中的水位 Z 均为固定的常数。

资源 10-3
调压室的
基本方程

当水轮机引用流量 Q 发生变化时、调压室中水位及隧洞中流速均将发生变化，引水道中的流速 V 和调压室的水位 Z 均为时间 t 的函数。

根据水流连续性定律，水轮机在任何时刻所需要的流量 Q 系由两部分组成：来自引水道的流量 fV 和调压室流出的流量 $F\dfrac{\mathrm{d}Z}{\mathrm{d}t}$，此处 F 为调压室的断面积，$\dfrac{\mathrm{d}Z}{\mathrm{d}t}$ 为调压室水位下降速度。由此得水流的连续性方程

$$Q = Vf + F\frac{\mathrm{d}Z}{\mathrm{d}t} \tag{10-4}$$

式中 Z 以水库水位为基准，向下为正。

在引水道内为非恒定流的情况下，如果不考虑引水道和水的弹性变形及调压室中的水体惯性，设 h_w 为引水道中通过流量 Q 时的水头损失，Z 为调压室中瞬时水位与静水位的差值，根据牛顿第二定律，引水道中水体质量与其加速度的乘积等于该水体所受的力，即

$$Lf\frac{\gamma}{g}\frac{\mathrm{d}V}{\mathrm{d}t} = f\gamma(Z - h_w)$$

由此得出水流的动力方程

$$Z = h_w + \frac{L}{g}\frac{\mathrm{d}V}{\mathrm{d}t} \tag{10-5}$$

调压室的微小水位波动将引起水轮机水头的变化，从而引起水轮机出力的变化，而机组的负荷不变，因此调速器必须随着水头的变化相应地改变水轮机的流量，以适应负荷不变的要求。如调压室水位发生一微小变化 x，调速器使水轮机的流量相应地改变一微小数值 q，此时压力管道的水头损失为 h_{wm}，由此得等式

$$\gamma Q_0(H_0 - h_{w_0} - h_{wm_0})\eta_0 = \gamma(Q_0 + q)(H_0 - h_{w_0} - x - h_{wm})\eta$$

当水轮机的水头和流量变化不大时，可近似地假定效率 η 保持不变，即 $\eta = \eta_0$，由此得等出力方程

$$Q_0(H_0 - h_{w_0} - h_{wm_0}) = (Q_0 + q)(H_0 - h_{w_0} - x - h_{wm}) \tag{10-6}$$

式中：h_{wm} 为压力管道通过流量 Q_0 时的水头损失值；h_{w_0} 为引水道通过流量 Q_0 时的水头损失值。

式（10-4）～式（10-6）是进行调压室水力计算的基本方程式。

10.3　调压室的基本类型

10.3.1　调压室的基本布置方式

根据水电站不同的条件和要求，调压室可以布置在厂房的上游或下游，在有些情况下在厂房的上下游都需要设置调压室而成双调压室系统。调压室在引水系统中的布置有以下 4 种基本方式。

1. 上游调压室（引水调压室）

调压室在厂房上游的有压引水道上，如图 10-1 所示，它适用于厂房上游有压引水道比较长的情况下，这种布置方式应用最广泛，后面还要较详细地讨论。

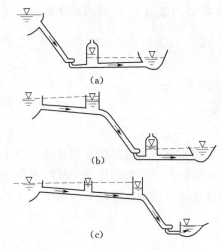

图 10-2　调压室的几种布置方式

2. 下游调压室（尾水调压室）

当厂房下游具有较长的有压尾水隧洞时，需要设置下游调压室以减小水锤压力，如图 10-2（a）所示，特别是防止丢弃负荷时产生过大的负水锤，因此尾水调压室应尽可能地靠近水轮机。

尾水调压室是随着地下水电站的发展而发展起来的，均在岩石中开挖而成，其结构型式，除了满足运行要求外，通常还决定于施工条件。

尾水调压室的水位变化过程，正好与引水调压室相反。当丢弃负荷时，水轮机流量减小，调压室需要向尾水隧洞补充水量，因此水位首先下降，达到最低点后再开始回升；在增加负荷时，尾水调压室水位首先开始上升，达最高点后再开始下降。在电站正常运行时，调压室的稳定水位高于下游水位，其差值等于尾水隧洞中的水头损失。尾水调压室的水力计算基本原理及公式与上游调压室相同，应用时要注意符号的方向。

3. 上下游双调压室系统

在有些地下式水电站中，厂房的上下游都有比较长的有压输水道，为了减小水锤压力，改善电站的运行条件，在厂房的上下游均设置调压室而成双调压室系统，如图 10-2（b）所示。当负荷变化水轮机的流量随之发生变化时，两个调压室的水位都将发生变化，而任一个调压室的水位的变化，将引起水轮机流量新的改变，从而影响到另一个调压室的水位的变化，因此两个调压室的水位变化是相互制约的，使整个引水系统的水力现象大为复杂，当引水隧洞的特性和尾水隧洞接近时，可能发生共振。因此设计上下游双调压室时，不能只限于推求波动的第一振幅，而应该求出波动的全过程，研究波动的衰退情况，但在全弃负荷时，上、下游调压室互不影响，可分别求其最高和最低水位。

4. 上游双调压室系统

在上游较长的有压引水道中，有时设置两个调压室，如图 10-2（c）所示。靠近厂房的调压室对于反射水锤波起主要作用，称为主调压室；靠近上游的调压室用以反射越过主调压室的水锤波，改善引水道的工作条件，帮助主调压室衰减引水系统的波动，因此称之为辅助调压室。辅助调压室越接近主调压室，所起的作用越大，反之，越向上游其作用越小。引水系统波动衰减由两个调压室共同担当，增加一个调压室的断面，可以减小另一个调压室的断面，但两个调压室所需要的断面之和大于只设置一个调压室时所需的断面。当引水道中有施工竖井可以利用时，采用双调压室方案可能是经济的；有时因电站扩建，原调压室容积不够而增设辅助调压室；有时因结构、地质等原因，设置辅助调压室以减小主调压室的尺寸。

上游双调压室系统的波动是非常复杂的，相互制约和诱发的作用很大，整个波动并不成简单的正弦曲线，因此，应合理选择两个调压室的位置和断面，使引水系统的波动能较快地衰减。

10.3.2 调压室的基本结构型式

1. 简单式调压室

如图 10-3（a）、（b）所示，简单式调压室包括无连接管与有连接管两种形式，连接管的断面面积应不小于调压室处压力水道断面面积，简单式调压室的特点是结构形式简单，反射水锤波的效果好，但在正常运行时隧洞与调压室的联接处水头损失较大，当流量变化时调压室中水位波动的振幅较大，衰减较慢，所需调压室的容积较大，因此一般多用于低水头或小流量的水电站。简单式包括无连接管和有连接管两种形式，连接管的断面面积应不小于调压室处压力水道断面面积。

资源 10-5
调压室的基本结构型式

2. 阻抗式调压室

将简单式调压室的底部，用断面较小的短管或孔口与隧洞和压力管道联接起来，即为阻抗式调压室，阻抗孔口或连接管断面面积应小于调压室处压力水道断面面积，如图 10-3（c）、（d）所示，还有的是调压室内的检修闸门孔兼作阻抗孔。由于进出调压室的水流在阻抗孔口处消耗了一部分能量，所以水位波动振幅减小，衰减加快了，因而所需调压室的体积小于简单式，正常运行时水头损失小。但由于阻抗的存在，水锤波不能完全反射，隧洞中可能受到水锤的影响，设计时必须选择合适的阻抗。

资源 10-6
阻抗式调压室的涌波过程

3. 水室式调压室

水室式调压室由一个断面较小的竖井和上下两个断面扩大的储水室共同或分别组成［图 10-3（e）、（f）］。当丢弃负荷时，竖井中水位迅速上升，一旦进入断面较大的上室，水位上升的速度便立即缓慢下来；增加负荷时水位迅速下降至下室。并由下室补充不足的水量，因而限制了水位的下降，由于丢弃负荷时涌入上室中水体的重心较高，而增加负荷时由下室流出的水体重心较低。故同样的能量，可存储于较小的容积之中，所以这种调压室的容积比较小，适用于水头较高和水库工作深度较大的水电站。

资源 10-7
水室式调压室的涌波过程

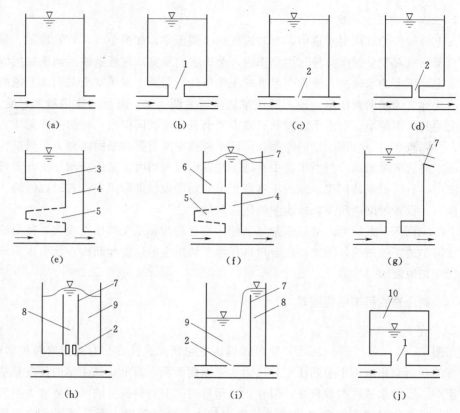

图 10-3 调压室的基本类型

1—连接管；2—阻抗孔；3—上室；4—竖井；5—下室；6—储水室；

7—溢流堰；8—升管；9—大井；10—压缩空气

4. 溢流式调压室

溢流式调压室的顶部有溢流堰，如图 10-3（g）所示。当丢弃负荷时，水位开始迅速上升，达到溢流堰顶后开始溢流，限制了水位的进一步升高。有利于机组的稳定运行，溢出的水量可以设上室加以储存，也可排至下游。

5. 差动式调压室

如图 10-3（h）、（i）所示，差动式调压室由两个直径不同的圆筒组成，中间的圆筒直径较小，上有溢流口，通常称为升管，其底部以阻力孔口与外面的大井相通，它综合地吸取了阻抗式和溢流式调压室的优点，但结构较复杂。

6. 气垫式调压室

在某些情况下，还可采用气垫式调压室，如图 10-3（j）所示。气垫式调压室自由水面之上的密闭空间中充满高压空气，利用调压室中空气的压缩和膨胀，来减小调压室水位的涨落幅度。此种调压室可靠近厂房布置，但需要较大

资源 10-8
差动式调压室
的涌波过程

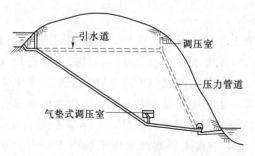

图 10-4 气垫式调压室与常规调压室比较图

的稳定断面，还需配置压缩空气机，定期向气室补气，增加了运行费用。在表层地质地形条件不适于做常规调压室或通气竖井较长，造价较高的情况下，气垫式调压室是一种可供考虑选择的形式，多用于高水头、地质条件好、深埋于地下的水道。典型布置如图 10-4 所示。

有时，还可根据水电站的具体条件和要求，将不同型式调压室的特点组合在一个调压室中，形成组合式调压室。

10.4　简单式和阻抗式调压室的水位波动计算

调压室水位波动计算常用的方法有解析法和逐步积分法。解析法较简便，可直接求出最高和最低水位，但不能求出波动的全过程，常用以初步决定调压室的尺寸。逐步积分法是通过逐步计算以求出最高和最低水位，其最大的优点是可以求出波动的全过程和求解较复杂的问题。逐步积分法可分为图解法和数值计算法，两者原理相同。图解法简便、醒目，数值计算法较精确。逐步积分法一般用于后期的设计阶段。目前在工程设计中已普遍采用数值解法，以同时解决调压室涌波、水锤压力及机组速率上升的复杂计算，特别是研究各参数的影响时，数值算法更为优越。下面主要介绍解析法和图解法。数值计算法则在 10.9 节中介绍。

10.4.1　水位波动计算的解析法
10.4.1.1　丢弃全负荷情况

当丢弃全负荷后，水轮机的流量 $Q=0$，连续性方程式（10-4）变为

$$fV+F\frac{\mathrm{d}Z}{\mathrm{d}t}=0 \qquad (10-7)$$

在水流进出调压室时，如考虑由于转弯、收缩和扩散引起的阻抗孔口水头损失 K，则动力方程式（10-5）变为

$$Z=h_w+K+\frac{L}{g}\frac{\mathrm{d}V}{\mathrm{d}t} \qquad (10-8)$$

$$h_w=\alpha V^2=h_{w_0}\left(\frac{V}{V_0}\right)^2$$

$$K=K_0\left(\frac{Q}{Q_0}\right)^2=K_0\left(\frac{V}{V_0}\right)^2$$

式中：α 为水头损失系数（为一常数）；h_{w_0}、K_0 分别为流量 Q_0 流过引水道和进出调压室所引起的水头损失。

令 $y=\dfrac{V}{V_0}$，则 $V=yV_0$，$\mathrm{d}V=V_0\mathrm{d}y$，将以上关系代入式（10-8），两边除以 h_{w_0}，并令 $\eta=\dfrac{K_0}{h_{w_0}}$，则得

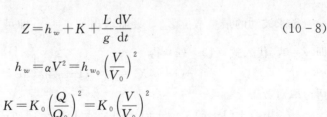

$$\frac{Z}{h_{w_0}}=(1+\eta)y^2+\frac{LV_0}{gh_{w_0}}\frac{\mathrm{d}y}{\mathrm{d}t} \qquad (10-9)$$

将 $V = yV_0$ 代入式 (10-7)，并和式 (10-9) 消去 $\mathrm{d}t$，得

$$\frac{Z}{h_{w_0}} = (1+\eta)y^2 - \lambda\,\frac{\mathrm{d}(y^2)}{\mathrm{d}Z} \tag{10-10}$$

$$\lambda = \frac{LfV_0^2}{2gFh_{w_0}}$$

$$\frac{\mathrm{d}(y^2)}{\mathrm{d}Z} = 2y\,\frac{\mathrm{d}y}{\mathrm{d}Z}$$

再令 $X = \dfrac{Z}{\lambda}$，$X_0 = \dfrac{h_{w_0}}{\lambda}$，即 $Z = \lambda X$，$\mathrm{d}Z = \lambda\,\mathrm{d}X$，代入上式，得

$$\frac{X}{X_0} = (1+\eta)y^2 - \frac{\mathrm{d}(y^2)}{\mathrm{d}X} \tag{10-11}$$

系数 λ 具有长度因次，用以表示"引水道—调压室"系统的特性。X 和 X_0 均为无因次的比值。

式 (10-11) 为变数 X 和 y^2 的一阶线性微分方程式，积分后得

$$y^2 = \frac{(1+\eta)X+1}{(1+\eta)^2 X_0} + Ce^{(1+\eta)X}$$

积分常数 C 可由起始条件决定。波动开始时，$t = 0$，$V = V_0$，即 $y = 1$，$Z = h_{w_0}$，$X = X_0$，得

$$C = \frac{\eta(1+\eta)X_0 - 1}{(1+\eta)^2 X_0}e^{-(1+\eta)X_0}$$

故式 (10-11) 的最后解答为

$$y^2 = \frac{(1+\eta)X+1}{(1+\eta)^2 X_0} + \frac{\eta(1+\eta)X_0 - 1}{(1+\eta)^2 X_0}e^{-(1+\eta)(X_0-X)} \tag{10-12}$$

对于调压室的任何水位（用 X 表示），可用上式算出与之对应的引水道的流速 $V = V_0 y$，也可以进行相反的计算，但不能求出流速 V 与水位 X 对于时间 t 的关系，因此，不能求出水位波动过程。

1. 最高涌波水位的计算

欲求波动的最高水位 Z_m，只需求出 $X_m = \dfrac{Z_m}{\lambda}$ 即可。在水位达到最高时，$V = 0$，即 $y = 0$，代入式 (10-12) 得

$$1 + (1+\eta)X_m = [1 - (1+\eta)\eta X_0]e^{-(1+\eta)(X_0-X_m)}$$

两边取对数得

$$\ln[1 + (1+\eta)X_m] - (1+\eta)X_m = \ln[1 - (1+\eta)\eta X_0] - (1+\eta)X_0 \tag{10-13}$$

式中：X_m 的符号在静水位以上为负，在静水位以下为正。

式 (10-13) 适用于阻抗式调压室。对于简单式调压室，附加阻抗可以忽略不计，即 $\eta = 0$，则式 (10-13) 变为

$$\ln(1 + X_m) - X_m = -X_0 \tag{10-14}$$

如流量不是减小至零，则不能应用上列公式，只好应用逐步积分法求解。

Z_m 值也可由图 10-5 中曲线 A，根据 X_0 查出 X_m，算出 Z_m。

有压引水道的水头损失对调压室的最大涌波值影响较大。例如对设有简单调压室的水电站，当机组丢弃全部负荷时，考虑与不考虑引水道水头损失的调压室水位最大

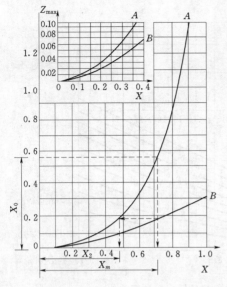

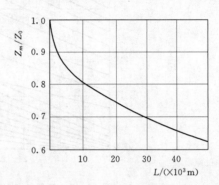

图 10-5　简单式调压室丢弃负荷最大振幅计算曲线　　图 10-6　Z_m/Z_0 与引水道长度关系曲线

升高值为 Z_m 与 Z_0，其比值 Z_m/Z_0 与引水道长度的关系曲线如图 10-6 所示。随引水道长度的增大，比值 Z_m/Z_0 开始迅速降低，随后则渐趋平缓：例如引水道长 1km 时，Z_m 比 Z_0 减小 13%，当引水道长 20km 时，则减小 25%。

2. 波动第二振幅的计算

全弃负荷后，调压室水位先升至最高水位 Z_m，然后又下降至最低水位 Z_2，Z_2 称为第二振幅。进行第二振幅的计算，是为了保证调压室水位不致陷入隧洞中，以免带入空气。这时水由调压室流出，故 h_w 和 K 的符号与前相反，用相同的方法加以处理后得

$$(1+\eta)X_m+\ln[1-(1+\eta)X_m]=(1+\eta)X_2+\ln[1-(1+\eta)X_2] \qquad (10-15)$$

如 $\eta=0$，则

$$X_m+\ln(1-X_m)=X_2+\ln(1-X_2) \qquad (10-16)$$

求出 X_m，随即可求出第二振幅的 $X_2=\dfrac{Z_2}{\lambda}$。

在应用式（10-15）和式（10-16）时，要特别注意 X_m 和 X_2 的符号，前者为负，后者为正。X_2 值也可从图 10-5 中曲线 A、B 求得。

10.4.1.2　增加负荷情况

当突然增加负荷时，波动微分方程式不能像丢弃全负荷那样进行求解，只能做某些假定求出近似解。

当水电站的流量由 mQ_0 增至 Q_0 时，若阻抗 $\eta=0$，规范建议按下面近似公式求解最低涌波水位 $Z_{\min}$

$$\frac{Z_{\min}}{h_{w_0}}=1+\left(\sqrt{\varepsilon-0.275\sqrt{m}}+\frac{0.05}{\varepsilon}-0.9\right)(1-m)\left(1-\frac{m}{\varepsilon^{0.62}}\right) \qquad (10-17)$$

式中 $\varepsilon=\dfrac{LfV_0^2}{gFh_{w_0}^2}$，为无因次系数，表示"引水道—调压室"系统的特性，与前面的 λ 相比，$\varepsilon=\dfrac{2\lambda}{h_{w_0}}=\dfrac{2}{X_0}$，式（10-17）可绘出曲线，如图 10-7 所示。

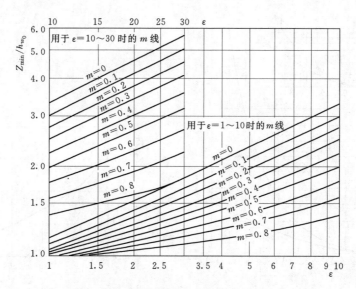

图 10-7　简单式调压室增加负荷最低振幅计算曲线

10.4.2　水位波动计算的逐步积分法

10.4.2.1　逐步积分法的基本原理

资源 10-10
水位波动计算的逐步积分法

逐步积分法的实质是用有限差的比值 $\dfrac{\Delta Z}{\Delta t}$ 和 $\dfrac{\Delta V}{\Delta t}$ 代替基本方程中的导数 $\dfrac{\mathrm{d}Z}{\mathrm{d}t}$ 和 $\dfrac{\mathrm{d}V}{\mathrm{d}t}$，然后逐时段地求解，最后得出水位、流速和时间的关系。连续方程和动力方程可写为

$$Q = fV + F\frac{\Delta Z}{\Delta t}$$

$$Z = h_w + \frac{L}{g}\frac{\Delta V}{\Delta t}$$

并进一步改写为

$$\Delta Z = A - \alpha V \tag{10-18}$$

$$\Delta V = \beta(Z - h_w) \tag{10-19}$$

式中：$A = \dfrac{Q}{F}\Delta t$，$\alpha = \dfrac{f}{F}\Delta t$，$\beta = \dfrac{g}{L}\Delta t$。当计算时段 Δt 选定后，A、α、β 均为常数。

计算的基本假定是：在时段 Δt 的过程中调压室的水位 Z 和引水道的流速 V 保持不变，而集中变化在时段的末尾，即假定 Z 和 V 的变化是"阶梯式"的，这是逐步积分法近似之处，一般说来，Δt 取得越小，结果越精确，但 Δt 太小，不仅加大计算工作量，而且使计算累计误差增大。逐步积分法也可使用图解法求解，其原理相同，通常希望从开始作图经过 8～10 个 Δt 后，水位达到最大值，因此，可取 $\Delta t = \dfrac{T}{25} \sim$ $\dfrac{T}{30}$，T 为波动的周期，按式（10-47）计算。

确定计算情况，选择 Δt，求出 A、α、β。以引水道的起始流速 V_0 代入式（10-18），可求出第 1 时段末的调压室水位变量 ΔZ_1；近似地以 $\Delta Z_1 = Z_1 - h_{w_0}$ 代入式（10-19），可以求出第 1 时段引水道的流速变量 ΔV_1，令 $V_1 = V_0 - \Delta V_1$ 代入式（10-

18)，可求出第 2 时段末调压室的水位变量 ΔZ_2，再根据式（10-19）求出第 2 时段末引水道的流速变量 ΔV_2。照此类推可求出整个波动过程。逐步积分法亦可用数值解法，也可用图解法，随着计算机技术的发展，图解法已基本不再使用，这里介绍图解法只是为了更清晰地说明逐步积分法的原理。

下面将结合简单式调压室，介绍逐步积分法的图解计算方法。

10.4.2.2　简单式调压室丢弃负荷时的图解计算

图解计算步骤如下。

1. 确定坐标系统

如图 10-8 所示，以横坐标轴表示引水道中流速 V，从原点向左为正（从水库流向调压室），向右为负（从调压室流向水库）；以纵坐标轴表示调压室水位 Z，向下为正，向上为负，横轴相当于静水位。

2. 作辅助线

（1）作引水道的水头损失曲线。

$$h_w = \sum \zeta \frac{V^2}{2g} + \frac{LV^2}{C^2 R} + \frac{V^2}{2g} = f(V)$$

是一抛物线。其中第 1 项为进水口、弯道等局部损失，第 2 项为引水道的沿程损失，第 3 项为调压室底部的流速水头（可根据具体情况取舍）。假定几个 V 值，求出相应的 h_w，对应于正 V 的正 h_w 绘在第三象限。对应于负 V 的负 h_w 绘在第一象限。

（2）绘惯性线 $\Delta V = \beta(Z - h_w)$。它是通过原点的一根直线，对纵坐标的斜率为 β。选定 Δt 后，β 值已知，即可绘制。

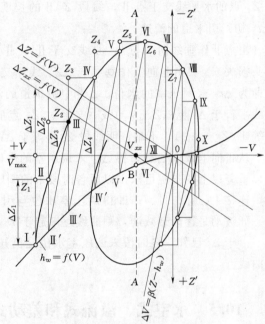

图 10-8　简单式调压室丢弃负荷时的水位波动图解

（3）绘制 $\Delta Z = \dfrac{Q}{F}\Delta t - \dfrac{f}{F}\Delta t V$ 线。在丢弃全负荷后，假定水轮机的流量 $Q=0$，则 $\Delta Z = -\dfrac{f}{F}\Delta t V = f(V)$，是通过原点的一根直线，其斜率为 $-\dfrac{f}{F}\Delta t$，如图 10-8 中的 $\Delta Z = f(V)$ 线。但在一般情况下，当丢弃负荷时，水轮机的流量只减小到空转流量 Q_{xx}，引水道中相应的流速为 V_{xx}，则 $\Delta Z = \dfrac{Q_{xx}}{F}\Delta t - \dfrac{f}{F}\Delta t V$ 为通过横轴上 V_{xx} 点与 $\Delta Z = f(V)$ 线平行的一根直线，如图 10-8 中的 $\Delta Z_{xx} = f(V)$ 线。

3. 图解计算

在起始时刻，引水道中的流速为 V_{max}，相应的水头损失为 h_{w_0}，调压室的水位可用点 I 表示。

在丢弃负荷后，假定水轮机的流量变为 Q_{xx}，调压室水位开始上升，引水道的流速随着调压室水位升高而减小，但因计算时段 Δt 很小，可近似地假定在该时段中流速不变，等于 V_{max}，故在第 1 时段 Δt 内，调压室水位升高值 $\Delta Z_1 = \dfrac{Q_{xx}}{F}\Delta t - \dfrac{f}{F}\Delta t V_{max}$，等于直线 $\Delta Z_{xx} = f(V)$ 上与 V_{max} 相对应的点的纵坐标。从点 Ⅰ 向上量取 ΔZ_1 得点 Z_1，此点即为第 1 时段 Δt_1 末（即第 2 时段 Δt_2 初）的调压室水位。

第 1 时段 Δt_1 末引水道的流速变化 $\Delta V_1 = \beta(Z - h_{w_1})$，其中 $h_{w_1} \approx h_{w_0}$，$Z_1 - h_{w_1} = \Delta Z_1$。$\Delta V_1$ 可直接从图解法求出。从点 Ⅰ 作直线平行于直线 $\Delta V = \beta(Z - h_w)$，与经过 Z_1 点的水平线交于点 Ⅱ，线段 Z_1Ⅱ 的长度即等于 ΔV_1，Ⅱ 点的横坐标为 Δt_1 末（Δt_2 初）引水道的流速。

由点 Ⅱ 作垂线向下与 h_w 曲线交于 Ⅱ′。Ⅱ′ 的纵坐标与第 2 时段 Δt_2 初引水道的水头损失 h_{w_2}。由 Ⅱ 向上作垂线与 ΔZ_{xx} 线相交得 ΔZ_2，从 Ⅱ 向上量取 ΔZ_2 得点 Z_2，此即为 Δt_2 末调压室的水位。Δt_2 中引水道的流速变化 $\Delta V_2 = \beta(Z_2 - h_{w_2})$。从 Ⅱ′ 作直线平行于 $\Delta V = \beta(Z - h_w)$ 线，与经过 Z_2 点的水平线交于 Ⅲ，由于线段 Ⅱ′Z_2 的长度等于 $(Z_2 - h_{w_2})$，不难证明线段 Z_2Ⅲ 等于 ΔV_2。

从 Ⅲ 向上量取 ΔZ_3，得 Δt_3 末调压室的水位 Z_3。

重复以上的步骤可求出以后各时段末的调压室水位Ⅳ、Ⅴ、Ⅵ等。

连接 Ⅰ、Ⅱ、Ⅲ、… 即得调压室水位与引水道流速的关系曲线，如图 10 - 8 所示。如波动是逐渐衰减的，则曲线逐渐趋于 B 点。

由于 Δt 已知，各时段末调压室水位是已知的，即可绘出调压室水位与时间的关系曲线。

10.5　水室式、溢流式和差动式调压室的水位波动计算

10.5.1　水室式和溢流式调压室

水室式调压室，如图 10 - 3（e）所示，适用在水电站的水头较高和水库工作深度较大的情况下，水头高则要求调压室的稳定断面小（详见 10.6 节），因此竖井可以采用较小的直径。水库的工作深度大，则要求调压室具有较大的高度，采用水室式调压室，只需要增加断面不大的竖井高度即可。

溢流式常和水室式结合使用，在上室中加设溢流堰，如图 10 - 3（f）所示。在丢弃负荷时，水位开始迅速上升，达到溢流堰后开始溢流，在最高水位附近保持一段时间后，才开始缓慢地下降，如图 10 - 9 所示。由于上室的水量绝大部分是经溢流堰流出的，其重心进一步提高了，同时最高水位受溢流堰限制，因此，在相同的条件下，所需上室的容积减小了，所以，设置溢流堰能改善水室式调压室的工作条件。

水室式调压室，只宜于做成地下结构，其上下室可做成各种形式。图 10 - 10 为一水室式调压室的实例。上室呈长槽形，在岩土中开挖而成，因岩石较好，顶部不加

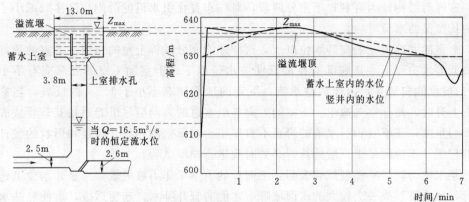

图 10-9　丢弃负荷后竖井及上室水位变化过程

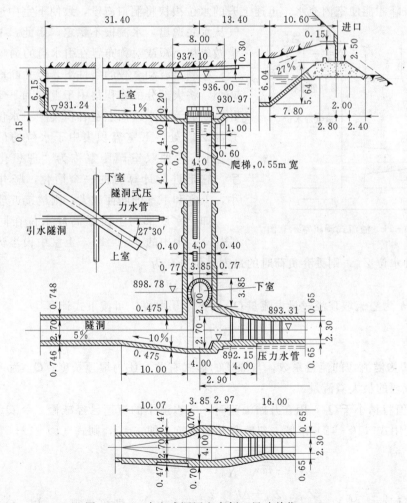

图 10-10　水室式调压室实例（尺寸单位：m）

衬砌。上室有进出口与外部相通，作为交通与通气之用。上室的轴线和引水道的轴线不在一个铅直面上，交角 $27°30'$。盲肠形的下室具有圆形横断面，其轴线与引水道垂直，这样对结构较为有利；下室分两段，对称布置在引水道的两侧，这样既减小了下室的长度又使水流对称。

上室的底部应在最高静水位以上，这样才能充分发挥上室的作用。下室的顶部应在最低静水位以下，其底部应在最低涌波水位以下。上室和下室的底部应有不小于1%的坡度倾向竖井，以便放空水流；下室的顶部应有不小于1.5%的反坡，当室内水位上升时，便于空气逸出。下室的方向与引水道的方向应尽可能地相互垂直或成一较大的角度，使下室和引水道的岩石不致崩塌。对下室的容积、高程和形状的设计应特别仔细，不应满足于一般计算，必要时要进行模型试验。

某水电站调压室模型试验表明：细而长的下室工作不够灵敏，当竖井水位迅速下降时，室内要形成一个较大的水面坡降后才能向竖井补水，速度迟缓，迫使竖井水位低于下室内水位，容易使引水道进入空气；当竖井水位回升时，同样要形成一个反向

资源 10-12
水室式、溢流
式调压室水
位波动计算

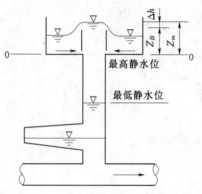

图 10-11　溢流式调压室示意图

的水面坡降才能使室内充水，迅速上升的水位很快将洞口淹没，致使下室中遗留的空气从水底逸出，水流极不稳定，因此，下室应尽量做成粗而短或对称布置在引水道的两侧。

在满足波动衰减的条件下，竖井断面应尽量减小，将大部分的容积集中于上室和下室。若竖井横断面无限小，而上室容积集中于水位的最大升高 Z_{max} 处，下室容积集中于水位的最大降低 Z_{min} 处，这种双室调压室称为"理想化"调压室。它是进行计算时的一个简化，竖井断面越小，上室和下室的断面越大，则越接近理想化。

如上室底部与上游最高静水位在同一高程（图 10-11 中的 0—0 线），上室中设溢流堰，堰顶高出静水位 Z_B，则丢弃负荷时的最大水位升高为

$$Z_m = Z_B + \Delta h$$

式中：Δh 为溢流堰顶溢过最大流量 Q_B 时的水层厚度，可按下式计算

$$\Delta h = \left(\frac{Q_B}{MB}\right)^{2/3} \qquad (10-20)$$

式中：M 为溢流堰的流量系数，与堰顶的形式有关；B 为堰顶长度；Q_B 为丢弃负荷时，溢流堰的最大溢流量。

Q_B 值将稍小于 Q_0，因在开始溢流时，引水道中的流速已经减慢。令 $Q_B = yQ_0$，y 值可利用式（10-12）求解。忽略竖井的阻抗，即 $\eta = 0$，则式（10-12）变化为

$$y = \sqrt{\frac{X+1}{X_0} - \frac{1}{X_0}e^{-(X_0-X)}} \qquad (10-21)$$

式中符号同前。以 $X = \dfrac{Z_m}{\lambda} = \dfrac{Z_B + \Delta h}{\lambda} \approx \dfrac{Z_B}{\lambda}$ 代入上式，即可求得 y。以 yQ_0 代替式（10-20）中的 Q_B，求得 Δh，从而求出 Z_m。如欲提高计算精度，可将求出之 Z_m 和 X 代入式（10-21）重复计算一次。因 Z_m 是向上的，故式（10-21）中的 X 是以负

值代入。

丢弃全负荷时，在 Z_m 已知的情况下，溢流式调压室上室容积可按下式计算

$$W_B = \frac{LfV_0^2}{gh_{w_0}}\left[\frac{1}{2}\ln\left(1-\frac{y^2 h_{w_0}}{Z_m+0.15\Delta h}\right)-\frac{\Delta h}{2S}\right] \qquad (10-22)$$

如上室无溢流堰，则上室容积可近似地按下式计算

$$W_B = \frac{LfV_0^2}{2gh_{w_0}}\ln\left(1-\frac{h_{w_0}}{Z_m}\right) \qquad (10-23)$$

在应用以上两式时，应注意 Z_m 的符号，因 Z_m 是向上的，故应以负值代入。

当水电站的流量由 mQ_0 增至 Q_0 时，下室容积按下式计算

$$W_H = \frac{LfV_0^2}{2gh_{w_0}}\ln\left[\frac{X_m'-1}{X_m'-m^2}\left(\frac{\sqrt{X_m'}+1}{\sqrt{X_m'}-1}\frac{\sqrt{X_m'}-m}{\sqrt{X_m'}+m}\right)^{\frac{1}{\sqrt{X_m'}}}\right] \qquad (10-24)$$

式中：$X_m' = \dfrac{Z_{\min}}{h_{w_0}}$，式（10-24）有图表可查。

式（10-22）～式（10-24）都是根据理想化调压室的假定得出的，实际上，上室的容积在最高涌波水位以下，下室的容积在最低涌波水位之上，同时竖井也有一定的容积，因此在设计时，应先根据以上各式确定调压室的初步尺寸，再用逐步积分法加以校核。

水室式调压室水位波动的逐步积分法与简单式调压室无很大区别。计算时仅需考虑调压室沿高度采用不同的断面积即可。在竖井内，由于断面较小，水位升降迅速，计算时段应选得小些，在上下室则应选择大些。

10.5.2　差动式调压室

当稳定断面较大而上游水位变化不大时，多采用差动式调压室。

丢弃负荷时的水位变化如图 10-12 所示。开始升管水位迅速上升，升管与大井间形成水位差，同时有部分流量 Q_1 经阻力孔口流入大井，大井水位亦随之缓慢上升，但总落后于升管水位 [图 10-12（a）]；升管水位超过溢流顶时，大量水体溢入大井 [图 10-12（b）]，此时大井水位由于有升管顶部和底部两部分的流量进入，故以较快的速度开始上升，最后与升管水位齐平而达到最高水位 [图 10-12（c）]。然后升管水位迅速下降，大井水位高于升管，有流量 Q_1 经阻力孔口流回升管 [图 10-12（d）]，最后大井水位与升管水位齐平而达到最低水位 [图 10-12（e）]。此后水位又回升、下降，直至稳定。在水位变化过程中，由于升管和大井经常保持水位差，差动式即由此得名。

资源 10-13
差动式调压
室工作原理

引水道末端的水压力主要决定于升管水位，由于升管直径较小，所以升管水位升降迅速，因此能较快地改变引水道中的流量。图 10-13 为差动式调压室水位和引水道流速变化过程线。

差动式调压室由大小两个竖井组成，当小井和大井同心布置，如图 10-3（h）所示，或者升管和大井的距离很近，如图 10-3（i）所示，二者之间胸墙的结构比较单薄时，设计中应充分重视其受力条件较差的特点，保证调压室的体型和布置满足强度和稳定性要求，特别是胸墙和大井底板的稳定性。对于大井和升管同心布置的结构

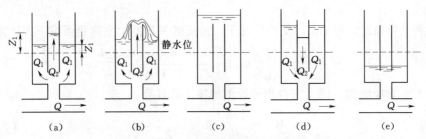

图 10-12　差动式调压室水位变化示意图

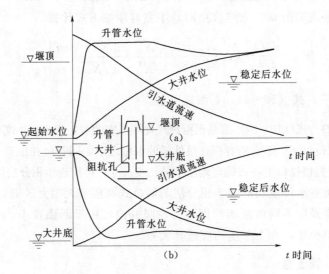

图 10-13　差动式调压室的水位变化过程

(a) 丢荷；(b) 增荷

形式，大井和升管之间需要设置较多支撑，以增加升管在溢流或地震时的稳定性，该结构较复杂。差动式调压室也可以采用升管布置在大井一侧或大井之外的结构形式。对于利用闸门井兼作升管的布置方式，应注意水锤波、涌浪与闸门之间相互的不利作用，通过合理确定升管尺寸、加强闸门井或升管结构、增加门叶刚度和重量以及选用合适的启闭机等措施来确保结构安全。

在满足调压室差动性能的前提下，通过选择合理的阻抗孔口形状和尺寸，优化调压室体型，以及在升管和大井之间的胸墙上的合适位置设连通孔，利用连通孔的平压作用，可有效地降低胸墙和调压室底板结构所承受的水压差。连通孔一般在大井和闸门井之间的胸墙上，沿高度方向等距离布置，其个数和各孔的面积可通过涌浪计算分析或水力试验，根据胸墙可承受的允许压差和调压室最高/最低涌浪水位的控制标准等因素最终确定。

经过合理设计的差动式调压室，应使大井和升管具有相同的最高水位和相同的最低水位，这种调压室称为"理想"差动式调压室，如图 10-12 及图 10-13 所示，同时能使波动迅速衰减。

在中等水头的水电站，采用差动式调压室能显示出较多的优点，但结构比较复杂，防震性差。我国黄坛口、官厅、大伙房和狮子滩等水电站都采用了差动式调压室。

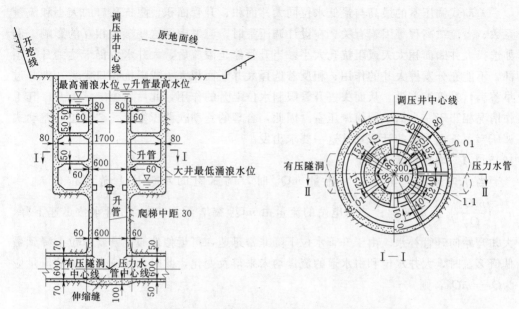

资源10-14 黄坛口水电站调压井

图10-14 差动式调压室实例一（单位：cm）

图10-14为我国某水电站差动式调压室。整个调压室在岩石中开挖而成。升管直径6.0m，与引水道的直径相同；大井直径17.0m。升管顶部有溢流口，底部有6个阻力孔与大井相通。阻力孔在大井一侧做成喇叭口以减小阻抗系数，使大井能流畅地向升管补水，防止升管水位下降过低；升管内侧阻力孔做成锐缘，使其在反方向有较大的阻抗系数，在水位上升时减小流入大井的流量，以加速升管水位上升。升管用横撑与大井壁相连，以增加升管在溢流和地震时的稳定性。

图10-15为我国另一水电站的差动式调压室。升管布置在大井之外做成另一小井，大井直径18.5m，用阻力洞与引水道相连，阻力洞直径3.5m。升管布置在大井之外，直径7.8m，与引水隧洞直径相同。升管与大井顶部用溢流槽相连。这种结构形式的优点是：适应当地地形特点，升管布置在岩石中，可省去较难施工的支撑结构，可充分利用岩石的弹性抗力；大井的布置较灵活，可以避开隧洞和破碎的岩石，因升管在大井

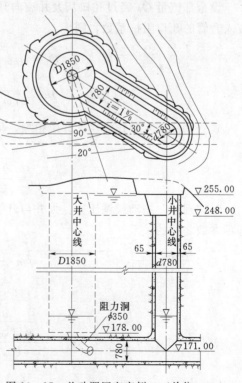

图10-15 差动调压室实例二（单位：cm）

之外，大井断面可相应缩小，是一种比较好的布置方式。

　　差动式调压室的最高与最低水位同大井面积、升管面积、阻抗孔口的大小和流量系数、溢流口高程等因素有关。在设计调压室时，应考虑到这些参数相互的影响。例如选择大井断面积太大或阻抗孔太小，当升管停止溢流后，大井水位仍未达到升管顶部，不能充分发挥大井的作用；相反若选择大井断面积太小或阻抗孔口太大，大井过早蓄满，升管被淹没，从而失去升管限制水位上升的作用，此后水位继续上升，其工作情况相当于一个简单圆筒调压室。因此，合理的差动式调压室应是"理想"差动式调压室。下面介绍的计算均从这一要求出发。

10.5.2.1　增加负荷

资源 10-15
差动式调压
室水位波动
计算

　　当水电站的流量为起始流量 mQ_0 时，调压室的水位比上游水位低 $h_w = h_{w_0} \left(\dfrac{mQ_0}{Q_0} \right)^2 = m^2 h_{w_0}$；当水电站的流量由 mQ_0 突增至 Q_0 时，升管水位迅速下降，大井开始向升管补水。由于升管水位下降非常迅速，可近似地假定升管水位下降到最低值 $Z_{\min}$ 时，大井水位和引水道的流量均未来得及变化，此时大井流入升管的流量应为 $Q_0 - mQ_0$，则

$$Q_0 - mQ_0 = \varphi_H \omega \sqrt{2g(Z_{\min} - m^2 h_{w_0})} \tag{10-25}$$

式中：φ_H 为水流由大井流入升管的孔口流量系数，可初步选择一个数值，而后由模型试验验证；ω 为阻力孔口的面积。

　　设全部流量 Q_0 经过孔口从大井流向升管所需的水头为 $\eta_H h_{w_0}$，η_H 为水流由大井流入升管的孔口阻抗系数，则

$$Q_0 = \varphi_H \omega \sqrt{2g \eta_H h_{w_0}} \tag{10-26}$$

$$\eta_H = \frac{Q_0^2}{\varphi_H^2 \omega^2 \times 2g h_{w_0}} \tag{10-27}$$

　　式（10-25）和式（10-27）相除，化简后得

$$\eta_H = \frac{\dfrac{Z_{\min}}{h_{w_0}} - m^2}{(1-m)^2} \tag{10-28}$$

　　对"理想"差动式调压室，大井与升管的最低水位相同，可用下面近似公式表示各项参数之间的关系

$$\frac{Z_{\min}}{h_{w_0}} = 1 + \left(\sqrt{0.5\varepsilon_1 - 0.275\sqrt{m}} + \frac{0.1}{\varepsilon_1} - 0.9 \right)(1-m)\left(1 - \frac{m}{0.65\varepsilon_1^{0.62}} \right) \tag{10-29}$$

$$\varepsilon_1 = \frac{\dfrac{LfV_0^2}{g(F_{cm} + F_p)h_{w_0}^2}}{1 - \dfrac{F_{cm}/(F_{cm} + F_p)}{2\left[1 - \dfrac{2}{3}(1-m) \right]}}$$

式中：F_{cm} 为升管的断面积；F_p 为大井的断面积。

对于突然增加全负荷情况，水电站的流量由零增至 Q_0，式（10-29）中的 $m=0$。

10.5.2.2 丢弃负荷

当水电站引用的流量为 Q_0 时，调压室的水位低于上游水位 h_{w_0}。突然丢弃全负荷后，升管水位迅速上升。假定在升管开始溢流时，大井水位和引水道流量尚未改变，则引水道流量 Q_0 的一部分 Q_B 经升管顶部溢入大井，另一部分 Q_c 在水头 $(h_{w_0}-Z_m)$ 的作用下经阻力孔流入大井。

水由升管流入大井的孔口阻抗系数 η_c 与式（10-27）具有相同的形式，即

$$\eta_c = \frac{Q_0^2}{\varphi_c^2 \omega^2 \times 2gh_{w_0}} \tag{10-30}$$

式中：φ_c 为水流由升管进入大井的孔口流量系数，它可能与 φ_H 不同，应由设计提出要求经模型试验确定。

$$Q_c = \varphi_c \omega \sqrt{2g(h_{w_0}-Z_m)} \tag{10-31}$$

$$Q_0 = \varphi_c \omega \sqrt{2g\eta_c h_{w_0}} \tag{10-32}$$

将式（10-31）与式（10-32）相除得

$$\frac{Q_c}{Q_0} = \sqrt{\frac{h_{w_0}-Z_m}{\eta_c h_{w_0}}} \tag{10-33}$$

由此得溢流量

$$Q_B = Q_0 - Q_c = Q_0\left(1 - \sqrt{\frac{h_{w_0}-Z_m}{\eta_c h_{w_0}}}\right) \tag{10-34}$$

由溢流量 Q_B 可求出升管顶部溢流层的厚度

$$\Delta h = \left(\frac{Q_B}{MB}\right)^{2/3}$$

式中：M 为升管顶部的溢流系数，对于薄壁圆环形溢流堰，建议 M 采用 $1.75\sim$ 1.85，对于宽顶堰建议采用 1.55 左右；B 为升管顶部溢流前沿的长度。

升管顶部在静水位以上的高度 $Z_B = Z_m - \Delta h$。

对于"理想"调压室，可由下面近似公式决定大井容积

$$W = \frac{LfV_0^2}{2gh_{w_0}} \frac{\ln\left[1 + \dfrac{1}{-X_m' - 0.15(X_B'-X_m')}\right]}{1 - \dfrac{0.3-X_m'}{0.3-2X_m'}\dfrac{\dfrac{F_{cm}}{F_{cm}+F_p}}{1-\dfrac{2}{3}\sqrt{\dfrac{1-X_m'}{\eta_c}}}} \tag{10-35}$$

其中

$$X_m' = \frac{Z_m}{h_{w_0}}; \quad X_B' = \frac{Z_B}{h_{w_0}}$$

由式（10-35）所求得的 W 系丢弃负荷前的水位（在静水位以下 h_{w_0}）和最高水位（静水位以上 Z_m）之间所需的大井容积，故大井的断面积 F_p 为

$$F_p = \frac{W}{h_{w_0} - Z_m} \tag{10-36}$$

在上列各式中，Z 的符号永远取在静水位以上为负，静水位以下为正。按式（10-36）求出的大井断面积 F_p 和升管断面积 F_{cm} 之和必须满足波动衰减要求。

上列各式说明了调压室各参数之间的关系，在解决实际问题时，可假定一些参数求另一些参数，为了使差动式调压室变为"理想"的，必须经过试算。

从式（10-34）可以看出，若阻抗系数 $\eta_c = 1 - \frac{Z_m}{h_{w_0}}$，则 $Q_B = 0$，全部流量经阻力孔流入大井，升管不发生溢流，故 η_c 不能太小，至少应满足 $\eta_c > 1 - \frac{Z_m}{h_{w_0}}$ 的条件（Z_m 为负值）。相反，水流由大井流入升管的阻抗系数 η_H 应选得小些，使水位下降时大井能及时向升管补水。

从式（10-27）和式（10-30）可看出，在孔口面积一定的情况下，$\dfrac{\eta_c}{\eta_H} = \dfrac{\varphi_H^2}{\varphi_c^2}$。设计阻力孔口的形状时，应使 $\varphi_c < \varphi_H$（即 $\eta_c > \eta_H$），小的 φ_c 可以保证升管溢流，大的 φ_H 可以防止升管水位下降过低，故常将孔口靠大井一边做成光滑曲线，靠升管一边做成锐缘。但在计算时，为了安全，应取 φ_H 的可能最小值和 φ_c 的可能最大值。初步设计时，建议取 $\varphi_H = 0.8$ 和 $\varphi_c = 0.6$，在实际应用时，可根据需要选择能够做到的数值，必要时可进行模型试验予以修正。

阻抗孔口的面积 ω 一般由增加负荷控制。

差动式调压室的尺寸按以上公式初步确定以后，再用逐步积分法进行校核，具体步骤可参阅有关文献。

10.6 "引水道—调压室"系统的工作稳定性

10.6.1 波动的稳定性

水电站有压引水系统设置调压室后，非恒定流的形态发生了变化，在"引水道—调压室"系统中出现了与水锤波的性质不完全相同的波动，同时也出现了"引水道—调压室"系统的波动稳定问题，简称为"调压室的稳定问题"。

在水电站正常运行时，调压室水位因种种原因发生变化，影响着水轮机的水头（即水轮机的水头发生变化），但电力系统要求出力保持固定，调速器为了保持出力不变，必须相应地改变水轮机的流量，而水轮机流量的改变，又反过来激发调压室的波动。如调压室水位下降，水轮机的水头减小，为了保持出力不变，调速器自动地加大了导水叶的开度，使水轮机引用流量增大，但流量的增加，又激发起调压室水位新的下降，这种互相激发的作用，可能使调压室的波动逐渐增大，而不是逐渐衰减。因此，调压室的波动可能有两种：一种是动力不稳定的，这种波动的振幅随着时间逐渐增大；另一种是动力稳定的，波动的振幅最后趋近于一个常数，成为一个持续的稳定周期波动，它的一个极限情况是波动的振幅最后趋近于零，而成为一个衰减的波动。

资源 10-16
波动的稳
定性

在设计调压室时，只一般地要求波动稳定是不够的，必须要求波动是衰减的。

调压室波动的不稳定现象，首先发现于德国汉堡水电站，促使托马进行研究，提出了著名的调压室波动的衰减条件。它的一个重要假定是波动的振幅是无限小的，即调压室的波动是线性的。因此，托马条件不能直接应用于大波动。

1. 小波动稳定断面的计算公式

如调压室水位发生一微小变化 x，调速器使水轮机相应地改变一微小的流量 q。压力管道的水头损失与流量的平方成正比，当流量为 $Q_0 + q$ 时，若略去高次微量 $\left(\dfrac{q}{Q}\right)^2$，则压力管道的水头损失

资源 10-17
小波动稳定
断面的计算

$$h_{wm} = h_{wm_0}\left(\frac{Q_0 + q}{Q_0}\right)^2 = h_{wm_0}\left(1 + 2\frac{q}{Q_0}\right) \tag{10-37}$$

代入式（10-6），并略去微量 x 和 q 的乘积和二次项，化简后得

$$q = \frac{Q_0 x}{H_0 - h_{w_0} - 3h_{wm_0}} = \frac{Q_0 x}{H_1} \tag{10-38}$$

式中 $H_1 = H_0 - h_{w_0} - 3h_{wm_0}$。

当引用流量由 Q_0 变为 $Q_0 + q$ 时，引水道流速由 V_0 变为 $V_0 + y$，y 为流速的微增量，式（10-4）变为

$$Q_0 + q = f(V_0 + y) + F\frac{\mathrm{d}Z}{\mathrm{d}t} \tag{10-39}$$

因水位变化 x 是以电站正常运行时的稳定水位为基点，故 $Z = h_{w_0} + x$，$\dfrac{\mathrm{d}Z}{\mathrm{d}t} = \dfrac{\mathrm{d}x}{\mathrm{d}t}$，同时 $Q_0 = fV_0$，故上式可简化为

$$q = fy + F\frac{\mathrm{d}x}{\mathrm{d}t} = \frac{Q_0 x}{H_1} \tag{10-40}$$

由此得

$$\left. \begin{aligned} y &= \frac{Q_0 x}{fH_1} - \frac{F}{f}\frac{\mathrm{d}x}{\mathrm{d}t} = \frac{V_0 x}{H_1} - \frac{F}{f}\frac{\mathrm{d}x}{\mathrm{d}t} \\ \frac{\mathrm{d}y}{\mathrm{d}t} &= \frac{V_0}{H_1}\frac{\mathrm{d}x}{\mathrm{d}t} - \frac{F}{f}\frac{\mathrm{d}^2 x}{\mathrm{d}t^2} \end{aligned} \right\} \tag{10-41}$$

当流速 $V = V_0 + y$ 时，若略去微量 y 的平方项，则引水道的水头损失

$$h_w = \alpha(V_0 + y)^2 \approx \alpha V_0^2 + 2\alpha V_0 y = h_{w_0} + 2\alpha V_0 y \tag{10-42}$$

又

$$\frac{\mathrm{d}V}{\mathrm{d}t} = \frac{\mathrm{d}(V_0 + y)}{\mathrm{d}t} = \frac{\mathrm{d}y}{\mathrm{d}t} \tag{10-43}$$

将 h_w、$\dfrac{\mathrm{d}V}{\mathrm{d}t}$ 和 $Z = h_{w_0} + x$ 代入式（10-5），化简后得

$$x = 2\alpha V_0 y + \frac{L}{g}\frac{\mathrm{d}y}{\mathrm{d}t}$$

将式（10-41）中的 y 和 $\dfrac{\mathrm{d}y}{\mathrm{d}t}$ 值代入上式，得"引水道—调压室"系统在无限小

扰动下的运动微分方程式，其形式为

$$\frac{\mathrm{d}^2 x}{\mathrm{d}t^2} + 2n\frac{\mathrm{d}x}{\mathrm{d}t} + P^2 x = 0 \tag{10-44}$$

式中

$$\left.\begin{aligned} n &= \frac{V_0}{2}\left(\frac{2\alpha g}{L} - \frac{f}{FH_1}\right) \\ P^2 &= \frac{gf}{LF}\left(1 - \frac{2h_{w_0}}{H_1}\right) \end{aligned}\right\} \tag{10-45}$$

运动微分方程式 (10-44) 代表一个有阻尼的自由振动，其阻尼项可能是正值也可能是负值。如阻尼为零，即 $n=0$，则波动永不衰减，成为持续的周期性波动。这时如不计水头损失，丢弃全负荷后的波动振幅 Z_* 和周期 T 分别为

$$Z_* = V_0\sqrt{\frac{Lf}{gF}} \tag{10-46}$$

$$T = 2\pi\sqrt{\frac{LF}{gf}} \tag{10-47}$$

实际上阻尼总是存在的，用式 (10-46) 求出的振幅一般无实用价值，但研究指出，阻尼对波动周期 T 的影响很小，因而，式 (10-47) 却常得到应用。例如用逐步积分法进行水位波动计算时，就可先用式 (10-47) 估算波动的周期，以便选择 Δt。

假定方程式 (10-44) 的解为 $x = \mathrm{e}^{\lambda t}$，代入式 (10-44) 得

$$\lambda^2 + 2n\lambda + P^2 = 0 \tag{10-48}$$

此即式 (10-44) 的特征方程，其根

$$\lambda_1 = -n + \sqrt{n^2 - P^2}$$

$$\lambda_2 = -n - \sqrt{n^2 - P^2}$$

有以下 3 种情况：

(1) $n^2 < P^2$，则 λ 具有 2 个复根

$$\lambda_1 = -n + i\sqrt{P^2 - n^2}$$

$$\lambda_2 = -n - i\sqrt{P^2 - n^2}$$

以此代入 $x = \mathrm{e}^{\lambda t}$，方程式 (10-44) 的两个特解为

$$x_1 = \frac{C_1}{2}(\mathrm{e}^{\lambda_1 t} + \mathrm{e}^{\lambda_2 t}) = C_1\mathrm{e}^{-nt}\cos\sqrt{P^2 - n^2}\,t$$

$$x_2 = \frac{C_2}{2i}(\mathrm{e}^{\lambda_1 t} - \mathrm{e}^{\lambda_2 t}) = C_2\mathrm{e}^{-nt}\sin\sqrt{P^2 - n^2}\,t$$

故式 (10-44) 的通解

$$x = \mathrm{e}^{-nt}(C_1\cos\sqrt{P^2 - n^2}\,t + C_2\sin\sqrt{P^2 - n^2}\,t) = x_0\mathrm{e}^{-nt}\cos(\sqrt{P^2 - n^2}\,t - \theta)$$

$$\tag{10-49}$$

式中：θ 为积分常数，取决于初始条件。

因此，调压室水位变化为一周期性波动，从上式不难看出：

若 $n>0$，因子 e^{-nt} 随时间减小，波动是衰减的。

若 $n<0$，波动随时间增强，因此是不稳定的（扩散的）。

若 $n=0$，系统的阻尼为零，式（10-49）为一余弦曲线，即为一持续的稳定周期波动，永不衰减。

由以上讨论可知，式（10-49）所代表的波动发生衰减的必要条件为 $n>0$，这一条件显然也是充分的，因为式（10-49）是在 $n^2<P^2$ 的条件下得出的。

（2）$n^2=P^2$，式（10-44）的通解为

$$x=\mathrm{e}^{-nt}(C_1 t+C_2)$$

波动是非周期性的，衰减的条件为 $n>0$。

（3）$n^2>P^2$，即当阻尼很大时，式（10-48）的 2 个根全为实根，代入 $x=\mathrm{e}^{\lambda t}$ 得式（10-44）的通解为

$$x=C_1 \mathrm{e}^{\lambda_1 t}+C_2 \mathrm{e}^{\lambda_2 t}$$

解中无周期性因子，故波动是非周期的，衰减条件是 $\lambda_1<0$ 和 $\lambda_2<0$，即 $n>0$ 和 $P^2>0$。

通过以上讨论可知，为了使"引水道—调压室"系统的波动在任何情况下都是衰减的，其必要和充分条件是 $n>0$ 和 $P^2>0$。

根据 $n>0$ 得

$$F>\frac{Lf}{2\alpha g H_1} \tag{10-50}$$

上式指出，波动衰减的条件之一是调压室的断面积必须大于某一数值，令

$$F_k=\frac{Lf}{2\alpha g H_1} \tag{10-51}$$

F_k 为波动衰减的临界断面，通常称为托马断面。差动式调压室是用大井和升管断面之和来保证的。水室式调压室是用竖井的断面来保证的。由上式可知，水电站的水头越低要求的调压室断面积越大。

根据 $P^2>0$ 得

$$h_{w_0}+h_{wm_0}<\frac{1}{3}H_0 \tag{10-52}$$

上式指出，为了保证波动衰减，引水道和压力管道水头损失之和要小于静水头 H_0 的 1/3。由于水头损失过大时极不经济，故此条件一般均可满足。

2. 大波动的稳定性

当调压室的水位波动振幅较大时，不能再近似地认为波动是线性的。因此，托马条件不能直接应用在大波动。非线性波动的稳定问题是一个困难问题，目前还没有可供应用的严格的理论解答。解决"引水道—调压室"系统大波动稳定问题的最好方法是逐步积分法，它可以考虑一切必要的因素（如机组效率变化等），求出波动的过程，研究其是否衰减。

研究证明，如小波动的稳定性不能保证，则大波动必然不能衰减。为了保证大波动衰减，调压室的断面必须大于临界断面，并有一定的安全余量，一般乘以 1.05～1.1，目前偏向于采用较小的数字。

10.6.2　影响波动稳定的主要因素

在以上推导中，引入了以下基本假定：波动是无限小的；电站单独运行，不受其他电站影响；调速器严格地保持出力为常数；机组的效率保持不变等。这些假定没有一个不是近似的。在设计调压室时，不能满足于简单地运用某一理论，重要的是对各种因素的具体分析。下面分别讨论影响调压室波动稳定的一些主要因素。

1. 水电站水头的影响

从式（10-51）可以看出，水电站的水头越小，要求的稳定断面越大。因此，中低水头水电站多采用简单式、差动式或阻抗式调压室；在高水头水电站中，要求的稳定断面较小，常受波动振幅控制，多采用水室式调压室。

调压室的稳定断面应采用水电站在正常运行时可能出现的最低水头进行计算。

2. 引水系统中糙率的影响

引水系统的糙率越大，水头损失系数 α 越大，F_k 越小（虽然 H_1 随糙率的增大而减小，有使 F_k 增大的趋势，但其影响远不如 α 显著），为了安全，计算 F_k 时应采用可能的最小糙率。

3. 调压室位置的影响

因 $H_1 = H_0 - h_{w_0} - 3h_{wm_0}$，在引水路线不变的情况下，调压室越靠近厂房，压力管道越短，H_1 值越大，有利于波动的衰减。因此应使调压室尽量靠近厂房。

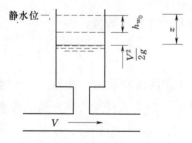

图 10-16　流速水头对调压室
水位的影响

4. 调压室底部流速水头的影响（图 10-16）

研究证明，调压室底部的流速水头对波动的衰减起有利的影响，其作用与水头损失相似，但并不减小水电站的有效水头。若调压室底部的流速为 V 与引水道其他部分的流速相同，则在式（10-51）的 α 系数中应包括流速水头及局部损失的影响

$$\alpha = \frac{L}{C^2 R} + \frac{1}{2g} + \frac{\sum \xi}{2g}$$

将此 α 值代入式（10-51）中，即可得考虑流速水头后的 F_k 值。

可以看出，引水道的直径越大，长度越短，流速水头的影响越显著，在这种情况下，进口、弯段等局部损失也常占很大的比重，不能忽视。

实际上，调压室底部的水流是极其紊乱的，尤其当调压室水位较低时更为显著，因此，考虑全部流速水头可能是不安全的。若调压室底部和引水道的连接处断面较大（如简单调压室），则不应考虑流速水头的影响。

5. 水轮机效率的影响

在前面的推导中，假定水轮机的效率 η 为常数，实际上，水轮机的效率随着水头和流量的变化而变化，对于单独运行的水电站，当调速器保持出力为常数时，建议按

下式计算 F_k

$$F_k = \frac{Lf(1+\Delta)}{2\alpha g \left[H - 2h_{wm_0}(1+\Delta)\right]} \qquad (10-53)$$

式中：H 为恒定情况下水轮机的净水头；Δ 为水轮机效率变化的无因次系数，其值为

$$\Delta = \frac{H}{\eta_0} \frac{\Delta \eta}{\Delta H}$$

其中 η_0 为恒定情况下，对应于净水头 H 的机组效率。

根据水轮机综合特性曲线，绘制出力为常数的 $\eta = f(H)$ 关系曲线（图 10-17）。在此曲线上定出水头为 H 时的水轮机效率 η 和 $\frac{\Delta \eta}{\Delta H}$，$\frac{\Delta \eta}{\Delta H}$ 为曲线在该点的斜率。

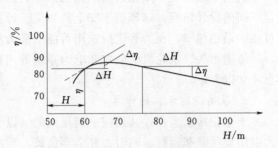

图 10-17　出力为常数时效率与水头的关系曲线

可以看出，在最高效率点左边，$\frac{\Delta \eta}{\Delta H}$ 为正值，而 η 随 H 的增加而增加，对波动的衰减不利；反之，在最高效率点的右边，$\frac{\Delta \eta}{\Delta H}$ 为负值，有利于波动的衰减。

调压室的临界断面 F_k 决定于水电站在最低水头运行之时，即相应于效率曲线的左边，故效率的变化对波动衰减不利。

6. 电力系统的影响

水电站一般多参加电力系统运行。对于单独运行的水电站，当调压室的水位发生变化时，出力为常数的要求是由自身的调速器单独来保证的。如水电站参加电力系统运行，当调压室水位发生变化时，由系统中各机组共同保证系统出力为常数，而水电站本身的出力只有较小一些的变化，因此，参加电力系统运行有利于调压室波动的衰减。

托马条件虽有各种近似假定，但目前仍不失为调压室设计的一个重要准则。在设计调压室时应根据具体情况，进行具体分析。

10.7　调压室水力计算条件的选择

调压室的基本尺寸是由水力计算来确定的，水力计算主要包括以下 3 方面的内容：

（1）研究"引水道—调压室"系统波动的稳定性，确定所要求的调压室最小断面积。

（2）计算最高涌波水位，确定调压室顶部高程。

（3）计算最低涌波水位，确定调压室底部和压力管道进口的高程。

进行水力计算之前，需先确定水力计算的条件。调压室的水力计算条件，除水力

资源 10-19
调压室水力计算条件选择

条件外，还应考虑到配电及输电的条件。在各种情况中，应从安全出发。选择可能出现的最不利的情况作为计算的条件，现讨论如下。

1. 波动的稳动性计算

调压室的临界断面，应按水电站在正常运行中可能出现的最小水头计算。上游的最低水位一般为死水位，但如电站有初期发电和战备发电的任务，这种特殊最低水位也应加以考虑。

引水系统的糙率是无法精确预测的，只能根据一般的经验选择一个变化范围、根据不同的设计情况，选择偏于安全的数值。计算调压室的临界断面时，引水道应选用可能的最小糙率，压力管道应选用可能的最大糙率。

流速水头、水轮机的效率和电力系统等因素的影响，一般只有在充分论证的基础上才加以考虑。

2. 最高涌波水位的计算

上库正常蓄水位，共用同一调压室的（以下简称共调压室）全部机组（n 台）最大引用流量满载运行，同时丢弃全部负荷，导叶紧急关闭，作为设计工况。

上库最高发电水位，全部机组同时丢弃全部负荷，相应工况作校核。

以可能出现的涌波叠加不利组合工况复核最高涌波。例如：共调压室 $n-1$ 台机组满负荷运行，最后 1 台机组从空载 Q_{xx} 增至满负荷 Q_{max}，在流入调压室流量最大时，全部机组丢弃负荷，导叶紧急关闭。

计算最高涌波时，压力引水道的糙率取最小值。

3. 最低涌波水位的计算

上库死水位，共调压室 n 台机组由 $n-1$ 台增至 n 台满负荷发电或全部机组由 2/3 负荷增至满负荷（或最大引用流量），作为设计工况，压力引水道的糙率取最大值；对抽水蓄能电站，上库最低水位，共调压室所有蓄能机组在最大抽水流量下，突然断电，导叶全部拒动。

上库死水位，共调压室的全部机组同时丢弃全负荷，调压室涌波的第二振幅，作为校核工况，压力引水道的糙率取最小值。

组合工况可考虑上库死水位，共调压室的全部机组瞬时丢弃全负荷，在流出调压室流量最大时，一台机组启动，从空载增至满负荷；对抽水蓄能电站，上库最低水位，共调压室的蓄能机组由 $n-1$ 台增至 n 台最大功率抽水，在流出调压室流量最大时，突然断电，导叶全部拒动，压力引水道的糙率取最小值。

若电站分期蓄水分期发电，需要对水位和运行工况进行专门分析。

10.8　调压室结构布置和结构设计原理

10.8.1　调压室布置与结构构造的要求

1. 调压室的位置选择

（1）调压室的位置宜靠近厂房，并结合地形、地质、压力水道布置等因素进行技术经济分析比较后确定。

（2）调压室位置选择时宜避开不利的地质条件，以减轻电站运行后内水外渗对围岩及边坡稳定的不利影响。若无法避开不利的地质条件，应采取可靠的措施保证围岩稳定，避免内水外渗造成不利影响。

资源 10-20
调压室结构
布置

（3）由于枢纽布置或地质原因无法布置一个大型调压室，或由于电站扩建、运行条件改变等原因，必须设置或增设副调压室时，其位置宜靠近主调压室，主、副调压室间宜考虑布置成具有差动效应的形式。

2. 调压室形状、尺寸及构造要求

（1）形状。调压室形状应根据枢纽布置、地形地质条件和水力条件等因素综合考虑确定，一般情况下布置成圆形，这样有利于围岩稳定和减少工程量，也可布置成长廊形，在地质条件较差时，宜尽量减小调压室的跨度。

（2）衬砌型式与厚度。调压室衬砌必须采用系统挂钢筋网锚喷支护或钢筋混凝土衬砌等支护形式。

（3）安全超高。调压室最高涌浪水位以上的安全超高不宜小于 1m。上游调压室最低涌波水位与调压室处压力引水道顶部之间的安全高度应不小于 2~3m，调压室底板应留有不小于 1.0m 的安全水深。下游调压室最低涌波水位与压力尾水道顶部之间的安全高度应不小于 1m。

（4）防渗与排水。采用钢筋混凝土衬砌的地下式调压室本身就是一种防渗结构，地下长廊形调压室靠近地下厂房侧的边墙宜布置混凝土衬砌作为防渗层，或视围岩情况采取必要的防渗及排水措施。

（5）增强井壁稳定性。对于采用钢筋混凝土衬砌的地下式调压室，洞壁支护的锚杆兼锚筋应与衬砌结构中的内层受力钢筋焊接或锚入衬砌混凝土内。如地质条件较差，为确保调压室围岩稳定，可采取调压室开挖与衬砌、支撑梁施工交替进行的方式。

（6）防滚石和防冻。对于开敞式调压室，为防止山坡石块或杂物掉进调压室，避免闲杂人员攀爬，露出地面的井筒高度应有一定的高度。寒冷地区的开敞式调压井或调压塔应加顶盖防冻。

（7）通气孔的布置。如果调压室在顶部设有顶盖，顶盖上应开通气孔，此调压室通气孔的面积应不小于 10% 压力水道的面积，使进气和排气时的气流速度不超过 50m/s。

根据电站的具体条件，在初步选定调压室位置和形式，经过水力计算，确定调压室的基本尺寸以后，就需进行结构计算，以决定各构件的具体尺寸和材料的数量并绘制施工图。

调压室的结构主要可分为：①大井（直井）井壁，一般为埋设在基岩中的钢筋混凝土圆筒；②底板，是一块置于弹性地基上的圆板或环形板；③升管和顶板等。因此，调压井的结构计算，基本上可以看成是圆筒和圆板的计算问题。计算内力时，先分别计算，然后再考虑整体作用。

10.8.2　作用及作用效应组合

1. 主要作用

（1）衬砌自重。对地下直井部分，一般可不考虑，但计算底板和井下连接段时则应计入自重。对于地面结构、松软地基中的结构和差动式调压室大井内的升管，也应计入自重。

（2）设备重。一般影响小，可不考虑。但对于某些对结构计算影响较大的设备，也应计入自重。

（3）内水压力。水面高程由水力计算确定，有最高和最低两种极限情况。在计算设于大井内的升管时，不仅要计算升管内外的最大水位差，还应注意此压差形成的合力的方向是交替变化的。

（4）外水压力。有调压室外的地下水位确定，其大小可采用计算断面在地下水位线以下的水柱高度乘以相应的折减系数。折减系数可视调压室与水库、河道及周边建筑物的关系，以及所采用的排水措施综合选择。

（5）围岩压力。参照《水工隧洞设计规范》（DL/T 9195）计算。

（6）土压力。参照《水工建筑物荷载设计规范》（DL 5077）计算。

（7）灌浆压力。回填灌浆、固结灌浆对衬砌结构产生的压力。

（8）温度作用。调压室在施工和运行期，由于温度变化产生的应力。

（9）收缩应力。在施工期，由于混凝土凝固收缩所产生的应力。

（10）地震作用。当地震烈度超过 8 度时，应考虑地震力。对于差动式调压室大井内的升管和地面上的塔式结构，当地震烈度超过 7 度时，就应考虑地震力。

2. 作用效应组合

调压室结构承载能力极限状态的作用效应组合可按表 10-1 规定采用。

表 10-1　　　　　　　调压室结构承载能力极限状态的作用效应组合

结构类型	作用效应组合	设计状况	工况组合	内水压力	自重	外水压力	围岩压力	土压力	灌浆压力	风压力	雪压力	温度作用	地震作用
埋藏式调压室	基本组合	持久状况	①设计状况最高涌波	√	√	√	√						
			②设计状况最低涌波	√	√	√	√						
		短暂状况	③完建期		√	√	√		√				
			④检修放空		√	√	√						
	偶然组合	偶然状况	⑤校核状况最高涌波	√	√	√	√						
			⑥校核状况最低涌波	√	√	√	√						
			⑦正常运行水位+地震	√	√	√	√						√
地面式调压室	基本组合	持久状况	①设计状况最高涌波	√	√			√		√	√	√	
			②设计状况最低涌波	√	√			√		√	√	√	
		短暂状况	③完建或检修放空		√			√		√	√		
	偶然组合	偶然状况	④校核状况最高涌波	√	√			√		√			
			⑤校核状况最低涌波	√	√			√		√			
			⑥正常运行水位+地震	√	√			√		√			√

注　1. 开敞式调压室地面以上结构按地面式调压室考虑，地面以下部分结构按埋藏式调压室考虑。
　　2. "工况组合"栏中的"设计工况"和"校核工况"系指调压室涌波水位计算的控制工况。

调压室结构正常使用极限状态的作用效应组合见表 10 - 2。

表 10 - 2　　　　　　调压室结构正常使用极限状态的作用效应组合

结构类型	作用效应组合	设计状况	工况组合	内水压力	自重	外水压力	围岩压力	土压力	风压力	雪压力	温度作用
埋藏式调压室	基本组合	持久状况	设计状况最高涌波	√	√	√	√				
地面式调压室	基本组合	持久状况	设计状况最高涌波	√	√				√	√	√

注　开敞式调压室地面以上结构按地面式调压室考虑，地面以下部分结构按埋藏式调压室考虑。

资源 10 - 21
调压室结构
设计原理

10.8.3　调压室的结构设计原理

调压室设计中应充分利用围岩的自稳能力、承载能力和抗渗能力。调压室绝大部分为地下空间结构，地面塔式结构应用很少，而地下结构受地质条件和地下水压力等因素的影响较大，往往上述因素的影响又难以准确确定，其结构计算一般采用结构力学方法居多，对于大型工程、大尺寸、地质条件或结构形式复杂的调压室一般要用有限元方法进行复核。以下以简单调压室结构计算为例介绍调压室结构计算的假定、原理和常用的方法。详细的计算方法可参阅相关文献。

1. 简单式调压室结构计算

圆筒与底板的连接方式，常用的有 3 种，如图 10 - 18 所示，①圆筒与底板刚性连接；②圆筒与底板铰接；③圆筒与底板用伸缩缝脱开。因为铰接不易施工，在工程中应用较少。根据筒壁与底板的连接方式，筒壁的结构计算有两种情况：一种是不考虑底板和筒壁的整体作用，筒壁按平面圆筒计算，即在有围岩弹性抗力时，按隧洞公式计算；在露出地面的结构中，或虽属地下结构，但无围岩弹性抗力可资利用者（如埋于岩石中的结构，承受外部压力作用时），则按拉梅圆筒公式计算，具体可参阅有关隧洞设计资料。这种计算筒壁内力的方法，不仅在底板与筒壁用伸缩缝脱开时可以用，在底板与筒壁为刚性连接时，也属常用的近似方法。另一种是把筒壁与底板作为整体考虑，计算筒壁的纵向弯矩、剪力及环向力。

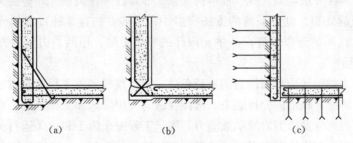

图 10 - 18　井壁与底板的连接方式
（a）刚性连接；（b）铰接；（c）用伸缩缝脱开

（1）基本假定。

1）岩石为均匀弹性介质，当井壁及底板向岩石方向变位时，岩石产生的抗力与变位成正比。

2）井壁与岩石紧密结合，其间的摩擦力已能维持井壁的自重，故井壁的垂直位移为零。

3）底板受到井壁传来的对称径向力（拉力或压力）所引起的变位与井壁挠曲变位相比很小，可忽略不计。

故假定底板没有水平变位；井壁及底板厚度与直径相比均较薄，可用薄壳与薄板理论计算。

（2）计算步骤。

1）分别求出井壁底部及底部端部的定端力矩、剪力及抗挠劲度。

2）对井壁和底板进行力矩分配。

3）计算井壁及底板各点的内力。

2. 调压室结构计算有限元法

调压室结构内力可用结构力学法计算，对于大尺寸、围岩地质或结构形式复杂的调压室宜用有限元法复核。该解法可以较好地反映洞室围岩的性质特征，以及外部荷载和边界约束条件等因素，能把洞室衬砌支护与围岩作为一个整体来考虑，提高分析的精度。

（1）几何模型的建立。

1）模型范围。调压室结构的有限元计算对几何模型要求要满足以下几个方面：足够多的单元，合理的单元布局，优良品质的单元形态以及合适的计算范围。水利水电工程中的建筑结构往往是和地基联合在一起工作的，考虑建筑物和地基两者的共同作用，建立模拟半无限地基的模型是进行分析此类考察体要解决的问题。

2）边界条件。几何模型的边界条件包括应力边界条件和位移边界条件。

位移边界：在所截取地基周界的约束条件可根据该工程地基实际情况简化模拟，该约束条件主要是反映被截去的外延无限地基对所截留有限地基的约束程度。

应力边界：地下调压井有限元分析中，应力边界主要是地应力边界和荷载边界。

（2）本构关系。不同设计阶段对结构计算精度的要求是不一样的，可根据问题的性质，合理选用本构关系，如：线弹性本构关系、非线性弹性关系、弹塑性关系等等。

（3）裂缝的处理。处理裂缝的方法很多，常用的方法有 3 种：①单元边界的单独裂缝；②单元内部的分布裂缝；③单元内部的单个裂缝，用断裂力学的方法来处理。

3. 支护设计

调压室的支护设计应根据围岩的地质条件、洞室规模和施工程序及方法，通过工程类比、结合整体稳定和结构分析成果，选择合适的支护形式和支护参数。在开挖过程中及时支护围岩，充分发挥围岩的承载能力，满足工程安全施工和永久运行的要求。对调压室围岩局部不稳定块体可采用刚体极限平衡法进行计算分析，确定加固参数。

调压室宜采用钢筋混凝土衬砌作为永久支护，当常规电站下游调压室的围岩完整、坚硬、渗透性小，经论证后，调压室也可采用喷锚支护作为永久支护。

地下部分圆形断面调压室的井壁和底板可按薄壁圆柱筒进行结构计算和配筋。或通过非线性有限元法验算钢筋应力和混凝土裂缝宽度，确定配筋量。

调压室布置为长廊式时，整体稳定和结构分析可采用有限元法进行计算，根据围岩地质条件和工程规模，可分别采用线弹性、非线性、黏弹塑性模型计算，可按少筋混凝土设计。

从施工角度考虑，为使施工质量得到保证，单层钢筋混凝土衬砌最小厚度不宜小于 0.30m，双层钢筋混凝土衬砌最小厚度不宜小于 0.40m。根据岩石的性质，水压力的大小、调压室的高度及断面，先大致决定衬砌的厚度。一般衬砌厚度为 50～100cm 或更大些，然后进行强度计算和裂缝校核，如不能满足，则修改衬砌厚度重新计算。初步假定衬砌厚度时，可近似地取其等于 0.05～0.1 的调压井直径。

为了使岩石和衬砌能联合工作，增加岩石的整体性，并防止渗漏，在衬砌浇筑完成后，需进行回填灌浆和固结灌浆，前者用 2～3 个大气压，后者用 5～8 个大气压，孔距 2～3m，孔深 3～5m。

总之，调压井的支护与地质情况关系极大。若井身建造在风化破碎的岩层中，那么衬砌自身应具有足够的强度和刚度，以独立承受各种外加荷载。相反，若建在完整新鲜的岩石中，而且水质对岩石无侵蚀作用，则衬砌可以做得很薄，仅仅起护面作用，或采用喷锚支护。因此，设计时重要的是全面分析各方面的条件，慎重对待影响比较大的因素，选出最好的方案。

10.9 调压室水力计算的数值算法

数值算法具有计算理论严密，简化假设少，速度快，精度高，可以计算不同类型调压室在各种工况下的涌浪全过程并可与水锤、机组转速变化联合求解等许多优点。尤其在研究某参数对调压室水位变化过程的影响时，数值算法更为便利。

进行调压室水位波动计算时，以水轮机、阀门的出流方程作为边界条件，从某种已知初始状态开始，采用四阶龙格—库塔法求解调压室水流连续方程和隧洞水流动力方程。

10.9.1 调压室水位波动的基本微分方程

调压室的基本方程如下。

1. 连续方程

$$\frac{\mathrm{d}Z}{\mathrm{d}t} = (Q - Q_m)/F = f_1(t, Z, Q) \tag{10-54}$$

2. 动力方程

$$\frac{\mathrm{d}Q}{\mathrm{d}t} = (H_R - Z - KQ_s|Q_s| - RQ|Q|)gA/L = f_2(t, Z, Q) \tag{10-55}$$

式中：Q 为隧洞中的流量；Q_m 为压力管道中的流量；F 为调压室的截面积；Z 为调压室水位；H_R 为上游水库水位；K 为调压室阻抗水头损失系数；Q_s 为调压室中的流量，以进入调压室时为正；R 为隧洞的沿程损失和局部损失系数；g 为重力加速度；A 为隧洞的截面积；L 为隧洞的长度。

如已知出流变化规律 $Q_m = f(t)$，则 $Q_s = Q - Q_m$，可以根据四阶龙格—库塔法来逐步求解式（10-54）和式（10-55）。

10.9.2 龙格—库塔法计算公式

如已知 t 时刻的 Q、Z 值，则可以根据以下公式来求 $t+\Delta t$ 时刻的 $Q_{t+\Delta t}$，$Z_{t+\Delta t}$

之值。

$$Z_{t+\Delta t} = Z_t + \frac{1}{6}(K_1 + 2K_2 + 2K_3 + K_4)$$

$$K_1 = \Delta t f_1(t, Z_t, Q_t)$$

$$K_2 = \Delta t f_1\left(t + \frac{\Delta t}{2}, Z_t + \frac{K_1}{2}, Q_t + \frac{L_1}{2}\right)$$

$$K_3 = \Delta t f_1\left(t + \frac{\Delta t}{2}, Z_t + \frac{K_2}{2}, Q_t + \frac{L_2}{2}\right)$$

$$K_4 = \Delta t f_1\left(t + \Delta t, Z_t + K_3, Q_t + L_3\right)$$

$$(10-56)$$

$$Q_{t+\Delta t} = Q_t + \frac{1}{6}(L_1 + 2L_2 + 2L_3 + L_4)$$

$$L_1 = \Delta t f_2(t, Z_t, Q_t)$$

$$L_2 = \Delta t f_2\left(t + \frac{\Delta t}{2}, Z_t + \frac{K_1}{2}, Q_t + \frac{L_1}{2}\right)$$

$$L_3 = \Delta t f_2\left(t + \frac{\Delta t}{2}, Z_t + \frac{K_2}{2}, Q_t + \frac{L_2}{2}\right)$$

$$L_4 = \Delta t f_2\left(t + \Delta t, Z_t + K_3, Q_t + L_3\right)$$

$$(10-57)$$

10.9.3 数值计算框图

调压室水位波动的数值解求解，根据龙格—库塔法的计算过程如图 10-19 所示。

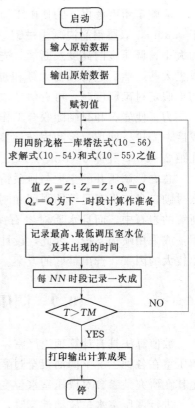

图 10-19 调压室涌波数值计算框图

10.10 调压室水力设计虚拟仿真实验

水电站是将水能转换为电能的综合体，发电量和电能质量与水轮机组的特性密切相关。在实验室中往往难以将机组的机械特性与水力系统联系在一起进行物理实验，同时，在设置调压室的引水式水电站中出现了诸多与调压室水力设计密切相关的运行问题，甚至严重的运行事故，如调压室水流漫溢、调压室漏空进气和系统运行不稳定等，造成结构破坏、设备损毁和运行中断等，产生重大的经济损失，而真实水电站运行后一般又不允许任意进行事故甩荷等非常工况的试验。因此，在设置调压室的引水式水电站中，基于全面的水力设计，确定经济合理的调压室布置方式和结构型式，在有效控制输水系统沿线水锤现象的同时，确保调压室的水力安全和结构安全，是水电站安全稳定运行的重要保障，也是行业和学科发展的前沿问题，"水电站调压室水力设计虚拟仿真实验"平台为解决这一难题提供了有效的途径。

10.10.1 虚拟仿真实验平台

通过实验空间——国家虚拟仿真实验教学课程共享平台（http：//www.ilab-x.com/）登录"水电站调压室水力设计虚拟仿真实验"平台，或通过网址 http：//

资源 10-22
水电站调压室水力设计虚拟仿真实验网址

115.28.107.134：8080/登录。

10.10.2　虚拟仿真实验简介

"水电站调压室水力设计虚拟仿真实验"包括实验认知、基本实验、研究探索实验三个主要部分。虚拟仿真实验可预设参数，主要包括调压室型式和参数、水库水位、尾水位、隧洞糙率、压力管道糙率、运行机组台数和运行工况等。以列表或表计的动态数据变化、实时动态曲线、以表格和坐标图进行的控制数据汇总分析等，全过程多角度地展示调压室涌波现象和控制断面水锤压力的变化过程。

"水电站调压室水力设计虚拟仿真实验"基于先进的实验系统设计，利用虚拟现实技术，有机结合数值计算结果和 3D 模型，将现实中无法亲历的场景搬进课堂，使得在学习"水电站"课程的同时，有身临其境的感觉，可以直观有效地了解水电站的内部构造、主要设备以及运行条件。同时在中央控制室可以设置不同的水电站参数和运行工况，探索不同参数对调压室涌波的影响，通过观察、记录和分析输水系统发生的调压室涌波现象、主要部位水锤压力的变化过程，联系课程学习水锤和调压室的有关理论，对实验结果进行整理分析，总结得出实验结论，加深对理论学习的认识，提高实践能力。图 10-20 为水电站调压室水力设计虚拟仿真实验"结构框图。

10.10.3　虚拟仿真实验内容

水电站调压室的水力设计涉及引水发电系统的诸多关键参数，依据《水利水电工程调压室设计规范》(SL 655—2014)、《水电站调节保证设计导则》(NB/T 10342—2019)、《水利水电工程水力学原型观测规范》(SL 616—2013) 等要求，融合计算数据与专业理论，对调压室水力设计的实验过程进行虚拟仿真。

(1) 实验认知。利用虚拟现实技术，3D 模拟引水式水电站及其引水发电系统，从地形、地貌以及地质条件到水电站主要建筑物，包括挡水建筑物、进水建筑物、引水隧洞、调压室、水电站厂房各层的主要设备及其中央控制室等真实场景，将现实中的场景在网络空间展现，直观有效地让学生了解水电站的内部构造、主要设备以及运行条件。

(2) 水锤现象。基于水锤现象理论解析和水锤的主要影响参数分析，融合数值计算结果和 3D 模拟技术，在中央控制室设置不同的运行工况，包括上/下游水位或机组负荷的变化等，实验得到系统沿线控制断面动态压力过程，包括隧洞中间断面、调压室底部隧洞断面、压力钢管上平段末端、机组蜗壳进口和尾水管进口等，以及机组转速的动态变化过程，直观显示数据动态变化、压力表的示数变化和压力过程线等，以巩固对水锤现象及其沿管道长度分布的认知，明确上/下游水位和机组负荷等参数对水锤过程的影响规律。

(3) 调压室的水力特性及其影响因素。在中央控制室设置典型的机组甩荷和增荷工况，通过调压室型式及其体型参数的敏感性实验，展示系统沿线控制断面压力过程和调压室水位波动过程，结合理论知识，通过类比法，明确不同类型调压室反射水锤的效果、水位波动的幅度及其衰减特性等。同时，基于控制变量法，考虑调压室水力设计参数的合理变化，在中央控制室设置不同的运行工况，观察和记录调压室水位波

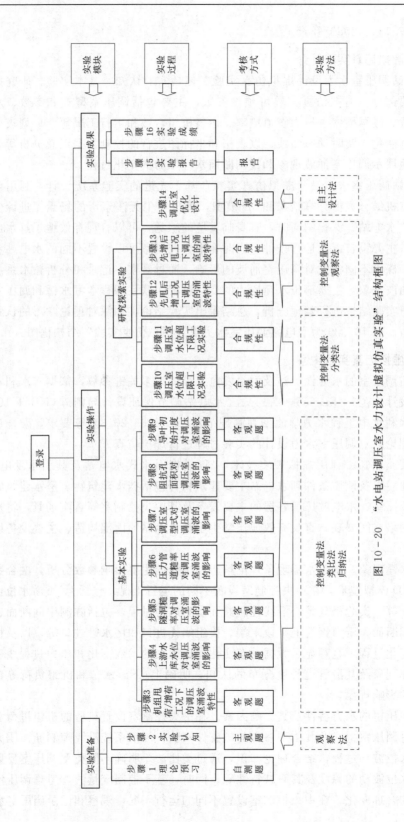

图 10-20　"水电站调压室水力设计虚拟仿真实验" 结构框图

动过程、主要部位水锤压力变化过程，并设计在线图表实时展示，得到上/下游水位、引水隧洞糙率、阻抗孔面积和机组负荷变化等对调压室涌波幅度的影响规律。

（4）调压室的水力优化设计。融合数值计算结果和 3D 模拟技术，在中央控制室设置给定范围的调压室水力设计参数，并设定机组运行模式，展现出可能产生的调压室涌波现象，或可能发生的事故工况以及组合工况，观察和记录调压室水位波动过程，当最高/最低水位不满足控制要求时，出现事故报警，认识调压室运行事故的高危和不可逆性；进一步自主拟定调压室水力设计参数，完成调压室水力优化设计实验，无事故报警，从而明确调压室水力优化设计的内涵和方法。

10.10.4　虚拟仿真实验步骤

输入虚拟仿真实验平台网址，进入实验平台页面，如图 10-21 所示。虚拟仿真实验页面有项目描述、项目评价、知识点课件库和论坛等菜单，并提供了项目简介视频和引导视频。用户根据学习需求，单击"项目描述"菜单，对模拟实验进行整体认知，了解实验要求、教学成果、实验背景、设计原则、实验目标和成绩评定；单击项目简介视频，了解实验的背景；单击项目引导视频，全面了解项目的基本情况，包括实验名称、实验目的、实验环境、实验内容、实验要求、实验方法、实验步骤和实验操作流程等。

图 10-21　水电站调压室水力设计虚拟仿真实验平台页面

10.10.5　虚拟仿真实验成果

本虚拟仿真实验，结合答题或实验过程，系统会自动记录每一步骤的测试分数，完成虚拟仿真实验后，可下载分析实验数据，并撰写和上传实验报告。实验操作过程和实验报告作为评定实验成绩的依据。评估实验成绩的主要依据如下：

（1）根据系统给出理论预习后，完成答卷，系统判断给出理论测试分数。

（2）完成实验认知和基本实验并回答考核题后，系统将自动判断结果，给出的相应得分，不同的实验条件和预设参数产生的实验结果会有差别，而分析反映的规律和结论是一致的。

（3）研究探索实验，针对所设计的参数，实现调压室非常工况和可能的事故工况，包括组合工况。完成实验后，系统给出相应得分，并可进一步开展优化设计实验。优化设计实验部分，可设置不同的参数组合进行实验，所选参数应在相应的限制范围内，超出范围系统会给予提示，用户可根据提示并重新输入，确认输入参数无误后，便可开始实验。实验过程中，如无报警，说明参数选择合理，完成实验；如有报警，可重新选择设计参数，再次进行实验。不同的实验条件和预设参数产生的实验结果会有明显差异，若设计参数不合理，实验得到的调压室最高水位过高或最低水位过低，不满足规范水位控制要求，则引起报警。如果用户多次进行实验，系统会保留最后一次实验结果。

（4）系统自动生成实验过程的数据及曲线，用户可下载实验数据，并对实验结果进行分析，得出结论、撰写实验报告和线上提交报告。

练 习 题

1. 闸门竖井式进水口（洞式进水口）位于库岸的 45°坡脚，且进水方向与等高线垂直，隧洞洞径 3.4m，额定流量 40m³/s，水库最高、最低水位及淤砂高程分别为 330m、310m 和 296m，拟定该进水口的高程与尺寸并绘出草图。

2. 图 1 所示明钢管由 16Mn 钢板焊接而成，钢材屈服强度 $\sigma_s=300\text{MPa}$，弹性模量 $E=207\text{GPa}$，膜应力区容许应力 $[\sigma]=0.55\sigma_s$，局部应力区 $[\sigma]=0.85\sigma_s$，焊缝强度系数 $\psi\approx1.0$，钢管坡度 $\varphi=20°$，支墩间距 $L=10\text{m}$，钢管外径 $D=3.2\text{m}$，壁厚（含磨蚀厚度 2mm）$\delta=24\text{mm}$，支承环也为 16Mn 钢，初拟厚度 30mm，外径 3.5m。该管段设计内水压力 $H_p=200\text{m}$，轴向（压）力 $\Sigma A=220\text{t}$，鉴于跨数较多，跨中、支座弯距均可近似按 $1/10qL^2$ 计，支承环内力 M_k、N_k、T_k 可按图 8-19 查得，计算管壁和支承环应力，并进行强度校核。

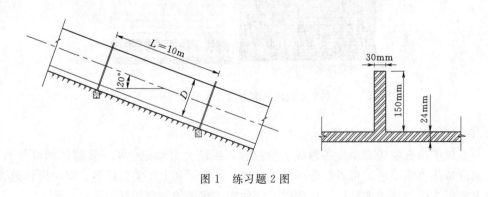

图 1　练习题 2 图

3. 第 2 题中，当设计外压力为 90kPa，抗外压稳定安全系数为 2.0 时，是否需要设置加劲环。

4. 某电站装有冲击式水轮机，水头 $H_0=250\text{m}$，压力管道长 $L=500\text{m}$，最大流速 $V_{max}=4\text{m/s}$，水击波速 $C=1000\text{m/s}$，阀门关闭时间 $T_s=4\text{s}$。

(1) 若阀门开度关闭规律为 $\tau_0=1.0$，$\tau_1=0.8$，$\tau_2=0.6$，$\tau_3=0.3$ 和 $\tau_4=0.0$，用解析法求管末水击压力变化过程。

(2) 若阀门开度以直线规律关闭，求管末和管中两处的最大水击压力。

5. 某电站水头 $H_0=120\text{m}$，压力管道由两段组成：上段 $L_1=200\text{m}$，$C_1=950\text{m/s}$，$V_{1\max}=4\text{m/s}$；下段 $L_2=200\text{m}$，$C_2=1050\text{m/s}$，$V_{2\max}=5\text{m/s}$，假定装有冲击式水轮机，开度依直线关闭，$T_s=2.4\text{s}$。求管末最大水击压力。

6. 某电站水头 $H_0=170\text{m}$，$L=300\text{m}$，$C=1000\text{m/s}$，$V_{\max}=3\text{m/s}$，其水轮机出流规律如图 2 所示，其中实线为 HL533 - LJ - 200 型水轮机，虚线代表冲击式水轮机，假定开度直线关闭，$T_s=3\text{s}$。用图解法求两种机型的水击压力变化过程，并对两种图解结果进行比较。

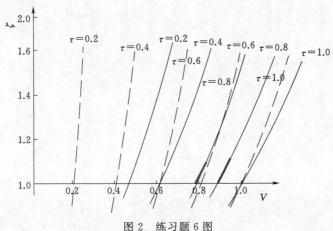

图 2　练习题 6 图

7. 某坝后式水电站，水头 $H_0=100\text{m}$，采用单元供水，压力管道长 $L=200\text{m}$，管径 $D=5.8\text{m}$，水击波速 $C=1250\text{m/s}$，忽略水头损失，满负荷时机组出力为 105MW，引用流量 $120\text{m}^3/\text{s}$，转速 $n_r=136.4\text{r/min}$，转动惯量 $[GD^2]=8500\text{t}\cdot\text{m}^2$。丢弃负荷时，导叶直线关闭，允许最大转速上升 $\beta=0.5$，允许最大水锤压力 $\xi=0.3$。

(1) 若导叶关闭时间 $T_s=4.5\text{s}$，调节保证能否满足？计算中可令 $T_{s_1}=0.85T_s$，水击修正系数 $f=1.2$。

(2) 确定导叶关闭时间时，常希望在满足转速上升条件下，水击升压尽可能小，按此原则，导叶关闭时间应取多长？相应的水击压力多大？

8. 某引水式电站隧洞长 $L=600\text{m}$，断面积 $f=50\text{m}^2$，最大流速 $V=4\text{m/s}$，相应于最小可能糙率时的水头损失 $h_w=1.6\text{m}$，隧洞末端设简单圆筒式调压室，断面 $F=200\text{m}^2$。水库设计蓄水位 150m。用解析法和图解法求全弃负荷后的最高涌波水位。

9. 第 8 题中的水电站，设计死水位为 120m，相应于最大可能糙率时隧洞的水头损失 $h_w=2.2\text{m}$，电站由 1/2 负荷增至满负荷，用解析法和列表法求最低涌波水位。

10. 综合第 8、9 两题的条件，且当电站尾水位为 38.0m，压力管道中水头损失为 1.0m 时，验算该调压室是否满足托马条件。

第 3 篇

水 电 站 厂 房

第 11 章
引水式地面厂房布置设计

11.1 水电站厂房的功用和基本类型

11.1.1 水电站厂房的功用

水电站厂房是将水能转换为机械能进而转换为电能的场所，它通过一系列工程措施，将水流平顺地引入及引出水轮机，将各种必需的机电设备安置在恰当的位置，为这些设备的安装、检修和运行提供方便有效的条件，也为运行人员创造良好的工作环境。

水电站厂房是建筑物及机械、电气设备的综合体，在厂房的设计、施工、安装和运行中需要各专业人员通力协作。水工建筑专业人员主要从事建筑物的设计、施工与运行，因而本教材着重从水工建筑的观点来研究水电站厂房。

11.1.2 水电站厂房的基本类型

根据厂房在水电站枢纽中的位置及其结构特征，水电站厂房可分为以下 3 种基本类型：

资源 11-1
各种类型
厂房

（1）坝后式厂房。厂房位于拦河坝下游坝趾处，一般情况下，厂坝之间用永久缝分开，厂房与大坝可视为独立的建筑物，受力明确。但有的电站，为了提高大坝或厂房的抗滑稳定性，采用厂坝联合作用，厂坝间不分永久缝。发电用水直接穿过坝体引入厂房，如图 5-2 所示的丹江口水电站厂房。已建成的三峡水电站厂房也是坝后式的。在坝后式厂房的基础上，将厂坝关系适当调整，并将厂房结构加以局部变化后形成的厂房型式还包括：

1）挑越式厂房：厂房位于溢流坝坝趾处，溢流水舌挑越厂房顶泄入下游河道，如图 12-2 所示的贵州乌江渡水电站厂房。

2）溢流式厂房：厂房位于溢流坝坝趾处，厂房顶兼作溢洪道，如图 12-3（a）所示的浙江新安江水电站厂房。

3）坝内式厂房：厂房移入坝体空腹内，如图 12-3（b）所示位于溢流坝坝体内的江西上犹江水电站厂房，或图 12-4 所示设置在空腹重力拱坝内的湖南凤滩水电站厂房。

（2）河床式厂房：厂房位于河床中，厂房本身就是挡水建筑物，直接承受上游水压力，也称为壅水厂房。如图 5-4 所示广西西津水电站厂房。若厂房机组段内还布置有泄水道，则成为泄水式厂房（或称混合式厂房），如图 12-7 所示长江葛洲坝水利枢纽大江、二江电厂的厂房内均设有排沙用的泄水底孔。河床式厂房一般适用于中、低水头的水电站。

（3）引水式厂房：厂房和坝不直接相接，发电用水由引水建筑物引入厂房。可适用于各种水头的电站。根据厂房的位置可分为：

1）引水式地面厂房，当厂房位于河岸边，不直接承受上游库水压力的水电站厂房，也称为岸边式厂房，如图 11-1 所示的湖南镇水电站厂房。

2）地下厂房，即建在地面以下洞室中的水电站厂房，如图 12-10 所示的云南鲁布革水电站厂房。引水式厂房也可以是半地下式的，如图 12-20（b）所示。

此外，水电站厂房还可按机组类型分为竖轴机组厂房及横轴机组厂房；按厂房上部结构的特点分为露天式、半露天式和封闭式厂房；或按水电站资源的性质分为河川电站（常规水电站）厂房、潮汐电站厂房以及抽水蓄能电站厂房等。

11.1.3　水电站厂房的设计程序

我国大中型水电站设计一般分为 4 个阶段：预可行性研究、可行性研究、招标设计及施工详图。

预可行性研究的任务是在河流（河段）规划和地区电力负荷发展预测的基础上，对拟建水电站的建设条件进行研究，论证该水电站在近期兴建的必要性、技术上的可行性和经济上的合理性。在这个阶段中，对厂房不进行具体设计，而只基本选定电站规模。初选枢纽布置方式及厂房的型式，绘出厂房在枢纽中的位置。估算工程量。

可行性研究的任务是通过方案比较选定枢纽的总体布置及其参数，决定建筑物的型式和控制尺寸，选择施工方案、进度和总布置，并编制工程投资预算，阐明工程效益。在该阶段中，对厂房设计的要求是根据选定机组机型、电气主结线图及主要机电设备，初步决定厂房的型式、布置及轮廓尺寸，绘出厂区及厂房布置图，进行厂房稳定计算及必要的结构分析，提出厂房工程地质处理措施。

招标设计中要对可行性研究中的遗留问题进行必要的修改与补充，落实选定方案工程建设的技术、施工措施，提出较详细的工程图纸和分项工程的工程量，提出施工、制造与安装的工艺技术要求以及永久设备购置清单，编制招标文件。

在施工详图阶段，则陆续对各项结构进行细部设计和结构计算，并拟定具体施工方法，绘出施工详图。对厂房设计而言，虽然厂房的型式、布置及轮廓尺寸在招标设计中已经决定，但机电设备供货合同尚未签订，详细的结构设计尚未进行，故一切决定都还是近似的。在施工详图阶段，要根据更详尽确凿的各种资料进行每个构件的细部设计和结构计算，最终确定厂房各部分的尺寸。对于招标设计中的基本决定，一般不会有重大的改变。

本教材的最后 4 章介绍水电站厂房设计的基本原理。限于篇幅，并考虑到各种类型厂房的布置设计有其共性，11.2～11.10 节将以图 11-1 所示的引水式地面厂房为例，研究厂房布置设计的一般规律；11.11 节讨论装置冲击式水轮机的引水式地面厂房的布置特点。第 12 章讨论其他类型厂房的特点。第 13 章简述地面厂房的构造和结构设计原理。

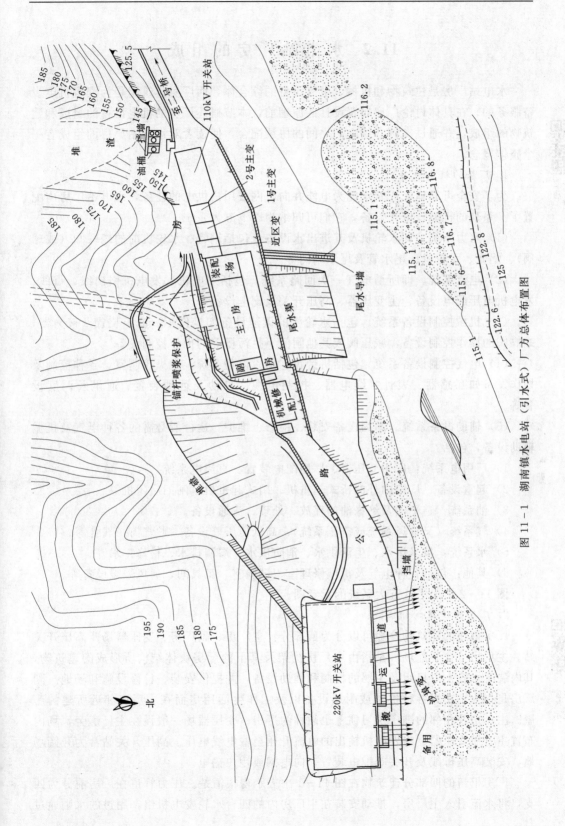

图 11－1　湖南镇水电站（引水式）厂方总体布置图

11.2　水电站厂房的组成

水电站厂房是建筑物和机械、电气设备的综合体，而厂房建筑物是为安置机电设备服务的。在具体讨论厂房布置设计的原理前，本节概述厂房的机电设备的组成和建筑物的组成，并通过实例介绍它们之间的协调配合，使读者对水电站厂房的组成有一个整体概念。

资源 11-2
水电站厂房
的组成

1. 厂房的机电设备

为了安全可靠地完成变水能为电能并向电网或用户供电的任务，水电站厂房内配置了一系列的机械、电气设备，它们可归纳为以下五大系统。

（1）水力系统。即水轮机及其进出水设备，包括钢管、水轮机前的蝴蝶阀（或球阀）、蜗壳、水轮机、尾水管及尾水闸门等。

（2）电流系统。即所谓电气一次回路系统，包括发电机、发电机引出线、母线、发电机电压配电设备、主变压器、高压开关及配电设备等。

（3）机械控制设备系统。包括水轮机的调速设备如操作柜、油压装置及接力器，蝴蝶阀的操作控制设备，减压阀或其他闸门、拦污栅等的操作控制设备。

（4）电气控制设备系统。包括机旁盘、励磁设备系统、中央控制室、各种控制及操作设备如互感器、表计、继电器、控制电缆、自动及远动装置、通讯及调度设备等。

（5）辅助设备系统。即为设备安装、检修、维护、运行所必需的各种电气及机械辅助设备，包括：

1）厂用电系统：厂用变压器、厂用配电装置、直流电系统。

2）起重设备：厂房内外的桥式起重机、门式起重机、闸门启闭机等。

3）油系统：透平油及绝缘油的存放、处理、流通设备。

4）气系统（又称风系统或空压系统）：高低压压气设备、贮气筒、气管等。

5）水系统：技术供水、生活供水、消防供水、渗漏排水、检修排水等。

6）其他：包括各种电气及机械修理室、试验室、工具间、通风采暖设备等。

图 11-2 给出了这五大系统的示意图。

2. 厂房的建筑物组成

资源 11-3
水电站主要
机械、电气
设备系统示
意图

厂房枢纽的建筑物一般可以分为四部分：主厂房、副厂房、变压器场及高压开关站。主厂房（含装配场）是指由主厂房构架及其下的厂房块体结构所形成的建筑物，其内装有水轮发电机组及主要的控制和辅助设备，并提供安装、检修设施和场地。副厂房是指为了布置各种控制或附属设备以及工作生活用房而在主厂房邻近所建的房屋。主厂房及相邻的副厂房习惯上也简称为厂房。变压器场一般设在主厂房旁，场内布置主升压变压器、将发电机输出的电流升压至输电线电压。高压开关站常为开阔场地，安装高压母线及开关等配电装置，向电网或用户输电。

厂房枢纽的四部分建筑物在图 11-1 中表示得很清楚。压力管道在厂房前分为四支，将水流引入主厂房，推动安装在主厂房内的四台水轮发电机组，用过的水则通过

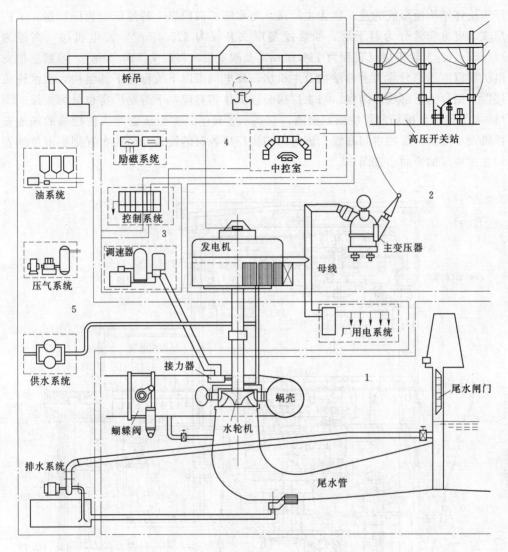

图 11-2　主要机械、电气设备示意图

1—水力系统；2—电流系统；3—机械控制设备系统；

4—电气控制设备系统；5—辅助设备系统

尾水渠排入下游河道。副厂房主要由两部分组成，一部分在主厂房东端（以下称端部副厂房），另一部分位于尾水管上（以下称下游副厂房）。变压器场位于主厂房西端进厂公路旁。高压开关站也分为两部分，110kV 开关站位于变压器场之西，而 220kV 开关站则布置在主厂房之东。

3. 水电站厂房内部布置

以下用湖南镇水电站厂房为例，说明水电站厂房组成的整体概念以及机电设备的五大系统与厂房结构布置的关系，可参阅图 11-1、图 11-3～图 11-8。

图 11-3 为通过机组中心的厂房横剖面图，它较直观地显示了主副厂房、水轮发电机组，以及主要控制设备和辅助设备在高度方向的布置。图中主厂房构架及其下的

资源 11-4
水电站厂房
的内部布置

厂房块体结构所形成的建筑物为主厂房，尾水管扩散段以上的建筑物为副厂房。主厂房在高度方向常分为若干层，如装配场层（高程为125.40m）、发电机层（高程为122.55m）、水轮机层（高程为116.00m）及阀室层（高程为110.20m）。习惯上把发电机层以上的部分称为上部结构及主机房，发电机层以下统称为下部结构，而水轮机层以下则称为下部块体结构。与主厂房分层大体相对应，下游副厂房也分为4层。图11-4为通过装配场的厂房横剖面图，它表示了转子、主变压器等大件检修的场地安排以及下游副厂房的空间布置。该电站主副厂房各层的设备与结构布置则更清楚地表示在相应层的平面布置图中。

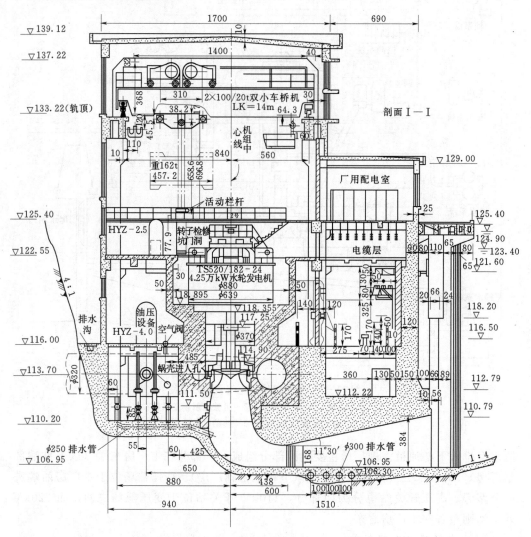

图11-3　湖南镇水电站主厂房横剖面图（单位：cm）

　　图11-5为装配场层平面布置图。由图可见，主厂房沿其纵轴（即各机组中心连线）方向分为装配场和各个机组段，其中装配场位于主厂房西端，与进厂公路相接。装配场与机组段之间设贯穿至地基的伸缩缝。装配场是全厂主要机件安装和检修的场

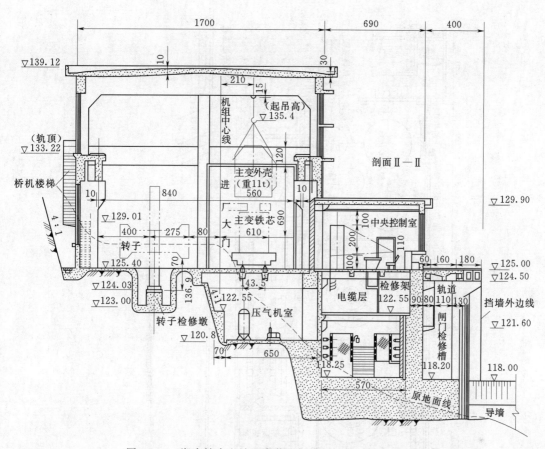

图 11-4　湖南镇水电站厂房装配场横剖面图（单位：cm）

地，各种设备可经进厂公路直接运抵装配场卸车，主变压器也可沿专用轨道推入进行大修。装配场与主机房同宽，桥式吊车通行其间，以便安装检修。该装配场与公路同高，但比发电机层高 2.85m，故装配场东端（主机房侧）设有栏杆，而沿机组段北侧与东端设有走廊，可俯视发电机层，并经两座楼梯通向发电机层。

图 11-6 为发电机层平面布置图。由图可见，主厂房内装有 4 台发电机，每台发电机的上游侧（第二象限）布置 DT-100 型电调机械柜及油压装置，靠墙布置电调电气柜及机旁盘。上游侧（第一象限）针对蝴蝶阀中心设了蝴蝶阀吊孔（兼吊物孔），靠墙布置了励磁盘。在 1 号、2 号和 3 号、4 号机组之间各设一楼梯下至水轮机层，在 1 号机下游侧及 4 号机旁各有一楼梯上达装配场。2 号、3 号机之间设贯穿至地基的伸缩缝。装配场底层为压气机室及发电机转子承台，均由发电机层进入。

图 11-7 为水轮机层平面布置图。由图可见 4 台机组的立柱型机座。每台机组上游侧（第一象限）设蝴蝶阀吊孔及空气阀，3 号、4 号机之间的上游侧布置了蝴蝶阀操作用油的油压装置（四阀合用）。每台机组下游侧（第四象限）布置发电机引出线，它们悬挂在水轮机层天花板上，通入下游副厂房。3 号、4 号机旁各设 SK-500 型励磁变压器一台。主厂房东端布置了检修排水及渗漏排水用深井泵各两台，西端设有消防水泵一台。上游侧东端的楼梯下至蝴蝶阀室，1 号、2 号和 3 号、4 号机组间的楼

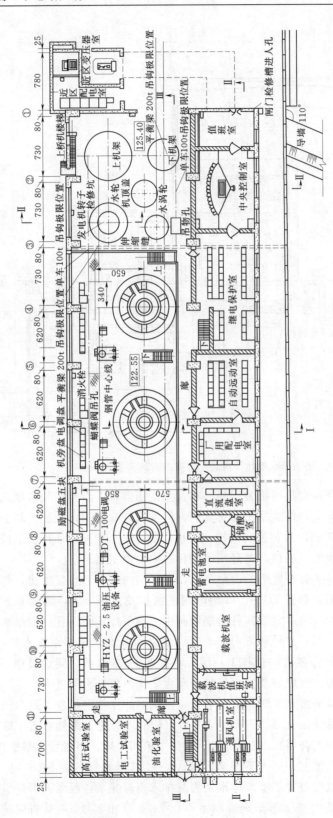

图 11-5　湖南镇水电站厂房装配场层（125.40m 高程）平面布置图（单位：cm）

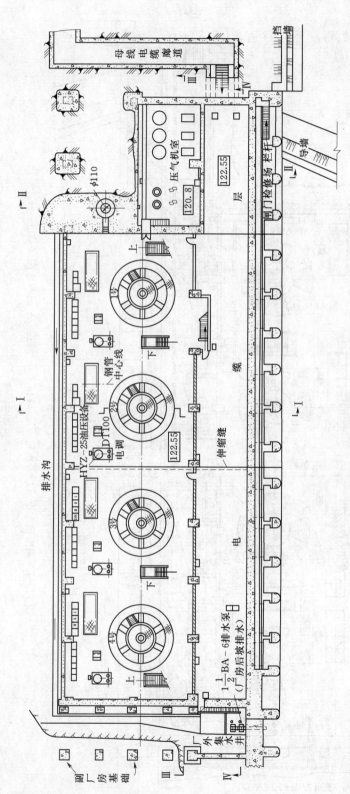

图 11-6　湖南镇水电站厂房发电机层（122.50m 高程）平面布置图

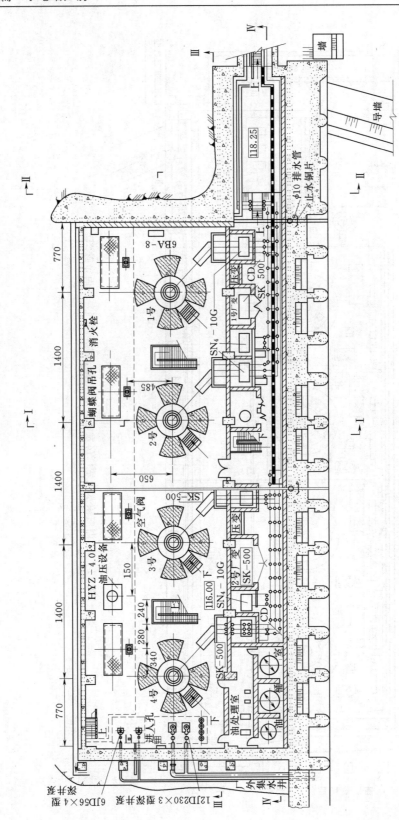

图 11 - 7　湖南镇水电站厂房水轮机层（116.00 m 高程）平面布置图（单位：cm）

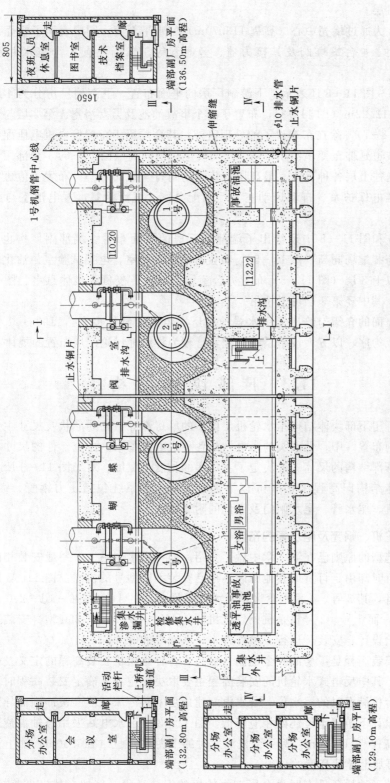

图11-8 湖南镇水电站厂房蜗壳层（113.70m高程）平面布置图

梯上通发电机层。

图 11 - 8 为通过蜗壳中心（高程 113.70m）的水平剖面。图中表示了蜗壳及尾水管的平面尺寸、4 台蝴蝶阀及其接力器、旁通管等。东端设有 3 个集水井及一座楼梯。

图 11 - 5～图 11 - 8 还表示了下游副厂房的平面布置。下游副厂房分为 4 层，最低层高程为 112.22m（图 11 - 8），布置了两个事故油池及男女浴室。第 2 层与水轮机层同高（图 11 - 7），除在东端设了油处理室外，其余均用于布置发电机电压配电装置及母线，母线道延伸至变压器场。第 3 层与发电机层同高（图 11 - 6），全部用于敷设各种电缆，通往上层各种表盘。最高层与装配场同高（图 11 - 5），布置了值班室、中央控制室、继电保护室、自动远动室、厂用配电室、直流盘室、蓄电池室与载波机室等。

图 11 - 5 和图 11 - 8 中还给出了端部副厂房的平面布置。端部副厂房也分为 4 层，最底层与装配场同高（图 11 - 5），布置有高压试验室、电工试验室、油化验室及通风机室。以上 3 层（图 11 - 8）布置办公室、会议室、夜班人员休息室、图书室及技术档案室，其中经第 3 层可上桥吊。

总之，上面的介绍勾绘出了引水式地面厂房组成的整体概念。11.3～11.7 节将按建筑物组成为序、以五大设备系统为线索，较为详细地讨论厂房布置的规律。

11.3　下 部 块 体 结 构

资源 11 - 6
下部块体结构的布置 1

水电站厂房下部块体结构指水轮机层以下的厂房部分，它的形状及尺寸主要取决于水力系统的布置。中、低水头的水电站的各种机电设备中，过流部件的尺寸相对较大，因此，下部结构的尺寸一般决定了主厂房的长度与宽度。对于图 11 - 3 所示水电站，下部块体结构即高程 116.00m 以下部分，而水力系统包括压力钢管、蝴蝶阀、蜗壳、水轮机、尾水管、尾水闸门及它们的附属设备。

11.3.1　水轮机、蜗壳及尾水管的布置

水轮机选型的原则已在第 3 章中做了介绍。同一座水电站上，一般安装相同型号的机组，但有时却由于订货或其他原因不得已安装不同型号的机组。图 11 - 3 所示水电站即属后者，其 3 号、4 号水轮机是天津发电设备厂的 HL - 200 - LJ - 250 型，转速 250r/min，而 1 号、2 号机是杭州发电机厂的 HL - 009 - LJ - 250 型。安装不同型号的机组常给设计、安装、运行、检修带来一些额外的麻烦。

水轮机安装高程是厂房的一个控制性标高。各种水轮机安装高程的定义及确定方法见第 2 章，其中反击式水轮机的安装高程主要取决于空蚀。确定安装高程时下游尾水位常取一台机满发时的尾水位。若水电站建成后下游河床可能会被冲刷而导致水位降低的话，设计下游尾水位还要相应降低。图 11 - 3 所示水电站采用竖轴混流式水轮机，其安装高程（113.70m）为一台机满发时的下游尾水位（115.50m）加上允许吸出高度 H_s，再加上导叶高度的一半。

厂址的地形地质条件有时也会影响水轮机的安装高程。例如，基岩坐落较深时，

适当降低安装高程可使得厂房的基础安置在完好基岩上。

引水式厂房内的混流式水轮机一般均采用钢蜗壳，其几何尺寸由水轮机厂家提供。钢蜗壳常埋入混凝土中以防止振动，并由混凝土承受部分不均衡的作用力。蜗壳上要设进人孔供检修时使用。进人孔常设在蝴蝶阀下游明钢管上，也可设在蜗壳顶部，从水轮机层地坪向下开孔进入。

竖轴水轮机常采用肘形尾水管，其几何尺寸也由水轮机厂家给出，但可在一定范围内修改（需征得厂家同意），以满足厂房布置的特殊需要。如图 11-3 所示，为了在尾水管之上布置副厂房。尾水管水平段长度由原来的 11.2m 增至 15.10m，出口高度也略有增加。从图 11-8 中可见，为了结构需要，尾水管出口段增设了隔墩，同时尾水管出口宽度也略有增加。

尾水管也要设供检修用的进人孔。进人孔常由蝴蝶阀室进入，开口于尾水管的直锥段，因为这里有钢衬，便于开孔，同时便于观察水轮机转轮。主厂房内无蝴蝶阀室时，只能由水轮机层开孔先向下再拐向水平的尾水管进人孔。

尾水管周围的块体结构布置有时还受到水轮机检修方式的影响。水轮机转轮受空蚀及泥沙磨损后常需补焊或换装新的转轮，对于横轴机组。拆装水轮机不影响发电机，对于竖轴机组，小修小补可在尾水管中进行，稍大一些的修补都要进行机组大解体，吊出转轮后进行，工作量很大。为了减少机组大解体的次数，国内外水电站上曾采用过几种方法。一种是在尾水管相应部分开设检修廊道或门，修补转轮或换装零部件（如转桨式水轮机的叶片）。另一种是设法在不拆除发电机的情况下将转轮从水轮机上部或下部抽出，例如埃若齐水电站（图 11-9）的尾水管直锥段为活动的，需吊出转轮时。可将此活动直锥段拆除，将转轮向下吊放到特制的小车上，沿转轮运输道推至下游墙边，再用厂房的桥吊经吊孔吊出运至装配场，我国四川渔子溪水电站也采用类似方法，需抽出转轮时，尾水管直锥段可分成两半拆除；正常运行时，直锥段用螺栓上紧，并加橡皮止水，还用 4 根紧固螺栓将直锥段固定在混凝土块体结构上，以减小振动。

11.3.2　阀门及尾水闸门的布置

水电站机组采用联合供水（一管供全部机组）或分组供水（一管供几台机组）时，每台机组前都应装设阀门，以保证一台机组检修时，其他机组可正常运行。该阀门应能在动水中快速关闭，若水轮机发生事故，可迅速切断水流，防止事故扩大。通常水头高时装球阀，水头低时采用蝴蝶阀。

资源 11-7
下部块体结构的布置 2

蝴蝶阀常布置在主厂房内的蝴蝶阀室（或廊道）内。其净宽约 4~5m，如图 11-3 所示。这样可以利用主厂房内的桥吊来安装及检修蝴蝶阀，运行管理方便，布置紧凑，但可能因此而加宽、加长主厂房。蝴蝶阀必须十分安全可靠，一旦破裂会导致水淹厂房。因此，对于水头较高的地下厂房，或结合考虑厂房布置的其他因素，有时将蝴蝶阀布置在主厂房之外。如图 11-10 所示的浙江黄坛口水电站，蝴蝶阀布置在主厂房上游墙外的蝴蝶阀室内。阀室设有专门的水流出口，万一阀门破裂，涌水得以排走。这种布置方式的缺点是蝴蝶阀的安装检修较困难。运行维护不方便。

蝴蝶阀上游或下游常设伸缩节，以便于安装，并使受力条件明确。阀下游要设空

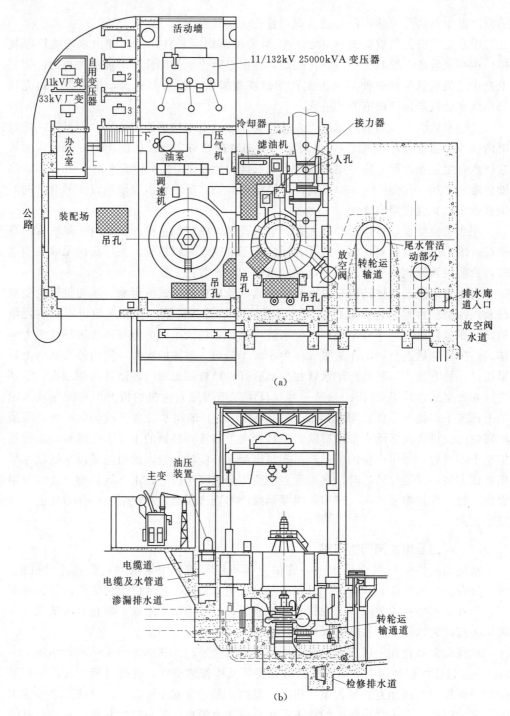

图 11-9　埃若齐水电站厂房

(a) 平面图；(b) 横剖面图

气阀，放空时补气，充水时排气，正常运行时在内水压力作用下关闭。蝴蝶阀上下游均设排水管以便放空检修时排除积水及漏水。

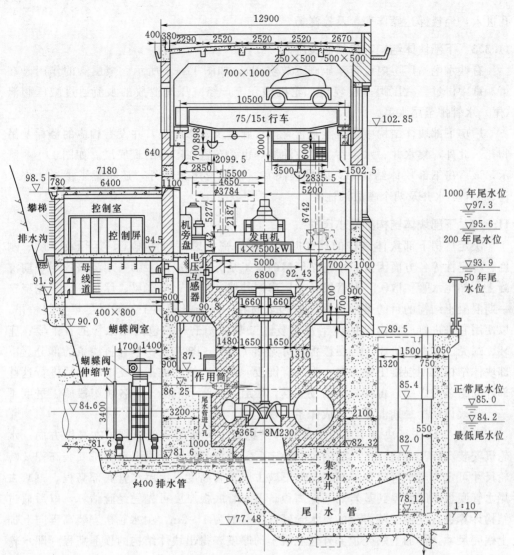

图 11-10　黄坛口水电站主厂房横剖面图（单位：m）

资源 11-8 (a)
黄坛口水电站

尾水管出口一般设有尾水闸门，机组检修时，将蝴蝶阀及尾水闸门关闭，抽去积水，以便检修人员进入。当机组较长时间调相运行而尾水位高于转轮时，也需关闭蝴蝶阀（或导叶）及尾水闸门，排去部分积水，使转轮展出水面。一般水电站上只设 1～2 套（视机组台数而定）尾水闸门供轮流检修机组用，调相运行电站则按需要配置。

资源 11-8 (b)
黄坛口水电站尾水平台

大中型水电站的尾水闸门一般为平板闸门，通过尾水平台上移动式的启闭机（如门式吊车）操作。图 11-3 所示水电站的尾水平台用作公路桥，尾水闸门由悬挂在尾水平台大梁底部的电动葫芦操作，为此，在尾水平台下高程 121.60m 处设了操作平台。尾水闸门需检修时，先吊至 118.20m 高程以上，再沿主厂房纵向运往设在装配场下游墙外高程为 118.20m 的尾水闸门检修场。操作、检修人员由尾水平台上的人孔进入，经楼梯达操作平台及检修场。

11.3.3 下部块体结构中的其他设施

有些水电站厂房内设有减压阀（放空阀），如图 11-9 所示。减压阀的作用已在第9章中讲过。减压阀一般装在水轮机蜗壳上，经减压阀泄放的水流通过减压阀泄（尾）水管排至尾水渠。

厂房下部块体结构中还可能布置有排水廊道及检修廊道，并设有相应的楼梯及吊物孔。此外，集水井、水泵室、事故油池等也常布置在厂房的最底层。如图 11-8 所示，该厂房下部块体结构中，除蝴蝶阀室、蜗壳及尾水管外，还布置了楼梯、排水沟、3个集水井及两个事故油池等。

11.3.4 下部块体结构的最小尺寸

资源 11-9
下部块体结构的最小尺寸

决定厂房下部块体结构的尺寸时，必须周密考虑厂房的施工、运行及强度、刚度、稳定性等各方面因素。水电站厂房的施工是分期完成的。第一期浇筑的叫一期混凝土，如尾水管扩散段、肘管段及主厂房的外墙、构架、吊车梁、屋顶等。首先浇筑一期混凝土结构的目的是形成封闭的挡水周界，保证汛期施工，同时尽早安装桥吊，以便用它来进行厂房内部的施工及安装。二期混凝土一般包括尾水管的直锥段、座环、蜗壳、发电机机座及各层楼板。可见图 11-3～图 11-8 中有斜线条的部分。下部块体结构二期混凝土施工时，先给直锥段、座环、蜗壳准备好支墩，然后进行这些部件的组装与焊接，再绑扎钢筋及立模，最后才能浇筑混凝土。各机组段施工进度不一、其块体结构二期混凝土自成体系。

图 11-11 表示决定主厂房下部块体结构最小尺寸的一般原则：在高度方向。水轮机安装高程及蜗壳、尾水管的尺寸决定后，可将其绘出。根据水轮机安装高程及转轮尺寸可定出尾水管的顶部高程。向下减去尾水管高度得出尾水管底部高程，再减去尾水管底板厚度就得到基岩的开挖高程。尾水管底板厚度可先凭经验估算，以后通过结构计算进行复核。基岩上的尾水管底板厚一般为 $1～2m$。由水轮机安装高程向上加上蜗壳尺寸，再加上蜗壳顶部外包混凝土的厚度 δ 得出块体结构的顶部高程（即水轮机层地面高程）∇z_1。厚度 δ 也先凭经验估算，以后再进行验算。对于中型机组可取 $1m$ 左右。这样就大致确定了块体结构的高度。

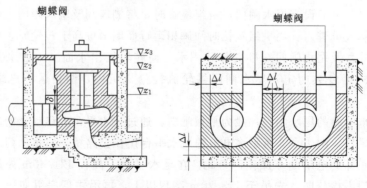

图 11-11 主厂房下部块体结构的最小尺寸

　　块体结构二期混凝土的平面尺寸，首先取决于蜗壳的平面尺寸及施工条件。为了拼装及焊接蜗壳、绑扎钢筋及浇捣混凝土，蜗壳四周的混凝土厚度 Δl 至少为 0.8～1.0m，对于大型机组，该厚度可超过 2m。蜗壳沿厂房纵轴线方向的尺寸加上两倍 Δl 就得出一个机组段的最小长度，机组中心至下游侧蜗壳外缘的尺寸加上 Δl，再加上外墙厚度（一般 1～3m）得出下游侧块体结构的宽度；机组中心至上游侧蜗壳外缘尺寸加上外包混凝土厚度。再加上蝴蝶阀室的宽度，再加上外墙厚度给出上游侧块体结构的宽度。这样，又大致确定了块体结构的平面尺寸。

　　上面确定的尺寸是块体结构的最小尺寸。由于其他因素的影响，实际采用的尺寸可能适当加大；此外，所有尺寸还必须经结构计算来校验（第 13 章）。

　　在图 11-3～图 11-8 所示厂房中，水轮机安装高程为 113.70m。向下减去半个导叶高度 0.25m，再减去尾水管高度 6.5m，得尾水管底部高程 106.95m。钢管直径 3.20m，取 $\delta=0.70$m，则 $113.70+3.20/2+0.70=116.00$m 即为水轮机层高程。沿厂房纵轴向蜗壳最大尺寸 8.61m。若取 $\Delta l=1.0$m，则由此定出的机组段最小长度为 10.60m。图中所示实际长度为 14.00m，远大于 10.60m。这是因为该厂房原设计采用 HL160-LJ-330 水轮机，据之定出机组段长为 14.0m，并已开挖了隧洞及钢管的支洞；后修改设计，改用图中所示的 HL200-LJ-250 水轮机，但支洞已挖好，故维持机组段长 14.00m。沿厂房横向，机组下游侧蜗壳外包混凝土厚度采用 0.8m 左右，墙厚取 2.00m，则机组中心至墙外侧距离为 7.10m。若下游侧无副厂房，此即外墙。现设计中由于布置副厂房的要求，将尾水管加长，并加设一道外墙，使得机组中心至外墙外侧距离为 15.00m。机组上游侧，蜗壳外包混凝土厚为 1.30m 左右，以承受机墩传下来的力，因此机组中心至二期混凝土外侧距离 4.25m，再加上蝴蝶阀室净宽 4.25m，得机组中心至构架内侧距离为 8.50m。

11.4　水轮机层及发电机层

　　水轮机层和发电机层占据了厂房的大部分空间，它们的结构形式和尺寸主要取决于电流系统及电气控制设备的布置。同时布置在这两层中的还有机械控制设备。高水头水电站的各种机电设备中，发电机尺寸相对较大，因此发电机层的尺寸对主厂房的平面尺寸常起控制作用。

11.4.1　发电机的类型及励磁方式

　　大中型水电站一般均采用立式（竖轴）水轮发电机组。发电机的类型及励磁方式会影响到厂房的布置。

　　根据推力轴承设置的位置，竖轴水轮发电机可分为悬式和伞式两种。悬式水轮发电机的推力轴承位于上机架上，整个水轮发电机组的转动部分是悬挂着的，它的优点是推力轴承损耗较小，装配方便，运行较稳定；缺点是上机架尺寸大，机组较高，消耗钢材多。转速在 150r/min 以上的水轮发电机一般为悬式。伞式水轮发电机的推力轴承设在下机架上，推力轴承好似伞把支撑着机组的转动部分。它的优点是上机架轻便，可降低机组高度（及厂房高度），节省钢材，检修发电机时可不拆除推力轴承，从而缩短检修时间；缺点是推力轴承直径较大，易磨损。设计制造较复杂。有时还把推力轴承设于水轮机顶盖支架上，称为低支承伞式水轮发电机。转速 150r/min 以下的大容量机组常为伞式。

目前水轮发电机的励磁方式主要有直流电机励磁及可控硅整流励磁两种。前一种情况下，发电机的励磁电流来自同轴连接在发电机上方（指竖轴机组）的直流电机，即励磁机。后一种情况下，发电机输出电流的一部分经可控硅整流、降压后送回发电机作为励磁电流。从励磁系统的组成上看，采用可控硅励磁后，可省去励磁机，有利于降低厂房高度，但要增加几块励磁盘及励磁变压器。

11.4.2　发电机支承结构

资源 11-10
湖南镇水电
站水轮机
机座

发电机支承结构通常称为机座或机墩。其作用是将发电机支承在预定的位置上，并给机组的运行、维护、安装、检修创造有利条件。机组作用在机座上的力主要有垂直荷载（转动及非转动部分的重量、水推力等）及扭矩（正常及短路扭矩）。机座必须有足够的强度和刚度，保证弹性稳定。动力作用下振幅小，自振频率高（以免与机组共振）。常见的机座有以下 5 种。

（1）圆筒式机座。这种机座广泛应用于中型机组，如图 11-10 所示。它的内部为圆形的水轮机井，外部呈圆形或八角形，圆筒壁厚在 1.5m 以上。水轮机井下部的内径决定于水轮机顶盖处各种设备的布置、安装、维护、检修条件及结构传力条件。为了使机座荷载的一部分经水轮机座环传至下部块体结构，该内径要略小于座环的外径，一般取转轮直径的 1.3～1.4 倍左右。水轮机井下部常设一段钢板里衬，由水轮机厂家制造。

水轮机井上部的内径与形状主要取决于发电机的结构。安装机组时，水轮机转轮、顶盖、发电机下支架、转子等依次吊入，所以水轮机井上部直径必须大于转轮外径（最好能大于顶盖的外径，以便整体吊装）而小于下支架的直径。采用伞式发电机（推力轴承设在下支架处）时，尽量减小下支架的跨度对结构有利，因此常令水轮机井上部内径仅比水轮机转轮直径大 0.5～0.7m。

圆筒式机座的优点是受压及受扭性能均较好，刚性大，一般为少筋混凝土，用钢较省。其缺点是水轮机井内狭小，水轮机的安装、检修、维护较为不便。

（2）框架式机座。对于中小型机组，可将发电机安置在由环形梁（圈梁）和 4～6 根立柱组成的框架式结构上，荷载通过立柱传给厂部块体结构（因此也称为立柱式机座）。框架式机座水轮机井尺寸的决定与圆筒式机座原则上相同。这种机座的优点是混凝土方量少，水轮机顶盖处比较宽敞，设备的布置、安装、维护、检修比较方便；缺点是受扭和抗震的性能比圆筒式差，刚性也较小。

图 11-3～图 11-8 给出了这种机座的例子。该机座由圈梁及 4 根粗壮的立柱组成，水轮机井内径 3.70m，为转轮直径的 1.48 倍。比发电机转子直径小 0.88m，比发电机下支架直径小 0.4m。发电机型号为 TS520/182-24，容量为 42500kW，计算及模型试验表明，该立柱式机座的强度可以保证，但刚度偏小。因而振动的最大振幅偏大。

（3）块体机座。装置大型机组的厂房，发电机层以下除留有水轮机井及必要的通道以外，全部为块体混凝土，机组直接支承在块体混凝土上，如图5-2所示。这种机座的强度及刚度很大，但混凝土方量大。

（4）平行墙式机座。这也是一种适用于大型机组的机座，由两平行承重钢筋混凝土墙及其间的两横梁组成，机组支承于平行墙及其间的横梁上。当发电机荷载大时，横梁的梁深可达数米。两平行墙之净距大于水轮机顶盖，平行墙跨过蜗壳，将荷载传至下部块体结构，墙厚可达数米，如图11-12所示。这种机座的优点是水轮

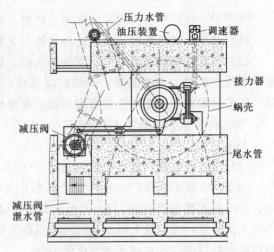

图 11-12　美国包德水电站的平行墙式机座

机顶盖处宽敞，工作方便，而且可以在不拆除发电机的情况下，将水轮机转轮从平行墙之间吊出。

（5）钢机座。采用钢结构支承发电机并将荷载传至水轮机顶盖、座环或蜗壳上。这种机座的优点是发电机与水轮机直接配套，结构紧凑，安装方便迅速，减少了复杂的钢筋混凝土工程；但耗钢材多，我国尚未采用过。

11.4.3　发电机的布置方式

按发电机与发电机层楼板的相互位置，发电机在主厂房内的布置方式可分为上机架埋入式、定子埋入式和定子外露式3种。

单机容量100MW以上的大型机组常采用上机架埋入式布置，即发电机定子及上机架全部埋设在发电机层楼板之下，发电机层只留下励磁机。这样虽要增加一些厂房高度，但发电机层显得宽敞，检修场地大，利于各种控制和辅助设备的布置，因而有可能减小厂房的宽度；发电机层与水轮机层之间高度大，常增设夹层布置发电机引出线及电气设备。

资源 11-11
发电机的
布置方式

单机容量数万千瓦的发电机组采用定子埋入式布置较多，其上机架露出（或部分露出）在发电机层楼板上，虽占据了一些位置，但便于检修悬式发电机组的推力轴承、观察发电机上导轴承油位和测量机架摆度。

只有开敞式通风的小型发电机才采用定子外露式布置。由于发电机完全露出在发电机层楼板以上，发电机层很拥挤，发电机的引出线布置不便。

11.4.4　发电机层楼板高程的确定

根据 11.3 节所述的原则，可以定出水轮机层地面高程 z_1（图 11-11）。在此高程上加上水轮机井进人孔高度（2m 左右）和进人孔顶部的深梁（1m 左右），得出发电机定子的安装高程 z_2（即机座顶面高程），主机组的轴长也随之确定了。若发电机采用定子外露式布置，此即发电机层楼板高程；否则，再加上发电机定子高度，并按上机架埋入程度再加上一部分或全部上机架高度，得出发电机层楼板高程 z_3。

资源 11-12
发电机层楼
板高程的
确定

确定发电机层楼板高程中，除考虑机组布置方式的影响外，还要考虑下列因素：

（1）套用现成机组时，发电机与水轮机之间的间距是给定的。

（2）发电机层楼板最好高于下游尾水位，以便于对外交通及开窗采光通风。当下游洪水位过高时，可考虑低于下游最高水位，但高于较常见的下游水位。图 11-10 所示厂房就因为下游尾水位较高而抬高了发电机层楼板高程，并因之增设了出线层。

（3）水轮机层的高度不得小于 3.5～4.0m；若增设出线层，其高度也不宜小于 3.5m。

（4）发电机层楼板最好与装配场同高（见 11.5 节）。

图 11-3 所示厂房，水轮机安装高程定为 113.70m 后，根据套用现成机组的尺寸，发电机安装高程定为 118.895m，发电机层楼板高程定为 122.55m。机组采用定子埋入式布置，发电机上机架也部分埋设在发电机层楼板下，以便加高水轮机层以及副厂房出线层的高度，便于布置电流系统。

11.4.5　电流系统及电气控制设备的布置

水电站的主要电气设备组成及其连接方式常表示在电气主结线图中。图 11-13

资源 11-13
电气控制设备的布置

即为湖南镇水电站（图 11-3）的主结线图。由图可见，该电站采用扩大单元结线，四台 42500kW 机组用两台 SFPZ$_3$100000/200 三相三卷变压器结成两个扩大单元。110kV 高压侧采用旁路母线，220kV 高压侧采用双母线，发电机电压为 10.5kV。厂用电由两个扩大单元母线用 SK-500 干式变压器供给，坝区及近区用电由 3 号、4 号机组的扩大单元母线上接出，经 STL$_1$2000/10 近区变压器供给。

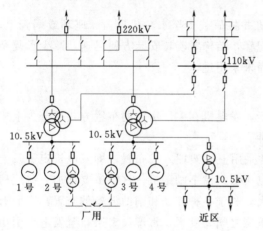

图 11-13　湖南镇水电站电气主结线图

发电机引出线常布置在发电机层楼板下面，即水轮机层上部（图 11-3）或专设的出线层内（图 11-10）。要求引出线短，没有干扰，母线道干燥，通风散热条件好。以图 11-7 为例，每台发电机均向下游出线，引出线固定在发电机层楼板下（即水轮机层天花板上），并以铁丝网加以围护，引出线穿墙进入副厂房中的出线层。经断路器 SN$_4$-10G 并成发电机电压母线，然后沿出线层及母线廊道通至主变压器，升高电压后分别接到 110kV 及 220kV 开关站。厂用电来自发电机电压母线，经布置在出线层内的断路器 SN$_4$-10G 及两台厂用变压器供给。厂用配电室设在 125.40m 高程的副厂房内，如图 11-5 所示。该图中还表示了布置在装配场墙外的近区用电系统的断路器、近区变压器及配电室。

机旁盘等需经常监视操作的设备一般布置在发电机层，以便值班人员工作。若有位置，励磁盘也可布置于此。由图 11-6 可见，每台机上游侧都布置了 5 块机旁盘（及一块电调盘），1 号、2 号机采用直流励磁机励磁，布置了 3 块励磁盘；3 号、4 号机采用可控硅励磁调节器，布置了5块励磁盘，并在水轮机层（图11-7）布置了SK-500励磁干式变压器。

其他电气设备一般布置在以中央控制室为核心的副厂房内。中央控制室是全厂监视、控制的中心，要求宽敞、明亮、干燥、安静、气温适宜，以利各种仪表正常工作，并给值班人员创造良好的工作环境。中央控制室最好靠近发电机层，与主厂房联系方便，处理故障迅速。它最好又位于主厂房与高压开关站之间。中央控制室的下层要设一层电缆层，全厂各处的各种表计、继电器、控制操作设备都通过电缆经电缆层接入中央控制室的表盘，中央控制室附近常布置继电保护等控制和辅助设备。以湖南镇水电站为例，由图11-4和图11-5可见中央控制室位于装配场下游侧副厂房内，与主机间之间设有伸缩缝，以减小机组振动的影响。由中央控制室穿过继电保护室即可到达主厂房的走廊平台，俯视发电机层；下层楼即可到达机组旁，因此该位置还是适宜的。与中央控制室在同一层的还有各种电气设备用房，如继电保护室、自动远动室、厂用配电室、直流盘室、蓄电池室、载波机〔已由光纤复合架空地线（OPGW光缆）技术替代〕室等。而下一层为贯通的电缆层，便于敷设各种电缆。

资源 11-14
机械控制设
备的布置

11.4.6　机械控制设备的布置

水电站厂房内的机械控制设备主要包括水轮机的调速器、减压阀、蝴蝶阀和尾水闸门的操作设备。

混流式水轮机组的（单调）机械液压调速器由操作柜、油压装置及接力器（或称作用筒）组成。接力器可以是环形接力器或推拉接力器。环形接力器直接固定在水轮机顶盖上，推拉接力器一般布置在蜗壳断面较小的上游侧，固定在机座的孔洞中（图11-10）。油压装置供应一定压力的操作用油，以压力油管及回油管与操作柜相连接。操作柜是调速器的核心，它以油管与接力器连接并控制油的流向，使接力器动作打开或关小导叶，以满足运行要求。接力路的动作又以回复连杆（或钢丝绳）反馈给操作柜。由此可见，油压装置应尽可能靠近操作柜，而操作柜应尽可能接近接力器，以缩短油管并便于安排回复装置。此外，操作柜应尽可能靠近机旁盘，以便运行人员能同时看见操作柜与机旁盘上的各种仪表，在开停机及试验时进行手动操作。

电气液压调速器灵敏度高、控制方便、调节性能优良，已得到广泛应用。它由电气柜、机械（液压）柜、油压装置及接力器组成。其布置原则与机械调速器相似，但电调机械柜取代了操作柜的位置，而增加的电气柜常与机旁盘排成一列。

微机调速器因具优良的调节性能、灵活的运行方式、便于人机对话等一系列优点，目前在我国水电站上普遍采用。除了电气柜的内部元件不同之外，它的组成以及在厂房内的布置方式与电气液压调速器相同。

图11-10所示厂房采用机械调速器，调速器和机旁盘都布置在主厂房上游侧。由于副厂房设在上游侧，发电机必须向上游出线，加之蝴蝶阀设在主厂房之外，主厂房上游侧宽度很小，十分拥挤，维护检修不便，但仍不失为一种典型的布置方式。

图11-3所示厂房采用DT-100型电气液压调速器，接力器为环形，采用钢丝绳回复装置。HYZ-2.5型油压装置及电调机械柜设在机组上游侧，电气柜与机旁盘排成一列，靠墙布置。这种布置完全符合前述原则。该厂房中，副厂房在下游，发电机

引出线及电气设备布置在厂房下游侧，机械设备及油气水管道布置在上游侧，互不干扰。

减压阀的动作必须与导叶关闭相呼应，因而也受调速器控制，且常兼由水轮机接力器操作，如图 11-12 所示。此时，接力器不一定布置在机座的上游侧，而应与减压阀的布置统筹考虑。

蝴蝶阀的操作油可以取自调速器的油压装置，如它的容量不够，也可单设油压装置。图 11-7 中所示设在水轮机层的 HYZ-4.0 油压装置就是操作蝴蝶阀之用。蝴蝶阀可在中央控制室操作，也可就地利用控制柜操作。尾水闸门一般就地操作。

11.5 装 配 场

资源 11-15
桥吊的起重量和台数的确定

装配场是水电站厂房主要部件安装检修的地方，也称为安装间。厂房的机电设备运抵后，均在装配场卸车、组装，然后吊运到规定地点安装。运行中机电设备（特别是主机组）大修也常在装配场内进行。卸车、安装、检修等每一环节都要用到起重设备，所以主厂房内一般都装有桥式起重机（桥吊）。本节讨论桥吊的选择、布置及装配场高程和尺寸的拟定原则。

11.5.1 桥吊的起重量和台数

资源 11-16
水电站主厂房桥式起重机的工作原理

桥吊由横跨厂房的桥形大梁及其上部的小车组成。桥吊的大梁可在吊车梁顶的轨道上沿主厂房纵向行驶，桥吊大梁上的小车可沿该大梁在厂房横向移动。于是桥吊的主副吊钩就可达到主厂房的绝大部分范围。

桥吊的起重量取决于需要由它吊运的最重部件，一般为发电机转子。悬式发电机的转子需带轴吊运，伞式发电机的转子可带轴吊运，也可不带轴。对于低水头电站，最重部件可能是带轴或不带轴的水轮机转轮。在少数情况下，桥吊的起重量决定于需由它吊运的主变压器。

资源 11-17
双小车桥吊

当起重量不大时，一般采用一台双钩桥吊；超重量大于 75t 时，可考虑采用双小车桥吊。与同规格的单小车桥吊相比，双小车桥吊不仅重量轻、外形尺寸小，而且用平衡梁吊运带轴转子时，大轴可以超出主钩极限位置以上，从而可降低主厂房的高度。双小车桥吊还便于翻转大型重件。其缺点是用平衡梁吊大件时，要求两台主钩同步，吊物由厂房一侧至另一侧时可能要换钩。

当机组较大而且台数多于 6 台时，也可考虑采用两台桥吊。与采用一台双小车桥吊相比，采用两台桥吊可能降低主厂房高度，且机动灵活。除吊运最重部件时需两台桥吊联合工作外，平时两台桥吊可单独工作，加快安装及检修速度。其缺点是投资多，厂房要略长些。桥吊的台数最终应根据技术经济比较决定。

11.5.2 桥吊的跨度与安装高程

桥吊的跨度是指桥吊大梁两端轮子的中心距。选择桥吊跨度时应综合考虑下列因素。

（1）桥吊跨度要与主厂房下部块体结构的尺寸相适应，使主厂房构架直接坐落在下部块体结构的一期混凝土上。

（2）尽量采用起重机制造厂家所规定的标准跨度。

（3）满足发电机层及装配场布置要求，使主机房内主要机电设备均在主、副吊钩工作范围之内，以利安装检修。

起重量决定后，可按系列表选择满足前两个条件的吊车，据此进行发电机层的布置，必要时再行修改。

桥吊的安装高程是指吊车轨道的轨面高程，桥吊的跨度与安装高程决定着发电机层以上主机房的空间大小。该空间内除了布置发电机的上部及机旁盘、调速器等设备外，还要足以吊运机组的最大及最长部件而不影响其他机组的正常运行。最大部件一般是发电机转子或水轮机转轮。主副钩的极限位置由制造厂家给出。吊运部件与周围建筑物及设备之间的最小间隙，水平方向为 0.4m，垂直方向为 0.6～1.0m，如采用刚性用具，垂直间隙可减少 0.25～0.5m。据此，可在厂房横剖面上绘出吊运大部件时的位置，并确定桥吊的安装高程。在发电机层或装配场层平面图上常绘出主副钩的工作范围（图 11-5）。主要机电设备均应布置在该范围内。

资源 11-18
桥吊的跨度
和安装高程

由上可见，为满足吊运部件及发电机层布置的要求，主厂房可以（在一定范围内）做得窄而高，或者宽而低。因此，桥吊的跨度与安装高程必须相互协调、通盘考虑。

11.5.3　装配场的位置与高程

水电站对外交通运输道路可以是铁路、公路或水路。大中型水电站的部件大而重、运输量大，常铺设专用铁路线；中小型水电站多采用公路。对外交通通道必须直达装配场，以便车辆直接开入装配场，利用桥吊卸货。因此装配场一般均布置在主厂房有对外道路的一端。当主变压器需要进入装配场检修时还应设置专用运输通道。

资源 11-19
装配场的位
置与高程

装配场的高程主要取决于对外道路及发电机层楼板的高程。一方面，装配场最好与对外道路同高，且均高于下游最高水位，以保证对外交通在洪水期畅通无阻。另一方面，装配场最好也与发电机层楼板同高，以充分利用场面，工作方便。

发电机层楼板常因某些原因低于下游最高水位及对外道路，此时装配场的布置可有以下几种方案。

（1）装配场与对外道路同高，均高于发电机层，如图 5-4 及图 11-3 所示，以保证洪水期对外交通通畅。因装配场与发电机层相邻的场地不能充分利用，装配场可能要加长；同时桥吊的安装高程将取决于在装配场处吊运最大部件的要求，整个厂房将加高。

（2）装配场与发电机层同高，均低于下游水位。此时对外交通又有两种处理方法。一种是用斜坡段连接装配场与对外道路，并沿斜坡段外侧全线修筑挡水墙，以保持洪水期对外交通通畅。当下游水位很高时，挡水墙的工程量可能很大。另一种是将主厂房大门做成止水门，洪水时关闭大门，暂时中断对外运输，值班人员则经高处的通道进出厂房。

（3）装配场与发电机层同高，而在装配场上布置一块货车停车卸货处，该停车处高于装配场地坪而与对外道路齐平。这时装配场的场面不能充分利用，而厂房的高度可能因此取决于卸货的要求。

当发电机层楼板高于下游最高水位及对外道路时可采用类似的方法处理。如图11-19所示，装配场低于发电机层，但与对外道路同高。总之要分析具体情况，选择最优方案。

11.5.4　装配场的尺寸和布置

资源 11-20
装配场的尺寸和布置

装配场的宽度与主厂房相同，以便桥吊通行。装配场的长度（或面积）取决于安装检修的要求。水电站初始安装机组时，虽零部件多、安装量大，但并不控制装配场的大小，因为此时常利用临时起重设备卸货，将部件堆放在临时仓库中，只是最后安装时，才陆续运入装配场。装配场的尺寸主要取决于机组解体大修的需要，当机组台数不多（例如 6～10 台以下）时，一般考虑一台机解体大修的需要。较小及较轻的部件可灵活堆置于发电机层，所以装配场只按装修四大件的要求来考虑。这四大件是：

（1）发电机转子。转子要在装配场进行组装和修理，因此必须布置在吊钩的工作范围内（使用双小车桥吊或两台桥吊时要特别注意），转子周围还要留出 1～2m 工作场地。转子组装和修理时，大轴要处于直立位置，为此，装配场楼板相应位置要开比大轴法兰稍大的孔（平时覆以盖板），大轴穿过后支承在特别设置的大轴承台（也称转子检修墩）上。承台顶端预埋地脚螺栓，待大轴法兰套入后，用螺母固定。

（2）发电机上机架。该部件重量不大，但占地不小。

（3）水轮机转轮。四周要留 1m 宽的工作场地。

（4）水轮机顶盖。

经验表明，按上述原则决定的装配场长度大约为机组段长度的 1.0～1.5 倍。

除了机组解体大修要求外，装配场布置中还要考虑以下因素。

（1）装配场内要安排运货台车停车的位置。

（2）堆放试重块或设置试重地锚。厂房内的桥吊在安装完成后或大修后要进行静荷及动荷试验。静荷试验时，桥吊要吊起的荷载为起重量的 125%；动荷试验时荷载为起重量的 110%，并反复吊起放下。试重块常由钢筋混凝土块所组成，体积很大，常堆放在装配场内的试重坑内，也可放在厂外。当桥吊起重量很大时，可采用铸铁试重块以减小体积（图 11-3 所示厂房即采用铸铁试重块）。桥吊起重量大于 150t 时，试重块体积过于庞大，难寻合适之处堆放。此时可在装配场下设置地锚或利用大轴承台的地脚螺栓（它们必须能承受的向上拉力不小于桥吊起重量的 110%），并在地锚和桥吊主钩之间加设测力器，进行静荷载试验，而略去动荷载试验。此法若不易实施时，可采用起升机构负荷试车装置（即减小滑轮组倍率的方法）及少量试重块对起升机构在使用中易出问题的制动器、变速器、轴承及相应电气设备进行动负荷试验，并试吊机电设备最重件离地 100mm 左右对吊车大梁、吊钩、滑轮组、钢丝绳等进行试验。

（3）主变压器大修的要求。若主变压器要推入装配场进行大修，则应考虑主变压器的运入方式及停放地点。因主变压器既重又大，装配场的楼板需专门加固（如在变压器运输轨道下加梁格），大门也可能要放大。主变压器大修时若需吊芯检修，而由吊运机组所决定的桥吊安装高程不足以吊出铁芯的话，可在装配场上设变压器坑，先将整个变压器吊入坑内，再吊芯检查。即使如此，少数情况下还不得不为吊芯而稍许加高厂房。目前所采用的强迫油循环水冷式变压器尺寸大为减小，缓解了这一矛盾。目前的大型变压器常做成钟罩式，吊芯检查改为吊罩，重量大为减轻。桥吊高度不够时，可在厂房屋顶大梁上另设临时起重设备吊罩。

（4）结构布置要求。装配场的基础最好坐落在基岩上。若装配场本身是在基岩中开挖而成，则装配场下部可不必开挖，而只在必要的地方（如转子大轴承台）进行局部开挖。如基岩坐落较深，则装配场下部常有很大的空间布置各种辅助设备。要注意装配场的结构问题，因其荷载大、梁的尺寸大，还要加设中间支柱。因荷载、高度等各不相同，装配场与主机间之间通常设伸缩缝。

11.5.5　实例

图 11-3 所示厂房，最重部件为发电机转子，重 162t，故选用 2×100/20 型双小车桥吊一台。桥吊跨度 14.0m，构架柱均可直接坐落在一期混凝土上，下部块体结构及蝴蝶阀室尺寸也合适。起吊转子时，去掉大钩改挂平衡梁。下面固定着转子，吊运位置如图 11-3 所示。水轮机转轮尺寸较小，不起控制作用，故未画出。桥吊的安装高程按在装配场上吊运转子的要求定为 133.22m。转子吊起后离装配场楼板的垂直间隙近 0.8m，转子通过部位的装配场栏杆是活动的。发电机层高程 122.55m，低于下游洪水位，而装配场与对外公路同高（高程 125.40m）。高于下游千年洪水位。装配场比发电机层高 2.85m。故装配场端部设有栏杆，并在 125.40m 高程处沿主厂房下游侧及东端建有走廊，便于俯视发电机层。也便于进入副厂房。装配场平面图（图 11-1）上绘出吊钩极限位置，四台机组、蝴蝶阀、调速器以及装配场上的转子、转轮等均在吊钩工作范围之内。转子检修位置是固定的。装配场楼板上开孔，其下有检修坑（可由发电机层进入），坑内设有大轴承台。装配场上还安排有其他大件的位置，下游侧还设了一个吊物孔，用以吊入装配场下层的设备。装配场敷设有主变压器轨道（注意轨道位置加设的梁格），以便将主变压器推入进行检修。主变压器为钟罩式，吊钟罩时不用桥吊，而用厂房屋顶大梁上另设的临时起重设备，以免为此而加高厂房。装配场大部分坐落在基岩上，只在原基岩较低的下游侧布置了一层地下室作为压气机室。

图 11-10 所示电站最重部件也是发电机转子，重 60t，故选用 75/20t 桥吊一台，其跨度 10.5m。转子由主钩吊运，经厂房上游侧通过，水轮机转轮重 14t，由副钩吊运，经下游侧通过。装配场与发电机层同高（高程 94.5m），均低于下游 200 年一遇洪水位（高程 95.6m），对外公路高程为 96.5m，公路靠厂房处开始下坡，并筑有挡水墙，墙顶高程 96.0m 以挡住洪水。

11.6　油、水、气系统布置

如前所述，水电站厂房的辅助设备包括厂用电系统、起重设备、油水气系统及其他附属设备。厂用电系统及起重设备的布置已分别在 11.4 节、11.5 节中讨论，本节介绍油水气系统的布置。

11.6.1　油系统

水电站上各种机电设备所用的油主要有两种：各种轴承润滑及油压操作采用的透平油和各种变压器、油开关等电气设备使用的绝缘油。前者的作用是润滑、散热和传递能量；后者的作用是绝缘、散热及消弧。国产透平油和绝缘油的油质较好，水电站所用的油的牌号也趋向一致，常用国产透平油为 22 号及 32 号，绝缘油为 15 号及 20 号。这两种油性质不同，用途不同、不能相混。为便于管理，均按两个独立油系统分开设置。

油在运行和储存过程中，因种种原因而发生物理、化学性质的变化，使之不能保证设备的安全经济运行，这种变化称为油的劣化。油劣化的根本原因是油的氧化，其后果是酸价增高、闪点降低、颜色加深、黏度增加，并有胶质状及渣滓状沉淀物析出，影响油的润滑及散热作用，腐蚀金属和纤维，使操作系统失灵。油中含有杂质（水分、空气、金属残渣）、油温升高以及光线和电场的作用等均会加速油的氧化。

根据油的劣化和污染程度不同，可分为污油及废油。污油是轻度劣化或被水及机械杂质污染的油，经过简单的净化处理后仍可使用。废油是深度劣化变质的油，必须经再生处理，即用化学或物理化学方法才能使油恢复原有的性质。水电站上一般均设有污油机械净化设备。常见的机械净化设备有离心分离机、压滤机及真空滤油机。离心机利用离心作用将油与水及杂质分离；压滤机将油加压通过滤纸以除去水及机械杂质；真空滤油机是把油及所含水分在一定温度和真空下汽化，形成减压蒸发，除水脱氧。鉴于再生处理需要完善的设备和熟练的技术，设备投资大、占地多。而水电站废油一般不多，自行进行再生处理概率低、成本高，故一般不设废油再生设备。

一般中型水电站的用油量为数十吨至数百吨，大型水电站可高达数千吨。水电站上的油系统一般包括下列组成部分。

（1）油库。内设油桶，以接受及存储油类。由防火观点考虑，存油总量较小的油库可以设在厂房内，大于 $200m^3$ 的则应设在厂外。透平油的用油设备均在厂内，故透平油系统一般布置在厂内，只在油量过大时才在厂外另设存贮新油的油库。绝缘油系统应布置在用油量大的主变压器及高压油开关附近，故常在厂外。厂内油库常布置在装配场下层、水轮机层或副厂房内，要特别注意防火问题（见 11.7 节）。

（2）油处理室。内设油泵及滤油机等。一般布置在油库旁。透平油与绝缘油常合用油处理设备，相邻几座水电站也可合用一套油处理设备。

（3）中间排油槽。当油库设于厂外时，在厂房下部结构中布置中间排油槽，以存放由各种设备中排放出来的污油。

（4）补给油箱。厂房吊车梁之下有时设补给油箱，以自流方式向用油设备补充新油以抵偿其消耗。无此装置时，可用油泵补油。

（5）废油槽。常设在每台机组的最低点（如蝴蝶阀室），以收集漏出之废油。

（6）事故油槽。充油设备（主要指变压器）及油库发生燃烧事故时需迅速将油排走，以免事故扩大。油应排入专设的事故油槽，不允许直接排入下游河道，以免污染环境及河水。事故油槽应布置在便于充油设备排油的位置，以便于灭火。油槽内的积水要经常排除，以保持必需的储油容积。

（7）油管。油系统各组成部分及用油设备之间以油管相连。常沿水轮机层一侧纵向布置油管的干管，再由它向各部件引出支管。油、水、气管道最好与电气设备及电缆分设在厂房的不同侧或不同层次，以减少干扰；特别要防止将油、水管道布置在电气设备上方，以免滴油、油水造成电气设备事故。

11.6.2　供水系统

水电站厂房的供水系统提供技术用水、消防用水及生活用水。技术用水包括冷却及润滑用水，例如发电机空气冷却器或油冷却器、机组各导轴承及推力轴承油冷却器、变压器油冷却器、油压装置油槽冷却器、空气压缩机气缸冷却器等均需用冷却水；水轮机导轴承、水轮机主轴密封处需要润滑水。技术用水中，发电机冷却用水耗水量最大，约占技术用水总量的 80%。消防用水流量应有 15L/s，水束应能喷射到建筑物可能燃烧的最高点。生活用水视厂房运行人员多少而定。供水的水质和水温要满足要求，不能含有对管道和设备有破坏作用的化学成分，必要时应设净化设备以保证水质。

资源 11 - 22
水系统布置

供水的方式常决定于水电站的工作水头。当水头在 20～80m 之间时，宜采用自流或自流减压供水。取水口可设在上游坝前（若厂房离坝不远时）、厂内压力钢管或水轮机顶盖处。各机组的供水管相互联通，互为备用，并同时供给消防及生活用水。有时还另设水泵供水作备用。当水头低于 20m 自流水水压不足，或高于 80m 自流减压供水已不经济时，宜采用水泵供水。水源可为下游河道或地下水。应设有备用水泵，并有可靠的备用水源。

11.6.3　排水系统

水电站厂房的排水系统包括渗漏排水系统及检修排水系统。

渗漏排水系统排走厂房内的技术用水、生活用水、各种部件及伸缩缝与沉陷缝的渗漏水。凡能自流排往下游的（如发电机冷却用水）均自流排走，其余用水及渗漏水则先引入集水井内，再用水泵排往下游。

检修排水系统用于机组检修时放空蜗壳及尾水管。机组检修时，先关闭机组前的蝴蝶阀或进水闸门，蜗壳及尾水管中的一部分水经尾水管自流排往下游，待蜗壳及尾水管内水位与下游尾水位齐平时，再关闭尾水闸门，利用检修排水设备排走余水。检修排水可采用以下几种方式：

（1）集水井。各尾水管与集水井之间用管道相连，开设阀门控制，尾水管的积水可自流排入集水井，再用水泵抽走。

（2）集水廊道。在厂房最低处沿纵轴向设一廊道，各尾水管的积水直接排入廊道，再用水泵抽走。由于廊道容积大，尾水管中的积水排除迅速，可缩短检修时间。常用于河床式厂房。

（3）分段排水。每两台机组之间设集水井及水泵，构成一个检修排水系统。

（4）移动水泵。下设集水井，直接将临时移动水泵装在需检修的机组处进行排水。

后两种方式只用于容量不大的水电站上。

厂内渗漏排水系统及检修排水系统宜分开设置，对中型水电站，经论证可考虑两系统合并，但必须在两系统管路和集水井之间设逆止阀，只允许集水井中的水通过水泵向下游排出，而尾水不得倒灌，以防水淹厂房。

渗漏及检修集水井可布置在装配场下层、厂房另一端、尾水管之间或厂房上游侧。集水井的底高程要足够低，以便自流集水。每座渗漏集水井的排水泵应不少于两台，其中一台备用，排水泵应能自动操作，集水井要设置水位警报信号装置。每座检修集水井至少配两台排水泵，且均为工作泵，可不考虑自动操作。两系统的排水泵宜采用深井水泵，其电动机在顶端，安装要高，防潮防淹。

11.6.4　压气系统

水电站厂房压气系统为用气设备提供压缩空气。厂房中的用气设备很多，例如，调速器油压装置的压力油箱中约有 2/3 为压缩空气，以保证调速器用油时油压不会有过大的变动；发电机停机时要用压缩空气进行制动；蝴蝶阀关闭后需向空气围带中充气以减少漏水；机组调相运行时，有时需向水轮机顶盖下充以压缩空气以压低尾水管中的水位；高压开关站的空气开关利用压缩空气灭弧；水电站检修时常使用各种风动工具；闸门及拦污栅有时需用压缩空气来防冻及清理。

厂房内的压气系统可分为高压及低压两个系统。油压装置及空气开关用气为高压系统，一般为 25 大气压（2.53MPa）。其他用气设备属低压系统，一般为 5～7 大气压（0.5～0.7MPa）。用气设备若远离厂房，如高压开关站或进水口等，应就地另设压气系统。

压气系统由压气机、储气筒及输气管道组成。压气机室一般布置在装配场下层、水轮机层或副厂房中。压气机工作时噪声很大，故应远离中央控制室。储气筒一般与压气机布置在一起，当储气筒特别大时，也可移至厂外以策安全。

11.6.5　实例

图 11-3～图 11-8 所示厂房的油系统中绝缘油系统设于厂外，透平油系统设在厂内。油处理室及油库均布置在下游副厂房出线层的东端，其中设有 LY-50 型移动式压滤机两台，SLY-50 型真空滤油机一台，齿轮油泵两台，10m³ 净油桶及污油桶各一只，5m³ 调速系统油桶一只。油处理室下层布置了透平油事故油池（槽），而在同一层的西端布置了绝缘油的事故油池。

该电厂的供水系统从每台机组钢管的蝴蝶阀上游取水，经滤水器过滤后供全厂技术、消防及生活用水。另在水轮机层西端布置有 6BA-8 型离心泵一台，自下游抽水作为备用水源。

渗漏排水中，除水轮机导轴承冷却水外，其余冷却用水均直接排往下游。在下游副厂房的最底层设有浴室，以利用发电机空气冷却器排出的温水。渗漏排水井设在厂房下部块体结构的东端，井底高程 103.50m 配备 6JD56×4 型深井泵两台（其电动机在水轮机层），单泵流量 56m³/h，扬程 32m，自动操作。集水井水位上升至 109.00m 时一台泵投入，升至 109.40m（距蝴蝶阀室底 0.8m）时备用泵投入兼发信号，水位阵至 105.20m 时水泵停止。

检修排水井与渗漏排水井相邻且同高，配备 12JD230×3 型深井泵两台，流量 230m³/h，扬程 27m，只在排除上下游闸门漏水时才投入液位信号器进行自动操作，水位上升至 106.60m 时一台泵投入，升至 106.80m（距尾水管底 0.15m）时第二台泵投入兼发信号。水位降至 105.00m 时水泵停止。检修集水井上设四个阀门，分别控制各台机组尾水管的水流流入集水井。

除上述排水系统外，在厂房东端墙外还设有厂外集水井一座及 $1\frac{1}{2}$BA-6 排水泵一台，以排除厂房后坡积水。

压气机室设在装配场下层，包括低压压气机 3 台，储气筒 3 只，高压压气机两台，储气筒两只。

11.7　采光、通风、交通及防火问题

本节简介厂房的采光、通风、取暖、防潮、防火保安、交通运输等方面的基本概念，以便在厂房布置设计中能综合考虑和妥善解决这些问题。

11.7.1　采光

地面厂房应尽可能采用自然采光，布置主副厂房时要考虑开窗的要求。主厂房很高大，自然采光主要靠厂房两侧的大窗，吊车梁以上的窗子主要起通风的作用，大窗开在构架柱之间的墙上，为矩形独立窗。窗宽度不要太小，使照明均匀。窗的高度一般不小于房间进深的 1/4。窗下槛在发电机层楼板以上不宜超过 1~2m，以保证窗子附近有足够的光线，并便于通风。日光不要直接照射到仪表盘面上。

资源 11-26
采光、通风
和防潮

夜间及水下部分的房间要安排合适的人工照明。人工照明分为工作照明、事故照明（当交流电源中断时自动投入的直流电照明）、安全照明（设有防触电措施或采用 36V 及以下电压的照明）、检修照明及警卫照明。中央控制室及主机房内的照明不能使仪表盘面上产生反光。以保证运行人员能清晰地观察仪表。

11.7.2　通风

地面厂房应尽量采用自然通风。当自然通风达不到要求，或当下游水位过高而不能有效地采用自然通风时，或在产生过多热量的房间（如变压器室、配电装置室等），或在产生有害气体的房间（如蓄电池室、油处理室等），才装设人工通风。

主副厂房的通风量应根据设备的发热量、散湿量和送排风参数等因素决定。要合理安排进出风口的位置以达到最佳的通风效果。水轮机层、水泵室、蝴蝶阀室等厂内潮湿部位采用以排湿为主的通风方式，对于产生有害气体的房间要设置专用的排风系统，以免有害气体渗入其他房间。人工通风系统的进风口要设在排风口上风，低于排风口但高于室外地面 2m 以上，要考虑防虫及防灰沙的措施。主通风机室的位置除满足通风系统气流组织的合理性外，还应远离中央控制室等安静场所，以免噪声干扰。

盛暑酷热地区或人工通风仍不能满足厂内温度湿度要求时，可采用局部或全部的空气调节装置。空气调节装置的冷源应尽量采用天然低温水或其他天然冷源。无此条

件时，经过技术经济论证可局部或全部地采用机械制冷设备。

11.7.3　取暖

厂房内的温度在冬天不能过低，以保证机电设备的正常运行。冬季如水电站正常发电，则发电机层、出线层、水轮机层、母线道等处靠机电设备发出的热量即可维持必需的温度。发热量不足以维持必需温度的房间，可用电辐射取暖或电热取暖。中央控制室也有装设空气调节器的，以便在冬季取暖、夏季降温。蓄电池室及油处理室的取暖方式必须满足防火及防爆的要求。

11.7.4　防潮

地面厂房水下部分的房间要注意防潮，坝内及地下厂房的防潮问题更为重要。过分潮湿可能造成电气设备的短路、误动作或失灵，可能引起机械设备加速锈蚀，并使运行人员的工作条件恶化。防潮的措施不外乎以下4项：

（1）防渗防漏。外墙混凝土要满足抗渗要求，必要时可加设防潮夹层；要减小设备漏水；伸缩缝及沉陷缝要加设止水；冷却水管、混凝土墙及岩石表面如有结露滴水则要用绝热材料包扎。

（2）加强排水。已渗漏进厂房或防潮夹层的水要迅速排除，不能让其积存。

（3）加强通风。潮湿部位宜采用以排湿为主的通风方式，减小空气中的湿度。

（4）局部烘烤。以电炉或红外线烘烤，防止设备受潮。

11.7.5　厂内交通

厂房对外开有大门，以便运输大部件。大门尺寸很大，可采用旁推门、上卷门或活动钢门。为了保持厂房内部的清洁、干燥与温度，不运输大部件时大门应关闭。安排各种房间开门部位时要考虑防火的安全出口，安全出口的门净宽不小于0.8m，门向外开。某些可能产生负压的房间，如闸门室，门最好向里开，以便出现负压时门可自动开启。

主厂房内各层及副厂房布置机电设备的房间内都要有过道，以便运输设备和进行安装检修，并供工作人员通行。发电机层及水轮机层常设贯穿全厂的水平通道，通道一般宽1～2m。为了吊运各种设备，与通道相应要布置吊物孔，如蝴蝶阀吊孔、水泵吊孔、公用吊孔等。

主、副厂房不同高程各层之间可设斜坡道、楼梯、攀梯、转梯或电梯。斜坡道坡度在20°以下，一般以12°为宜。楼梯的坡度为20°～46°，以34°为宜。单人楼梯宽0.9m，双人并行楼梯宽1.2～1.4m。每台机组最好有专用楼梯，至少每两台机组要设一座楼梯。楼梯的位置要能使运行人员巡视方便，并要保证发生事故时能迅速到达现场。只供少数人员使用或偶然使用的楼梯可做成钢攀梯，坡度常在60°～90°之间，宽0.7m。转梯可节省地方，但只适用于不经常上下的地方。电梯用于厂房高度较大或各层间高差太大时。

资源11-27
交通及防火

11.7.6　防火保安

对于水电站特别是厂房的防火保安问题要特别重视，因为水电站的事故可能给国民经济造成极大的损失。各种建筑物及设备的布置及设计，均应符合防火保安的专门规定，还要满足国防上的特殊要求。

主、副厂房各层至少要有两个安全出口，且应有一个直通室外地面。要布置疏散用的走廊及楼梯、消防用的通道及消防器材，要装设事故照明。

厂内的油库要用防火墙隔开，墙的厚度要大于 0.3m，柱的尺寸要大于 0.4m，门要能防火。为防止事故中燃油外流扩大火势，油库门要设拦油槛，其高度应能使油库形成容纳一只最大油桶油量的容积。并有相应的油、水排出措施，油库内要设足够的消防器材。推荐采用水喷雾灭火。厂房内充油的电气设备如油浸式变压器及油开关，若充油量超过 600kg，则应布置在防爆间隔内，并以防爆走廊通向外面。采用干式变压器是杜绝变压器火灾事故的根本措施。蓄电池室不仅发散有害气体，而且具有燃烧及爆炸的危险。蓄电池室的一切设施都要符合防火防爆的要求。蓄电池室一般应设在地面以上，有对外的窗户以便泄压，减少爆炸的损失。

11.8　主厂房轮廓尺寸的确定

主厂房的轮廓尺寸是指主厂房的长度、宽度和高度，它们是在厂房布置设计中逐步确定的。确定主厂房轮廓尺寸的大致步骤如下：机组台数和型号选定后，一般先拟定厂房下部块体结构布置，并估计以上各层的各种要求，定出下部块体结构的尺寸；然后再定出主厂房各层及副厂房的高程及布置，协调各种矛盾，逐步修改设计，最后做出决定。如有不同的方案，则可进行比较，择其优者。

决定主厂房轮廓尺寸的基本原则与规律大多已在前面各节中陆续讨论过，这里再作一概括。

主厂房的长度为装配场的长度与机组段总长度之和。装配场的长度主要取决于安装检修的要求，详见 11.5 节。机组段总长度等于机组中心距（即标准机组段长）乘以机组台数再加上两端加长。中、低水头水电站厂房的机组中心距主要取决于下部块体结构，参见 11.3 节；若彼此决定的中心距不能满足以上各层的布置要求，则应适当加大，此情况常见于高水头水电站厂房，因其发电机尺寸相对较大；有时机组中心距还受到引水隧洞或地下埋管洞间岩壁厚度的控制。两端加长是指主厂房内两端的两台机组的机组段因下列原因额外增加的长度。

资源 11 - 28
主厂房长度
确定

（1）端部机组段的一侧有外墙，或者与装配场相邻处有边墙及伸缩缝，从而需加长机组段。

（2）远离装配场的端部机组要利用桥吊进行安装检修，往往要增加该机组段端墙一侧的长度，以保证机组位于桥吊主钩范围之内。采用两台桥吊时，增加长度更大。

（3）蜗壳进口装有蝴蝶阀时，也可能因布置要求而加长端部机组段。

主厂房的宽度首先取决于下部块体结构的布置，还取决于各楼层（特别是高水头水电站厂房的发电机层）的布置，同时还受到桥吊标准跨度的制约和最大部件吊运方式的影响。

在高度方面，首先决定水轮机的安装高程，根据转轮、蜗壳及尾水管尺寸，向下可定出尾水管底板高程及厂房底部开挖高程，向上可定出水轮机层高程（参见 11.3

节）；进而综合考虑发电机的支承和布置方式、机电设备的布置和尾水位等因素，决定发电机的安装高程和各层楼面高程（参见 11.4 节）；再按照吊运最大或最长部件以及卸车等要求，确定桥吊的安装高程（参见 11.5 节）。桥吊的外形尺寸由厂家给出，桥吊顶部与厂房屋顶大梁底缘（或吊顶、灯具底）之间应留有不小于 20～30cm 的净距，在此之上再加上屋顶大梁的高度及屋面板厚度，就得到屋顶高程。

厂房的长、宽、高各尺寸是有机地联系着的，任何一个尺寸的变动都会引起其他尺寸及布置的变动，所以轮廓尺寸与厂房布置要一起研究，同时解决，不能孤立进行，常常还要求反复修改。本章前几节所讨论的厂房布置的基本原则和规律要灵活运用，全面分析，决不能机械地照搬照抄。

在水电站厂房设计的预可行性研究阶段或方案比较中，有时只需要知道主厂房的大致轮廓尺寸而不要求进行厂房布置设计，有时因缺乏机电设备的尺寸资料而难以通过厂房布置设计来决定厂房轮廓尺寸，此时可参考已建同类型厂房的尺寸资料或利用一些经验公式来估算主厂房的轮廓尺寸。这些经验公式一般是根据统计资料得出的，它们往往以拟定的转轮直径为参数直接计算出主厂房的长度、宽度和高度，可参见有关的水电站厂房设计手册。

11.9　主厂房的结构布置设计

水电站厂房的布置设计包括机电设备的布置和结构布置两个方面。前者的任务是妥善安排各种机电设备的位置，给它们创造良好的安装、检修及运行条件；而厂房结构布置设计的目的是确定厂房的结构型式，决定各构件的相互连接关系，估计各构件的尺寸，为结构分析打下基础。这两者密切相关、相辅相成，必须同时进行。前面各节主要讨论了机电设备的布置原则和规律，本节简介结构布置设计的基本概念。进行结构布置设计时，先参考已建成的类似厂房初估各构件的尺寸，再按结构计算的成果对这些尺寸进行必要的修改。鉴于副厂房的结构与一般工业与民用建筑相似，以下只讨论主厂房的结构布置。

资源 11 - 29
厂房结构

11.9.1　主厂房结构系统传力情况

水电站主厂房结构系统的传力情况大致如图 11 - 14 所示。

这是基本的但较粗略的传力情况，某些细部结构的传力情况可能各有不同，例如一部分砖墙及各层楼板的荷载可能直接传至上下游墙而不传给构架；为了减小机组运行时振动对楼板上设备的影响，楼板可能与机座分开，则各层楼板的荷载就不再传至机座等。

11.9.2　上部结构

水电站主厂房的上部结构包括屋面系统、构架、吊车梁、围护结构（外墙）及楼板，通常为钢筋混凝土结构。其中构架是上部结构的骨骼，它在横向为"⊓"形构架、在纵向则以联系梁、吊车梁等相连接，形成空间骨架。其上支承着屋顶，中间支承着联系梁及吊车梁，四周围以墙及门窗，下面还可能支承着楼板。此骨架坐落在下

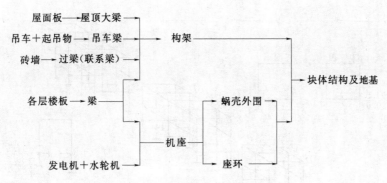

图 11-14　水电站主厂房结构系统示意

部块体结构上。

（1）屋顶。屋顶一般采用预制钢筋混凝土大型屋面板，直接支承在相邻两构架的横梁上，屋面板的长度等于构架的间距。在特殊情况下，也可采用现浇的肋形板梁结构。屋顶的主要作用是隔热、遮阳光及避风雨，故屋面板之上还要设隔热层、防水层及保护层。

（2）构架。我国水电站厂房构架一般为钢筋混凝土结构，大型厂房中也采用钢桁架式构架。厂房构架在结构上分为整体式及装配式两种。整体式构架（刚架）的立柱与横梁浇筑成一整体，成为刚性连接。其结构刚度大，但模板工作量大、施工干扰多、养护时间长。装配式构架（排架）的屋顶横梁是预制的，在立柱浇筑完毕后将横梁吊上去安装，用螺栓将横梁与立柱连接在一起，或将大梁与立柱的钢筋焊在一起再进行填缝。这种构架的立柱与横梁的结点为铰接，其刚度较小，施工中要有合用的吊装设备。整体式及装配式构架的立柱与下部块体结构间一般都做成固接。

整体式构架的横梁常采用矩形断面，梁高一般为跨度的 1/12～1/8。装配式构架的横梁常采用 T 形或工字形断面，横梁顶沿长度方向呈双坡，跨中高度等于跨度的 1/10～1/15。当横梁跨度较大时，可采用预应力结构或桁架式结构。构架立柱一般为矩形断面，也可采用工字形断面以节约材料。

布置厂房构架时要使构架间距与机组段长度协调一致，每一机组段设 2～3 个构架。构架间距一般为 6～10m。间距不宜过大，以免使吊车梁跨度太大，且尽可能等跨布置，以简化设计与施工。在温度缝处，一般在缝的两侧各设一构架，成为并列构架，使受力状态明确。在地基条件较好，吊车荷载不太大的情况下，可只在温度缝一侧设单构架，另一侧的吊车梁、联系梁、屋面板等跨越温度缝简支在该构架上，如图 11-15 所示。

构架布置与下部结构布置也要统筹考虑。构架要固接在下部结构的一期混凝土上，以便尽早浇筑、尽早安装吊车，加速二期混凝土施工及机组安装。但构架立柱要避免直接坐落在尾水管、蜗壳或钢管的顶板上。决定下部结构尺寸时，要保证立柱的固接条件，使基础刚度大于立柱刚度的 12～15 倍，同时尽可能抬高基础高程，缩短立柱，改善受力状态。

在图 11-3～图 11-8 所示厂房中，共设有 11 座横向构架，自装配场西端起依次

资源 11-30
主厂房结构
系统

资源 11-31
屋顶、构架
结构设计

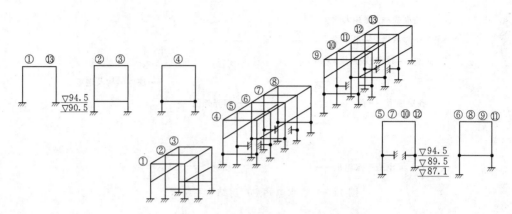

图 11-15　黄坛口水电站主厂房构架示意图

编号为①～⑪（图 11-5）。构架为"⌐"形刚架，整体浇筑。屋顶大梁为双坡，梁宽 80cm，高 130～150cm。立柱为两段阶形柱，吊车梁以下断面为 80cm×140cm，吊车梁以上为 80cm×80cm。上游立柱柱脚固定在 110.20m 高程处，下游立柱固接在水轮机层高程 115.98m 的一期混凝土上。在屋顶大梁与立柱刚接点处设 50cm×100cm 纵向联系梁，吊车梁高程处设 60cm×160cm 纵向联系梁，装配场、发电机层等高程处还设有多道纵向过梁。整个主厂房由装配场、1 号、2 号机组段及 3 号、4 号机组段基本上独立的 3 个立体构架组成。但⑦号、⑧号构架间（3 号机组段）的吊车梁、联系梁、过梁、发电机层楼板及次梁等跨越伸缩缝支承在⑦号构架上。③号、④号构架间（1 号机组段）的情况与此类似，有些梁和板跨越伸缩缝支承在③号构架上。

图 11-10 所示厂房亦装有 4 台机组，分缝情况与图 11-3 所示厂房相同，但温度缝两侧构架为并列构架，故共有 13 座构架，通过横梁立柱交点处及吊车梁高程处的纵向联系梁组成 3 个完全独立的空间构架，如图 11-15 所示。这 13 座构架中，①号、⑬号为端构架，底部固接在顶高程为 94.5m 的混凝土端墙上；②号、③号为装配场构架，底部固接于装配场下层高程为 90.5m 的底板上，因装配场楼板（高程 94.5m）大梁与构架整体浇筑，故该处有刚性支撑。③号、④号构架（及⑧号、⑨号构架）为并列构架，分设在温度缝两侧。④号构架立足于顶高程为 90.5m 的边墙上，高程 94.5m 的铰接横向支撑为发电机层楼板大梁。由于发电机层楼板为二期混凝土，该横向支撑在二期混凝土完工前并不存在，故该构架要按有、无横向支撑两种情况设计。⑤～⑫号构架上游立柱固接于 87.1m，高程的水轮机层块体结构上，下游立柱固接于 89.5m 高程处的尾水平台支墩上，高程 94.5m 处的发电机层大梁仍作为铰接横向支撑（故亦应考虑有、无此支撑两种情况），不过⑤号、⑦号、⑩号、⑫号构架处发电机层楼板大梁被机座切断而铰接在机座上。主厂房高程 90.5m 处虽有出线层楼板大梁，但此大梁简支在构架立柱的牛腿上，大梁与牛腿之间设有油毛毡垫层，因此大梁只将垂直力传给立柱，不传递水平力及弯矩，故对构架无支撑作用，图 11-15 中也就未绘出了。

（3）吊车梁。为节约钢材，我国多采用钢筋混凝土吊车梁，支承在构架立柱的牛腿上。其结构形式可为现浇整体式或预制装配式。前者施工困难，不便预加应力，但可做成多跨连续梁；后者便于施工，便于预加应力，造价低，但需要相应的起吊设备。吊车梁常采用 T 形断面，其高度一般为跨度的 $1/5\sim1/8$，梁宽大约为梁高的 $1/2\sim1/3$。翼板厚度一般为梁高的 $1/6\sim1/10$，宽度不小于 35cm。

资源 11-32
吊车梁、楼板
设计

图 11-3 所示厂房中吊车梁为 T 形钢筋混凝土梁，梁高 160cm，腹板厚 60cm，翼板宽 120cm，厚 20cm。先做成单跨梁，吊装就位后再连成双跨连续梁。

（4）外墙。水电站主厂房上部结构的外墙一般不承重，只起围护和隔离的作用，常采用砖墙。当外墙要承受较大的水压力时，可做成钢筋混凝土墙。

（5）楼板。水电站主厂房楼板的特点是形状不规则、孔洞多、荷载大、有冲击荷载等。楼板多采用板梁式结构，在构架上下游立柱间或构架立柱与机座间设主梁，当主梁跨度过大时，可在主梁下加设立柱；主梁之间布置次梁；其上支承着楼板。进行厂房平面布置时，要同时考虑梁格的布置方式，因为在各种孔洞周围，如调速器、油压装置、蝴蝶阀吊孔、吊物孔、楼梯等周围最好也布置次梁，且次梁间的楼板最好是单向板，以简化构造、方便施工。楼板的厚度不宜小于 15cm。有时楼板也可采用纯板式结构，在每一机组段内，除必要的构架横梁外，全部为板，钢筋则按辐射状及环状放置。有的水电站上，为了避免机组振动引起楼板和设备振动，将楼板与机座完全分开，靠近机组的楼板可布置一个圈梁或按悬臂板进行设计。楼板与机座完全分开的另一个好处是楼板可以先施工。

装配场楼板承受的荷载特别大，因而均采用整体式板梁结构，而且主梁下常加设中间支柱。在火车轨道或变压器轨道下常设专门的梁柱系统。楼板厚度不小于 25cm。

图 11-16 绘出了图 11-3 所示水电站 4 号机组段发电机层楼板主次梁布置情况。由图可知，⑨号构架上下游立柱之间设有断面为 60cm×100cm 的主梁，由于跨度大，在其下设有 60cm×60cm 立柱一根。发电机风罩与⑩号构架上游立柱之间也有 60cm×100cm 主梁一根；风罩与下游立柱之间间距较小，不再设梁。主梁之间布置有 40cm×80cm 次梁；在油压装置下加设了两根 25cm×50cm 的小梁。楼板厚 25cm，除布置调速器机械柜的那一块板按双向板计算外，其余均按单向板或连续板计算。副厂房楼板厚 10cm，设有 40cm×80cm 的主梁及 25cm×50cm 的次梁，楼板按连续板计算。

由图 11-4 可以看出，装配场仅下游侧有楼板，板厚 20cm。构架下游立柱与岩石之间设有 60cm×120cm 的主梁，变压器轨道下设有两根 40cm×80cm 的次梁。

11.9.3　下部结构

水电站厂房下部结构主要由机座、蜗壳、尾水管、基础板和外墙所组成。下部结构中以块体结构为主。其他非块体结构也多是厚实的粗柱、深梁、厚板。机座、蜗壳、尾水管等结构的尺寸主要决定于布置及运行的要求，见 11.3 节。引水式地面厂房的下游墙最高尾水位以下部分要承受较大的水压力，必须满足防渗抗裂要求。它常按底部固接在下部块体结构（如尾水管顶板）、上边自由、左右支承在尾水平台支墩上的连续板（或双向板、单向板）设计，因此要合理拟定尾水平台支墩的净距、块体尺寸及尾水管顶板的刚度，改善下游墙的受力状态。上游墙及端墙一般不直接挡洪，但也可能承受地下水压力和土压力。在结构布置时，要协调上游墙及端墙与下部结构

资源 11-33
下部结构设计

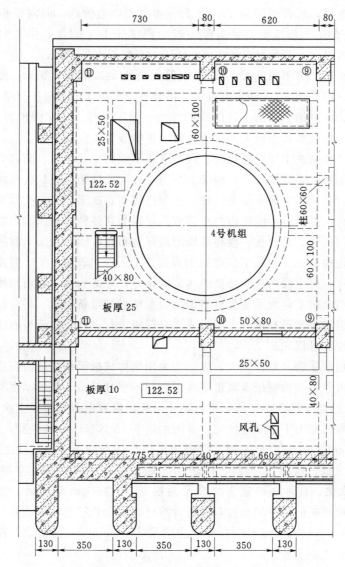

图 11-16 湖南镇水电站发电机层楼板梁格示例（单位：cm）

的连接方式，为外墙提供有效的支承条件，改善受力状态。

11.10 厂 区 布 置

资源 11-34
厂区布置 1

  厂区布置是指水电站主厂房、副厂房、主变压器场、高压开关站、引水道、尾水道及交通线等相互位置的安排。进行厂区布置时，要综合考虑水电站枢纽总体布置、厂区地形地质、施工检修、运行管理、农田占用、环境保护等各方面的因素，分析具体条件，拟定出合理的方案。厂区布置的方式很多，图 11-17 所示为可能方案中的几种。

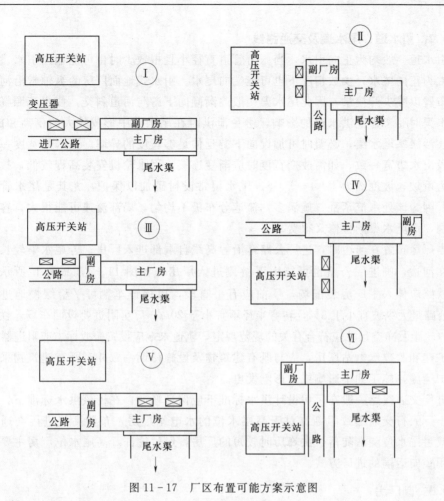

图 11-17　厂区布置可能方案示意图

11.10.1　主厂房的位置

主厂房是厂房枢纽的核心，对厂区布置起决定性的作用。主厂房布置的选择主要在水利枢纽总体布置中进行，此时除了要注意厂区各组成部分的协调配合外，还应考虑下列条件。

（1）地形地质条件：地形地质条件常常是决定引水式地面厂房位置的主要因素。主厂房宜建筑在良好的基岩上，新鲜基岩面的高程最好与厂房底高程相接近，以减少挖方。在陡峻的河岸处选择厂房位置时，要特别注意厂房后坡的稳定问题，要尽可能避开冲沟口和容易发生泥石流的地段。

（2）水流条件：主厂房的位置要与压力管道及尾水渠的布置统一考虑，尽可能保证进出水流平顺。当压力管道采用明管时，为减轻或避免非常事故对厂房的危害，宜将厂房避开压力管道事故水流的主要方向，否则要采取其他安全措施。

（3）施工和对外交通条件：厂房位置应选择在对外交通联系方便、容易修建进厂公路（铁路）的地方，厂房附近应有足够的施工场地。

后两个因素下面还要再作讨论。

11.10.2　引水道、尾水道及交通路线

引水道一般均为正向引水，当压力管道直径小且根数少时也可能端向引水。尾水道也常为正向尾水，少数情况下也可能端向尾水。引水式地面厂房的纵轴常沿河岸等高线布置以减少开挖量，因此尾水渠一般逐渐倾向下游与河道斜交，使水流顺畅。布置尾水渠时要考虑泄洪水流的影响，避免泄洪时在尾水渠中形成较大的壅高和旋涡，避免挟沙淤塞尾水渠，必要时可加设向下游延伸足够长度的导墙。尾水渠宽度一般与机组段出水边宽一致，如需改变宽度时应渐变连接。因水轮机安装高程较低，故尾水渠常为倒坡，坡度约为 $1:4\sim1:5$。尾水渠常设衬砌加以保护，尤其是尾水管出口附近，因为该处水流紊乱、旋涡多，流速分布极不均匀，局部流速可能很大，容易发生淘刷，而尾水渠的检修又很费事。

当厂房布置在河边时，进厂公路常沿等高线自端部进入厂房；若尾水渠较长，厂房不在河边，则进厂公路也可能由下游侧进入厂房，如图 11-17 Ⅱ和Ⅳ所示。公路、铁路应伸入主厂房装配场，厂前应有平直段，以保证车辆可平稳缓慢地进入厂房。公路最大纵坡宜小于 8％，转弯半径不宜小于 20m，厂房附近要设回车场。铁路的坡度、轨距及净空尺寸应符合有关的规范规定，轨道末端应设置警戒标志或阻进器。

扩建和改建水电站厂房，应与既有建筑物及设施协调一致并对既有建筑物采取安全保护措施，施工期不影响或少影响发电。

进厂交通线路一般在厂房设计洪水标准下应保证畅通；在校核洪水标准下，应保证进出厂人行交通不致阻断。对于高尾水位的水电站厂房，布置高线进厂交通有困难，或者尾水位陡涨陡落、洪峰历时较短的厂房，经过论证，高尾水位厂房主要交通可采用竖向运输的进厂方式。

11.10.3　副厂房

副厂房是指为了布置各种机电设备和工作生活之用而在主厂房旁建筑的房屋。副厂房的组成主要根据机电设备布置、维修、试验、操作以及电厂运行管理等方面的要求确定，但不外乎以下3类房间。①直接生产用房，布置各种与电能生产直接相关的设备，如配电装置、运行控制设备和辅助设备，并通过电缆或管道与主厂房、主变压器场及高压开关站相连接；②检修试验用房，布置各种检修、试验设备和仪表；③生产管理的辅助用房。由于水电站的型式及规模各异，所需副厂房的数量与尺寸也不同，即使容量相近的水电站厂房，其副厂房的尺寸也可能相差甚远。表 11-1 给出了一般中型水电站副厂房的大致组成，其中有些房间可以安排在主厂房内。厂内面积有限时，部分检修试验用房及辅助用房可移至厂外。大多数直接生产用房的内部布置还要满足为保证机电或控制设备安全运行的各种特殊要求。

副厂房的位置可以在主厂房上游侧、尾水管上、主厂房一端或分设在几个位置上。对于引水式地面厂房，若副厂房布置在主厂房上游侧，当山坡陡峻时会增加挖方，且副厂房通风及采光不好（尽管如此、坝后式厂房常利用厂坝之间的空间布置副厂房）。副厂房设在尾水管上会影响主厂房的通风及采光；尾水管也要加长从而增加工程量。由于尾水平台一般振动很大，该处不宜布置中央控制室及继电保护设备。副

资源 11-37
湖南镇水电
站中控室

厂房也常布置在主厂房一端，机组台数多时，这种布置会加长母线及电缆。总之，要权衡利弊，因地制宜地选择副厂房的位置，充分利用一切空间，降低工程造价。

资源 11－38
厂区布置 2

表 11－1　　　　　　　　　　中型水电站副厂房所需面积

副厂房名称	面积/m²	副厂房名称	面积/m²
一、直接生产用房		电工修理间	20～40
中央控制室，电缆室	按需要确定	机械修理间	40～60
继电保护盘室	按需要确定	工具间	15
厂用动力盘室	按需要确定	仓库	15～25
蓄电池室	40～50	油处理室	按需要确定
存酸室和套间	10～15	油化验室	10～20
充电室	15～20	三、辅助用房	
蓄电池室的通风机室	15～20	交接班室	20～25
直流盘室	15～20	保安工具室	5～10
载波电话室	20～50	办公室	每间 10～20
油、水、气系统	按需要确定	会议室	15～20
厂用变压器室	按需要确定	浴室	按需要确定
二、检修实验用房		夜班休息室	按需要确定
测量表计实验室	30～50	仓库	15
精密仪表修理室	15～25	警卫室	10
仪表室	10～15	厕所	按需要确定
高压实验室	20～40		

11.10.4　主变压器场

布置变压器场时应遵循下列原则：

（1）主变压器应尽可能靠近发电机或发电机电压配电装置，以缩短发电机低压母线，减少母线电能损耗。节约工程投资。

（2）主变压器要便于运输、安装及检修。变压器场最好与装配场及对外交通线在同一高程上，并敷设有运输变压器的轨道。应考虑任何一台变压器搬运检修时不妨碍其他变压器及有关设备的正常运行，若主变压器不能推入装配场检修时，应创造就地检修的条件。

资源 11－39
湖南镇水电
站主变

（3）便于维护、巡视和排除故障。

（4）土建结构经济合理，基础坚实稳定，能排水防洪，并符合防火、防爆、通风、散热等要求。

根据上述原则，引水式地面厂房的变压器场的可能位置是厂房一端进厂公路旁、尾水渠旁、厂房上游侧或尾水平台上，如图 11－17 所示。鉴于引水式地面厂房一般靠山布置，厂房上游侧场地狭窄，在此布置变压器场常需增加挖方，且通风及散热条件不好；主变压器布置在尾水平台上常要加长尾水管，增加厂房工程量，所以这两种布置方式采用较少。在个别水电站上。主变压器布置在主厂房房顶。采用强迫油循环水冷式变压器后，也可将其布置在副厂房内。

11.10.5 高压开关站

资源 11-40
开关站

高压开关站的布置原则与变压器场相似，主要是：①宜靠近主变压器和中央控制室，要求高压进出线及低压控制电缆安排方便而且短，出线要避免交叉跨越水跃区、挑流区等；②注意选择地基及边坡稳定的站址，避开冲沟口等不利地形；③布置在河谷或山口地段时，应特别注意风速和冰冻的影响；④场地布置要整齐、清晰、紧凑，便于设备的运输、维护、巡视和检修；⑤土建结构经济合理，符合防火保安等要求。

高压开关站一般为露天式。当地形陡峻时，可布置成阶梯式或高架式，以减少挖方；当高压线有不止一种电压时，可分设两处或多处。高压开关站的地面可敷设混凝土或碾压碎石层，其构架可采用钢筋混凝土预制件、预应力环形混凝土杆、金属结构或钢筋混凝土和金属件混合结构，场地四周应设置围墙或围栏。

高压开关站一般均就近布置在主变压器场附近的河岸或山坡上，也有将高压开关站或其一部分设在主厂房房顶的。以 SF6 全封闭组合电器组成的高压配电装置，占地面积和占用空间都更小，更适合于深山峡谷的大型电站或副厂房中。

11.10.6 实例

图 11-1 所示湖南镇水电站采用正向进水，正向尾水。尾水渠两侧筑有导墙。其方向与河道斜交，以利出水顺畅。主厂房后坡采用锚杆喷浆保护，以保证其稳定性。进厂公路自西端沿等高线方向通入装配场，公路路面与装配场同高，且均高于最高下游尾水位。副厂房分设在主厂房下游侧及东端，下游副厂房共分四层，主要布置各种电气设备及直接生产用房。端部副厂房也分四层，主要为办公室。进厂公路一侧山坡上设有油库，厂房东边另设有机械修理厂。主变压器场及 110kV 高压开关站布置在进厂公路边上，220kV 高压开关站设在厂房东边相距不到 200m 处，向河对岸出线。

11.11 装置冲击式水轮机的地面厂房

资源 11-41
装置冲击式
水轮机的地
面厂房

水电站水头超过 400～600m 时，受空蚀条件的限制，反击式（混流式）水轮机已不大适用，因而多采用冲击式水轮机。与反击式水轮机相比，冲击式水轮机的安装高程高，尾水道结构简单而引水压力管道较复杂，这必然影响到厂房的布置与结构。冲击式水轮发电机组可以是竖轴或横（卧）轴的，但大中型机组常采用竖轴。本节以我国四川磨房沟二级水电站为例。讨论装置竖轴水斗式水轮机组的地面厂房的布置特点。

该水电站设计水头 458m，装置 3 台 12500kW 机组，水轮机型号为 $CJP_2-L-170/2×15$，如图 11-18～图 11-22 所示。由于该水电站的水头较高，管线较长，压力水管采用联合供水布置方式。水电站由一根露天压力钢管供水，斜向引进厂房。钢管在厂房前拐 76°的弯，然后分岔为三根通入厂房。这种布置的优点在于万一压力钢管破裂，顺山坡冲下来的水流可从厂房一端排入河道，不致直冲厂房。该水电站的副厂房布置在主厂房的上游侧，主变压器在厂房一端进厂公路旁。公路沿等高线方向由厂房端部接入主厂房装配场。厂房附近，山坡陡峻，高压开关站布置在厂房上游侧，距主变压器约 300m 处公路旁。

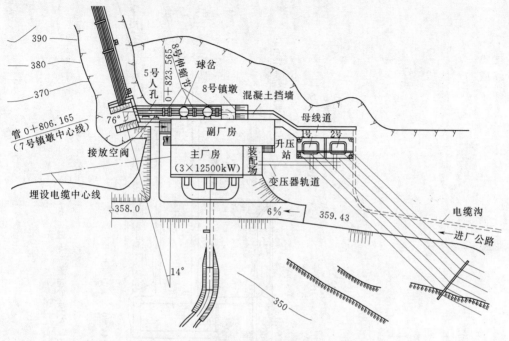

图 11-18　磨房沟二级水电站厂区布置图

　　水斗式水轮机喷嘴喷出的水束冲动水斗后落入尾水渠，使尾水渠水面发生波动。特别是当折流板动作使水束直接偏向冲入尾水渠时，水面波动更为剧烈。要保证转轮不受振荡水面的阻挡，转轮的底缘必须比波浪水面至少高出 0.5～1.0m，该高度称排出高度。水斗式水轮机的安装高程由设计最高尾水位、排出高度和 1/2 转轮直径（卧轴机组）或 1/2 水斗宽度（竖轴机组）之和确定。由于水斗式水轮机无尾水管，转轮高于下游水位的一段水头无法利用。若降低安装高程，平时虽可多利用水头多发电，但洪水期则可能受阻。当下游水位变幅很大时，这个矛盾更为突出。由图 11-19 可见，该电站水轮机安装高程虽远高于下游正常尾水位（因常按下游设计洪水位时转轮不受阻来决定安装高程），为此尾水渠中甚至还设置了跌水消能措施，但转轮却仍低于下游 500 年一遇的洪水位。由于水轮机安装高程高，使得水轮机层与装配场及进厂公路同高（高程为 359.43m），发电机层高于装配场（高程为 365.16m）。

　　主副厂房内各层机电设备的布置原则与装置反击式水轮机的厂房相同。主厂房中，发电机层下游侧布置调速器，上游侧布置机旁盘和励磁盘。发电机采用定子埋入式布置，发电机引出线挂在水轮机层天花板上（即发电机层楼板下）向上游出线。发电机机座为立柱式，对于重量较轻又无轴向水推力的水斗式水轮发电机组较为适宜。装配场面积受机组解体大修时安放发电机定子、转子和水轮机转轮的条件控制。装配场与变压器场间设有轨道，主变压器可推入装配场检修。与发电机层同高的上游副厂房主要布置电气设备及控制设备、如近区配电室、厂用配电室、母线道、发电机电压

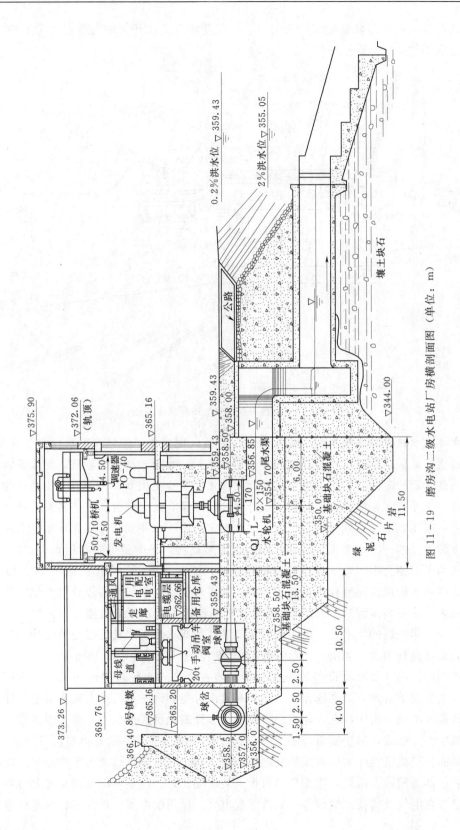

图 11－19　磨房沟二级水电站厂房横剖面图（单位：m）

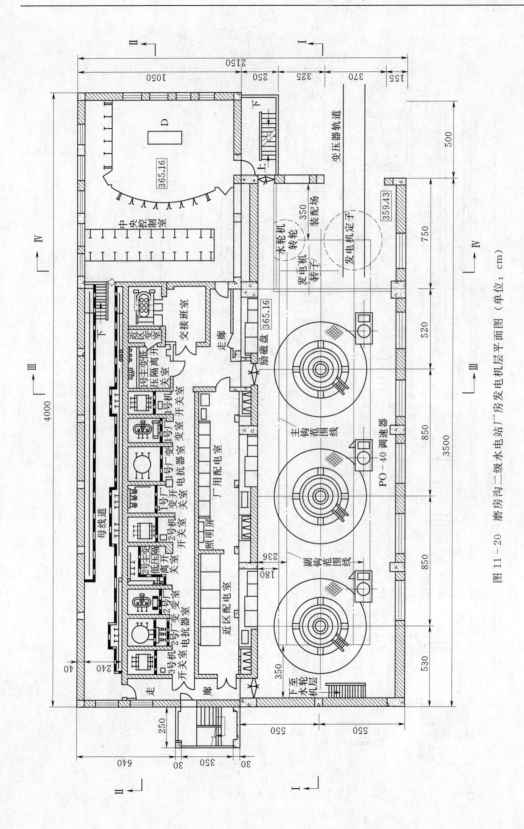

图 11-20　磨房沟二级水电站厂房发电机层平面图（单位：cm）

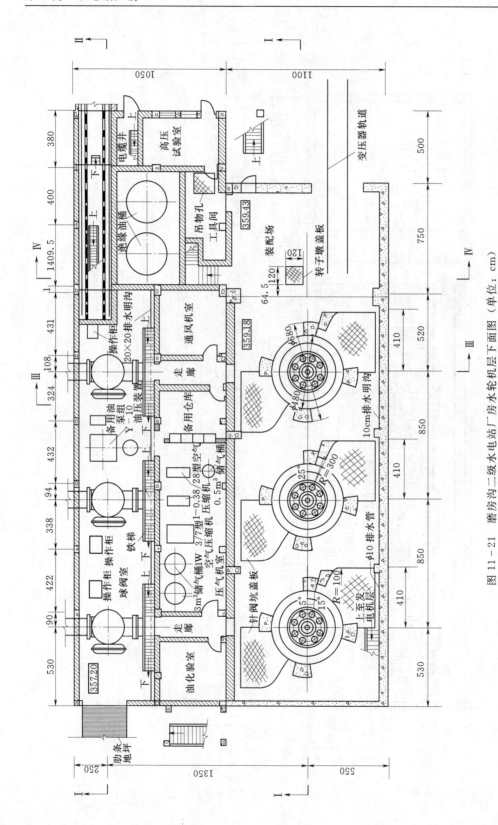

图 11－21　磨房沟二级水电站厂房水轮机层下面图（单位：cm）

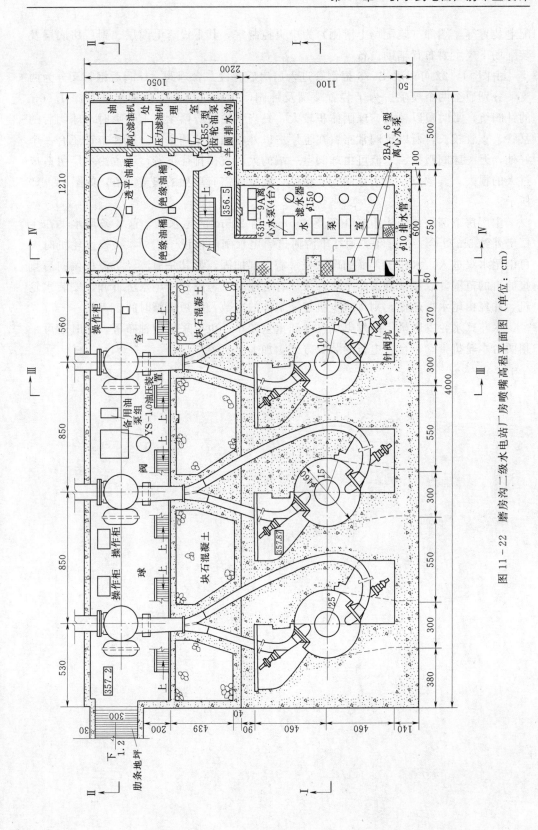

图 11-22　磨房沟二级水电站厂房喷嘴高程平面图（单位：cm）

配电装置等,端部(装配场上游侧)为中央控制室,其下设有电缆层、副厂房底层及装配场下层主要布置辅助设备。

由图 11-22 可以看出,3 根钢管进入厂房后各设一台球阀,球阀后钢管又分为两支,分别通至两个喷嘴。为了装置喷嘴及针阀,水轮机层相应位置上开有深 1.56m 的针阀坑,平时覆以盖板。球阀体积较大,只当水轮机有两个以上喷嘴时,球阀后的岔管、支管较长,所以球阀常布置在主厂房以外单独的球阀室内。这种布置还有一个好处,万一球阀破裂、水流可由球阀室一端的大门直接排往下游,不致给主厂房造成过大的损失。其缺点是为了球阀安装检修,阀室内需有单独的起重设备,如图 11-19 所示。

主厂房下部块体结构中有 3 条宽 4.6m、高 2.5m 的尾水渠,这 3 条尾水渠在主厂房外约 5m 处合并为一条,通往下游河道。尾水闸门槽设于厂外,检修水轮机时人可由尾水渠进入。水轮机下面的尾水渠常需局部加固,尤其是射流经折流板偏向后直接冲击的范围,以免被翻滚的水流冲毁。有可能时可考虑利用尾水坑拆卸、安装水轮机,并经由尾水渠运输,则可减少机组大解体的次数,缩短检修时间。

水斗式水轮发电机组的发电机尺寸和重量较小,也可采用横轴布置,此时还可采用两台水轮机带动一台发电机的装置方式,加大单机容量。

第 12 章
其他类型厂房

由于水电站的自然条件、枢纽布置、水头和机组型式的不同，水电站厂房的型式多种多样。按枢纽布置和结构受力的特点分类，水电站厂房的基本型式可分为河床式厂房、坝后式厂房、岸边式厂房和地下厂房；按厂房是否壅水可分为壅水厂房和非壅水厂房；按机组型式不同，可分为立轴式机组厂房、贯流式机组厂房、水斗式机组厂房和卧式机组厂房等。随着水电技术的发展和需要，从中又发展出溢流式、坝内式和泄流式厂房等。岸边式厂房的布置在第 11 章中已作详细阐述，其中布置基本原理对其他型式的厂房也适用。本章主要说明其他类型厂房的特点。此外，在 12.4 节对抽水蓄能电站和潮汐电站的厂房也作了简要说明。

资源 12-1
各种类型
厂房

12.1　坝后式、溢流式和坝内式厂房

12.1.1　坝后式厂房

坝后式厂房通常是指布置在非溢流坝后，与坝体衔接的厂房。坝址河谷较宽，河谷中除布置溢流坝外还需布置非溢流坝时，通常采用这种厂房，如图 5-1 所示。河谷虽然不宽，如可采用坝外泄洪建筑物泄洪，河谷中只需布置非溢流坝时，也可采用这种厂房。

位于混凝土重力坝后的厂房，厂坝连接处通常设纵向沉降伸缩缝将厂坝结构分开（图 5-2）。采用这种连接方式时，厂坝各自独立承受荷载和保持稳定。连接处允许产生相对变位，因而结构受力比较明确。采用这种连接方式时，压力钢管穿过上述纵缝处应设置伸缩节。在平面布置上，由于钢管一般最好布置在每一坝段的中间，坝段与厂房机组段的横缝往往互相错开，坝段的长度与机组段的长度应相互协调。

厂坝连接处有时可以采用不设纵向沉降伸缩缝的整体连接方式，如图 12-1 所示。这时厂房的下部结构通常与坝体连接成整体，厂坝共同保持整体稳定。采用这种连接方式，坝体的变位会影响厂房，坝体承受的荷载一部分要传给厂房承担，从而使厂房下部结构的应力状态复杂，厂房机组轴歪斜，因此需要注意研究厂房下部结构的应力和变位情况。为了不致削弱坝体和在厂房下部结构空腔周围引起过大的应力，一般宜

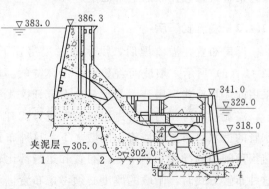

图 12-1　厂坝整体连接的坝后式厂房横剖面图

将厂房下部结构中的空腔部分如尾水管等布置在坝体下游基本剖面线之外，坝高不大时才可将厂房下部空腔切入坝体剖面线内，以求尽量压缩建筑物的尺寸。厂坝整体连接时，连接处需要传递较大的推力和剪力，因而厂坝连接段的结构强度应足够。采用整体连接方式时，厂房紧靠坝体，压力管道可以缩短。

图12-1所示坝后式厂房采用厂坝整体连接方式。该电站坝高67m，坝基存在软弱夹层，摩擦系数较低，所以采用厂坝整体连接方式，利用厂房重量帮助坝体稳定。为此，该电站在厂坝间的施工缝面a—a上设置键槽，而后通过灌浆将厂坝两部分结合成整体。

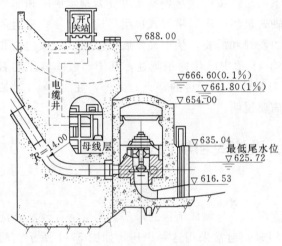

图12-2　乌江渡水电站厂房横剖面图

图12-2所示为乌江渡水电站厂房的横剖面图。该电站的下游洪水位很高，在设计洪水情况下，厂房在下游水压力的作用下自身不能保持稳定，因而在水库初期蓄水后用灌浆方法将水轮机层高程以下厂坝间的纵缝充填、使厂坝整体连接。这样做使厂房在洪水期可以利用坝体帮助稳定，而水库蓄水时坝体变位对厂房的影响又可大大减小。该电站厂坝间的纵缝不设键槽，不留插筋。此外，为了减少扬压力，乌江渡电站在厂房地基中还设置了帷幕灌浆和排水设施。

采用厂坝整体连接方式，通常应用数值计算方法研究连接面以及厂房下部结构的应力状态。并根据应力情况采取相应的工程措施，如连接面上剪应力较大或存在拉应力时，应增设钢筋，保证连接面不致被剪断或脱开。

坝后式厂房，尤其是厂坝间设纵缝分开时，厂房上部与坝体之间的空间较大，主变与副厂房往往可布置于此。有些水电站河岸地形陡峻，不宜布置开关站，开关站也以高架型式布置在坝的下游面上。

12.1.2　溢流式厂房

厂房布置在溢流坝后，洪水通过厂房顶下泄，这类厂房称为溢流式厂房，如图12-3（a）所示。坝址河谷狭窄、山体陡峻、洪水流量大时，河谷只够布置溢流坝，采用前述坝后式厂房会引起大量土石方开挖，这时可以采用溢流式厂房。

溢流式厂房压力水管进水口的布置方式有两种。图12-3（a）所示厂房，其压力水管的进水口布置在溢流坝闸墩之下，这种布置方式进水口闸门及拦污栅的提降与溢流坝顶闸门的操作互不干扰，布置和运行都比较方便，在工程实践中采用较多。采用这种布置方式时，闸墩的厚度必须考虑布置进水口闸门井和拦污栅的需要，厚度往往因此而需增大，此外，坝段的横缝只能设置在闸墩外。另一种进水口布置方式是布置

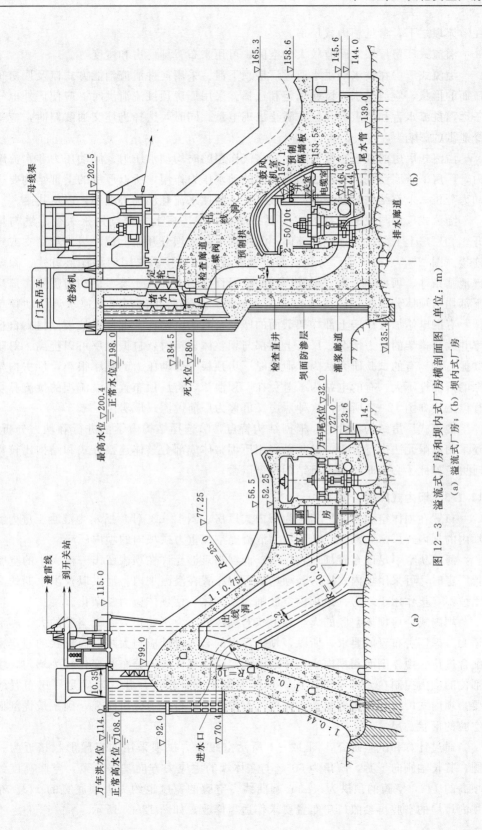

图 12-3　溢流式厂房和坝内式厂房横剖面图（单位：m）

(a) 溢流式厂房；(b) 坝内式厂房

在溢流堰之下，参见坝内式厂房。

溢流式厂房厂坝之间有较大的空间，可用来布置副厂房和主变等。

溢流式厂房在洪水期洪水通过厂房顶下泄。采用何种泄流消能方式以及厂房顶溢流面的形状，应通过水力试验确定和选择。采用厂房顶挑流泄洪时，应使厂外电气设备远离挑流水舌和严重雾化区，防止出现电晕。同时，选择进厂交通线路时，应避免受泄洪的影响。

溢流式厂房的顶板在泄洪时受到水流作用的时均动水压力、脉动压力和水流摩擦力，厂房下游墙受到因尾水波动而引起的动水压力作用，所以厂房的上部结构要进行动力分析。上部结构的自振频率一般应大于高速水流脉动优势频率，以免共振。

溢流式厂房与坝的连接方式主要有 3 种：①厂房上下部均用永久变形缝与坝分开；②厂房上下部均与坝连成整体；③厂房下部与坝分开而上部顶板与坝简支或铰支连接。图 12-3（a）所示厂房在上部设置拉板与坝连接。选用何种连接方式，除要考虑地基条件、坝型和坝高、坝及厂房的抗滑稳定要求外，还要考虑动力需要。厂房上下部均与坝体分离时，厂房结构自振频率低，为了防止出现与高速水流脉动频率共振，有的电站加大厂房上部构架截面的厚度，有的电站在上部设置拉板以提高自振频率并改善构架的受力情况。厂房上下部与坝整体连接时，自振频率可以提高，对防止共振有利。有的试验研究认为，泄洪时厂房顶板上脉动压力的频率很小，厂房构架共振的可能性不大。有的电站为了避免在厂顶泄流，将厂顶布置在溢流坝的挑流鼻坎高程以下，如图 12-2 所示，这种厂房又可称为厂前挑流式厂房。

溢流式厂房结构设计时，根据结构特点，除选择结构力学法进行静动力分析外，还采用有限元法进行分析，尤其是采用厂坝整体或部分整体连接方式和结构比较特殊时更应如此。必要时还要进行结构模型试验。

12.1.3　坝内式厂房

布置在坝体空腔内的厂房称为坝内式厂房。图 12-3（b）所示为混凝土重力溢流坝内的坝内式厂房，图 12-4 所示为混凝土空腹重力拱坝内的坝内厂房。

河谷狭窄不足以布置坝后式厂房，而坝高足够允许在坝内留出一定大小的空腔布置厂房时，可采用坝内式厂房。坝内式厂房布置在溢流坝内，泄洪以及洪水期的高尾水位不直接作用于厂房。但坝内空腔削弱了坝体，使坝体应力复杂化。

坝内式厂房坝体空腔的大小和形状对坝体的应力影响很大。而空腔的大小和形状还要考虑厂房布置的要求，所以，坝内厂房的布置设计应与大坝剖面形状的拟定密切配合进行。坝体剖面和坝内空腔体形的确定应使坝体应力分布和变化较为均匀，主要部位的应力控制在允许范围之内，坝体混凝土方量较小，并且能满足厂房布置的需要。坝内式厂房坝体体形复杂，需应用有限元法进行应力分析研究，确定最优剖面和空腔的形状、尺寸。

通过计算和试验研究，图 12-4 所示空腹重力拱坝采用的空腹形状接近为一椭圆，其长轴倾向下游，倾角为 60°，与实体坝的主应力方向基本一致，空腹高度约为坝高的 1/3，空腹的顶拱为一二心圆曲线，空腹的宽度也约为大坝底宽的 1/3。布置坝内厂房的空腔再参照厂房布置要求作适当修改，如图 12-4 所示。

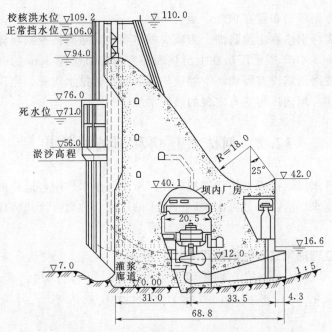

图 12-4　空腹重力拱坝内的坝内厂房横剖面图（单位：m）

空腔的存在将坝体分为两部分，空腔上游部分称为坝的前腿，下游部分则称为后腿。前腿内布置有压力钢管，管道的布置应考虑尽量减小对前腿结构的削弱。图 12-3（b）所示重力坝内厂房，前腿较厚，钢管直径较小，管道垂直布置；而图 12-4 所示重力拱坝的坝内厂房，前腿相对较薄，采用水平布置管道，以减小对前腿的削弱。

坝内厂房尾水管穿过大坝后腿引出，尾水管出口段的开孔削弱了后腿结构。为了减小开孔对后腿的削弱，应减小开孔的宽度。根据经验，应控制开孔的宽度不大于坝段宽度的 30%～40%。对于分段的重力坝取值应严，对于整体无横缝的重力坝取值可稍宽，对于重力拱坝可更放宽。为了减小开孔宽度，尾水管出口段往往采用窄高形的断面，图 12-3（b）所示厂房尾水管在肘管段和扩散段的范围内保持标准形状，以后出口段断面渐变为宽 4m、高 5m 的矩形。图 12-4 所示厂房的尾水管在扩散段断面即开始缩窄加高。

坝内式厂房机组容量的确定、机电设备的选择和布置必须与坝内空腔的大小相适应，主厂房的高度或宽度往往需要采取一定的措施予以压缩，例如采用双小车桥吊或双桥吊吊运转子以降低桥吊轨顶高程，采用伞式发电机以缩短水轮发电机的轴长等。

坝内式厂房进水口的布置与溢流式厂房相似。图 12-3（b）所示厂房的进水口布置在溢流堰之下，用油压启闭机操作的蝴蝶阀代替工作闸门，蝶阀室顶即溢流堰顶，用盖板封闭，蝶阀安装及吊出检修时需放下溢流堰检修门，打开盖板。由于蝶阀价格较高，水头损失较大，检修时操作不便，河谷宽度允许增加溢流坝闸墩宽度以将进水口布置在闸墩之下时，一般不采用这种布置方式。

坝内式厂房副厂房往往可布置在坝体空腔内。图 12-3（b）所示厂房由于空腔宽度较大，副厂房平行布置在同一空腔内主厂房的下游侧。图 12-4 所示厂房空腔宽度较小，将大部分副厂房布置在坝外，运行不便。

坝内厂房需特别注意防渗防潮。为减少坝体渗水，除严格控制坝体混凝土的施工质量外，图 12-3（b）所示厂房在上游坝面还专门覆盖了厚 4cm 的沥青防渗层。为防潮，坝内空腔周围需设有隔墙，空腔壁与隔墙间布置排水沟管，主厂房顶部设有顶棚，上铺防水层。坝内厂房应有完善的通风系统。

12.2　河床式厂房和泄流式厂房

主厂房与进水口连接成整体建筑物，在河床中起壅水作用，这样的厂房称为河床式厂房，也称壅水厂房。通过河床式厂房泄水的厂房，称为泄流式河床式厂房，简称泄流式厂房。

12.2.1　装置立轴轴流式水轮机的河床式厂房

图 12-5 所示为一装置立轴轴流式水轮机的河床式厂房。该厂房装有 5 台 103MW 的轴流转桨式水轮机，转轮直径 8.5m，最大水头 32.3m，机组流量 556m³/s。

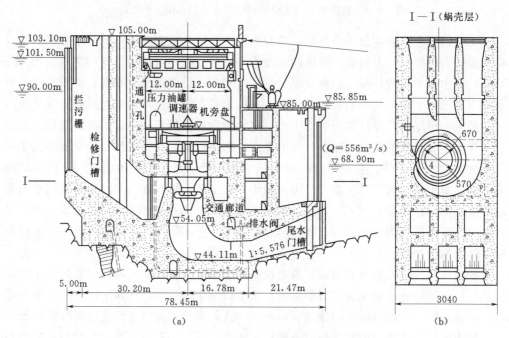

图 12-5　装置立轴轴流式水轮机的河床式厂房（单位：cm）

（a）横剖面图；（b）蜗壳层平面图

装置立轴轴流式水轮机的河床式厂房一般均采用钢筋混凝土蜗壳。厂房机组段的长度由蜗壳前室的宽度加上边墙的厚度予以确定。厂房的下部尺寸与蜗壳的包角和蜗壳的断面形状有关，蜗壳包角和断面形状的选择应考虑对厂房流道水流条件和对厂房尺寸及布置的影响。工程中常见采用的包角为 180°，采用这种包角的蜗壳，水轮机效率高，蜗壳前室的宽度小；另一种蜗壳包角135°，其前室的宽度较180°包角的大，因而厂房机组段的长度较大，但采用135°包角时，在机组段长度的方向上，机组轴在机组段内位置居中，便于在厂房下部结构内对称布置泄水孔，泄水孔进出水的水流条件较好，所以包角为135°的蜗壳常在泄流式厂房中采用。

在蜗壳的断面形状上，下伸不对称的梯形断面，利用尾水管肘管段上面的空间布置蜗壳，水轮机层的高程可降低，机组主轴的长度可以缩短，便于厂房在低水位时投入运行。同时，调速器的接力器在布置高程上可接近水轮机顶盖，平面位置也较灵活。采用下伸不对称梯形断面蜗壳的厂房布置情况如图12-5所示。另一种断面为上伸不对称梯形断面，采用这种断面的蜗壳时，便于抬高进水口底槛的高程（图5-4），但水轮机层的高程要提高，主轴的长度就要加大，对于在蜗壳下面布置泄水底孔的泄流式厂房，为了泄水底孔布置的需要，可以采用这种断面形状的蜗壳，或者采用上下伸结合的梯形断面蜗壳。

河床式厂房顺水流方向由进水口段、主厂房段和尾水段组成。

进水口段顺流向的尺寸主要由布置进水口闸门和拦污栅的要求，以及连接进口与蜗壳的上唇曲线的需要确定。

采用河床式厂房的水电站一般水库容积不大，水库深度小，洪水期污物漂流严重，进水口拦污和清污的问题突出。例如我国黄河上的一些河床式厂房，由于洪水期草泥大量下漂，多次发生过因拦污栅封堵和栅条折曲而造成停机的情况，所以，除在枢纽布置上应注意尽量将污物顺畅地随水流引向泄水闸排放，防止污物堆积在河床式厂房前沿之外，还应根据污物的类型和漂浮情况，在厂房进水口上增设副栅，扩大拦污栅过水面积，减小过栅流速，放宽栅距，或在进水口前加强拦污导污设施，同时配置专门的清污及抓污机械。国外有的河床式厂房甚至在厂房进水口上游另设专门的拦污建筑物，或者将进水口拦污栅布置在喇叭口之前一定距离处，使水流在过栅后可纵向流动，这样做即使邻近拦污栅被堵塞，其他的机组仍可有水供给，不致停机。

河床式厂房一般可只设能在动水中下降的事故工作闸门和在静水中启闭的检修闸门，但这时应在轴流转桨式水轮机上采取以下措施控制机组飞逸：采用双调节系统，利用转叶制动，每个导叶配置单独的接力器以及设置事故配压阀等。在上述情况下，事故工作闸门可用门机吊落，不必设置快速启闭机，这样整个厂房进水口的闸门和启闭机套数可以减少。国外有的河床式厂房甚至完全取消事故工作闸门，在导叶操作失灵、机组转速超过额定转速的145%时，事故配压阀启动关闭转轮叶片，当转轮叶片全部关闭时水轮机过水流量很小，这时再放下检修闸门。

进水口段垂直水流方向的宽度即为厂房机组段的长度。进口净宽较大时需设一或两道中间隔墩，以减小闸门和厂房结构的跨度，并用以将厂房上游中间立柱或主机房上游挡墙承受的荷载直接下传。隔墩伸入蜗壳前室的程度对水轮机水流状态有影响，需由水力试验确定。

河床式厂房水头低，水轮机尾水管的长度相对较大，因而厂房尾水段顺流向的尺寸就较大，尾水平台较宽，所以主变往往布置于尾水平台上，并视布置需要适当延长尾水管的长度。和进水口段一样，尾水段的宽度等于机组段的长度，尾水管扩散段孔口宽度较大时也需设置隔墩。隔墩不能过于伸入尾水管肘管段内，否则会恶化尾水管内的流态，降低水轮机的效率，诱发机组振动。

水头较高的河床式厂房，进水口平台远高于发电机层楼板，这时主机房的上游侧为挡水墙。洪枯水位变幅大的河谷，洪水期下游水位很高，这时尾水平台往往也远高于发电机层楼板，主厂房下游侧及两端也需建有挡水墙，厂房成为一封闭结构，大化水电站厂房就是一个例子。该厂房对外交通直达厂房顶上，机电设备由竖井吊入安装间，该厂房的主变、厂内配电设备以及副厂房也布置在厂房顶上。

河床式厂房本身为一壅水建筑物，应妥善进行地下轮廓线的设计，尤其是地基软弱或承受水头较大时，应采取措施减小厂基渗透压力，保证厂房整体稳定，减少渗漏，防止渗透变形，满足地基承载力要求，减少不均匀沉降。厂房上下游沉降差别较大时，机组主轴会产生不允许的倾斜。机组段之间的不均匀沉降会使吊车梁接缝处轨面错开，不均匀沉降过大还会损坏机组段间温度沉降缝中的止水设备。此外，软基上的河床式厂房，其尾水渠须用护坦加固。

河床式厂房的水库小，泥沙极易淤积于厂房前。为防止泥沙堆积和磨损水轮机，最重要的是在枢纽布置中合理安排枢纽建筑物，使多沙季节挟带大量泥沙的水流平顺地导向泄水闸或冲沙闸下泄。同时要注意厂前水流平顺，减少局部淤积；在厂房上游河流中设拦沙槛，拦阻推移质泥沙并引向冲沙闸下泄；在厂房进水口底槛内设冲沙廊道、排沙管或底孔，将淤积在进水口前的泥沙定期冲到下游，减少过机泥沙量和减小过机泥沙的粒度。

河床式厂房进水口的水深不大，在寒冷地区的河床式厂房需采取措施防止拦污栅封冻。

12.2.2　装置贯流式机组的河床式厂房

水头低于 20m 的大中型河床式水电站往往采用灯泡式贯流机组，装置大中型灯泡式贯流机组的河床式厂房，其布置情况如图 12-6 所示。

马迹塘水电站厂房内装有 3 台 18.5MW 的灯泡式贯流机组，其设计水头为 6.6m，转轮直径 6.3m，转速 75r/min。机组转轮部分装置于转轮室内，发电机部分设于位于水轮机上游的灯泡体内。马迹塘水电站厂房的灯泡体固定于混凝土墩上，有的水电站厂房中灯泡体用辐射布置的混凝土支承结构固定于流道中，以改善流道中的流态，灯泡体外壳可以拆开以便装卸发电机，电机转子直径不大时可从转轮室吊出灯泡体，否则需在灯泡体流道上方设专用吊孔吊运发电机。灯泡的首尾部设有通道供运行人员进出和引出母线，如图 12-6 所示。通道也可设在灯泡体支撑结构的空腔内。通往厂房上部和下部的水轮机固定支柱，其空腔用以引出各种辅助管道和电缆，尺寸适宜时也可兼作通道。

灯泡式贯流机组的发电机装置在灯泡体内，发电机定子是灯泡体的组成部分，灯泡体的直径由发电机确定。为了压缩灯泡直径，需要采用一系列专门技术，如电机强制冷却、高绝缘材料和加长定子铁芯长度等。由于转子转动惯量小，甩负荷时机组转速升高，水轮机的最大轴向反推力，其数值可比额定出力时的轴向推力大好几倍。

在水头比较小的河床式厂房中，采用贯流机组与采用立轴轴流机组比较，前者厂

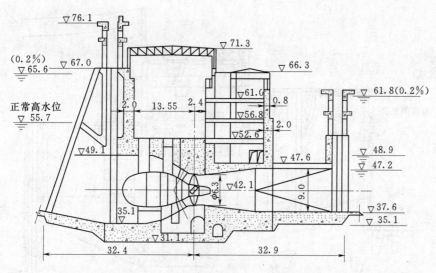

图 12-6　马迹塘水电站厂房（单位：m）

房机组段长度和安装场尺寸减小，结构简单，厂基面可以提高，厂房钢筋混凝土和开挖土石方量可减少，施工安装方便。在水轮机方面，贯流机组的效率高于竖轴轴流机组。由于允许将机组装得低些也不致引起深开挖，水轮机的空蚀问题可得以减轻。贯流机组的比转速高于立轴轴流机组，因而转轮直径可以减小，水轮机重量也可减轻。根据国外的统计数字，水头低于 20m 的河床式厂房，采用灯泡式贯流机组土建投资可节约 25%，机电投资可减少 15%。

12.2.3　泄流式河床式厂房

泄流式河床式厂房简称泄流式厂房，也称混合式厂房。泄水道在厂房中的位置不同，其作用也不相同。泄水道可布置在蜗壳与尾水管之间，以底孔形式泄水，如图 12-7 所示；也可布置在蜗壳顶板上（发电机置于井内），发电机层上部或主机房顶上，以堰流方式泄水；也可在尾水管之间布置泄水廊道，或将机组段与泄水道间隔布置，后者又称闸墩式厂房。图 12-8 所示为一采用灯泡式贯流机组的泄流式厂房，泄水道布置在发电机层顶部。

利用厂房机组段布置泄水道，可以减少泄水闸的长度，有的工程甚至可以完全不建单独的泄水建筑物。在多沙河流上利用厂房的泄水底孔排沙效果显著。我国某电站进行的现场测验表明，厂房泄水底孔的单位流量排沙能力为水轮机进水口的 7～8 倍，排沙量则为 8～9 倍，底孔排沙时期进入水轮机的泥沙颗粒级配较入库泥沙细得多，底孔排沙对厂房起到"门前清"的作用，为专门的冲沙闸排沙所不及。河流漂污问题严重和有排冰要求时，利用厂房的溢流堰泄水可顺畅地排除厂房前的漂污和浮冰，防止或减轻污物、冰块堆积在进水口前封堵拦污栅。

厂房机组段与泄水闸闸墩结合，这种厂房为闸墩式厂房。采用闸墩式厂房时，厂房与泄水闸的总长度小于采用单独河床式厂房时的长度，因而，河床狭窄时采用闸墩式厂房可减少开挖和占用河岸的场地。从流态来看，采用闸墩式厂房的枢纽，不论在

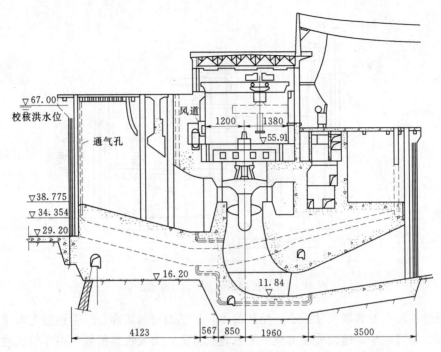

图 12-7　泄流式厂房（泄水孔布置在蜗壳与尾水管之间）（单位：cm）

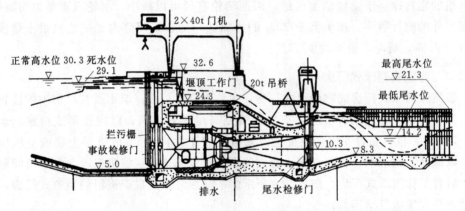

图 12-8　泄流式厂房（灯泡式贯流机组、泄水堰布置在发电机层上部）

洪水期还是在平枯水期，枢纽上下游河流的水流状态几乎与未建枢纽前相同，排沙、排污和排冰的效果较好。闸墩式厂房的缺点是机组分散，施工和运行十分不便。

河床式厂房在洪水期上游水位壅高不多，由于下游洪水位抬高，使得洪水期水轮机的水头大大减小，水头低于设计水头时水轮机出力受阻，河流流量不能充分利用，电能生产受到损失。泄流式厂房利用泄水道泄水时产生的增差作用，可以部分地恢复水头，减少受阻出力，增加发电量。泄水增加落差的原理见图 12-9。图上 H 为厂房不泄水时厂房上下游的落差，H' 为通过厂房泄水道泄水时的落差，ΔH 即为厂房泄水射流增加的落差。国外某水电站进行的原型测验表明，由于底孔泄水增加落差的效益、最大时机组出力增加了 7.4%，运行中未出现不良现象。根据推算，利用泄水增加落差的效益，该电站平水年洪水期可增加发电量 4.8%。不过，为取得射流效益，厂房泄水道的泄流量应适当，流量过大不仅不能增加落差，还会产生负效应，会诱发水轮机振动，降低效率。所以，为取得射流效益，厂房泄水道和水轮机两者的过流量应有一定比例，该比例以及泄水道和水轮机进出水结构的布置均应通过水力试验研究确定，保证两股水流的分合不会恶

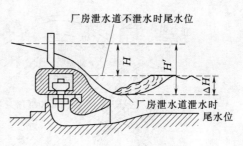

图 12-9 泄水增差原理

化水轮机的运行。根据经验，厂房泄水底孔和水轮机的流量比不宜大于 1。

12.3 地 下 式 厂 房

布置在地下洞室内的厂房称为地下式厂房，除主厂房布置在地下外，主变以及开关站也往往同时布置在地下。

12.3.1 地下厂房的特点

资源 12-2
地下厂房
概述

与地面厂房相比，地下厂房的主要优点有：①枢纽布置比较灵活，适应于各种坝型，不受气候影响可以全年施工，与大坝等建筑物的施工干扰少，有利加快施工进度；②通过有效支护，利用围岩作为地下厂房的承载结构；③在高山峡谷地区，可避免高边坡、滑坡等对厂房的不利影响；④当机组吸出高度很低或下游尾水位很高时，采用地下厂房方案可解决总体布置上的困难；⑤工程占地少，对自然景观和植被的破坏较少，有利于环境保护。主要缺点有：①洞挖工程量大，施工进度比地面厂房慢，工程投资高于地面厂房；②对地质条件要求较高，由地质条件变化所引起的工程风险大于地面厂房；③运行条件较地面厂房差；④厂房渗漏、排水问题比地面厂房突出，往往需要有特殊的工程措施。

图 12-10 所示为鲁布革水电站的地下厂房布置图。

鲁布革水电站装机容量为 600MW，共四台机组，水轮机最大水头为 372.5m，额定转速为 333.3r/min，额定流量为 53.5m³/s，直径为 3.442m。鲁布革水电站的地下厂房位于引水系统的尾部，如图 12-10 （a）所示。该电站的引水隧洞全长 9382m，直径 8m，引水流量 214m³/s。隧洞末端接具有阻抗孔的上室差动式调压井。调压井以下为两条地下高压管道，中心距 35m，管道倾角为 48°，管径为 4.6m，每条管道的起点各布置一扇事故闸门。每条管道末端分为两支，四条支管斜向进厂向四台机组供水，在水轮机前各布置一个直径 2.2m 的球形阀。

鲁布革水电站地下厂房的洞室布置平面图见图 12-10 （a），厂房横剖面图见图 12-10 （b）。每台水轮机用一条内径 5.8m 的尾水洞出水，以便于运行和维修，洞间岩柱厚度 9.7m，尾水闸门设于尾水洞中部，尾水闸门室设于地下。鲁布革水电站主变压器及开关布置于平行主厂房的主变开关洞内，电站出线由四回 220kV 和三回 110kV 组成，分别由出线洞和主变运输洞引出到出线窑洞。主变开关室底板高程为

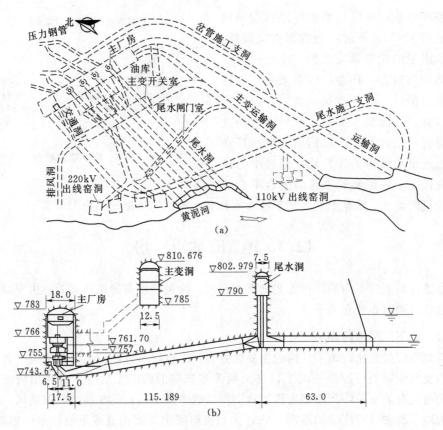

图 12 - 10　鲁布革水电站布置图（单位：m）

(a) 平面图；(b) 横剖面图

785m，在校核洪水位下冷却水能自流排出。

鲁布革水电站水轮机前的球阀布置于主厂房内，在主厂房布置上采取了一系列措施减小厂房的宽度。主厂房洞室跨度为18m，高度为39.4m，地下副厂房布置于厂房一端，两者总长度为125m，全部采用喷锚支护。

根据厂区的地形地质条件和实测地应力的情况，结合布置需要，确定主厂房位置距岸边约150m，处于坚硬和整体稳定性较好的岩体中，主厂房纵轴线为N45°W，与最大主应力方向保持了较小的夹角，同时与厂区内主要的两组小断层的走向也有一定的夹角。

12.3.2　地下厂房布置方式

采用地下厂房的水电站通常称为地下水电站。

12.3.2.1　引水式水电站地下厂房布置方式

根据地下厂房在输水系统中的位置，地下厂房有首部式、中部式和尾部式3种，即地下厂房分别位于引水系统的首部、中部和尾部。地下厂房布置方式的选择与地形、地质条件密切相关，并要考虑施工和运行条件。

（1）首部式地下厂房。图12-11所示为首部式地下厂房的布置图。图中所示电

资源 12 - 3
地下厂房布
置类型

站的输水系统，其首部位于坚固完整的玄武岩中，尾部则处在岩溶严重的石灰岩中，因而采用首部式地下厂房，使厂房坐落于稳定性好的岩体内，避免了在石灰岩中建有压引水隧洞。而代之以用无压的尾水隧洞穿过石灰岩地段。该电站地下厂房的布置反映了首部式地下厂房常见的一些特点。该电站厂房内装有两台机组，用两条竖井式压力管道直接从水库向水轮机供水，在进水口上设快速工作闸门，省去了下端阀门。该电站的副厂房建于地面，厂房设备先运入该副厂房，再通过运输井将设备吊入地下厂房的装配场。装配场布置在两台机组的中间，从而可以加大机组和压力管道竖井的间距，这对竖井受力有利，而且使两台机组的安装运行检修互不干扰，地下厂房的高度也可得到减小。该电站运输井中设有地下厂房的通风道、母线道、电缆道以及楼梯和电梯。厂房的新鲜空气由通风道鼓入，热空气则径直由运输井排出。该电站的下游有两个梯级电站利用本电站的尾水发电，因而为了不致因本地事故检修停机影响下级电站的发电，在厂房的南端设有一条旁通水道，旁通水道下设有消力池，本站停机时，由旁通水道将水通过尾水隧洞下泄。

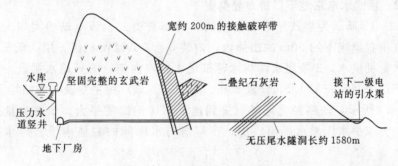

图 12-11　首部式地下厂房

　　首部式地下厂房的特点是不建引水隧洞，而用较长的尾水隧洞，尾水隧洞承压较小或为无压隧洞，压力管道以单元供水方式向水轮机供水，可不设下端阀门，因而可以降低造价。但这种地下厂房靠近水库，需注意处理水库渗水对厂房的影响。由于厂房的交通、出线及通风一般采用竖井，因而水电站水头过大时，采用首部式地下厂房会使厂房埋藏于地下过深，从而增加了交通、出线及通风等洞井的费用，也给施工和运行带来困难。

　　(2) 尾部式地下厂房。尾部式地下厂房如图 12-10 所示。这种厂房位于引水系统的尾部，靠近地表，尾水洞短，厂房的交通、出线及通风等辅助洞室的布置及施工运行比较方便，因而采用较多。

　　(3) 中部式地下厂房。中部式地下厂房如图 12-12 所示。当水电站引水系统中部的地质地形条件适宜，对外联系如运输、出线以及施工场地布置方便时，可采用中部式地下厂房。这种电站往往同时具有较长的上游引水道和下游尾水道，当引水道和尾水道均为有压时需要同时建引水调压室及尾水调压室。当引水和尾水系统较短时，宜尽可能避免在厂房上、下游同时设置调压室。

　　图 12-12 中的电站水头近 400m，采用首部式布置时地下厂房的埋深过大。而引水系统尾部 2000m 范围的地段内，地面高程较低，不宜布置引水隧洞，所以不采用

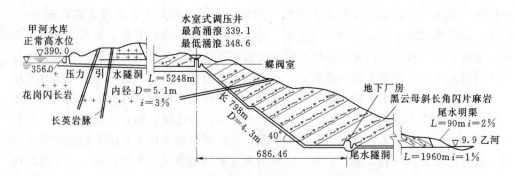

图 12-12　中部式地下厂房（单位：m）

首部和尾部式地下厂房。该电站引水系统中部的地形和地质条件适于布置地下厂房和便于布置辅助洞井，所以采用了中部式布置方式。该电站尾水洞为无压，交通运输用平洞，通风洞为斜井，而出线则用竖井。

12.3.2.2　坝式水电站地下厂房布置类型

图 12-13 所示为坝式地下水电站的一种布置型式。该电站的大坝为拱坝，地下厂房位于右岸坝下约 90m 的山体内，内装 3 台 300MW 机组。用 3 条压力管道从水库向水轮机供水，3 条尾水洞将水轮机尾水排向河道，每条尾水洞设一尾水调压井。地下厂房洞室长 121.5m、宽 25m、高 55m。该厂房主变及开关站均设于地下，如图 12-13 所示。铁路经交通平洞进到地下厂房的卸货平台。该电站地下厂房靠近水库，为减少水库渗水影响厂房，在厂房与水库间的岩体内设有排水孔和排水廊道。

采用土石坝的坝式地下水电站，引水系统较长，这时也可采用类似尾部式地下厂房的布置方式。

12.3.3　地下厂房的洞室组成

除了主厂房布置在地下洞室内之外，地下厂房还需要开挖各种洞室，以布置机电设备和作交通运输、出线以及通风的通道。

1. 交通运输洞和装配场

交通运输洞是地下厂房的主要对外通道。交通运输洞一般采用平洞，当受地形条件限制，用平洞作交通运输有困难时，可采用竖井作交通运输井。运输洞或井的位置与装配场位置直接关联，两者应一起考虑确定。地下厂房的装配场可布置在主厂房一端，还可考虑布置在厂房中间机组段之间。后者除了具有图 12-11 首部式地下厂房有关说明中所分析的优点外，还有利于主厂房洞室高边墙的稳定。因为装配场段装配场高程以下的岩石可以保留不挖，边墙高度较两边机组段小得多，有助于整个厂房边墙的围岩稳定。通常，水平交通运输洞垂直厂房纵轴线从厂房下游侧进入安装场，也可从厂房端部平行于厂房轴线进入装配场。

除交通运输洞外，地下厂房至少还应另有一个对外交通的通道，以策安全。

2. 地下副厂房

地下厂房中，一部分必须靠近主机的附属设备可集中布置在紧靠主机房的地下副

资源 12-4
地下厂房的
洞室布置

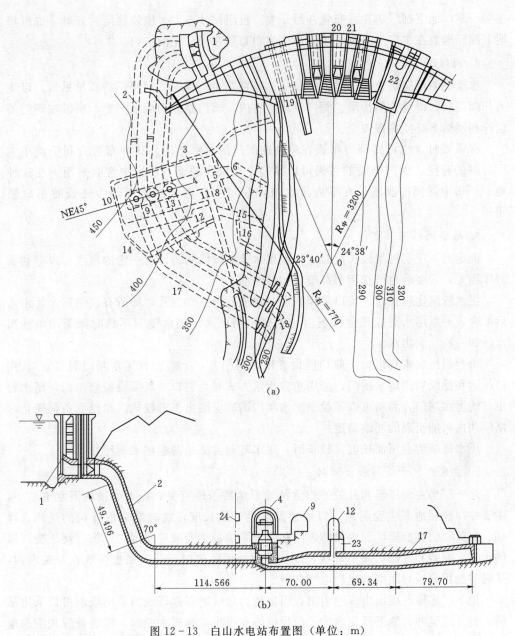

图 12-13　白山水电站布置图（单位：m）

（a）白山水电站枢纽及地下厂房厂区平面布置图；（b）白山水电站引水系统剖面图

1—进水口；2—压力管道；3—排水廊道；4—主厂房；5—副厂房；6—空调室；7—进风洞；
8—控制电缆洞；9—主变洞；10—联络洞；11—进厂交通洞；12—尾水闸门洞；13—尾
水调压井；14—排风洞；15—地下开关站兼排风洞；16—高压电缆洞；17—尾水洞；
18—尾水渠；19—导流底孔；20—中溢流孔；21—高溢流孔；22—非常洪水溢流孔；
23—尾水调压室；24—排水廊道

厂房内，其他则可以利用已有洞室分散布置或放在地面副厂房内。为避免增加主洞室
的跨度，地下副厂房往往设于主厂房的一端，由于中控室等电气用房最好不与装配场

在同一端，地下副厂房往往布置在另一端。机组尺寸不大，围岩稳定性好时，也可将地下副厂房放在主厂房一侧，主副厂房集中布置在同一主洞室内。

3. 阀门洞（室）

水轮机前设有快速阀门时，阀门往往布置在主厂房内，利用厂房桥吊吊运，以免另开阀门洞和增设专用桥吊。阀门放在厂房内，阀门爆破的后果严重，所以在阀门的设计和制造上必须确保安全。

有需要时，也可将阀门布置在单独的阀门洞（室）内。这种布置有利于减小主厂房洞的跨度，阀门爆破的后果可以减轻，在以往的地下厂房中常有采用。在这种地下厂房中，阀门洞还设有事故排水道，在与主厂房连接的通道上还设置事故密闭门。

4. 尾水闸门洞（室）

确定地下厂房机组段长度时，应使尾水管扩散段间岩体有一定的厚度，以有利于岩体稳定，需要时也可选用窄高型的扩散断面。

尾水隧洞比较长时，可以采用联合出水或分组出水方式，即所有机组尾水管出水后汇合成一条尾水洞或几台机组由一条尾水洞出水。尾水隧洞不长时则采用单独出水，即一机一洞出水。

每台机组尾水管出口一般均应设置尾水闸门井，上部设有尾水闸门洞（室），用以吊运和操纵启闭尾水闸门。采用单独出水方式时，洞口一般需设检修闸门，尾水管出口的尾水闸门井和洞可以不设。尾水闸门洞底应高出下游校核洪水位和负荷变化时闸门井内可能出现的涌浪高度。

尾水隧洞为有压而长度又较长时，尾水隧洞首部还需建尾水调压井。

5. 主变洞、开关洞和出线洞

地下厂房主变压器和开关的位置与地形地质条件有关。在大中型地下水电站中，主变往往放在地下主变洞内，以缩短发电机母线长度，这时需采取专门的通风、排烟、防火和防爆措施，洞内设防爆门和防爆隔墙。主变洞应靠近主厂房以便于变压器的运输、安装和维修，减小母线长度。地面地形陡峻时，开关站也可放在开关洞内，这时需选用高压封闭绝缘组合电气装置。

地下厂房输电线由出线洞引出，引出线为母线时即称母线洞。出线洞可以采用平洞、斜井或竖井。地下厂房内为了敷设电缆和引出母线去主变洞，需要设置相应的电缆和母线支洞。

6. 通风洞

地下厂房应设有完善的通风系统，包括进风洞、出风洞以及通风机室。

进风洞应安排在较低的位置上，便于通过风管将新鲜空气从厂房各层的底部进入厂房。出风洞的位置则应较高，因为热空气比重轻，热空气上升经厂房顶棚上的出风管引出汇合，由出风洞排出比较方便。

通风机噪声大，通风机室应远离主、副厂房，一般可放在洞口或单独的洞室内。

在地下厂房的洞室安排上，往往考虑一洞多用，减少洞数。通风洞一般应充分利用交通运输洞（井）、出线洞（井）以及无压尾水洞，例如利用交通运输洞或无压尾水洞进风，利用出线洞（井）出风。

12.3.4　地下厂房的洞室布置

1. 地下厂房位置的选择

地下厂房的位置选择，不仅要考虑主洞室的需要，还要兼顾各辅助洞室的要求。应尽可能将地下厂房放在地质构造简单、岩体完整坚硬、地应力较小、开挖和运行中岩体稳定以及地下水微弱的地段。地下洞室的上覆岩体应有一定的厚度。应尽量避开较大断层带、节理裂隙发育区和破碎带。此外，地表岸坡应该稳定，便于设置洞、井的出口。

资源 12-5
地下厂房布置设计中的特殊要求

在地形上应考虑能缩短地下厂房对外联系的洞井线路长度。

2. 主洞室纵轴线方位选择

地下厂房主洞室纵轴线的方位应考虑地质构造面和地应力场的情况确定。纵轴线的走向应尽量与围岩中存在的主要构造薄弱面如断层、节理、裂隙和层面等的夹角宜大于40°。同时，还要分析次要构造面对洞室稳定的不利影响。在地应力方面，洞室纵轴线应与水平大主应力方向保持较小的夹角，以15°～30°为宜。

3. 洞室布置的一般要求

（1）洞顶的最小埋藏深度，根据岩体的完整和坚硬程度，可取洞室开挖宽度的1.5～3倍。

（2）洞室的最小允许间距，与地质条件、洞室规模和施工方法有关，根据国内地下厂房建设经验，相邻洞室的间距不宜小于相邻洞室平均开挖宽度的1.5倍。对于高地应力区，洞室的间距不宜小于2.0倍，也不宜小于相邻较高洞室边墙高度的0.5倍。上、下层洞室之间岩石厚度，不宜小于小洞室开挖宽度的1～2倍。

（3）洞室相交应尽量保持正交。

（4）上下层洞空之间的岩石厚度，一般不小于洞室开挖宽度的1～2倍。

（5）洞室布置应考虑勘探和施工的需要，尽可能互相结合。

4. 有限元分析在地下厂房洞室布置中的应用

地下厂房洞室布置对洞室围岩的稳定有很大影响，为了安全合理地确定洞室间距，除了工程地质评价外，目前往往需用地下洞室围岩稳定分析有限元法进行分析研究。

用线弹性有限元法分析计算应用方便，目前在工程初步计算中仍有应用。用弹性有限元法进行地下厂房洞室围岩稳定分析时，往往用拉应力区的大小进行评估。

图 12-14 所示为丘吉尔瀑布水电站用平面弹性有限元法计算得到的地下厂房洞室围岩拉应力区的分布图。该电站水头为313m，首部式地下厂房，总装机5220MW，内装11台机组，主厂房下游平行布置有尾水调压室，厂房主洞长297m、宽24.8m、高45.8m，厂区水平地应力与垂直地应力之比为1.5。图 12-14（a）为洞室布置的初始方案，图 12-14（b）为修正方案。计算结果表明主厂房与调压室洞室间距增大时，中间岩柱的拉应力区深度减小；调压室顶的高程降低到接近主厂房洞顶高程时，

厂房顶拱下游边的局部拉应力区减小，拱顶应力场比较均匀；调压室宽度增加时，主厂房与调压室间岩柱承担的垂直荷载增大。最后采用的主厂房与调压室洞室间距为30.5m。调压室下游边墙倾斜，一方面可以减小调压室下游高边墙围岩的拉应力区，另一方面对水流条件也有利。

图 12 - 14　丘吉尔瀑布水电站地下厂房围岩拉应力区分布图（弹性有限元计算结果）

　　线弹件有限元法认为介质为线弹性体，这与地下洞室围岩所处的力学性状不符合。地下厂房洞室开挖前，岩体中存在初始地应力，随着洞室的开挖和支护，围岩应力重新分布。应力达到屈服准则时，岩石进入塑性状态。此外，拉应力达到抗拉强度的地方会出现拉破裂，岩体中存在的断层、软弱夹层和节理裂隙等构造时洞室围岩应力也有很大影响，沿结构面会产生剪切变形和滑移。所以，要更确切地反映围岩的应力和变位状态，必须采用非线性有限元法，如弹塑性有限元法、黏弹塑性有限元法等。采用什么岩体模型应根据围岩情况和可能确定。在非线性分析中，围岩的稳定性用塑性松弛区的大小和洞壁位移来评估。

　　图 12 - 15 所示为某水电站厂房洞室布置的一个方案，用非线性平面有限元计算得到的围岩松弛区分布图。

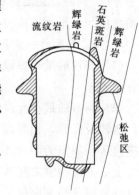

图 12 - 15　某水电站厂房洞室围岩松弛区分布图（非线性有限元分析）

12.3.5　主厂房的洞形和吊车支承结构

1. 主厂房的洞形

　　地下厂房的洞室的形状对围岩应力分布有较大的影响。主厂房洞形的确定，除要适应机组设备布置的需要外，应着重考虑围岩的稳定性和地应力的大小。

资源 12 - 6
地下厂房洞室尺寸、支护及吊车梁

　　主洞室最常采用的断面形状为直墙拱顶形，其边墙为垂直，洞顶为拱形，如图12 - 10（b）和图 12 - 13（b）所示，适用于围岩坚固完整且地应力不大的情况，机组为立式时边墙往往很高。

　　地应力的侧压力系数较小时，洞室开挖中洞顶容易出现拉应力，如洞顶岩体稳定性较差，抗拉强度低，洞顶岩石会出现拉破坏，在自重作用下松动岩石会塌落冒顶，拱形洞顶可改善洞顶岩体失稳的情况。洞顶岩体稳定性较差时，拱的矢跨比应取得大些；反之矢跨比可取得小一些。顶拱曲线一般为圆形和抛物线形。

　　地应力的侧压力系数较大时，洞室开挖中侧墙容易出现拉应力。在开始开挖洞室顶拱部分的岩石时，拱顶会出现拉应力。随着洞室的向下扩大开挖，拱顶拉应力会减小和转变为压应力，而侧墙则出现拉应力并增大。如侧墙岩体稳定性较差、抗拉强度低，侧墙岩石会松动坍落而失稳。有的地下厂房为改善侧墙的稳定性，将下部直墙做成略向洞室倾斜。

另一类常见的洞形为椭圆形或马蹄形断面，图 12-16 所示为这类洞形的一种情况。这种洞形主要用于软弱破碎的围岩，或水平地应力较大的中等质量围岩。

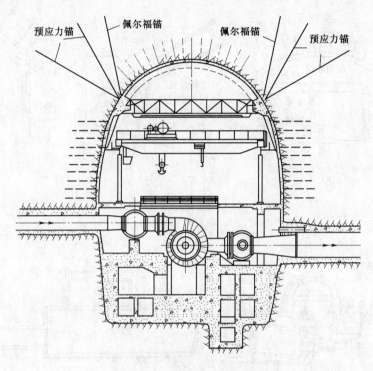

图 12-16 椭圆形断面的厂房剖面图

由于应力集中的存在，洞室轮廓有突变或锐角的部位最易失稳，在洞室轮廓的确定上应尽量避免。

有限元可用以分析洞室的断面形状。图 12-16 所示厂房采用椭圆形断面的洞室，经过有限元分析确定椭圆的长短轴之比为 3：2，这时周壁围岩不出现拉应力。为避免出现局部拉应力和应力集中，特别要注意保持轮廓光滑，因而采用锚着式支承梁支承厂房吊顶桁架，在洞壁上不开座槽，同时在施工时采用光面爆破，减少开挖面的凹凸不平度。

在主厂房布置上，应特别注意紧凑合理，以减小洞室尺寸，尤其是洞室跨度。

2. 吊车支承结构

地下厂房中的吊车支承结构除通常地面厂房中采用的吊车梁、柱这种结构型式外，还可有下面几种结构型式。

（1）悬挂式吊车梁，如图 12-17（a）所示，吊车梁悬挂在厂房顶拱的拱座上。

（2）锚着式吊车梁，如图 12-17（b）所示，又称岩壁式吊车梁。吊车梁用锚杆、锚索锚固于岩壁上。

（3）岩台式吊车梁，如图 12 - 17（c）所示，吊车梁敷设在岩台上。

（4）带形牛腿吊车梁，如图 12 - 18 所示，在整体式钢筋混凝土衬砌上伸出带形牛腿作为吊车梁。吊车梁也可直接建于钢筋混凝土衬砌墙顶。

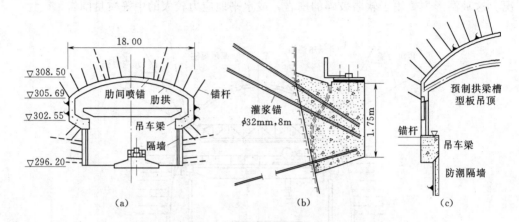

图 12 - 17　吊车梁型式（单位：m）

（a）悬挂式；（b）锚着式（岩壁式）；（c）岩台式

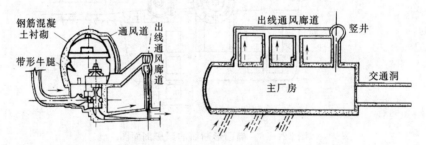

图 12 - 18　整体式钢筋混凝土衬砌及带形牛腿吊车梁

　　悬挂式、锚着式和岩台式吊车梁结构的最大优点是不建吊车柱，可在厂房洞室尚未向下扩大开挖时提前施工吊车梁，提早组装吊车，还可以减小厂房的开挖跨度。

12.3.6　地下厂房支护结构

　　地下厂房洞室的永久性支护结构，其作用是提高或充分发挥围岩自身的承载能力，确保围岩稳定，防止岩壁风化，阻止岩块脱落和阻截地下水进入厂房等。地下厂房洞室围岩支护型式及适用条件为：①柔性支护，包括喷混凝土、钢筋网喷混凝土、锚杆、钢拱肋、预应力锚索等一种或多种组合的支护，适用各类围岩；②刚性支护，包括钢筋混凝土衬砌、钢筋混凝土锚墩、钢筋混凝土置换等，适用于软弱围岩，或者是用于有特殊使用要求的（如水力学、电器设备运行、美观要求等）地下洞室支护；③复合支护，又称组合式支护，系指一次支护采用柔性结构，二次支护采用混凝土或钢筋混凝土结构。适用于单独使用柔性支护难以满足围岩稳定性要求的情况。

　　洞室围岩完整、密致、干燥、稳定性好时可不建永久件支护结构。

地下厂房洞室常用的支护结构形式有以下 4 种。

1. 喷锚支护

水电站地下厂房广泛采用喷锚作永久性支护结构。喷锚支护的措施有喷混凝土、钢筋网喷混凝土、锚杆、预应力锚杆和预应力锚索等。喷混凝土的作用是黏结松散岩石颗粒，充填裂缝和凹陷，减少洞室岩壁的应力集中；钢筋网喷混凝土可提高喷层的承载力；锚杆可以将围岩松弛区的岩块连成整体，提高洞室围岩传递应力的能力，在洞顶围岩中形成承载拱，增加层面及裂隙面上的黏结力和摩擦力。

喷锚支护为柔性支护结构。它的优点是可以适应和调整围岩的变形，从而可以充分利用岩体本身的承载能力，减小支护结构承受的围岩压力。喷锚支护施工方便，可以及早地发挥支护作用，可以根据围岩变形发展的情况及时调整支护参数，充分利用支护结构的承载能力，便于分次实施。

喷锚支护结构的待定参数有喷层的厚度、锚杆的直径、间距和长度等等，参数的确定目前主要是根据围岩类别和工程类比先初步确定，再在洞室开挖的过程中通过现场监测，如喷层和锚杆的应力测量、围岩变形量测以及断面收敛量测等，及时控制调整支护参数，确定是否需要实施二次喷混凝土层和提高锚杆参数。在不同的围岩中，喷锚支护结构所起的作用不完全相同，可以根据围岩的条件、失稳的机理和支护的作用，选择一定的方法，对喷锚参数进行计算确定，但是目前在喷锚参数的确定中，计算只起辅助作用。

应用有限元法可以分析喷锚支护对围岩应力和稳定性的影响。

图 12-10 中所示地下厂房完全用喷锚为永久支护结构，图 12-16 中所示厂房主要用喷锚支护围岩，另在岩石软弱地段每隔一定距离加建钢筋混凝土拱肋支护。该电站主厂房位于带裂隙的页岩和花岗岩中，开挖几天后立即装置锚杆和实施钢筋网喷混凝土，喷层的厚度在坚固岩石的部位为 3～5cm，在软弱岩石的部位为 7～10cm。

2. 钢筋混凝土拱肋支护

单一的钢筋混凝土拱肋支护适用于稳定或基本稳定的围岩，利用设置拱肋支护的空间效应，提高洞顶围岩的稳定性。

3. 钢筋混凝土顶拱衬砌

采用钢筋混凝土顶拱衬砌的洞室，洞顶全部用现浇钢筋混凝土衬砌，边墙则不予支护或者采用喷锚支护。这种支护结构在以往的地下厂房中最为常见，主要用于洞顶围岩稳定性差和洞顶围岩压力大的情况。采用这种衬砌的地下厂房横剖面如图 12-15 所示。

由图 12-15 可见，在顶拱衬砌的拱座处，围岩开掘较深，轮廓突变，应力集中严重，该处附近最易出现岩石松动坍塌。图 12-15 表示了该地下厂房用有限元分析计算得到的洞室围岩松弛区分布图，由图所见，顶拱部位的松弛区深度为 2～3m，而拱座附近边墙的松弛区深度达 11m。为了改善供应附近的这种不利条件，拱的矢跨比不能过大，一般在 1:4 左右。

此外，钢筋混凝土顶拱在洞室拱顶部开挖后往往立即进行浇筑，开始时顶拱主要承受垂直的围岩压力，如围岩中水平地应力较大，随着洞室的向下扩大开挖，侧墙向洞室变形位移，拱座内移，顶拱在水平围岩压力作用下，拱顶衬砌断面会产生较大的压应力，设计不周时拱顶衬砌断面处会出现压裂破坏，在顶拱衬砌结构设计中应考虑这方面的荷载。

4. 全断面钢筋混凝土整体衬砌

全断面钢筋混凝土整体衬砌的厂房，顶拱和边墙全部用钢筋混凝土衬砌支护，如图 12-18 所示。这种支护结构应用于围岩稳定性较差、岩石松软破碎、节理发育、地下水较丰或水平围岩压力较大的情况。如图 12-18 所示地下厂房位于泥灰岩内，不仅采用卵形洞室断面，而且厂房的端墙也略具拱形，每台机组的水轮机和主阀布置在各自的井内，发电机层下面井外部分的岩体保留不挖，这样厂房洞室边墙的高度得以大大减小。

以上 2、3 和 4 三种支护结构为刚性支护结构。

遇到复杂的地质结构时应研究采用专门的支护措施。

在永久性支护结构的内侧一般顶部建有顶棚，四边建有隔墙，用以防潮、排除渗水、防止岩石碎片掉入厂房。顶棚上和隔墙背后的空间用作检查岩壁和支护结构情况的通道，布置通风管，敷设排水沟管。顶棚一般吊于顶拱下，称为吊顶。有的电站地下厂房围岩很坚固，地下水很少，不设永久性支护，隔墙也仅用高 1～2m 的矮墙代替。

12.4　抽水蓄能电站厂房和潮汐电站厂房

12.4.1　抽水蓄能电站厂房

1. 抽水蓄能电站的基本功能

抽水蓄能电站利用其兼有水轮机和水泵的功能，以水为能量转换的载体，在电力负荷低谷时做水泵运行，吸收电力系统多余电能将下水库的水抽到上水库储存起来。在电力负荷高峰时做水轮机运行，将水放至下水库，将水的位能转换成电能送回电网。这样既避免了电力系统中火电机组反复变出力运行所带来的弊端，又增加了电力系统高峰时段的供电能力，提高了电力系统运行的安全性和经济性。

抽水蓄能电站是一种特殊形式的电站，它由上水库、下水库、输水系统、厂房等组成，如图 12-19 所示。早期抽水蓄能电站受技术条件限制，电站采用将水泵、水轮机、电动机和发电机四机分开的布置方式或将电动机和发电机结合在一个电机内，电站机组有发电电动机、水泵和水轮机组成并布置在一根轴上的三机串联布置方式，这两种方式，布置复杂，工程投资大，已很少采用。目前水头不超过 800m 的电站，多采用单级水泵水轮机，这样可以降低机组

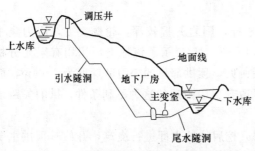

图 12-19　抽水蓄能电站基本组成示意图

制造难度和电站布置的复杂性，减少工程投资。

抽水蓄能电站可在电网中承担调峰、填谷、调频、调相、紧急事故备用及黑启动等任务，在电力系统中具有静态效益、动态效益以及技术经济上的优越性。

2. 抽水蓄能电站的类型

（1）纯抽水蓄能电站。纯抽水蓄能电站的特点是上水库没有或有很少量的天然径流汇入，蓄能电站的用水在上下水库间循环使用，发电用水量和抽水水量基本相等。目前国内外已建的蓄能电站大部分为纯抽水蓄能电站。

（2）混合式抽水蓄能电站。混合式抽水蓄能电站上水库有一定的天然径流入库，发电用水量大于抽水水量，一般由常规水电站在新建、改建或扩建时，根据电网发展需要加装抽水蓄能机组而成为混合式抽水蓄能电站。其上水库多为具有天然径流入库的大中型综合利用水库，如按常规水电方式发电运行受综合利用要求限制较大，改建成混合式抽水蓄能电站后既可以满足水库综合利用要求，也可充分发挥电站的调峰能力，满足电力系统需求。

3. 抽水蓄能电站厂房位置选择

抽水蓄能电站厂房的型式，按照结构和位置的不同，可分为地面式厂房、半地下式厂房和地下式厂房。

（1）地面式厂房。与常规水电站厂房布置相同，一般用在水头较低的电站中，或在常规水电站中结合布置抽水蓄能机组和常规水电站扩机安装抽水蓄能机组时采用，图 12-20（a）为巴斯康蒂抽水蓄能电站地面式主厂房横剖面图。

（2）半地下式厂房。抽水蓄能电站在水头相对较低且下水库水位变幅较小、地质条件较差或上覆岩体厚度不满足要求，不宜修建地下厂房时，可根据地形条件，考虑将主要设备布置在开挖于山体内的竖井之中，采用半地下式（竖井式）厂房，如图 12-20（b）所示。半地下式厂房通常布置在输水系统的尾部，靠近或位于下水库岸边。

（3）地下式厂房。纯抽水蓄能电站通常水头较高，机组安装高程较低，且下水库通常水位变幅较大，死水位较低，宜选用地下式厂房布置，如图 12-19 所示。

抽水蓄能电站输水线路一般较长，地下式厂房布置时厂房位置选择比较灵活，按照地下厂房在输水系统中的位置，可以分为首部、中部和尾部 3 种布置方式。

4. 抽水蓄能电站厂房内部布置

（1）主厂房布置。厂房的控制尺寸主要由机组型式、部件起吊高度、设备布置、运行空间要求和机组拆卸方式确定。

抽水蓄能电站一般采用单级混流可逆式机组。水泵水轮机的转轮检修拆卸方式有上拆、中拆和下拆 3 种。

1）上拆方式。水泵水轮机转轮在拆除发电机的机架和转子后从上部吊出，机墩、尾水管外包混凝土无需开设搬运通道，结构完整。这种拆卸方式多用于水头 300m 以下的可逆式机组。日本抽水蓄能电站以及我国的十三陵、泰安、桐柏等多座抽水蓄能电站采用上拆方式。

2）中拆方式。顶盖和转轮拆卸后由机墩搬运道运至水轮机层，机组检修时发电

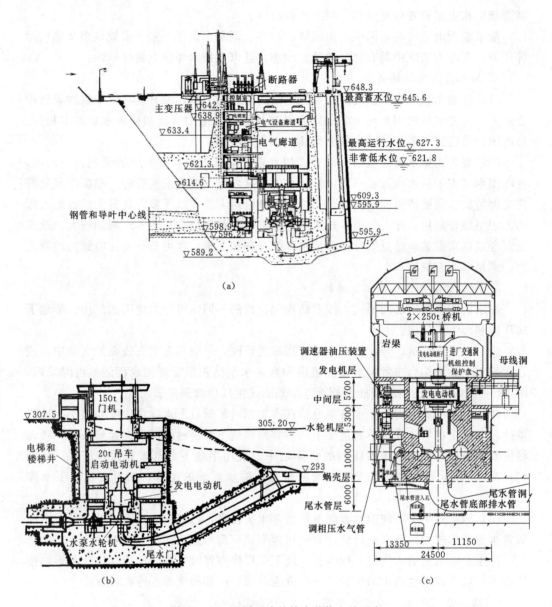

图 12-20　不同型式的抽水蓄能电站厂房
(a) 地面式；(b) 半地下式；(c) 地下式

机转子可不拆除。我国已建的天荒坪、广蓄二期、宝泉、惠州等高水头高转速抽水蓄能电站采用中拆方式。天荒坪抽水蓄能电站水轮机层布置图如图 12-21 (a) 所示，其拆卸通道布置在水轮机层上游侧，为增加结构刚度，蜗壳机墩结构紧靠下游岩壁布置。

　　3) 下拆方式。转轮拆卸后由尾水管运出，机组检修时水轮机顶盖和发电机转子可不拆除，尾水管锥管段需开设一个搬运道。广蓄一期采用"下拆"方式，其底环和尾水管锥管为明管，如图 12-21 (b) 所示。

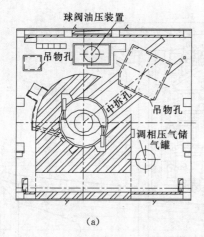
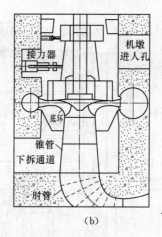

(a)　　　　　　　　　　　　　　(b)

图 12 - 21　抽水蓄能电站厂房内部布置
(a) 天荒坪抽水蓄能电站水轮机层布置图；(b) 广蓄一期下拆方式尾水管锥管布置

(2) 主厂房内部布置。抽水蓄能电站主厂房控制尺寸的确定原则与常规电站相同，布置也与常规地下厂房相近，设有发电机层、水轮机层、蜗壳和尾水管层。抽水蓄能电站发电机层与水轮机层之间层高较大，可在其间设置中间层，以利于设备布置并提高厂房结构的抗震性能。某抽水蓄能电站横剖面布置图如图 12 - 20 (c) 所示。

12.4.2　潮汐电站厂房

潮汐发电是水力发电的一种形式，也需筑坝形成水头，利用水轮发电机组把潮汐能转变成电能，产生的电能通过输电线路输送到负荷中心。潮汐发电和常规水力发电相比有许多特殊之处，如：潮汐电站利用潮水位和库水位的落差发电，以海水作为工作介质，设备的防腐蚀和防海生物附着问题是常规水电站所没有的；潮汐电站没有水电站的丰、枯水期出力变化较大的问题，月及年平均电量稳定而且可以做到精确预报，但每日、每月内的出力不均匀；建设潮汐电站一般不需移民，无淹没损失，可结合围垦土地，具有综合利用效益。潮汐电站利用潮差发电。水头小，流量大，为了在涨潮落潮时均能发电，还要求机组能双向运行，所以潮汐电站采用贯流式机组最为适宜，潮汐电站的厂房与装置贯流式机组的河床式厂房十分接近。

潮汐电站常见的开发方式主要有：①单库双向开发方式：潮涨、潮落均发电；②单库单向开发方式：潮涨时发电或在落潮时发电；③双库单向开发方式：电站位于上水库与下水库之间，利用上、下水库间的落差工作。

图 12 - 22 所示为法国朗斯潮汐电站厂房的剖面图。该电站要求双向发电和双向抽水，厂内装置 24 台 10MW 灯泡式贯流机组，厂房总长 386m，厂顶为公路。厂房位于泄水闸和船闸之间，机组设备运到电站后，通过竖井吊入地下，经隧洞穿过船闸基础达到厂房装配场。该电站于 1967 年完建。

我国已建成的江厦潮汐电站，也采用了灯泡式贯流机组。

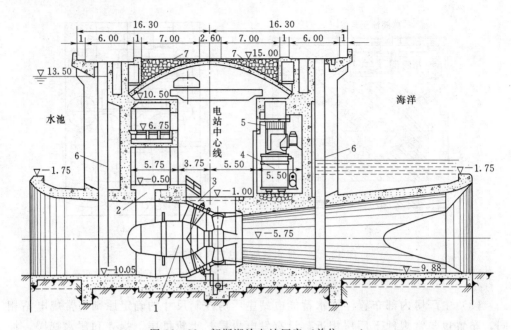

图 12-22　朗斯潮汐电站厂房（单位：m）

1—发电机灯泡；2—交通竖井；3—水轮机接合部；4—变压器；5—高压电缆；6—闸门槽；7—公路

第 13 章
厂房结构设计原理

水电站厂房结构一般可分为以下几个组成部分。

1. 上部结构

主厂房的上部结构包括各层楼板及其梁柱系统、吊车梁和构架，以及屋顶和围护墙等其作用主要为承受设备重量、活荷重和风雪荷载等，并传递给下部结构。

2. 下部结构

厂房的下部结构包括蜗壳、尾水管和尾水墩墙等结构。对于河床式厂房，下部结构中还包括进水口结构。其作用主要为承受水荷载的作用、构成厂房的基础，承受上部结构、发电支承结构，将荷载分布传给地基和防渗等。

3. 发电机支承结构

发电机支承结构的作用是承受机组设备重量以及动力荷载，传给下部结构。

4. 构架

厂房构架结构为一空间构架，是厂房的上部结构的组成部分，但一般将构架简化成按纵、横两个方向的平面结构进行设计和计算。

本章主要内容为厂房整体稳定和地基应力计算，发电机支承结构、蜗壳和尾水管结构、构架的结构设计原理。

13.1 地面厂房整体稳定和地基应力计算

资源 13-1
厂房整体稳定计算 1

地面厂房在水平荷载如水压力和土压力等以及扬压力的作用下应保持整体稳定，厂基面上垂直正应力应满足规范要求。稳定不能保证、地基应力不满足要求时，应采取措施，如设置灌浆帷幕和排水孔降低扬压力，对坝后式厂房可以考虑是否采用厂坝整体连接方式，利用坝体帮助稳定。

厂房整体稳定和地基应力计算的内容一般包括沿地基面的抗滑稳定、抗浮稳定和厂基面垂直正应力计算。河床式厂房本身是壅水建筑物，厂房地基内部存在软弱层面时，还应进行深层抗滑稳定计算。

13.1.1 计算情况和荷载组合

厂房稳定和地基应力计算要考虑厂房施工、运行和扩大检修期的各种不利情况，主要计算情况如下。

1. 正常运行

对河床式厂房来说，正常运行情况中应考虑两种水位组合：

（1）上游正常蓄水位和下游最低水位。这种组合情况厂房承受的水头最大，但扬压力不大。

（2）上游设计洪水位和下游相应水位，这种情况扬压力较大，对稳定不利。

对坝后式厂房和引水式厂房来说，引起稳定问题的水平荷载为下游水压力，正常运行情况中取下游设计洪水位进行组合。厂房上游面作用的荷载有压力管道和下部结构纵缝面上的水压力，后者作用的面积与止水的布置方式有关，水压力的压强则与厂基面扬压力分布图有关，根据具体情况确定。

正常运行情况中厂房内有结构和设备重以及水重。

2. 机组检修

河床式厂房机组检修情况，上、下游水位分别取上游正常蓄水位和下游检修水位，机组设备重及流道内的水重均不考虑。在这种情况下，厂房承受的水头大，而厂房的重量轻，只有结构自重，对稳定不利。

坝后式和引水式厂房机组在检修情况计算中，下游取检修水位，其余同上。

3. 施工情况

厂房施工一般是先完成一期混凝土浇筑和上部结构，以后顺序逐台安装机组并浇筑二期混凝土，机组安装周期较长，如机组是分期安装的，厂房的施工安装期更长，所以要进行施工情况的稳定计算。在这种计算情况中，二期混凝土和设备重不计，厂房重量最轻，而厂房已经承受水压，对抗滑和抗浮不利。这种计算情况也称为机组未安装情况。

河床式厂房机组未安装情况的上游水位取正常蓄水位或设计洪水位，下游取相应最不利水位。坝后式和引水式厂房下游取设计洪水位。

如厂房位于软基上，地基承载力低，施工期还需考虑本台机组已安装。而吊车满载通过的情况，如厂房尚未承受水压，则厂房基面无扬压力作用，流道中也无水重。

4. 非常运行情况

河床式厂房非常运行情况时，上游取校核洪水位，下游取相应最不利水位。坝后式和引水式厂房下游取校核洪水位。

5. 地震情况

河床式厂房地震情况时，上游取正常蓄水位，下游取最低尾水位。坝后式厂房和引水式厂房下游取满载运行尾水位。

以上所述各种情况中，正常运行情况的荷载组合为基本组合，其他为特殊组合。厂房基础设有排水孔时，特殊组合中还要考虑排水失效的情况，以上所述各种情况中，其他应考虑的荷载与混凝土重力坝稳定计算中相同。

厂房整体稳定和地基应力计算应对中间机组段、边机组段和装配场段分别进行。边机组段和装配场段，除了有上下游水压力作用外，还可能受侧向水压力的作用，或者还有侧向土压力存在，所以必须核算双向水压力作用下的整体稳定性和地基应力。

13.1.2　扬压力的确定

作用在岩基上厂房的扬压力，应按下列原则进行计算：

（1）按垂直作用于计算截面全部截面积上的分布力计算。

（2）河床式厂房底面的扬压力分布图形可按下列 3 种情况分别确定：

1）当厂房上游设有防渗帷幕和排水孔时，扬压力图形按图 13-1（a）采用，渗透压力强度系数 α 取 0.25。

2）当厂房上游不设防渗帷幕和排水孔时，厂房底面上游处扬压力作用水头为 H_1，下游处为 H_2，其间以直线连接，如图 13-1（b）所示。

3）当厂房上游设有防渗帷幕和排水孔，并且在下游侧设有排水孔及抽排系统时，其扬压力图形如图 13-1（c）所示，α_1 取 0.2，α_2 取 0.5。

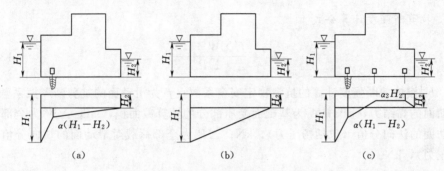

图 13-1　河床式厂房扬压力分布图形

（3）坝后式厂房，当厂坝整体连接或厂坝间设有永久变形缝并已用止水封闭时，其扬压力分布图形应与坝体共同考虑：

1）实体重力坝坝后厂房，当上游坝基设有防渗帷幕和排水孔，下游坝基无抽排设施时扬压力图形如图 13-2（a）所示，ΔH 由帷幕、排水孔位置及 α 值计算确定。

2）宽缝坝、空腹坝坝后厂房 ΔH 为零 [图 13-2（b）]。

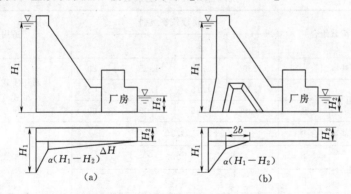

图 13-2　坝后式厂房扬压力分布图形
b—宽缝处坝体宽度

（4）岸边式厂房上游侧扬压力作用水头可根据厂区地下水位和排水设施综合确定。

（5）当洪峰历时较短，下游洪水位较高时，经论证，厂房的扬压力分布图形可考虑时间效应予以折减。

非岩基上厂房扬压力分布图形应根据厂房建筑物地下轮廓设计具体情况，以及地基的渗透特性，通过计算或模拟试验研究确定。也可参照《水闸施工规范》（SL 265—2016）推荐的改进阻力系数法确定扬压力分布图形。

13.1.3　计算方法和要求

13.1.3.1　厂房整体抗滑稳定

厂房整体抗滑稳定性可按下列抗剪断强度公式或抗剪强度公式计算。式中的 f'、c' 及 f 值，应根据室内试验及野外试验的成果，经工程类比，按有关规范分析研究确定。

1. 抗剪断强度计算公式

$$K' = \frac{f'\sum W + c'A}{\sum P} \tag{13-1}$$

式中：K' 按抗剪断强度计算的抗滑稳定安全系数；f' 为滑动面的抗剪断摩擦系数；c' 为滑动面的黏结力，kPa；A 为基础面受压部分的计算截面积，m^2；$\sum W$ 为全部荷载对滑动面的法向分值（包括扬压力），kN；$\sum P$ 为全部荷载对滑动面的切向分值（包括扬压力），kN。

2. 抗剪强度计算公式

$$K = \frac{f\sum W}{\sum P} \tag{13-2}$$

式中：K 按抗剪强度计算的抗滑稳定安全系数；f 为滑动面的抗剪摩擦系数。

厂房整体抗滑和深层抗滑稳定安全系数应不小于表 13-1 规定的数值。

表 13-1　　　　　　　　　　　　　　抗滑稳定最小安全系数

地基类别	荷载组合		厂房建筑物级别				适用公式
			1	2	3	4、5	
非岩基上	基本组合		1.35	1.30	1.25	1.20	适用于式（13-1）或式（13-2）
	特殊组合	I	1.20	1.15	1.10	1.05	
		II	1.10	1.05	1.05	1.00	
岩基	基本组合		1.10				适用于式（13-2）
	特殊组合	I	1.05				
		II	1.00				
	基本组合		3.00				适用于式（13-1）
	特殊组合	I	2.50				
		II	2.30				

注　特殊组合 I 适用于机组检修、机组未安装和非常运行情况，特殊组合 II 适用于地震情况。

13.1.3.2　抗浮稳定性计算

厂房抗浮稳定性可选择特殊组合的①机组检修；②机组未安装；③非常运行 3 种情况中最不利的情况按下列公式计算

$$K_f = \frac{\sum W}{U} \tag{13-3}$$

式中：K_f 为抗浮稳定安全系数，任何情况下不得小于 1.1；$\sum W$ 为机组段（或安装间段）的全部重量，kN；U 为作用于机组段（或安装间段）的扬压力总和，kN。

13.1.3.3　厂房地基应力计算

1. 计算方法

厂房地基面上的法向应力，可按下列公式计算

$$\sigma = \frac{\sum W}{A} \pm \frac{\sum M_x y}{J_x} \pm \frac{\sum M_y x}{J_y} \tag{13-4}$$

式中：σ 为厂房地基面上法向应力，kPa；$\sum W$ 为作用于机组段（或安装间段）上全部荷载（包括或不包括扬压力）在计算截面上法向分力的总和，kN；$\sum M_x$、$\sum M_y$ 分别为作用于机组段（或安装间段）上全部荷载（包括或不包括扬压力）对计算截面形心轴 X、Y 的力矩总和，kN·m；x、y 分别为计算截面上计算点至形心轴 Y、X 的距离，m；J_x、J_y 分别为计算截面对形心轴 X、Y 的惯性矩，m^4；A 为厂房地基计算截面受压部分的面积，m^2。

如尾水管底板为分离式或厚度较薄，不能将荷载传递到其下地基时，则此部分底板不应计入计算截面。

式（13-4）假定厂房基础为刚体，厂基面地基应力为线性分布。

2. 计算要求

厂房地基面上的垂直正应力应符合下列要求：

（1）厂房地基面上所承受的最大法向应力不应超过地基允许承载力。在地震情况下地基允许承载力可适当提高。

（2）厂房地基面上所承受的最小法向应力（计入扬压力）应满足下列条件：

1）对于河床式厂房除地震情况外都应大于零，在地震情况下允许出现不大于 0.1MPa 拉应力。

2）对坝后式及岸边式的厂房，正常运行情况应大于零，机组检修、机组未安装及非常运行情况允许出现不大于 0.1～0.2MPa 的局部拉应力，地震情况如出现大于 0.2MPa 拉应力，应进行专门论证。

厂房整体稳定和地基应力计算不满足要求时，应在厂房地基中采取防渗和排水措施，如图 13-2 中的厂房。坝后式厂房可以考虑厂坝整体连接，利用坝体帮助稳定。

13.2　发电机支承结构和风罩

发电机支承结构直接承受机组运转中产生的振动荷载，必须具有足够的刚度，防止出现共振和过大的动力变形。立式机组的发电机支承结构中，圆筒形机墩采用最多，下面即以此为例说明发电机支承结构的设计原理。

13.2.1 作用及作用效应组合

结构设计中，静力计算应采用荷载设计值，动力计算应采用荷载标准值。动荷载应乘以动力系数（轴向水推力除外）。动力系数和荷载分项系数按《水工建筑物荷载设计规范》（SL 744—2016）和《水电站厂房设计规范》（SL 266—2014）采用。

13.2.1.1 机墩作用与作用效应组合

1. 垂直静荷载

（1）结构自重。

（2）发电机层楼板自重及其荷载。

（3）发电机定子重。

（4）机架及附属设备重。

2. 垂直动荷载

（1）发电机转子连轴重及轴上附属设备重量。

（2）水轮机转子连轴重。

（3）轴向水推力。

13.2.1.2 水平动荷载

由于机组转动部分质量中心和机组中心偏心距 e 引起的水平离心力标准值可按式（13-5）计算

正常运行时 $\qquad P_m = 0.0011 e G_r n_n^2$ （13-5）

飞逸时 $\qquad P_m' = 0.0011 e G_r n_p^2$ （13-6）

式中：P_m 为正常运行时水平离心力标准值，N；P_m' 为飞逸时水平离心力标准值，N；e 为质量中心与旋转中心之偏差，当发电机转速小于 750r/min 时 e 可近似取为 0.35~0.80mm（转速高时取小值），当发电机转速为 1500r/min 和 3000r/min 时 e 可分别取为 0.2 和 0.05mm；G_r 为机组转动部分总重，N；n_n 为机组额定转速，r/min；n_p 为机组飞逸转速，r/min。

13.2.1.3 正常运行扭矩标准值 T

正常运行扭矩标准值 T 由下式计算

$$T = 9.75 \frac{N\cos\phi}{n_n}$$ （13-7）

式中：T 为正常扭矩标准值，N·m；N 为发电机容量，kV·A；$\cos\phi$ 为发电机功率因数。

13.2.1.4 短路扭矩标准值 T'

短路扭矩标准值 T' 由下式计算

$$T' = 9.75 \frac{N}{n_n X_z}$$ （13-8）

式中：T' 为短路扭矩标准值，N·m；X_z 发电机暂态电抗，Ω。

13.2.1.5 机墩作用与作用效应组合

机墩作用与作用效应组合按表 13-2 采用。

表 13－2　　　　　　　　　　　　　机墩作用与作用效应组合

设计状况	极限状态	作用效应组合	计算工况	作用与作用效应					
				垂直静荷载	垂直动荷载	水平动荷		扭矩	
						正常	飞逸	正常	短路
持久状况	承载能力极限状态	基本组合	正常运行	√	√	√		√	
偶然状况		偶然组合	1. 短路时	√	√	√			√
			2. 飞逸时	√	√		√		
持久状况	正常使用极限状态	标准组合	正常运行	√	√	√		√	

13.2.2　风罩作用与作用效应组合

13.2.2.1　风罩承受的作用

风罩承受的作用主要有：

(1) 结构自重。

(2) 发电机层楼板自重及其荷载。

(3) 发电机上机架千斤顶作用力，包括径向推力和切向力，均应乘以动力系数。

(4) 发电机产生短路扭矩时，发电机层楼板对风罩的约束扭矩 M_a。

$$M_a = fGR \tag{13-9}$$

式中：f 为楼板支承面的摩擦系数，一般取混凝土与混凝土之间的摩擦系数；G 为发电机层楼板作用于风罩顶的垂直力总和，N；R 为风罩计算半径，m。

(5) 温度作用，应同时考虑均匀温差和内外温差。

13.2.2.2　风罩作用与作用效应组合

风罩承受的作用及其效应组合，按表 13－3 采用。

表 13－3　　　　　　　　　　　　　风罩作用与作用效应组合

设计状况	极限状态	作用效应组合	计算工况	风罩作用与作用效应					
				结构自重	发电机层楼板荷载	温度作用	短路时发电机层楼板约束扭矩	发电机上机架千斤顶作用	
								正常	短路
持久状况	承载能力极限状态	基本组合	正常运行	√	√	√		√	
偶然状况		偶然组合	转子半数磁极短路	√	√	√	√		√
持久状况	正常使用极限状态	标准组合	正常运行	√	√	√		√	

13.2.3　圆筒式机墩动力计算

13.2.3.1　动力计算条件及假定

(1) 进行机墩垂直自振频率计算时，在蜗壳进口断面处沿径向切取单宽圆筒与单宽顶板，并将单宽顶板视为水平梁，梁的外端固结于蜗壳边墙，内端铰接于座环。

(2) 进行机墩水平横向自振频率和水平扭转自振频率计算时，将机墩视为下端固接、顶端自由的悬臂圆筒，断面形状为圆环。忽略机墩自重，同时用一个作用于圆筒顶的集中质量（机墩混凝土的全部质量的 0.35 倍）代替原有圆筒的质量，使在此集中质量作用下的单自由度体系的振动频率与原来多自由度体系的最小频率接近。

（3）机墩的振动按单自由度体系计算，在计算动力系数和自振频率时不计阻尼影响。

（4）机墩的振动为在线弹性范围内的微幅振动，作用力和结构位移的关系服从虎克定律。

（5）结构振动时的弹性曲线与静质量荷载作用下的弹性曲线相似，从而可用"动静法"进行动力计算。

资源 13-4
圆筒式机墩
计算 2

13.2.3.2　圆筒式机墩动力计算

圆筒式机墩动力计算包括共振验算、振幅计算和动力系数计算。1、2 级水电站厂房的机墩动力计算宜采用有限元法或其他方法进行。

1. 强迫振动频率计算

（1）机组转动部分偏心引起的振动频率 n_1

$$n_1 = n_n \text{ 或 } n_p \tag{13-10}$$

式中：n_n 为发电机正常转速，r/min；n_p 为飞逸转速。

（2）水力冲击引起的振动频率 n_2

$$n_2 = \frac{n_n x_1 x_2}{a} \tag{13-11}$$

式中：x_1、x_2 分别为导叶片数和转轮叶片数；a 为 x_1 与 x_2 两数的最大公约数。

2. 机墩自振频率计算

机墩自振频率分垂直、水平和扭转 3 种。

（1）垂直自振频率 n_{01}。机墩垂直自振频率 n_{01} 按式（13-12）～式（13-17）计算

$$n_{01} = \frac{60}{2\pi}\sqrt{\frac{g}{G_1 \delta_1}} = \frac{30}{\sqrt{G_1 \delta_1}} \tag{13-12}$$

$$G_1 = \sum P_i + P_0 + P_a \tag{13-13}$$

$$P_a = t L_a \gamma_b \frac{r_a}{r_0} \tag{13-14}$$

$$\delta_1 = \delta_p + \delta_s \tag{13-15}$$

$$\delta_p = \frac{H_0}{E_c A} \tag{13-16}$$

$$\delta_s = \frac{1}{6B_a}\left[\frac{a^2}{2L_a^2}\left(3-\frac{a}{L_a}\right)(3L_a^2 d - d^3) - 3a^2 d\right] \tag{13-17}$$

式中：n_{01} 为垂直自振频率，r/min；G_1 为作用于单宽机墩上的单宽全部垂直荷载加上单宽机墩自重及单宽蜗壳顶板重（不计动力系数）的标准值，N；δ_1 为单位垂直力作用下的结构垂直变位（包括机墩压缩变位和蜗壳顶板垂直变位），m/N；$\sum P_i$ 为作用于单宽机墩上的单宽全部垂直荷载标准值，N；P_0 为单宽机墩自重标准值，N；

P_a 为单宽蜗壳顶板自重标准值，N；t 为蜗壳单宽顶板厚度，m；γ_b 为钢筋混凝土重度，N/m³；δ_p 为单位垂直力作用下单宽机墩垂直变位，m/N；δ_s 为单宽蜗壳顶板在单位垂直力作用下的挠度，如图 13-3 所示，m/N；A 为单宽机墩水平截面积，m²；H_0 为单宽机墩高度，m；E_c 为混凝土的受压弹性模量，N/m²；B_a 为蜗壳顶板钢筋混凝土截面的刚度，按《水工混凝土结构设计规范》（DL 5057—2009）受弯构件挠度计算的相关规定采用，N·m²；r_a 为蜗壳顶板中心至机组中心线的距离，m；r_0、L_a、a、d 如图 13-3 所示。

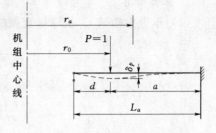

图 13-3　蜗壳顶板挠度计算简图

（2）水平横向自振频率 n_{02}。机墩水平横向自振频率 n_{02} 按式（13-18）～式（13-20）计算

$$n_{02}=\frac{60}{2\pi}\sqrt{\frac{g}{G_2\delta_2}}=\frac{30}{\sqrt{G_2\delta_2}} \tag{13-18}$$

$$G_2=\sum P_i+0.35P_0 \tag{13-19}$$

$$\delta_2=\frac{H_0{}^3}{3B_p} \tag{13-20}$$

式中：n_{02} 为水平横向自振频率，r/min；G_2 为相当于集中在机墩顶端的当量荷载标准值，N；δ_2 为机墩顶端作用单位水平力时的水平变位，m/N；$\sum P_i$ 为作用在机墩顶端的垂直荷载标准值之和，N；P_0 为机墩自重标准值，N；B_p 为机墩钢筋混凝土环形截面的刚度，按《水工混凝土结构设计规范》（DL 5057—2009）受弯构件挠度计算的相关规定采用，N·m²。

（3）水平扭转自振频率 n_{03}。机墩水平扭转自振频率 n_{03} 按式（13-21）～式（13-23）计算

$$n_{03}=\frac{60}{2\pi}\sqrt{\frac{g}{I_\varphi\Phi_1}}=\frac{30}{\sqrt{I_\varphi\Phi_1}} \tag{13-21}$$

$$I_\varphi=\sum P_ir_i^2+0.35P_0r_0^2 \tag{13-22}$$

$$\Phi_1=\frac{H_0}{GI_p} \tag{13-23}$$

式中：n_{03} 为水平扭转自振频率，r/min；I_φ 为相当于集中在机墩顶端的荷载转动惯量，N·m²；P_i 为作用在机墩顶端的垂直荷载标准值，N；r_i 为荷载 P_i 至回转中心的距离，m；P_0 为机墩自重标准值，N；r_0 为机墩圆筒平均半径，m；Φ_1 为单位扭矩作用下机墩的转角，rad/（N·m）；G 为混凝土剪变模量，$G=0.4E_c$，N/m²；I_p 机墩极惯性矩，$I_p=\dfrac{\pi}{32}(D_j{}^4-d_j{}^4)$，m⁴；$D_j$ 为机墩外径，m；d_j 为机墩内径，m。

（4）共振校核。机墩自振频率与强迫振动频率之差和自振频率之比值应大于 20%～30%，或强迫振动频率与自振频率之差和机墩强迫振动频率之比应大于

$20\%\sim30\%$，否则应调整机墩尺寸。

3. 振幅验算

(1) 垂直振幅 A_1。机墩垂直振幅 A_1 按式（13-24）～式（13-26）计算

$$A_1 = \cfrac{P_1}{\cfrac{G_1}{g}\sqrt{(\lambda_1^2 - \omega_1^2)^2 + 0.2\lambda_1^2\omega_1^2}} \qquad (13-24)$$

$$\lambda_1 = \frac{2\pi n_{01}}{60} = 0.1047n_{01} \qquad (13-25)$$

$$\omega_1 = 0.1047n_1 \text{（或 } n_2\text{）} \qquad (13-26)$$

式中：A_1 为垂直振幅，m；P_1 为作用在机墩上的垂直动荷载标准值，包括发电机转子连轴重及轴上附属设备重量、水轮机转子连轴重、轴向水推力，N；λ_1 为机墩垂直振动的自振圆频率，即 2π 秒内的振动次数，s^{-1}；ω_1 为机墩垂直振动的强迫振动圆频率，s^{-1}；G_1 同式（13-13）；g 为重力加速度，取 10m/s^2，以下各式相同。

(2) 水平横向振幅 A_2。机墩水平横向振幅 A_2 按式（13-27）～式（13-29）计算

$$A_2 = \cfrac{P_2}{\cfrac{G_2}{g}\sqrt{(\lambda_2^2 - \omega_2^2)^2 + 0.2\lambda_2^2\omega_2^2}} \qquad (13-27)$$

$$\lambda_2 = \frac{2\pi n_{02}}{60} = 0.1047n_{02} \qquad (13-28)$$

$$\omega_2 = 0.1047n_1 \text{（或 } n_2\text{）} \qquad (13-29)$$

式中：A_2 为水平横向振幅，m；P_2 为作用在机墩上的水平振动荷载标准值，即水平离心力标准值，按式（13-5）、式（13-6）计算，N；λ_2 为机墩水平振动的自振圆频率，s^{-1}；ω_2 为机墩水平振动的强迫振动圆频率，s^{-1}；G_2 同式（13-19）。

(3) 水平扭转振幅 A_3。机墩水平扭转振幅 A_3 按式（13-30）～式（13-31）计算

$$A_3 = \cfrac{T_k R_j}{\cfrac{I_\varphi}{g}\sqrt{(\lambda_3^2 - \omega_2^2)^2 + 0.2\lambda_3^2\omega_2^2}} \qquad (13-30)$$

$$\lambda_3 = \frac{2\pi n_{03}}{60} = 0.1047n_{03} \qquad (13-31)$$

式中：A_3 为水平扭转振幅，m；T_k 为扭转力矩（正常扭矩 T 或短路扭矩 T'）标准值，N·m；R_j 为机墩外圆半径，m；λ_3 为机墩水平扭转自振频率，s^{-1}；I_φ 同式（13-22）。

(4) 振幅控制。圆筒式机墩强迫振动的最大振幅应满足：垂直振幅 A_1 在标准组合并考虑长期荷载作用的影响时不大于 0.15mm；水平横向振幅 A_2 与扭转振幅 A_3 之和在标准组合并考虑长期荷载作用的影响时不大于 0.20mm。

4. 动力系数核算

机墩动力系数 η 按式（13-32）计算

$$\eta=\frac{1}{\sqrt{\left[1-\left(\dfrac{n_i}{n_{0i}}\right)^2\right]^2+\dfrac{\gamma^2}{\pi^2}\left(\dfrac{n_i}{n_{0i}}\right)^2}} \tag{13-32}$$

式中：η 为动力系数；n_i 为机墩强迫振动频率，r/min；n_{0i} 为机墩在相应于 n_i 方向的自由振动频率，r/min；γ 为机墩的对数阻尼系数，对钢筋混凝土结构可取 $\gamma=0.52\sim0.40$。

当 $\dfrac{n_{0i}-n_i}{n_{0i}}\geqslant30\%\sim50\%$ 时，阻尼影响可忽略不计，即 $\gamma=0$，则式（13-32）可简化为

$$\eta=\frac{1}{1-\left(\dfrac{n_i}{n_{0i}}\right)^2} \tag{13-33}$$

当动力系数 η 计算值小于 1.5 时，取为 1.5。

13.2.4　圆筒式机墩静力计算

13.2.4.1　静力计算条件及假定

（1）荷载沿圆周均匀分布，正应力计算取单宽直条、按矩形截面偏心受压构件进行。

（2）任一水平截面的弯矩按底部固定、顶部自由的无限长薄壁圆筒公式计算。

（3）扭矩产生的剪应力按两端受扭的圆筒受扭公式计算。

（4）有人孔部位的扭矩剪力按开口圆筒受扭公式计算。

（5）孔边应力集中（正应力）按圆筒展开后的无限大平板开孔公式计算。

（6）不计算温度作用和混凝土干缩应力。

13.2.4.2　垂直正应力计算

1. 计算简图

不论圆筒式机墩顶部的风罩与发电机层楼板采用何种连接方式，计算中均假定圆筒顶部为自由端，底部固结于蜗壳顶板，不考虑蜗壳顶板的变形。机墩顶部的楼板荷载、风罩自重及机组设备荷载均假定为均布，然后把各荷载按实际位置分别简化，换算为沿相当圆筒中心圆周 r_0 上单位宽度的荷载设计值 $P_0=\sum P_i$ 和 $M_0=\sum P_i e_i$（e_i 为各荷载相对于相当圆筒中心圆周 r_0 的偏心距）。对垂直动荷载，在乘以动力系数 η 后按静荷载考虑，但轴向水推力不乘动力系数 η，如图 13-4 所示。

2. 垂直正应力计算

按式（13-34）进行

$$\sigma=\frac{P}{A}\pm\frac{M_x c}{I} \tag{13-34}$$

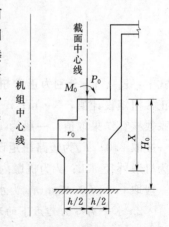

图 13-4　圆筒式机墩
计算简图

式中：P 为相当沿圆筒中心圆周 r_0 上单位宽度的垂直均布荷载设计值，N；A 为单

位圆周长度机墩的截面积，m^2；M_x 为作用于计算截面上的弯矩设计值，$N \cdot m$；c 为计算截面上的应力计算点到截面形心轴的距离，m；I 为计算截面惯性矩，m^4，$I = 1 \times h^3 / 12$。

M_x 按以下两种情况分别取值：

（1）当圆筒高度 $H_0 < \pi S$ 时 $[S = \sqrt{r_0 h} / \sqrt[4]{3(1-\mu^2)}]$，$r_0$ 为圆筒半径，h 为圆筒壁厚，μ 为泊松比，按上端自由、下端固定的偏心受压柱计算，取 $M_x = M_0$。

（2）当圆筒高度 $H_0 \geqslant \pi S$ 时，按有限长薄壁圆筒计算，距圆筒顶部 x 处截面的弯矩 M_x 按式（13-35）～式（13-37）计算

$$M_x = M_0 \Phi(\beta x) \tag{13-35}$$

$$\Phi(\beta x) = e^{-\beta x}(\cos \beta x + \sin \beta x) \tag{13-36}$$

$$\beta = \frac{\sqrt[4]{3(1-\mu^2)}}{\sqrt{r_0 h}} \tag{13-37}$$

式中：$\Phi(\beta x)$ 函数可参见《水工设计手册》（第2版）（第8卷）取值。

13.2.4.3　扭矩及水平离心力作用下的剪应力计算

1. 扭矩作用下的环向剪应力

（1）正常扭矩作用下，环向剪应力为

$$\tau_{x_1} = \frac{T_d r \eta}{J_\rho} \varphi \tag{13-38}$$

（2）短路扭矩作用下，环向剪应力为

$$\tau_{x_2} = \frac{T_d' r \eta'}{J_\rho} \tag{13-39}$$

$$J_\rho = \frac{\pi}{32}(D^4 - d^4) \tag{13-40}$$

$$\eta' = 2 \times \frac{1 + \dfrac{T_a}{t_1}\left(1 - e^{-\frac{t1}{T_a}}\right)}{1 + e^{-\frac{0.01}{T_a}}} \tag{13-41}$$

$$t_1 = 30/n_{03} \tag{13-42}$$

式中：τ_{x_1}、τ_{x_2} 分别为正常扭矩和短路扭矩作用下的环向剪应力设计值，Pa；T_d 为正常扭矩设计值，$N \cdot m$；r 为计算点至圆筒中心的距离，m；η 为动力系数，按动力系数核算结果取值，一般为 1.5；J_ρ 为机墩断面极惯性矩，m^4；φ 为材料疲劳系数，一般取 2.0；T_d' 为短路扭矩设计值，$N \cdot m$；η' 为短路扭矩冲击系数，一般取 2.0；D 为机墩外径，m；d 为机墩内径，m；T_a 为发电机定子绕组时间因素，由厂家提供，一般取 0.15～0.45s；n_{03} 为水平扭转自振频率，r/min。

2. 水平离心力作用下的环向剪应力

正常运行

$$\tau_{x_3} = \frac{P_m \eta \varphi}{A} \tag{13-43}$$

飞逸

$$\tau_{x_4} = \frac{P_m' \eta \varphi}{A} \tag{13-44}$$

式中：τ_{x_3}、τ_{x_4} 分别为正常运行和飞逸时的水平离心力作用下的环向剪应力设计值，Pa；P_m 为正常运行时水平离心力设计值，N；A 为圆环面积，m^2；P'_m 为飞逸时水平离心力设计值，N；其余符号同前。

3．机墩进人孔部位环向剪应力设计值

（1）短路扭矩作用下，环向剪应力为

$$\tau'_{x_2} = \eta' \frac{T'_d (3l + 1.8h)}{l^2 h^2} \tag{13-45}$$

（2）离心力作用下，环向剪应力为

$$\tau'_{x_4} = \varphi \frac{c_p A_2}{\frac{\pi}{4}(D^2 - d^2) - A_h} \tag{13-46(a)}$$

或

$$\tau'_{x_4} = \eta \varphi \frac{P'_m}{\frac{\pi}{4}(D^2 - d^2) - A_h} \tag{13-46(b)}$$

$$c_p = l / \delta_2 \tag{13-47}$$

式中：l 为机墩圆筒中心周长，m；h 为机墩圆筒壁厚度，m；A_h 为圆环上进人孔所占面积，m^2。

13.2.4.4　机墩强度校核

根据表 13-2 的规定对机墩在各种作用与作用效应组合下，按第三强度理论进行强度校核

$$\sigma_{zl} = \frac{1}{2} (\sigma_x - \sqrt{\sigma_x^2 + 4\tau^2}) \tag{13-48}$$

$$\sigma_{zl} \leqslant \sigma_c / \gamma_d \tag{13-49}$$

式中：σ_{zl} 为主拉应力设计值，Pa；σ_x 为机墩内、外壁计算点的正应力设计值，Pa；τ 为机墩内、外壁计算点的剪应力设计值，正常运行时 $\tau = \tau_{x_1} + \tau_{x_3}$，短路时 $\tau = \tau_{x_2} + \tau_{x_3}$ 或 $\tau = \tau'_{x_2} + \tau_{x_3}$，飞逸时 $\tau = \tau_{x_4}$ 或 $\tau = \tau'_{x_4}$，Pa；γ_d 为素混凝土结构受拉破坏结构系数，取值为 2.0。

当不能满足式（13-49）时，应加大机墩尺寸。

13.2.4.5　构造要求

圆筒式机墩应配置构造钢筋，宜采用变形钢筋。计算不需要受力钢筋时，竖向构造钢筋配筋率应大于机墩全截面面积的 0.4％，钢筋直径不小于 16mm，间距不宜大于 250mm。环向钢筋直径不小于 12mm，钢筋间距不宜大于 250mm。对孔口部位应适当加强。

13.2.5　风罩静力计算

13.2.5.1　计算假定和简图

（1）发电机风罩为钢筋混凝土薄壁圆筒结构，当半径与壁厚之比大于 10，且风罩圆筒高度 $H \geqslant \pi S$ 时 $[S = \sqrt{Rh} / \sqrt[4]{3(1 - \mu^2)}$，$R$ 为圆筒半径，h 为圆筒壁厚，μ 为泊松比$]$，按有限长薄壁圆筒计算。

资源 13-5
风罩计算

（2）当风罩与发电机层楼板完全脱开时，上端自由，下端固定；当风罩与发电机层楼板整体连接时，上端简支，下端固定；结构计算简图如图 13-5 所示。

（3）对作用在风罩顶部的所有荷载均假定为沿圆周均匀分布，将荷载转化为沿圆周单位长度均匀分布的垂直轴向力、水平力和力矩，然后分别计算。

（4）当发电机风罩壁开孔较多且尺寸较大时，则可切取单宽，按"Γ"形框架计算，但环向钢筋应适当加强。

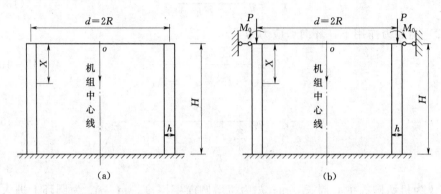

图 13-5　发电机风罩结构计算简图

（a）风罩与发电机层楼板完全脱开；（b）风罩与发电机层楼板整体式或简支式连接

13.2.5.2　内力计算

（1）上端简支、下端固定，上端作用力矩设计值 M_0，按式（13-50）～式（13-53）计算，各项系数可参见《水电站厂房设计规范》（SL 266—2014）。

$$M_x = K_{Mx} M_0 \tag{13-50}$$

$$M_\theta = \mu M_x \tag{13-51}$$

$$N_\theta = K_{N\theta} \frac{M_0}{h} \tag{13-52}$$

$$V_x = K_{Vx} \frac{M_0}{H} \tag{13-53}$$

式中：M_x 为竖向弯矩设计值，外壁受拉力为正，kN·m/m；K_{Mx} 为竖向弯矩系数；M_0 为外力矩设计值，外壁受拉力为正，kN·m/m；M_θ 为环向弯矩设计值，外壁受拉力为正，kN·m/m；μ 为混凝土泊松比；N_θ 为环向力设计值，受拉力为正，kN/m；$K_{N\theta}$ 为环向力系数；h 为风罩圆筒厚度，m；V_x 为剪力设计值，向外为正，kN/m；K_{Vx} 为剪力系数；H 为风罩圆筒高，m。

（2）上端简支、下端固定，在均匀温差 t_R 作用下，按式（13-54）～式（13-58）计算，各项系数可参见《水电站厂房设计规范》（SL 266—2014）。

$$M_x = \gamma_t K_{Mx} P_t H^2 \tag{13-54}$$

$$M_\theta = \gamma_t \mu M_x \tag{13-55}$$

$$N_\theta = \gamma_t (K_{N\theta} - 1) P_t R \tag{13-56}$$

$$V_x = \gamma_t K_{Vx} P_t H \tag{13-57}$$

$$P_t = \frac{E_c h \alpha_t t_R}{R} \tag{13-58}$$

式中：γ_t 为温度作用分项系数，按《水工建筑物荷载规范》（SL 744—2016）规定采用；K_{Mx} 为竖向弯矩系数；E_c 为混凝土弹性模量，kN/m^2；α_t 为混凝土温度线膨胀系数，$1/℃$；t_R 为均匀温差，温升为正，$℃$；R 为风罩计算半径，m；$K_{N\theta}$ 为环向力系数；K_{Vx} 为剪力系数。

（3）上端简支、下端固定，在内外温差 Δt 作用下，按式（13-59）~式（13-63）计算，各项系数可参见《水电站厂房设计规范》（SL 266—2014）。

$$M_x = \gamma_t K_{Mx} M_t \tag{13-59}$$

$$M_\theta = \gamma_t \mu (K_{Mx} - 5) M_t \tag{13-60}$$

$$N_\theta = \gamma_t K_{N\theta} \frac{M_t}{h} \tag{13-61}$$

$$V_x = \gamma_t K_{Vx} \frac{M_t}{H} \tag{13-62}$$

$$M_t = 0.1 E_c h^2 \alpha_t \Delta t \tag{13-63}$$

式中：K_{Mx} 为竖向弯矩系数；$K_{N\theta}$ 为环向力系数；K_{Vx} 为剪力系数；Δt 为内外温差，等于外壁温度减去内壁温度，$℃$。

（4）发电机短路时，发电机层楼板对风罩的约束扭矩设计值 M_a 产生的水平切向剪应力设计值 τ 按式（13-64）计算

$$\tau = \frac{3M_a}{2ShR} \frac{R_e}{R} \tag{13-64}$$

式中：S 为风罩中心线周长，应扣除孔洞宽度，m；R_e 为风罩外半径，m。

13.3　蜗　壳

蜗壳指水轮机的过流部分，它的尺寸与断面形状由制造厂家根据水力模型试验确定。蜗壳根据作用水头大小选用金属蜗壳或钢筋混凝土蜗壳。金属蜗壳，其断面形状一般为圆形或椭圆形；钢筋混凝土蜗壳，断面多采用梯形。如图 13-6、图 13-7 所示。当最大水头在 40m 以上时宜采用金属蜗壳，若采用钢筋混凝土蜗壳，则应有技术经济论证。

13.3.1　金属蜗壳

1. 结构型式

金属蜗壳由水轮机厂家设计和制造，水工设计的任务主要是分析外围混凝土的强度和刚度，提出构造及施工要求等。金属蜗壳根据外围混凝土受力状态，主要有三种型式。

（1）垫层蜗壳。金属蜗壳外一定范围内铺设垫层后浇筑外围混凝土。金属蜗壳按承受全部设计内水压力进行设计及制造，对一般工程，外围混凝土结构只承受结构自

资源 13-6
金属蜗壳计算

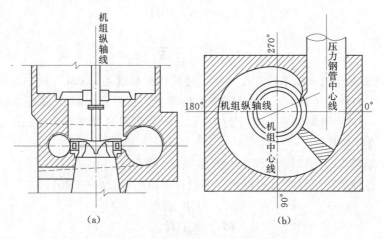

图 13-6　金属蜗壳外围混凝土结构
(a) 剖面图；(b) 平面图

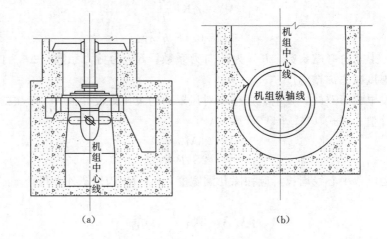

图 13-7　梯形断面钢筋混凝土蜗壳
(a) 剖面图；(b) 平面图

重和上部结构传来的荷载；对大型或高水头工程，外围混凝土除承受结构自重和上部结构传来的荷载外，还要承受部分内水压力，传至混凝土上内水压力大小应根据垫层设置范围、厚度及垫层材料的物理力学指标等研究确定。

垫层材料通常敷设于上半圆表面，必要时可对垫层范围进行调整，以减小座环处钢衬应力集中，改善蜗壳外围混凝土薄弱区受力条件。垫层材料应具有弹性模量低、吸水性差、抗老化、抗腐蚀、徐变小且稳定、造价低廉、施工方便等性能，一般采用非金属的合成或半合成材料，如聚氨酯软木垫层、PE 泡沫材料等，弹性模量一般不高于 10MPa，通常采用 1～3MPa。其厚度应能满足金属蜗壳自由变形的需要，一般采用 2～5cm。重要结构可根据外围混凝土结构具体条件分析研究确定垫层。

（2）充水保压蜗壳。金属蜗壳与外围混凝土之间不设垫层，蜗壳在充水加压状态下浇筑外围混凝土。金属蜗壳亦按承受全部设计内水压力设计及制造，外围混凝土结构除承受结构自重和外荷载外，还要承受部分内水压力，其充水加压值可根据外围混凝土结构具体条件分析研究确定。

（3）直埋蜗壳。属于钢衬钢筋混凝土完全联合承载结构，即金属蜗壳外直接浇筑外围混凝土，既不设垫层，也不充内压。金属蜗壳亦按承受部分设计内水压力设计及制造，外围混凝土结构除承受结构自重和外荷载外，还要承受部分内水压力，其分担设计内水压力值可根据外围混凝土结构具体条件分析研究确定。

总结国内外的工程经验，以上 3 种方式均有应用。对于 HD 值（设计内水压力与钢蜗壳进口管径之积）特别高的蜗壳结构，国外常采用充水保压蜗壳和直埋蜗壳，国内以往通常采用垫层蜗壳，近期的大型工程和抽水蓄能工程多采用充水保压蜗壳，我国从 2005 年起，对云南景洪电站和三峡右岸 15 号机组开展直埋式蜗壳的研究。

大型机组或高水头机组蜗壳型式宜从结构的强度、刚度、控制尺寸、布置、施工、投资效益和运行维护等方面综合比较确定。

2. 作用及作用效应组合

金属蜗壳外围混凝土结构承受的作用和作用效应组合可按表 13 - 4 规定采用。

表 13 - 4 金属蜗壳作用效应组合表

蜗壳形式	设计状况	极限状态	作用效应组合	计算情况	作 用 名 称					
					结构自重	机墩及风罩传来荷载	水轮机层地面活荷载	内水压力	外水压力	温度作用
金属蜗壳外围混凝土	持久状况	承载能力极限状态	基本组合（一）	正常运行	✓	✓	✓	✓		
	短暂状况		基本组合（二）	蜗壳放空	✓	✓	✓			

注 1. 内水压力包括水锤压力；
　　2. 长期组合中温度作用仅需考虑环境年变幅影响；
　　3. 短期组合中施工期温度作用，宜采用温控措施及合理分块浇筑予以降低。

3. 计算方法

金属蜗壳外围混凝土结构内力计算通常选择几个控制断面，切取平面框架简化计算或按平面有限元计算，由于忽略空间作用影响，计算结果与实际受力状况存在一定差异，因此，建议大中型电站及蜗壳外包混凝土结构特殊的小型电站尽可能采用三维计算方法为主。当考虑与金属蜗壳联合作用时，内力计算还宜分别由三维有限元分析，结构模型试验，或由工程类比确定。本节着重介绍平面框架计算方法的一般原则。

（1）按框架计算内力时，常沿蜗壳机组中心线径向切取 3～4 个截面，其中进口断面往往为控制断面。

目前一般采用平面"Γ"形框架进行计算，框架的简化方式可分为等截面框架 ［图 13 - 8 （a）］和变截面框架 ［图 13 - 8 （b）］两种。顶板与侧墙刚接，侧墙底部固定与下部大体积混凝土上，顶板与座环一般采用铰接，但对于高水头电站，由于蜗壳较小，其外包混凝土顶板往往不能或仅局部落在座环上，座环对于顶板支撑作用没有或较小，此时，设计人员可考虑平面假设与实际条件的差异、构造措施、结构刚度等情况，根据经验对蜗壳顶板座环侧的约束作用进行假设。

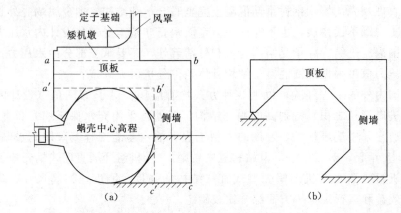

图 13-8　金属蜗壳计算简图

对于蜗壳顶板与侧墙厚度较大时，尚应考虑节点刚性和剪切变形影响。

蜗壳的环向作用可根据竖向平面与各层环向水平交点变形一致的条件，并通过改变约束作用或设置水平弹性杆等方法体现。

（2）按等截面平面框架计算时，可采用考虑剪切变形及刚性节点影响的杆件形常数和载常数，按一般弯矩分配法计算杆件内力；如果不考虑剪切变形及刚性节点的影响，"Γ"形框架可按一般结构力学公式求解，还可以用有限元法进行应力分析。

（3）按变截面框架计算时，可采用 $\frac{I_0}{I}$ 余图法计算内力，或直接采用力法计算。

4. 配筋及构造要求

（1）不承受水压力的混凝土结构可允许开裂，但宜校核其裂缝宽度；对于承受水压力的混凝土结构根据具体情况按抗裂或限裂设计。

（2）不承受内水压力的蜗壳外围混凝土，若按计算不需配筋，对于小型工程，可仅在接近座环处以及转角处应力集中处配少量构造钢筋，需将但要提高混凝土的标号到 C25～C30 以上，并核算纯混凝土的拉应力，应不超过规定值；对于大中型工程，宜按构造在蜗壳上半圆垫层部位或周边配筋。由于蜗壳混凝土很厚，按构造配筋时，可参照类似工程经验，一般配双向 $\phi16～\phi25@20～@25cm$ 的构造钢筋，小型电站选择低值，大型电站选择高值。

（3）受内水压力的蜗壳外围，按计算需要在蜗壳上半圆或周边配筋，若按平面计算时，要注意环向分布钢筋不要太少，一般不少于径向钢筋的 40%～60%，小型电站选择下限值，大型电站上限值；按空间有限元或空间框架计算时，环向钢筋宜按计算确定。

（4）对于外包混凝土不能落在座环金属蜗壳，其顶板为一悬臂结构，因此必须保证顶板有足够的抗剪强度，避免出现斜裂缝影响构件的实用性和耐久性，必要时宜按配置一定数量的抗剪钢筋。

（5）对于垫层蜗壳，为确保蜗壳底部密实，浇筑前，可在蜗壳底部、座环及基础环下部等混凝土浇筑较困难的部位预埋回填灌浆系统。蜗壳部位灌浆范围可包括座环及基础环下部、蜗壳内侧及底部、蜗壳进口断面至上游边墙段底部120°。座环和基础环底部可利用预留灌浆孔灌浆；蜗壳内侧及底部（含蜗壳进口断面至上游边墙段）一般采用引管法灌浆。

13.3.2　钢筋混凝土蜗壳

13.3.2.1　结构型式

目前国内已建水电站钢筋混凝土蜗壳统计资料表明，最大水头在30m以上的钢筋混凝土蜗壳，大都采取了防渗措施。其中，盐锅峡、石泉、柘林、大化等水电站，钢筋混凝土蜗壳的最大水头在40m左右。根据蜗壳的工作特点，目前国内外钢筋混凝土蜗壳常用防渗措施主要有以下几种型式。

资源13-7
混凝土蜗壳
计算

（1）采用防渗涂料：在蜗壳内壁涂刷防渗涂料，以防止蜗壳渗水或漏水。该种防渗型式需论证防渗涂料防渗可靠性和耐久性。

（2）设置钢板衬砌：在蜗壳内壁设置金属护面。该种型式防渗效果较好，由于施工工序较多，可能会增加施工工期。

（3）预应力结构：通过在蜗壳顶板或侧墙施加一定预应力钢筋，改变结构受力特点，以提高防渗性能。该种型式防渗性能好，在国内有少量应用实例，若使用这种结构型式，应进行充分论证。

除上述几种防渗措施外，经充分论证，还可研究钢筋混凝土—型钢混合结构、钢筋—钢纤维混凝土、高分子材料等新材料、新工艺提高钢筋混凝土蜗壳防渗性能。

13.3.2.2　计算荷载及组合

钢筋混凝土蜗壳外围混凝土结构承受的作用和作用效应组合可按表13-5规定采用。

表13-5　　　　　　　　钢筋混凝土蜗壳作用效应组合表

蜗壳型式	设计状况	极限状态	作用效应组合	计算情况	作用名称					
					结构自重	机墩及风罩传来荷载	水轮机层地面活荷载	内水压力	外水压力	温度作用
钢筋混凝土蜗壳	持久状况	承载能力极限状态	基本组合（一）	正常运行	√	√	√	√	√	√
	短暂状况		基本组合（二）	蜗壳放空	√	√	√		√	
				施工期	√	√				√
	偶然状况		偶然组合	校核洪水运行	√	√	√	√	√	
	持久状况	正常使用极限状态	短期或长期组合	正常运行	√	√	√	√		√
	短暂状况		短期组合	蜗壳放空	√	√	√		√	
				施工期	√	√				√

注　1. 内水压力包括水锤压力；
　　2. 长期组合中温度作用仅需考虑环境年变幅影响；
　　3. 短期组合中施工期温度作用，宜采用温控措施及合理分块浇筑予以降低。

13.3.2.3 计算方法

钢筋混凝土蜗壳结构的内力计算方法主要有平面框架法、环形板筒法及有限元法等。过去一般采用平面框架法计算，该方法计算方便，但忽略了空间作用，使计算成果不够精确，往往致使蜗壳顶板径向钢筋和侧墙竖向钢筋偏多，而环向钢筋不足，从空间有限元计算成果或三维光弹试验及部分现有工程运行情况等表明环向应力是不容忽视的；此外，对于大体积构件，受力钢筋锚固长度按常规处理也不尽合理，宜按应力分布状况确定，建议大中型电站尽可能采用三维分析方法为主，对于进口段尚应考虑中墩及上游墙的约束作用。

1. 平面框架法

沿蜗壳径向切取若干断面 [图 13-9 (a)、(b)]，计算模型基本同金属蜗壳，但荷载不同。计算中可考虑平面框架之间相互作用（即环向作用）以及蜗壳上下锥体和座环的刚度影响。也可考虑蜗壳上下锥体自身刚度影响将断面简化成"Ⅱ"形框架计算，将蜗壳顶板两端分别与蜗壳侧墙和蜗壳上锥体刚接，将座环模拟成杆，与蜗壳上下锥体铰接。侧墙与下锥体底部因与大体积混凝土相连，均取固端截面 [图 13-9 (c)]。

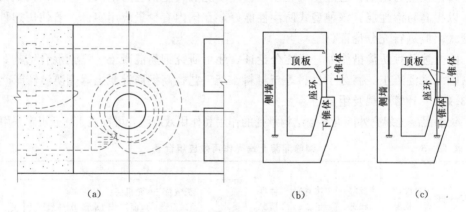

图 13-9 钢筋混凝土蜗壳结构计算示意图

2. 环形板筒法

此法将钢筋混凝土蜗壳各部分分别按其支承条件和荷载图形分开计算，目前已较少使用。

3. 有限单元法

用有限单元法计算河床式电站钢筋混凝土蜗壳可参见参考文献或其他有关专著，计算要点如下：

(1) 根据研究内容和研究对象，选择合适的有限元程序，目前国内通常采用 ABAQUS、ANSYS 等有限元分析工具。对混凝土蜗壳一般进行有限元线弹性分析；若为了解结构混凝土开裂范围、混凝土裂缝宽度和结构位移等，可采用非线性分析。

(2) 计算简图必须反映实际和计算可行的原则：计算范围一般可仅限于水下，一般选用一标准机组段范围，计算对象应包括蜗壳顶板、侧墙、上下锥体、上下座环及固定导叶等，条件允许可以取厂房整体模型计算。至于边界条件可用理想化的约束或

荷载取模拟毗邻结构或介质对它的
作用。

图 13-10 为葛洲坝电站三维有限
元计算模型，限于当时计算机容量限
制，在拟定其计算图式时，选取蜗壳
及其下排沙底孔作为计算对象，上游
侧取至蜗壳顶板与上游挡水墙的连接
处；下游侧取至蜗壳压力墙；左右两
侧至机组段边墙的外轮廓；顶部取至
蜗壳顶板上缘，底部取至排沙底孔的
边墙下端，上游锥体部分取至座环为
止，下锥体及尾水管段不参加计算。

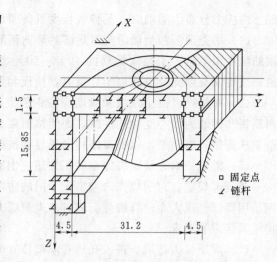

图 13-10　蜗壳三维有限元计算图式（单位：m）

对于蜗壳计算周界的约束条件做
如下假定：①下游侧周界与长而高的
厂房下游墩墙连接，故对蜗壳边墙的约束视为顺水流向的链杆。②上游侧周界与刚度
很大的上游挡水墙相连，故对蜗壳前进口段顶板的约束似宜采用完全固端。但考虑到
蜗壳分层分块设计中，在上挡墙与蜗壳顶板连接处有一施工缝，削弱了两者的联系，
故在两侧边墙部位取为固定约束，顶板部位视为顺水流向的链杆。③顶板上部的厂房
构架截面尺寸相对较小，不计其约束作用，厂房构架传下的重量对蜗壳应力影响甚
小，计算中略去不计。④蜗壳下部的排沙底孔边墙和顶板与大体积连接处假定为固定
约束。⑤上倒锥体底部，考虑到该部位的钢筋与座环焊接，而座环的整体刚度又较
大，亦视为完全固定约束。上锥体对顶板的约束，曾采用完全固定和竖向刚性链杆连
接两种不同条件，两种约束条件只对上倒锥体和顶板附近的应力有影响，对其他部位
几乎无影响。

（3）根据计算应力分布及数值，用钢筋混凝土规范的拉应力图法计算结构各部位
的配筋。

13.3.2.4　配筋及构造要求

（1）根据框架分析得出的杆件体系内力特征，顶板和边墙可按受弯、偏心受压或
偏心受拉构件进行承载能力计算及裂缝宽度验算。按弹性三维有限元计算时，宜根据
应力图形进行配筋计算。

（2）蜗壳顶板径向钢筋和侧墙竖向钢筋为主要受力钢筋，按计算配置，最小配筋
率不应小于钢筋混凝土规范的规定。蜗壳顶板径向钢筋应呈辐射状，分上下两层布
置，侧墙竖向钢筋布置在内外两侧。为了保证构件刚度及延性，同时方便施工，纵向
钢筋直径不宜过小，数量不宜过少，建议蜗壳配筋每延米长度不少于 5 根，其直径不
宜小于 16mm。顶板与边墙的交角处应设置斜筋，其直径和间距与顶板径向钢筋保持
一致。

（3）侧墙底部与大体积混凝土固接，其受力钢筋应伸入大体积混凝土中拉应力数
值小于 0.45 倍混凝土轴心抗拉强度设计值的位置后再延伸一个锚固长度；当底部混

凝土内应力分布不明确时，其伸入长度可参照已建工程的经验确定。

（4）蜗壳顶板和侧墙应配置足够的环向钢筋。按平面框架计算，顶板和侧墙环向钢筋配筋值不宜小于径向钢筋的 $40\%\sim60\%$，小型电站选择下限值，大型电站上限值；按空间有限元或空间框架计算时，顶板和侧墙环向钢筋宜按计算确定。

（5）对蜗壳混凝土顶板和侧墙应按钢筋混凝土规范进行斜截面受剪承载力验算。当顶板和侧墙为偏心受拉构件时，即使按斜截面承载力计算不需配置钢筋，也宜按构造要求配置抗剪钢筋，以提高结构的延性和抗剪能力。

（6）混凝土蜗壳最大裂缝宽度不宜超过钢筋混凝土规范规定的限值，并宜满足厂房专业规范规定。对于蜗壳内壁增设专门的防渗层时，限制裂缝宽度可适当放宽。若钢筋用量已经很大而计算裂缝仍超过最大裂缝允许值时，宜参照已建工程经验或构造措施满足限裂要求。

（7）对于接力器坑、进人孔等孔洞部位宜配置加强钢筋；对于座环部位应配置适量承压钢筋；对于承受内水压力较大的混凝土蜗壳上环部位宜增加蜗壳混凝土钢筋与座环的连接措施，如配置连接螺栓筋等。

13.4　尾　水　管

13.4.1　尾水管结构（底板）布置

大中型电站多采用弯曲形尾水管，在结构上分为锥管、弯管和扩散段 3 部分，是一个由边墙、顶板、底板和中间隔墩组成的复杂空间结构（图 13-11）。

资源 13-8
尾水管结构
计算 1

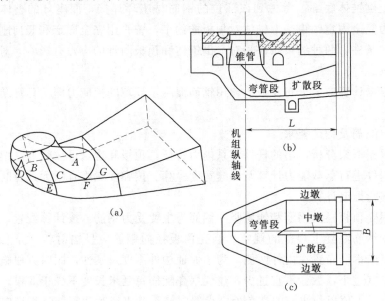

图 13-11　弯曲形尾水管体型图

（a）立体图；（b）纵剖面图；（c）平剖面图

A—调环面；B—斜圆锥面；C—斜平面；D—水平圆柱面；E—垂直圆柱面；F—立平面；G—曲面

尾水管底板同时也是主厂房的基础板。当地基为坚硬完整的岩石时，可以做成分离式底板，厚度一般为 0.5～1.0m。对地质条件差的厂房，一般均做整体式钢筋混凝土底板，厚度常达 2～3m 以上。图 13-12 是分离式底板的一种布置。

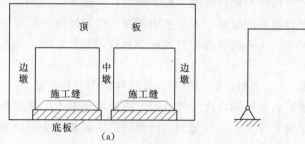
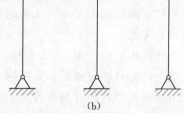

图 13-12 分离式底板尾水管剖面

13.4.2 作用及作用效应组合

尾水管承受的作用及作用效应组合可按表 13-6 规定采用。

表 13-6　　　　　　　　　　　　尾水管作用效应组合表

设计状况	极限状态	作用组合	计算情况	结构自重	上部结构及设备重	内水压力 正常尾水位	内水压力 校核洪水尾水位	外水压力 正常尾水位	外水压力 校核洪水尾水位	外水压力 检修尾水位	扬压力 正常尾水位	扬压力 校核洪水尾水位	扬压力 检修尾水位	温度作用
持久状况	承载能力极限状态	基本组合（一）	正常运行	✓	✓	✓					✓			
短暂状况		基本组合（二）	检修期	✓	✓					✓			✓	
			施工期	✓										✓
偶然状况		偶然组合	校核洪水运行	✓	✓		✓		✓			✓		
持久状况	正常使用极限状态	短期或长期组合	正常运行	✓	✓	✓					✓			
短暂状况		短期组合	检修期	✓	✓					✓			✓	
			施工期	✓										✓

13.4.3 计算方法

尾水管扩散段的内力一般简化成平面框架分析，即沿水流方向分区切若干截面，按平面框架计算，计算应考虑节点刚性和剪切变形影响，弯管段为一复杂空间框架结构，通常采用近似方法，如框架法和平板法等。

大中型电站尽可能采用三维分析方法为主。三维计算应结合工程需要选用合适的计算程序和模型，分析方法可参考"钢筋混凝土蜗壳"及有关书籍，以下着重介绍结构力学（平面杆件）计算方法。

1. 计算假定

（1）切取单位宽度结构按平面框架计算，应对不平衡竖向力进行调整。

（2）按平面框架计算时，杆件的计算跨度一般不能取杆件截面中心到中心，支座负弯矩钢筋也不宜按支座中心弯矩值配置，而应按边界弯矩或柔性段的端弯矩配置。

（3）一般在跨高比 $\lambda \leqslant 3.5 \sim 4.0$ 时要考虑节点刚性和剪切变形影响；当杆件跨高比较大时可不考虑。

（4）当跨高比更小，为 $\lambda \leqslant 2.5$ 时，宜按深梁计算杆件的内力和配筋。

（5）当上部杆件相对刚度和底板刚度比较接近时，按弹性地基上的框架计算。

（6）当底板较厚，相对刚度较大，可假定上部框架固定于底板，分开计算，底板则按弹性地基上的梁计算。

（7）当按弹性地基上框架计算时，基础对底板的反力图形可以有以下几种处理办法。

1）当地基为坚硬岩石，底板相对刚度较小时，可近似地假定反力为三角形分布 [图 13-13 (b)]。

反力荷载宽度
$$a_0 = \frac{1.5}{\beta} \left(\text{当} \ \beta \geqslant \frac{3}{L} \ \text{时} \right) \tag{13-65}$$

反力荷载强度
$$q = \frac{W-U}{2a_0} = \frac{V}{2a_0}$$

其中
$$\beta = \sqrt[4]{\frac{Kb}{4EI}}$$

式中：b 为底板计算宽度，m；K 为基岩弹性抗力系数，kN/m^3；E 为底板混凝土弹性模量，kN/m^2；I 为底板截面惯性矩，m^4；L 为计算跨度，m；W 为上部荷载合力，kN；U 为底板扬压力合力，kN；V 为基础反力的合力，kN。

2）当地基软弱，底板相对刚度较大时，可近似地假定反力为均匀分布，如图 13-13 (a) 所示。

3）当地基介乎上述两者之间时，反力分布图形按弹性地基梁或框架通过计算求得。

2. 弯管段计算

（1）假设底板为一边自由、三边固定的梯形板，按交叉梁法计算（图 13-14）。

资源 13-9
尾水管结构
计算 2

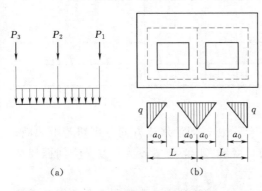

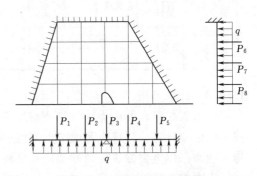

(a)	(b)

图 13-13　尾水管底板反力分布假定
(a) 均匀分布；(b) 三角形分布

图 13-14　弯管段底板按交
叉梁法计算简图

（2）弯管段底板通常切取 1~2 个断面，如图 13-15 的 1—1 剖面和 2—2 剖面，边墩连同底板按倒框架计算，假定底板反力均匀分布。杆件截面较大时，应考虑节点刚性和剪切变形的影响。由于弯管段的顶板一般都很厚，弯管段顶板可按深梁计算，如图 13-15 的 3—3 剖面。

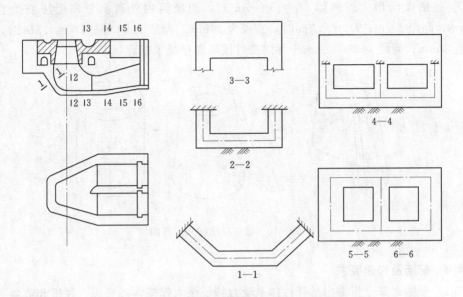

图 13-15　尾水管按平面倒框架计算简图

3. 扩散段计算

（1）在扩散段选择有代表型的部位沿垂直方向切取 2~3 个断面，如图 13-15 的 4—4 剖面和 5—5 剖面，按平面框架计算框架。杆件截面较大时，应考虑节点刚性和剪切变形的影响。

（2）扩散段相邻平面框架间不平衡剪力，系根据总体平衡条件，假定沿水流方向基础反力为直线分布求得，而剪力系假定尾水管在顺水流方向为一受弯构件求得

$$\tau = \frac{QS}{Ib}$$

(13-66)

或

$$b\tau = \frac{QS}{I}$$

式中：Q 为不平衡剪力，kN；I 为垂直水流方向的截面惯性矩，m^4；S 为计算截面以上的截面面积对截面重心轴的面积矩，m^3；b 为计算截面处的截面宽度，m；τ 为总的抗剪力，kN/m^2。

不平衡剪力可按框架截面各部分对截面重心轴的面积矩分配到顶板、底板和墩墙上。顶板、底板分担的剪力，按均布荷载处理。墩子分担的剪力还要根据各个墩子的厚度分配，作为集中力处理。

4. 锥管段计算

锥管段结构为一变厚度圆锥筒，如图 13-16 所示。内力计算时，通常简化为按

上端自由、下端固结的等厚圆筒进行分析，圆筒顶面作用由水轮机座环传来的偏心垂直力，外壁作用内外水压力差。

从受力情况来看，锥管段结构为一受压圆锥结构，环向也是受压状态，应按受压构件配筋。从国内外一些电站厂房的实际情况看，一般趋势是配筋量随水轮机转轮直径 D_1 的增大而增大。例如 $D_1 = 5 \sim 6m$ 时，圆锥筒内外两侧竖向受压筋为直径 25mm、间距 25cm；$D_1 = 7.2m$ 时，直径为 30mm、间距为 25cm；$D_1 = 9.3m$ 时，直径为 40mm、间距为 25cm。水平环向筋可按竖向径减半配置。

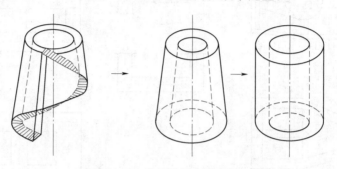

图 13-16　锥管段结构和计算图

13.4.4　配筋及构造要求

（1）根据框架分析得出的杆件体系受力特征尾水管整体式底板、顶板和边墙等部位一般可按偏心受压、偏心受拉或受弯构件进行承载能力计算及裂缝宽度控制验算。按弹性三维有限元计算时，根据应力图形进行配筋计算。

（2）设计时应对尾水管顶板和底板按钢筋混凝土规范进行斜截面受剪承载力验算。尾水管顶板或整体式底板符合深受弯构件的条件时，宜按深受弯构件要求配置钢筋，以符合深受弯构件要求。

（3）尾水管顶板和底板垂直水流向钢筋为受力钢筋，其按计算配置，最小配筋率不应小于有关规范规定。按平面框架分析时，尾水管顶板和底板还应布置足够的分布钢筋。扩散段底板分布钢筋不应小于受力钢筋的 20%～40%，弯管段顺水流向不应小于垂直水流向钢筋的 75%～90%，大型电站取高值，中小型电站取低值，且每延米长度不少于 5 根，其直径不宜小于 16mm。

（4）尾水管顶板如果采用预制梁做浇筑模板时，还应按钢筋混凝土规范有关规定进行设计。

（5）尾水管边墩主要为承压结构，竖向钢筋按正截面承载力计算配置，并满足最小配筋率要求，水平分布钢筋不应小于受力钢筋的 30%，且每延米长度不少于 5 根，其直径不宜小于 16mm。墩墙底部锚固长度可参照有关内容规范选取。

（6）整体式尾水管底板与边墩交角处外侧钢筋应形成封闭。顶板、底板与边墩内侧宜设置加强斜筋，斜筋直径和间距与顶板和底板主筋相同。

（7）对于孔洞等易产生应力集中的薄弱部位应进行局部承载能力极限状态验算，并配置加强钢筋。

13.5　构　　架

13.5.1　作用及作用效应组合

厂房构架作用及作用效应组合见表 13-7。

表 13-7　　　　　　　　　　　厂房构架作用及作用效应组合

设计状况	极限状态	作用效应组合	计算情况	结构自重	屋面永久机电设备重	屋面活荷载或雪荷载	发电机层楼面荷载	正常运用洪水位	非常运用洪水位	吊车轮压	吊车水平制动力	风荷载	温度作用	施工荷载	地震作用
持久状况	承载能力极限状态	基本组合	吊车满载	√	√	√	√	√		√	√	√	√		
			吊车空载	√	√	√	√	√		√					
短暂状况			施工期	√						√	√			√	
		偶然组合	吊车空载＋地震作用	√	√		√						√		√
偶然状况			吊车空载＋非常运用洪水水压力	√	√		√		√	√					
持久状况	正常使用极限状态	标准组合	吊车满载	√	√	√	√	√		√	√	√	√		
短暂状况			施工期	√											

注　作用效应组合应考虑施工期厂房未封顶或厂房封顶机坑二期混凝土未浇筑等情况，施工荷载作用值大小及其组合视具体情况确定。

考虑作用效应组合时，应注意以下几点：

（1）当风荷载与其他活荷载组合时，风荷载与其他活荷载均可乘以组合系数 0.9。

（2）雪荷载与屋顶活荷载不组合，也不与温度上升及校核洪水压力组合。

（3）地震作用不与校核洪水、吊车荷载（吊车自重除外）、温度作用、楼板活荷载同时组合。

（4）吊车荷载、风荷载、地震作用等均须考虑在下游两个方向作用。吊车纵向或横向刹车力也须考虑正、反两个方向作用。

13.5.2　设计假定

厂房构架结构为一空间构架，但一般均简化成按纵、横两个方向的平面结构分别进行计算。

1. 横向平面构架

（1）计算单元，以相邻柱距的中线划出一个典型区段作为一个计算单元。

（2）计算简图。

1）构架由于上、下柱截面不等，为一变截面构架。

2）当构架柱与屋面大梁整体浇筑或屋盖采用厚板结构时，柱与屋盖连接视为刚接；当屋盖采用屋架（预制混凝土、钢屋架）结构时，柱与屋架视为铰接。

3）构架上游柱一般假设固定在水轮机层混凝土顶部，若上游墙较厚，墙柱的刚度比大于12时，则可假设上游柱固定于墙顶。当厂房下游墙为与尾水墩整体浇筑的厚墙时，可假设下游构架柱固定在尾水闸墩顶部，否则按固定在水轮机层考虑。

4）主机间发电机层楼板一般为后浇的二期混凝土且刚度较小，因此可将楼板视为柱的铰支承。安装间楼板刚度较大，且大梁与柱整体浇筑时，柱与梁可视为刚接。

5）横梁的计算工作线取截面形心线（对屋架则取下弦中心线）。柱的计算工作线取上部小柱的形心线，整个柱为一阶或多阶变截面构件。

（3）构架柱计算宽度。当围护结构为砖墙，柱截面计算宽度取柱宽；当围护结构为与柱整浇的混凝土墙时，取窗间净距。

（4）横杆计算宽度。当横杆为独立梁时，取梁宽；当横杆为整浇肋形结构时，按T形截面梁计算刚度；若横梁两端做成托承，而托承处的截面高度与横梁跨中截面高度之比值小于1.6或惯性矩的比值小于4时，则可不考虑托承的影响而按等截面构件计算。

（5）施工期验算。厂房未封顶、二期混凝土未浇筑的施工期工况应进行验算。此时，构架柱按上端自由、下端固定、中间无支承的独立柱考虑。承受的吊车荷载按施工期内起吊荷载计算。

2. 纵向平面构架

（1）纵向构架由柱列、联系梁、吊车梁和柱间支撑等组成，计算单元可取一个伸缩缝区段。

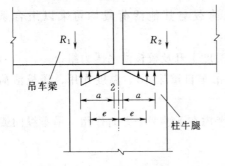

图 13-17　吊车梁反力差引起的
纵向弯矩 M_y 示意图

（2）忽略简支吊车梁的刚度，中间楼板一般也不考虑作为支承点。柱与连系梁连接可根据其刚度比视为铰接或刚接，因此纵向平面构架一般为一多层多跨铰接或刚接构架。

（3）纵向构架承受的荷载除自重外，主要为吊车纵向水平刹车力以及温度作用、地震作用等。

（4）当柱子两侧吊车梁传来的竖向反力 $R_1 \neq R_2$ 时，尚需考虑由吊车梁反力差引起的纵向弯矩 M_y，其值为 $M_y = (R_2 - R_1)e$，其中 $e = 2a/3$，如图 13-17 所示。

（5）纵向平面构架的施工期验算，构架柱按上端自由、下端固定的独立柱考虑，承受的吊车荷载按施工期起吊荷载计算。

13.5.3　内力计算

（1）铰接构架。由于屋架为一刚杆，故上下游柱顶位移相同。内力计算通常采用剪力分配法较为简便。

（2）刚接构架。刚接构架一般为多次超静定结构，若采用力法计算较为烦琐，通常采用弯矩分配法。

（3）采用通用的结构分析软件，如中国建筑科学研究院 PKPM 程序、SAP 程序计算。

13.5.4　截面设计

（1）构架横杆一般按受弯构件计算，略去轴力的影响。

（2）构架的竖杆一般按偏心受压构件进行强度计算，其内力组合通常可选定几个计算截面（如节点处、牛腿上、下柱截面变化处）进行，按 M_{max} 及相应的 N、M_{min} 及相应的 N、M_{max} 及相应的 M 和 N_{min} 及相应的 M 4 种情况组合计算。对大偏心受压情况，有时 M 虽不是最大值而比最大值略小，它所对应的 N 却减小很多，这种情况必须考虑。

（3）由于构架计算取牛腿以上小柱的形心线作为计算工作线，因此牛腿以下大柱的截面设计有个 M 与 N 之间的移轴问题，即 M 应移至大柱形心线进行截面设计，按下式计算

$$M_0 = M \pm Ne \tag{13-67}$$

式中：M、N 分别为按计算简图所得的弯矩、轴力；M_0 为移轴后的弯矩；e 为计算工作线与大柱形心线的距离。

13.5.5　柱顶的允许位移值

厂房构架除满足结构强度要求外，还应具有足够的刚度。在正常使用极限状态下，标准组合柱顶的最大位移不宜超过表 13-8 的允许值。

表 13-8　　　　　　　　　　柱 顶 的 允 许 位 移 值

序号	变形种类	按平面图形计算	按空间图形计算
1	横向位移（厂房封顶）	$H/1800$	$H/2000$
2	横向位移（厂房未封顶）	$H/2500$	
3	纵向位移	$H/4000$	

注　H 为柱下端基础面到吊车梁轨顶面的高度。

13.5.6　构造要求

厂房构架除满足一般梁柱构造要求和普通框架抗震要求外，还应满足以下要求：

（1）横梁（屋面梁）与柱刚接时应设承托，承托的高度为 $(0.5 \sim 1.0)h$（h 为柱截面高度），承托斜面与水平线成 $30° \sim 40°$，沿承托面需布置 $2 \sim 4$ 根斜筋予以加强，斜筋直径同横梁主筋，节点箍筋应作为扇形布置，并适当加密。

（2）横梁（屋面梁或屋架）与立柱铰接时，应在立柱顶和横梁底设预埋件，采用螺栓连接或焊接。另外，尚需验算柱顶混凝土局部承压。

（3）柱与基础连接一般为刚接，应在连接面设键槽，在立柱截面中间部位加设插筋，以保证固端作用，同一截面受力钢筋的焊接接头面积不得超过钢筋面积 50%，预埋筋伸出长度不小于 50cm。

（4）吊车梁与立柱连接，一般在柱牛腿面和小柱侧面预埋钢板焊接，再用细石混凝土回填。对于现浇吊车梁，可用预埋插筋连接。

（5）柱中纵向受力钢筋构造要求如下：

1）柱的纵向钢筋宜对称布置，直径不宜小于 12mm，全部纵向受力钢筋配筋率不应大于 5%。

2）柱中纵向受力钢筋的净间距不应小于 50mm，当柱截面尺寸大于 400mm 时，则不宜大于 200mm。

3）当偏心受压柱的截面高度 $h \geqslant 600$mm 时，在柱的侧面上应设置直径为 $10 \sim 16$mm 的纵向构造钢筋，并相应设置复合箍筋或拉筋。

（6）箍筋构造要求如下：

1）柱及其他受压构件中的周边箍筋应做成封闭式，箍筋末端应做成 135°弯钩且弯钩末端平直段长度不应小于箍筋直径的 10 倍。箍筋也可焊接成封闭环式。

2）箍筋间距不应大于 400mm 及构件截面的短边尺寸，且不应大于 $15d$，d 为纵向受力钢筋的最小直径。

3）箍筋直径不应小于 $d/4$，且不应小于 6mm，d 为纵向钢筋的最大直径；当柱中全部纵向受力钢筋的配筋率大于 3% 时，箍筋直径不应小于 8mm，间距不应大于纵向受力钢筋最小直径的 10 倍，且不应大于 200mm。

4）当柱截面短边尺寸大于 400mm，且各边纵向钢筋多于 3 根时，或当柱截面短边尺寸不大于 400mm 但各边纵向钢筋多于 4 根时，应设置复合箍筋。

5）框架柱的箍筋加密区长度，应取柱截面长边尺寸，柱净高的 1/6 和 500mm 中的最大值。

6）柱箍筋加密区的箍筋肢距不宜大于 250mm 和 20 倍箍筋直径中的较大值。此外，每隔一根纵向钢筋宜在两个方向有箍筋或拉筋约束。

7）柱箍筋加密区箍筋的体积配筋率应满足《水工混凝土结构设计规范》（SL 191—2008）和《水工混凝土结构设计规范》（DL/T 5057—2009）的规定。

练 习 题

某水电站厂房厂址海拔高程约 450m，设计水头 107m，设计尾水位 455.0m，拟采用 HL160 - LJ - 200 机组（模型转轮综合特性曲线及蜗壳、尾水管尺寸见《水电站机电设计手册·水力机械》图 1 - 25。图中尺寸均为 mm，模型转轮直径 0.46m），额定转速 375r/min，额定流量 26.8m³/s，试拟定：

（1）水轮机安装高程。

（2）主厂房开挖高程。

（3）主厂房水轮机层高程。

（4）机组段长。

参考资料：《水电站机电设计手册·水力机械》

参 考 文 献

［1］ 刘启钊，胡明. 水电站 ［M］. 4 版. 北京：中国水利水电出版社，2010.

［2］ 陈婧，张宏战，王刚. 水力机械 ［M］. 北京：中国水利水电出版社，2015.

［3］ 郑源，陈德新. 水轮机 ［M］. 北京：中国水利水电出版社，2011.

［4］ 中华人民共和国国家质量监督检验检疫总局，中国国家标准化管理委员会. 水轮机、蓄能泵和水泵水轮机型号编制办法：GB/T 28528—2012 ［S］. 北京：中国标准出版社，2012.

［5］ 中华人民共和国国家质量监督检验检疫总局，中国国家标准化管理委员会. 蓄能压力容器：GB/T 20663—2017 ［S］. 北京：中国标准出版社，2017.

［6］ 国家市场监督管理总局，中国国家标准化管理委员会. 水轮机调速系统技术条件：GB/T 9652.1—2019 ［S］. 北京：中国标准出版社，2019.

［7］ 国家能源局. 水轮机电液调节系统及装置技术规程：DL/T 563—2016 ［S］. 北京：中国标准出版社，2016.

［8］ 国家能源局，水电水利规划设计总院. 水电站分层取水进水口设计规范：NB/T 35053—2015 ［S］. 北京：中国电力出版社，2015.

［9］ 王仁坤，张春生. 水工设计手册 第 8 卷 水电站建筑物 ［M］. 2 版. 北京：中国水利水电出版社，2013.

［10］ 国家能源局. 水电站压力钢管设计规范：NB/T 35056—2015 ［S］. 北京：中国电力出版社，2016.

［11］ 水利部水利水电规划设计总院. 水电站压力钢管设计规范：SL 281—2003 ［S］. 北京：中国水利水电出版社，2003.

［12］ WYLIE E B, STREETER V L, Suo L. Fluid transients in systems ［J］. Englewood Cliffs：Prentice Hall，1993.

［13］ CHAUDHRY M H. Applied Hydraulic Transients ［M］. 3rd ed. New York：Springer，2014.

［14］ 中华人民共和国水利部. 水利水电工程机电设计技术规范：SL 511—2011 ［S］. 北京：中国水利水电出版社，2011.

［15］ 国家能源局. 水电站调压室设计规范：NB/T 35021—2014 ［S］. 北京：中国电力出版社，2014.

［16］ 中华人民共和国水利部. 水利水电工程调压室设计规范：SL 655—2014 ［S］. 北京：中国水利水电出版社，2014.

［17］ 国家能源局. 水电站厂房设计规范：NB/T 35011—2016 ［S］. 北京：中国电力出版社，2017.

［18］ 中华人民共和国水利部. 水电站厂房设计规范：SL 266—2014 ［S］. 北京：中国水利水电出版社，2014.

术 语 表

A

additional thickness	壁厚裕量
air cushion surge chamber	气垫式调压室
air injection device of hydraulic turbine	水轮机补气装置
air vent，ventilation stack	通气孔
analytic method of water hammer calculation	水锤计算解析法
anchor block	镇墩
anchorage bar	锚筋
anchoring and shotcreting support	喷锚支护
auxiliary power house/auxiliary rooms of powerhouse	副厂房/辅助厂房
axial flow turbine	轴流式水轮机

B

balance beam	平衡梁
Banki turbine	双击式水轮机
bank – tower intake	岸塔式进水口
bending stress	弯曲应力
best hydraulic section	水力最优断面
black start	黑启动
bladder accumulator	囊式蓄能器
blade angle	叶片安放角
bolting support	锚杆支护
bracket/corbel	牛腿
braking of unit	机组制动
bridge crane	桥式起重机
bulb tubular turbine	灯泡贯流式水轮机
bulkhead gate	检修闸门/平板闸门
buried conduit	埋藏式钢管
busbar	母线
bus – bar gallery	母线道
butterfly valve	蝴蝶阀
by – pass relief valve	减压阀

C

cavitation	空化
cavitation coefficient of hydraulic turbine	水轮机空化系数
cavitation erosion	空蚀
central control room of hydropower station	水电站中央控制室
check tail water level	校核尾水位
circular tunnel	圆形隧洞
combined supply	集中供水
complex pipe	复杂管道
concrete placing with block system	分缝分块浇筑法
consolidation grouting	固结灌浆
continuity equation	连续性方程
crane	起重机
crane beam	吊车梁
crescent – rib reinforced manifold	月牙肋岔管
critical cavitation coefficient	临界空化系数
critical external compressive resistance of buckling	抗外压稳定临界压力
critical external pressure	临界外压
critical stable cross section area of surge chamber	调压室临界稳定断面/托马断面
cross – flow turbine	双击式水轮机
cushion	垫层

D

daily regulating pond	日调节池
dam – type hydropower station	坝式水电站
Deriaz turbine	斜流式水轮机
design discharge	设计流量
design flood level	设计洪水位
design head	设计水头
design tail water level	设计尾水位
desilting basin	沉沙池
development type of hydropower station	水电站开发方式
differential surge chamber	差动式调压室
direct waterhammer	直接水锤
discharge height	排出高度
distributor	导水机构
diversion powerhouse	引水式厂房
diversion tunnel	引水隧洞

diversion type hydropower station with canal	无压引水式水电站
diversion type hydropower station	引水式水电站
diversion type hydropower station with pressure conduit	有压引水式水电站
double regulating electro – hydraulic governor	双调节电液调速器
double – purpose surge chamber	双向调压室
draft tube	尾水管
draft tube deck of hydropower station	水电站尾水平台
drain hole	排水孔
drainage gallery	排水廊道
drainage system	排水系统
dynamic characteristics	动特性

E

earth pressure	土压力
electro – hydraulic governor for hydraulic turbine	水轮机电气液压调速器
embedded penstock within dam	坝内埋管
emergency gate	事故闸门
energy equation	能量方程
equivalent pipe	等价管
erection bay	安装场/装配场
exciter	励磁机
expansion element (joint)	伸缩节
exposed penstock	明管

F

filling grouting	回填灌浆
film stress	膜应力
first – interval waterhammer	第一相水锤
fixed – blade propeller turbine	轴流定桨式水轮机
forebay	前池/压力前池
Francis turbine、mix – flow turbine	混流式水轮机
free – flow inlet	无压进水口
free – flow tunnel	无压隧洞

G

gallery	廊道
gas insulated switch gear	GIS 开关/气体绝缘开关
gate bypass pipe	闸门旁通管
gate hoist	启闭机
gate shaft intake	闸门竖井式进水口

generator floor	发电机层
generator pier/generator support	机墩
governor	调速器
graphical method of waterhammer calculation	水锤计算图解法
grid connected operation	并网运行
grit chamber	沉沙池
gross head	毛水头
grouped supply	分组供水

H

head	水头
head loss	水头损失
headrace surge chamber	上游调压室
headrace tunnel	压力隧道
hem reinforced branch pipe	贴边岔管
hill chart/hill diagram	综合特性曲线
horizontal Pelton turbine	卧轴水斗式水轮机
hydraulic efficiency	水力效率
hydraulic hoist	油压式启闭机
hydraulic machinery	水力机械
hydraulic transient	水力瞬变流
hydraulic transient of hydraulic machinery	水力机械过渡过程
hydraulic tunnel	水工隧洞
hydraulic turbine	水轮机
hydrogenerator	水轮发电机
hydropower house	水电站厂房
hydropower station at dam‐toe	坝后式水电站
hydropower station in river channel	河床式水电站
hydrostatic pressure test	水压试验

I

impulse turbine	冲击式水轮机
incipient cavitation coefficient	初生空化系数
indirect waterhammer	间接水锤
initial water level	起始水位
inlet valve of turbine	水轮机进水阀
inside dam powerhouse	坝内式水电站厂房
installed capacity	装机容量
intake	进水口

intake integrated with the dam	坝式进水口
intake of hydropower station	水电站进水口
intake of run – of – river hydropower station	河床式进水口
intake structure	进水建筑物
intake tower	塔式进水口
intake tower built against the bank	岸塔式进水口
intake with inclined gate slots in the bank	岸坡式进水口
intake works	引水建筑物
intake/outlet of pumped storage station	抽水蓄能电站进/出水口
interlocking equation of waterhammer	水锤连锁方程

K

Kaplan turbine	轴流转桨式水轮机转轮

L

large fluctuation stability	大波动稳定
lateral row frame	横向构架
limit waterhammer	极限水锤
linear closing law	线性关闭规律
lining	衬砌
lintel	过梁
load acceptance	增荷
load combination	荷载组合
load rejection	甩荷
lower structure of power house	厂房下部结构

M

machine hall	主机间
main distributing valve	主配压阀
main electrical connection	主结线
main transformer yard	主变压器场
manhole of penstock	钢管进人孔
manifold	岔管
maximum flood level	校核洪水位
maximum head	最大水头
maximum pressure at the end of spiral case	蜗壳末端最大压力
maximum rotational speed of unit	机组最大转速
maximum surge	最高涌波
mechanical efficiency	机械效率
mechanical – hydraulic governor for hydraulic turbine	水轮机机械液压调速器

method of characteristics	特征线法
micro – computer governor for hydraulic turbine	水轮机微机调速器
minimum head	最小水头
minimum inundation depth of pressure inlet	有压式进水口最小淹没深度
minimum pressure at the inlet of draft tube	尾水管进口最小压力
minimum surge	最低涌波
minimum tail water level	最低尾水位
model acceptance test	模型验收试验
model test	模型试验
model turbine hill diagram	模型综合特性曲线

N

Nagler turbine	轴流定桨式水轮机
net head	净水头
no – load discharge	水轮机空载流量
no – load operation	空载运行
nominal diameter of runner	转轮标称直径
non – pressure tunnel	无压隧洞
normal water level	正常蓄水位

O

oil pressure supply system	油压装置
oil pump	油泵
oil system	油系统
open inlet	开敞式进水口
opening	开度
OPGW	光纤复合架空地线
operating hill diagram	运行特性曲线
optimum condition of hydraulic turbine	水轮机最优工况
optimum efficiency	最优效率
outdoor powerhouse	露天式厂房
output power vs time graph	出力过程线
overflow surge chamber	溢流式调压室
overhaul tail water level	检修尾水位

P

packing material	止水填料
partially underground surge chamber	半埋藏式调压室
Pelton turbine	水斗式水轮机
penstock	压力管道

penstock roundness tolerance	钢管圆度偏差
performance curve	运转特性曲线
permissible suction height	允许吸出高度
phase modulation	调相
phase of waterhammer	水锤相长
pier	闸墩
pipe in parallel	并联管道
pipe in series	串联管道
pit type tubular turbine	竖井贯流式水轮机
plane gate	平板闸门
plant cavitation coefficient	电站空化系数
power channel	动力渠道
power house/powerhouse	主厂房
powerhouse at dam-toe	坝后式水电站厂房
powerhouse on river bank	岸边式水电站厂房
powerhouse superstructure frame	厂房构架
powerhouse under spillway	厂房顶溢流式厂房
pressure fluctuation	压力脉动
pressure headrace tunnel	压力引水道
pressure inlet	有压进水口
pressure relief valve/pressure regulator	调压阀
pressure tailrace tunnel	压力尾水道
pressure tunnel	有压隧洞
principal axes	主轴
principal stress	主应力
pump	水泵
pumped storage station	抽水蓄能电站

R

rated discharge	额定流量
rated head	额定水头
rated power	额定功率
rated rotational speed	额定转速
reaction turbine	反击式水轮机
reference unit	套用机组
reflection factor	反射系数
reflection wave	反射波
regulation guarantee computation	调节保证计算
reinforcement ring	补强环

reinforcing ring of penstock	钢管加劲环
relative opening of valve	阀门相对开度
release structure	泄水建筑物
reversible turbine	可逆式水轮机
rock – anchored beam	锚着梁
rock – bolted crane girder	岩锚式吊车梁
rocking ring girder support	摆动式支墩
rolling ring girder support	滚动式支墩
rotational inertia	转动惯量
runaway speed	飞逸转速
runner	转轮

S

saddle support	鞍形滑动支墩
scale ratio	比尺
secondary surge amplitude	第二振幅
servomotor capacity	接力器容量
setting elevation	安装高程
shaft intake/outlet	竖井式进/出水口
shell type branch pipe	无梁岔管
side intake/outlet	侧式进/出水口
similarity	相似律
similarity of turbine	水轮机的相似条件
simple surge chamber	简单式调压室
single – purpose surge chamber	单向调压室
sliding ring girder support	滑动式支墩
small fluctuation stability	小波动稳定
specific speed	比转速
speed of rotation	转速
spherical manifold	球形岔管
spiral case	蜗壳
static characteristics	静特性
static water level	静水位
stay ring	座环
steam power plant, thermal power plant	火电站
steel lined reinforced concrete penstock	钢衬钢筋混凝土管
stiffener ring	加劲环
suction height	吸出高度
support	支墩,支座

supporting ring	支承环
surface surge chamber	地面式调压室
surge chamber	调压室
surge shaft with double expansion chambers/ two – compartment surge chamber	水室式调压室
switching substation	开关站
synchronous speed	同步转速

T

tail race tunnel	尾水隧洞
tail water canal	尾水渠
tail water level	尾水位
tailrace surge chamber	下游调压室/尾水调压室
tailwater structure	尾水建筑物
three – girders reinforced manifold	三梁岔管
throttled surge chamber	阻抗式调压室
thrust collar	止推环
tidal power house	潮汐电站厂房
tital power station	潮汐电站
tital range	潮差
transformer	变压器
transition	渐变段
transmission wave	透射波
trash rack	拦污栅
travelling hoist	移动式启闭机
tubular turbine	贯流式水轮机
tunnel lining	隧洞衬砌
tunnel transition section	隧洞渐变段
tunnel with circular arch on side – walls/D – shaped tunnel	城门洞式隧洞
turbine discharge	水轮机流量
turbine efficiency	水轮机效率
turbine power	水轮机功率
Turgo turbine	斜击式水轮机
twin trolley bridge crane	双小车桥式起重机

U

ultimate water hammer	极限水锤
underground penstock	地下埋管
underground power house	地下厂房

underground surge chamber	埋藏式调压室
unit supply	单元供水
unit bay of hydropower house	水电站厂房机组段
unit discharge	单位流量
unit parameter	单位参数
unit speed	单位转速
upper structure of power house	厂房上部结构

V

vacuum	真空
vent hole	通气孔
ventilation barrel	发电机风罩
vertical Pelton turbine	立轴水斗式水轮机
volumetric efficiency	容积效率

W

water conservancy works	输水建筑物
water conveyance system	水道系统
water diversion structure	引水建筑物
water filling valve	充水阀
water hammer	水锤
water hammer pressure	水锤压力
water hammer wave	水锤波
water hammer wavespeed	水锤波速
water retaining power house	壅水厂房/河床式厂房
water retaining structure	挡水建筑物
water supply system	供水系统
water supply works	取水建筑物
wave celerity	波速
weighted average efficiency	加权平均效率
weighted average head	加权平均水头
welding seam coefficient	焊缝系数
welding stress	焊接应力
wickets closing law	导叶关闭规律